"十一五"国家重点图书

● 数学天元基金资助项目

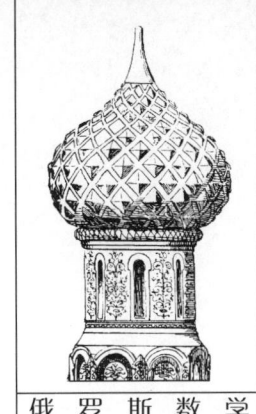

俄罗斯数学教材选译

现代几何学：方法与应用（第二卷）
流形上的几何与拓扑
（第5版）

□ Б.А.杜布洛文　С.П.诺维可夫　А.Т.福明柯　著
□ 潘养廉　译

高等教育出版社·北京

图字：01-2006-3366号

Современная геометрия: Том 2. Методы и приложения.
　　Геометрия и топология многообразий.
　　УРСС, 2001.
Originally published in Russian under the title
Modern Geometry—Methods and Applications
Part 2: The Geometry and Topology of Manifolds
Copyright ⓒ 2001 by Б. А. Дубровин, С. П. Новиков, А. Т. Фоменко
All Rights Reserved

图书在版编目（CIP）数据

现代几何学：方法与应用. 第二卷，流形上的几何与拓扑：第 5 版／（俄罗斯）杜布洛文，（俄罗斯）诺维可夫，（俄罗斯）福明柯著；潘养廉译. —北京：高等教育出版社，2007.7（2022.1 重印）
ISBN 978-7-04-021492-5

Ⅰ. 现… Ⅱ. ①杜…②诺…③福…④潘… Ⅲ. 几何学-高等学校-教材 Ⅳ. O18

中国版本图书馆 CIP 数据核字（2007）第 075006 号

策划编辑	郑轩辕	责任编辑	蒋 青	封面设计	王凌波	责任绘图	朱 静
版式设计	陆瑞红	责任校对	张 颖	责任印制	刁 毅		

出版发行	高等教育出版社	咨询电话	400-810-0598
社　　址	北京市西城区德外大街 4 号	网　　址	http://www.hep.edu.cn
邮政编码	100120		http://www.hep.com.cn
印　　刷	山东临沂新华印刷物流集团有限责任公司	网上订购	http://www.landraco.com
开　　本	787×1092　1/16		http://www.landraco.com.cn
印　　张	20.25	版　　次	2007 年 7 月第 1 版
字　　数	410 000	印　　次	2022 年 1 月第 5 次印刷
购书热线	010-58581118	定　　价	49.00 元

本书如有缺页、倒页、脱页等质量问题，请到所购图书销售部门联系调换
版权所有　侵权必究
物　料　号　21492-A0

《俄罗斯数学教材选译》序

从上世纪 50 年代初起,在当时全面学习苏联的大背景下,国内的高等学校大量采用了翻译过来的苏联数学教材.这些教材体系严密,论证严谨,有效地帮助了青年学子打好扎实的数学基础,培养了一大批优秀的数学人才.到了 60 年代,国内开始编纂出版的大学数学教材逐步代替了原先采用的苏联教材,但还在很大程度上保留着苏联教材的影响,同时,一些苏联教材仍被广大教师和学生作为主要参考书或课外读物继续发挥着作用.客观地说,从解放初一直到文化大革命前夕,苏联数学教材在培养我国高级专门人才中发挥了重要的作用,起了不可忽略的影响,是功不可没的.

改革开放以来,通过接触并引进在体系及风格上各有特色的欧美数学教材,大家眼界为之一新,并得到了很大的启发和教益.但在很长一段时间中,尽管苏联的数学教学也在进行积极的探索与改革,引进却基本中断,更没有及时地进行跟踪,能看懂俄文数学教材原著的人也越来越少,事实上已造成了很大的隔膜,不能不说是一个很大的缺憾.

事情终于出现了一个转折的契机.今年初,在由中国数学会、中国工业与应用数学学会及国家自然科学基金委员会数学天元基金联合组织的迎春茶话会上,有数学家提出,莫斯科大学为庆祝成立 250 周年计划推出一批优秀教材,建议将其中的一些数学教材组织翻译出版.这一建议在会上得到广泛支持,并得到高等教育出版社的高度重视.会后高等教育出版社和数学天元基金一起邀请熟悉俄罗斯数学教材情况的专家座谈讨论,大家一致认为:在当前着力引进俄罗斯的数学教材,有助于扩大视野,开拓思路,对提高数学教学质量、促进数学教材改革均十分必要.《俄罗斯数学教材选译》系列正是在这样的情况下,经数学天元基金资助,由高等教育出版社组织出版的.

经过认真选题并精心翻译校订,本系列中所列入的教材,以莫斯科大学的教材为主,也包括俄罗斯其他一些著名大学的教材. 有大学基础课程的教材,也有适合大学高年级学生及研究生使用的教学用书. 有些教材虽曾翻译出版,但经多次修订重版,面目已有较大变化,至今仍广泛采用、深受欢迎,反射出俄罗斯在出版经典教材方面所作的不懈努力,对我们也是一个有益的借鉴. 这一教材系列的出版,将中俄数学教学之间中断多年的链条重新连接起来,对推动我国数学课程设置和教学内容的改革,对提高数学素养、培养更多优秀的数学人才,可望发挥积极的作用,并起着深远的影响,无疑值得庆贺,特为之序.

李大潜

2005 年 10 月

目 录

第一章 流形的例子 1

§1. 流形的概念 1
1. 流形的定义 (1) 2. 流形的映射；流形上的张量 (4) 3. 流形的嵌入和浸入. 带边界流形 (7)

§2. 最简单的流形例子 8
1. 欧几里得空间中的曲面. 流形上的变换群 (8) 2. 射影空间 (12)

§3. 李群理论中的必需结果 15
1. 李群单位元的邻域结构. 李群的李代数. 半单性 (15) 2. (线性) 表示的概念. 非矩阵李群的例子 (21)

§4. 复流形 24
1. 定义和例子 (24) 2. 作为流形的黎曼面 (29)

§5. 最简单的齐性空间 31
1. 群在流形上的作用 (31) 2. 齐性空间的例子 (32)

§6. 常曲率空间 (对称空间) 36
1. 对称空间的概念 (36) 2. 等距群及其李代数的性质 (38) 3. 1 型和 2 型对称空间 (40) 4. 作为对称空间的李群 (41) 5. 对称空间的构造. 一些例子 (43)

§7. 流形上的切丛 46
1. 与切向量有关的构造 (46) 2. 子流形的法丛 (48)

第二章　基本问题. 函数论中一些必需的结果. 典型的光滑映射 51

§8. 单位分解及其应用 51
1. 单位分解 (51)　2. 单位分解的最简单的应用. 流形上的积分和斯托克斯公式 (54)　3. 不变度量 (59)

§9. 紧流形作为曲面在 $\mathbb{R}^n$ 中的实现 60

§10. 流形的光滑映射的某些性质 61
1. 用光滑映射逼近连续映射 (61)　2. 萨德定理 (62)　3. 横截正则性 (65)　4. 莫尔斯函数 (68)

§11. 萨德定理的应用 71
1. 嵌入和浸入的存在性 (71)　2. 作为高度函数构造莫尔斯函数 (73)　3. 焦点 (75)

第三章　映射度和相交指数及其应用 78

§12. 同伦的概念 78
1. 同伦的定义. 映射和同伦的光滑逼近 (78)　2. 相对同伦 (80)

§13. 映射度 80
1. 度的定义 (80)　2. 基本定义的推广 (82)　3. 流形到球面的映射的同伦分类 (83)　4. 最简单的例子 (84)

§14. 映射度的若干应用 86
1. 积分与映射度 (86)　2. 超曲面上的向量场的度 (87)　3. 惠特尼数. 高斯 – 博内公式 (89)　4. 向量场奇点的指标 (92)　5. 向量场的横截曲面. 庞加莱 – 本迪克松定理 (95)

§15. 相交指数及其应用 98
1. 相交指数的定义 (98)　2. 向量场的全指数 (99)　3. 不动点的代数个数. 布劳威尔定理 (101)　4. 环绕系数 (103)

第四章　流形的可定向性. 基本群. 覆叠空间 (具离散纤维的纤维丛) 105

§16. 可定向性和闭路的同伦 105
1. 定向沿路径的移动 (105)　2. 不可定向流形的例子 (107)

§17. 基本群 107
1. 基本群的定义 (107)　2. 与基点的关系 (109)　3. 圆周的映射的自由同伦类 (109)　4. 同伦等价 (110)　5. 一些例子 (111)　6. 基本群和可定向性 (113)

§18. 覆叠映射和覆叠同伦 113
1. 覆叠映射的定义和基本性质 (113)　2. 最简单的例子. 万有覆叠 (115)　3. 分支覆叠. 黎曼面 (117)　4. 覆叠与离散变换群 (119)

§19. 覆叠与基本群. 某些流形的基本群的计算 119
1. 单值 (119)　2. 利用覆叠计算基本群 (121)　3. 最简单的同调群 (124)

§20. 罗巴切夫斯基平面的离散运动群 126

第五章　同伦群 137

§21. 绝对同伦群和相对同伦群的定义. 例 137

　　1. 基本定义 (137)　2. 相对同伦群. 偶的正合序列 (140)

§22. 覆叠同伦. 覆叠空间的同伦群和闭路空间 143

　　1. 纤维化概念 (143)　2. 纤维化的正合序列 (144)　3. 同伦群对基点的依赖性 (147)　4. 李群的情形 (149)　5. 怀特黑德乘法 (151)

§23. 球面同伦群的若干结果. 装配流形. 霍普夫不变量 153

　　1. 装配流形和球面的同伦群 (153)　2. 纬垂映射 (157)　3. 群 $\pi_{n+1}(S^n)$ 的计算 (158)　4. 群 $\pi_{n+2}(S^n)$ (160)

第六章　光滑纤维丛 163

§24. 纤维丛的同伦理论 163

　　1. 光滑纤维丛的概念 (163)　2. 联络 (167)　3. 借助于纤维丛计算同伦群 (169)　4. 纤维丛的分类 (175)　5. 向量丛和向量丛的运算 (179)　6. 亚纯函数 (180)　7. 皮卡－莱夫谢茨公式 (184)

§25. 纤维丛的微分几何学 186

　　1. 主丛上的 G 联络 (186)　2. 伴随丛中的 G 联络. 例 (191)　3. 曲率 (194)　4. 示性类. 构造 (199)　5. 示性类. 枚举 (205)

§26. 纽结和链环. 辫 211

　　1. 纽结群 (211)　2. 亚历山大多项式 (213)　3. 与纽结相关的纤维丛 (213)　4. 链环 (216)　5. 辫 (216)

第七章　动力系统的某些例子和流形的叶状结构 219

§27. 动力系统定性理论的最简单的一些概念. 2 维流形 219

　　1. 基本定义 (219)　2. 环面上的动力系统 (222)

§28. 流形上的哈密顿系统. 刘维尔定理. 例 226

　　1. 余切丛上的哈密顿系统 (226)　2. 流形上的哈密顿系统. 例 (227)　3. 测地流 (231)　4. 刘维尔定理 (232)　5. 例 (235)

§29. 叶状结构 238

　　1. 基本定义 (238)　2. 余维数 1 的叶状结构的例子 (241)

§30. 具高阶导数的变分问题. 哈密顿场系统 245

　　1. 具高阶导数的问题的哈密顿形式体系 (245)　2. 例 (248)　3. 场系统的哈密顿形式体系 (251)

第八章　高维变分问题解的整体结构 260

　§31. 广义相对论 (OTO) 中的某些流形 260

　　1. 问题的表达 (260)　2. 球对称解 (261)　3. 轴对称解 (268)　4. 宇宙模型 (272)　5. 弗里德曼模型 (274)　6. 各向异性真空模型 (277)　7. 更一般的模型 (280)

　§32. 杨 – 米尔斯方程的某些整体解的例子. 手征场 286

　　1. 总的评注. 单极型解 (286)　2. 对偶性方程 (290)　3. 手征场. 狄利克雷积分 (293)

　§33. 复子流形的极小性 302

参考文献 306

索引 307

第一章 流形的例子

§1. 流形的概念

1. 流形的定义

流形的概念本质上是首先由高斯从数学上描述的地球表面的制图过程的推广. 这种推广非常深远且可应用到一大类复杂的几何图形上去.

我们回想一下地图绘制过程是如何完成的. 一群受委托绘制地球表面地图的制图员根据下列自然的要求被分成一些小组:

1) 每一块地球表面委托给一个小组 (编号为 i).

2) 如果委托给两个 (编号为 i 和 j 的) 不同小组的两块区域相交, 则这些小组必须在各自的地图上精确地说明这块公共区域互相对应的规则. 通常在实际地图上说明这个规则的办法是在地图上充分详细地标出地图上点的地名表, 由此立即可明白在不同的地图上哪些点彼此对应.

如我们记得的那样, 每一张独立的地图被画在具某种坐标的一张平坦的纸上. 这些称为卡的纸页全体称为地球表面的一个图册. 此外, 在卡上通常还指出计算出现在该卡上的任何路径的实际长度的法则; 这一点, 我们稍后再论及 (在流形的概念中并不包含长度的概念).

从这些思考出发, 就产生一个我们即将转向的极为广泛的一般性定义.

定义 1.1. 一个任意点集 M 称为一个 n 维 (微分) 流形, 如果在 M 上已引入下列结构: 1) 集 M 是有限多个或可数多个区域 U_q 的并; 2) 在每一个区域 U_q

中给定了坐标 $x_q^\alpha, \alpha = 1, \cdots, n$, 这种坐标称为局部坐标[①]. 此时区域 U_q 本身称为坐标邻域或坐标卡. 集合 M 中每一对这种区域的交 $U_q \cap U_p$, 如果非空, 本身也是一个区域, 在其上已经有两个局部坐标系 (x_p^α) 和 (x_q^α). 我们要求这两个局部坐标系中的每一个可以由另一个以可微方式表达:

$$\begin{aligned} x_p^\alpha &= x_p^\alpha(x_q^1, \cdots, x_q^n), & \alpha &= 1, \cdots, n; \\ x_q^\alpha &= x_q^\alpha(x_p^1, \cdots, x_p^n), & \alpha &= 1, \cdots, n. \end{aligned} \quad (1)$$

于是, 雅可比行列式 $\det\left(\dfrac{\partial x_p^\alpha}{\partial x_q^\beta}\right)$ 不等于零. 函数 (1) 称为 (从坐标 x_q^α 到坐标 x_p^α 和反向) 转移函数. 所有的相交偶对 (U_p, U_q) 的转移函数的公共光滑性类称为流形 M 本身的由 "图册" $\{U_q\}$ 给定的光滑性类.

流形的最简单例子是欧几里得空间本身或它的任何区域. 复空间 $\mathbb{C}^n$ 中的区域是 $2n$ 维的实区域, 同样也是流形.

关于两个流形 $M = \bigcup_q U_q, N = \bigcup_p V_p$ 可以构造它们的直积 $M \times N$. 流形 $M \times N$ 的点按定义是点偶 (m, n), 坐标区域覆盖由

$$M \times N = \bigcup_{p,q} U_q \times V_p \quad (2)$$

定义. 如果 (x_q^α) 是区域 U_q 中坐标, (y_p^β) 是区域 V_p 中坐标, 则区域 $U_q \times V_p$ 中坐标是 (x_q^α, y_p^β).

在后面还将出现一系列流形的例子.

应该指出, 我们引入的流形的一般性概念, 从纯逻辑的观点看, 宽松得有点不必要; 需要加以限制, 这将在后面去做. 但是这种逻辑限制将使用我们目前尚未介绍的一般拓扑的语言来表达. 如果一开始就将流形定义为某个 (可能更高) 维数的欧几里得空间中的光滑非奇异曲面, 也许可以避开一般拓扑. 这在逻辑上是不自然的. 比较简单的方法是从抽象地定义流形开始, 然后证明所有的流形可以实现为欧几里得空间中的曲面.

我们回忆一下一般拓扑的某些概念.

(1) **拓扑空间**. 这是一个点集 X, 在 X 中指定了何种子集是开集. 并且我们要求: 任意两个, 因而意味着任意有限多个开集的交也是开集, 且任意多个开集的并仍是开集. 全集和空集也是开集.

开集的补称为**闭集**.

如数学分析课程中熟知的那样, 这种定义已给出引入连续映射的可能性: 一个拓扑空间到另一个拓扑空间的映射 $f: X \to Y$ 是连续的, 如果任意开集 $U \subset Y$ 的完全原像 $f^{-1}(V)$ 是 X 中的开集.

[①] 换言之, 给定了一个双方一一的映射 $\varphi_q: U_q \to \mathbb{R}^n$, 其中像 $\varphi_q(U_q)$ 是 $\mathbb{R}^n$ 中一个开区域. 如果采用 $\mathbb{R}^n$ 中本身的坐标, 则这个映射 φ_q 就在 U_q 中引入了坐标系 $(x_q^1, \cdots, x_q^n)$.

在欧几里得空间 $\mathbb{R}^n$ 中可以引入 "欧几里得拓扑"，其中的开集就是通常的开区域 (见卷 1 §2). 任意子集 $A \subset \mathbb{R}^n$ 上的 "诱导拓扑" 则以交 $U \bigcap A = V$ 作为开集, 其中 U 是 $\mathbb{R}^n$ 中通常的开区域.

定义 1.2. 流形 M 上的拓扑 (或欧几里得拓扑) 由下面的开集族 (区域) 定义: 在每个坐标区域 $U_q \subset M$ 中, $\mathbb{R}^n$ 中的开区域被认为是开集, M 中开集全体则由这些集作可数并的运算得到.

关于这个拓扑, 流形 M 的连续映射 (函数) 就是那些通常意义上在每个局部坐标区域 U_q 上连续的映射 (函数).

流形 $M = \bigcup_q U_q$ 的开子集 V 从 M 继承了流形的结构 $V = \bigcup_q V_q$, 其中区域 V_q 形如

$$V_q = V \bigcap U_q. \tag{3}$$

(2) 度量空间是一类重要的拓扑空间. 对于度量空间 X 中任意两点 x, y 定义了它们之间的距离 $\rho(x, y)$, 并要求这个距离具有以下性质:

1) $\rho(x, y) = \rho(y, x)$;
2) $\rho(x, x) = 0, \rho(x, y) > 0$, 当 $x \neq y$;
3) $\rho(x, y) \leqslant \rho(x, z) + \rho(z, y)$ ("三角不等式").

例如, n 维欧几里得空间是度量空间, 两点 $x = (x^1, \cdots, x^n), y = (y^1, \cdots, y^n)$ 之间的欧几里得距离为

$$\rho(x, y) = \sqrt{\sum_{\alpha=1}^{n} (x^\alpha - y^\alpha)^2}.$$

在度量空间中引入拓扑: (任意多个) 开球的并取作为开集, 这里, 一个球心为 x_0 半径为 ε 的开球是所有满足 $\rho(x_0, x) < \varepsilon$ 的点 x 所成的集.

对于 n 维欧几里得空间, 这个拓扑与前面定义的 "欧几里得拓扑" 是相同的.

对于我们重要的例子是赋予了黎曼度量的流形 (具黎曼度量的流形上两点间距离的定义参见第二章).

(3) 拓扑空间 X 称为豪斯多夫空间, 如果任意两点可包含于彼此不相交的开集之中.

特别有度量空间是豪斯多夫空间: 如果 $\rho(x, y) = 2\varepsilon$, 则由三角不等式, 半径为 ε 中心分别为 x 和 y 的两个开球不相交. 此后我们总只考虑豪斯多夫空间. 特别在流形的定义中, 我们也加一点: 我们总假定流形是豪斯多夫空间.

(4) 空间 X 称为紧空间, 如果任何一个点序列总可取出一个收敛子序列. 与此等价的是: 如果 X 被可数多个开区域覆盖, 则从此覆盖中可取出 X 的一个有限覆盖.

(5) 道路连通的拓扑空间具有这样的性质, 即它的任意两点可以用连续曲线连接.

(6) 对我们重要的另一类拓扑空间的例子是流形 M 到另一个流形 N 的映射 $M \to N$ 组成的映射空间, 它的拓扑的精确描述将在以后给出.

初看之下, 流形的概念似乎非常的抽象, 然而, 事实上即使在欧几里得空间中或者它的区域中, 我们常常发觉自己不得不做坐标变换并按照变换规则做各种计算. 更重要的是, 在空间不同的区域中使用不同的坐标去解各种问题常常是方便的, 然后要做的就是在两种不同坐标系共同起作用的区域中如何将解 "拼接" 起来. 此外, 并不是所有的曲面都容许我们引入单一的坐标系而没有奇点 (例如, 球面就不容许).

流形中重要的一类是可定向流形.

定义 1.3. 流形 M 称为*定向流形*, 如果对每一对相交的区域, 转移函数的雅可比行列式 $J_{pq} = \det\left(\dfrac{\partial x_p^\alpha}{\partial x_q^\beta}\right)$ 总是正的.

例如, 坐标为 $(x^1, \cdots, x^n)$ 的欧几里得空间 $\mathbb{R}^n$ 按照这个定义是定向的. 具有另一种坐标 $(y^1, \cdots, y^n)$ 的同一个空间 $\mathbb{R}^n$ 按定义也是定向的. 此时, 相应地, 上面所说的变换 $x^\alpha = x^\alpha(y^1, \cdots, y^n)$ 的雅可比行列式 $J = \det\left(\dfrac{\partial x^\alpha}{\partial y^\beta}\right)$ 不等于零, 于是保持定号.

定义 1.4. 我们称坐标 (x) 和 (y) 定义了 $\mathbb{R}^n$ 的同一个定向, 如果 $J > 0$; 而如果 $J < 0$, 则称它们定义了 $\mathbb{R}^n$ 相反的定向.

因此欧几里得空间 $\mathbb{R}^n$ 有两个定向. 以后我们将证明连通流形有两个定向, 如果它存在定向.

2. 流形的映射; 流形上的张量

设给定两个流形: $M = \bigcup\limits_p U_p$ (坐标为 x_p^α) 和 $N = \bigcup\limits_q V_q$ (坐标为 y_q^β).

定义 1.5. 映射
$$f : M \to N$$
称为光滑性类 k 的光滑映射, 如果对一切的 (q, p), 函数 $y_q^\beta(x_p^1, \cdots, x_p^n)$ 在有定义的区域中是光滑性类 k 的光滑函数. 此外, 映射的光滑性类不可能高出流形 M 和 N 的光滑性类, 否则是没有意义的.

当 N 是直线, $N = \mathbb{R}$ 的情形, 映射 $f : M \to \mathbb{R}$ 称为 (实) 数值函数 $f(x)$, 其中 x 是流形 M 的点.

可能会出现光滑映射 (或数值函数) 不是在整个流形上而只是在流形的一部分上定义的情形. 局部坐标 x_p^α 就是这种情形的例子, 对任意的 α, x_p^α 就是一个数值函数且由它本身的意义只定义在区域 U_p 上.

定义 1.6. 两个流形 M 和 N 称为光滑等价的或微分同胚的, 如果存在双方一一的均为光滑性类 $k \geqslant 1$ 的光滑映射:

$$f : M \to N, \quad f^{-1} : N \to M.$$

此时特别有局部坐标的雅可比行列式 $J_{qp} = \det\left(\dfrac{\partial y_q^\beta}{\partial x_p^\alpha}\right)$ 在 $y_q^\beta = f(x_p^1, \cdots, x_p^n)^\beta$ 有定义的整个区域中处处不等于零.

我们今后总假定所考察的流形及它们之间的映射总具有我们所需要的光滑性类 (总是 $\geqslant 1$, 如果需要二阶导数, 则不小于 2, 等等).

设在流形 M 上给定曲线 $x = x(\tau), a \leqslant \tau \leqslant b$, 这里 x 是流形的点. 当曲线位于坐标系为 x_p^α 的区域 U_p 中时, 我们可以将它记为

$$x_p^\alpha = x_p^\alpha(\tau), \quad \alpha = 1, \cdots, n.$$

使用这些坐标, 我们有速度向量

$$\dot{x} = (\dot{x}_p^1, \cdots, \dot{x}_p^n).$$

在两个坐标系适用的区域 $U_p \bigcap U_q$ 中, 我们有两种记法: $x_p^\alpha(\tau)$ 和 $x_q^\beta(\tau)$, 这里 $x_p^\alpha(x_q^1(\tau), \cdots, x_q^n(\tau)) = x_p^\alpha(\tau)$.

对于速度向量我们有

$$\dot{x}_p^\alpha = \sum_\beta \dfrac{\partial x_p^\alpha}{\partial x_q^\beta} \dot{x}_q^\beta.$$

在这个公式的基础上, 如同在欧几里得空间中那样, 可以引入

定义 1.7. 在局部坐标系 (x_q^α) 中由一组数 ξ_q^α 描述的一个向量称为流形 M 在任意点 x 的一个切向量. 这同一个向量在包含点 x 的不同局部坐标系中的记号之间由公式

$$\xi_p^\alpha = \sum_{\beta=1}^n \left(\dfrac{\partial x_p^\alpha}{\partial x_q^\beta}\right)_x \xi_q^\beta$$

相关联.

n 维流形 M 在给定点 x 的切向量全体组成一个 n 维线性空间 $T_x = T_xM$ (称为切空间). 特别有任意一条光滑曲线的速度向量是一个切向量. 在点 x 的邻域中选定一个局部坐标系 (x^α) 就在切空间 T_x 中给定一个基 $e_\alpha = \dfrac{\partial}{\partial x^\alpha}$.

流形 M 到流形 N 的一个光滑映射 f 定义了一个诱导线性映射

$$f_* : T_x \to T_{f(x)}.$$

作为定义, 在此线性映射下流形 M 上的曲线 $x = x(t)$ 的速度向量变换成流形 N 上的曲线 $f(x(t))$ 的速度向量. 在 (点 x 的邻域中的) 局部坐标 (x^α) 和 (在点 $f(x)$ 的邻域中的) 局部坐标 (y^β) 中, 映射 f 形如

$$y^\beta = f^\beta(x^1, \cdots, x^n), \quad \beta = 1, \cdots, m.$$

于是, 切空间的诱导映射 f_* 由雅可比矩阵给出:

$$\xi^\alpha \to \eta^\beta = \frac{\partial f^\beta}{\partial x^\alpha}\xi^\alpha.$$

对于流形 M 上的实值函数 $f: M \to \mathbb{R}$, 诱导映射 f_* 在流形 M 的每个切空间上是一个线性实值函数 (余向量). 这个线性函数重合于函数 f 的微分 df.

定义 1.8. 一个在流形 M 的每一点的切空间上给定的且光滑地依赖于局部坐标的正定 (非退化) 二次型称为 M 上的一个黎曼 (伪黎曼) 度量. 在每个局部坐标为 (x_p^α) 的区域 U_p 中, 这个度量由对称矩阵 $(g_{\alpha\beta}^{(p)}(x_p^1, \cdots, x_p^n))$ 给出, 对点 x 处的任一向量 ξ 则有 $|\xi|^2 = g_{\alpha\beta}^{(p)}\xi_p^\alpha\xi_p^\beta$ (这里重复指标 α, β 像通常一样表示求和). 这个度量也对同一点的两个向量按通常的公式

$$\langle \xi, \eta \rangle = g_{\alpha\beta}^{(p)}\xi_p^\alpha\eta_p^\beta = \langle \eta, \xi \rangle,$$
$$|\xi|^2 = \langle \xi, \xi \rangle,$$

给定一个对称的标量积.

这个定义与局部坐标的选取无关:

$$g_{\alpha\beta}^{(p)}\xi_p^\alpha\eta_p^\beta = g_{\gamma\delta}^{(q)}\xi_q^\gamma\eta_q^\delta,$$

或者

$$g_{\gamma\delta}^{(q)} = \frac{\partial x_p^\alpha}{\partial x_q^\gamma}g_{\alpha\beta}^{(p)}\frac{\partial x_p^\beta}{\partial x_q^\delta}.$$

定义 1.9. 流形上点 x 处的一个 (k, l) 型张量在每个局部坐标系 (x_p^α) 中由一组函数 $^{(p)}T_{j_1\cdots j_l}^{i_1\cdots i_k}(x)$ 给定. 如果在另一个包含点 x 的局部坐标系 (x_q^β) 中这同一个张量由 $^{(q)}T_{t_1\cdots t_l}^{s_1\cdots s_k}(x)$ 给出, 则成立公式

$$^{(q)}T_{t_1\cdots t_l}^{s_1\cdots s_k} = \frac{\partial x_q^{s_1}}{\partial x_p^{i_1}}\cdots\frac{\partial x_q^{s_k}}{\partial x_p^{i_k}}\frac{\partial x_p^{j_1}}{\partial x_q^{t_1}}\cdots\frac{\partial x_p^{j_l}}{\partial x_q^{t_l}}{}^{(p)}T_{j_1\cdots j_l}^{i_1\cdots i_k}.$$

卷 1 第三章中所有对 n 维空间的区域上所得的定义和结果都自动地适用于流形上的张量.

流形上的度量 $g_{\alpha\beta}$ 是 $(0, 2)$ 型张量的例子. 在定向流形上, 度量决定一个体积元

$$T_{\alpha_1\cdots\alpha_n} = \sqrt{|g|}\varepsilon_{\alpha_1\cdots\alpha_n}, \quad g = \det(g_{\alpha\beta}),$$

这里 $\varepsilon_{\alpha_1\cdots\alpha_n}$ 是秩为 n 的反称张量, $\varepsilon_{\alpha_1\cdots\alpha_n} = \pm 1$. 这个表达式在具正的雅可比行列式的坐标变换下是一个张量, 因此对于定向流形确实是一个张量. 在任意 (正定向) 局部坐标中, 体积元可以方便地记成

$$\Omega = \sqrt{|g|}dx^1\wedge\cdots\wedge dx^n.$$

流形 M 上的一个黎曼度量 dl^2 在 M 上给出了度量空间的结构, 其中点 P, Q 之间的距离由公式

$$\rho(P, Q) = \inf_{\gamma} \int_{\gamma} dl^{*)}$$

定义 (其中下确界在所有连接 P 和 Q 的分段光滑曲线 γ 上取). 由这个度量空间结构决定的拓扑与流形 M 的欧几里得拓扑是相同的 (试证之!).

由卷 1 的结果, 流形上任意两个充分接近的点可以用测地线连接. 一般来说, 相距较远的两点不一定能用一条测地线连接, 但是总可以用测地折线连接.

3. 流形的嵌入和浸入. 带边界流形

定义 1.10. m 维流形 M 称为维数 $n > m$ 的流形 N 的子流形, 如果已给定一个 1-1 光滑映射 $f : M \to N$ 使得诱导映射 f_* 在每一点是切空间的嵌入, 换言之, 在局部坐标中这个映射的雅可比矩阵的秩等于 m. 映射 f 称为流形 M 到 N 的嵌入.

如果这个定义中不要求 f 是 1-1 映射, 则我们得到流形 M 到 N 中的浸入 (容许自交).

我们将限于讨论在每个坐标邻域或坐标卡 U_p 中由方程组

$$\left.\begin{array}{l} f_p^1(x_p^1, \cdots, x_p^n) = 0, \\ \cdots\cdots\cdots\cdots \\ f_p^{n-m}(x_p^1, \cdots, x_p^n) = 0, \end{array}\right\} \quad \left(\frac{\partial f_p^\alpha}{\partial x_p^\beta}\right) \text{的秩} = n - m$$

给定的子流形, 且在两个区域 U_p, U_q 的交上方程组 $(f_p^\alpha = 0)$ 和 $(f_q^\alpha = 0)$ 应该有相同的零点集. 在这种情形下, 在区域 U_p 中可以引入新的局部坐标 $(y_p^1, \cdots, y_p^n)$ 使得

$$y_p^{m+1} = f_p^1(x_p^1, \cdots, x_p^n), \cdots, y_p^n = f_p^{n-m}(x_p^1, \cdots, x_p^n).$$

在这个坐标系中子流形就由方程组

$$y_p^{m+1} = 0, \cdots, y_p^n = 0$$

给出, 而函数 $y_p^1, \cdots, y_p^m$ 成为子流形 M 上的局部坐标.

定义 1.11. 在流形 M 中由不等式 $f(x) \leqslant 0$ (或 $f(x) \geqslant 0$) 界定的闭区域 A 称为带边界流形, 这里 $f(x)$ 是一个光滑函数, 并要求由方程 $f(x) = 0$ 给出的边界 ∂A 是 M 中一个非奇异子流形, 即函数 f 的梯度在边界上不等于零.

设 A 和 B 分别是流形 M 和 N 中以闭区域形式给出的两个带边界流形. 映射 $\varphi : A \to B$ 称为带边界流形间的一个光滑映射, 如果它是一个在包含 A 的开区域

${}^{*)}$ 原书为 $\rho(P, Q) = \min_{\gamma} \int_{\gamma} dl$ 有误. —— 译者.

$U \subset M$ 上定义的光滑映射 $\widetilde{\varphi}$ 在 A 上的限制:

$$\widetilde{\varphi}: U \to N, \widetilde{\varphi}|_A = \varphi.$$

如果 $A \subset M$ 是由不等式 $f(x) \leqslant 0$ 界定的, 则开区域 $U = U_\varepsilon$ 通常取为 $\{f(x) < \varepsilon\}$ 的形式, 其中 $\varepsilon > 0$.

最后, 我们再引入一个常使用的名称: 无边界流形称为闭流形.

§2. 最简单的流形例子

1. 欧几里得空间中的曲面. 流形上的变换群

n 维欧几里得空间中一张 k 维曲面是由方程组

$$f_i(x^1, \cdots, x^n) = 0, \quad i = 1, \cdots, n-k \tag{1}$$

给定的, 其中矩阵 $\left(\dfrac{\partial f_i}{\partial x^j}\right)$ 的秩等于 $n-k$. 如果在这张曲面上的点 $(x_0^1, \cdots, x_0^k)$ 处由矩阵 $\left(\dfrac{\partial f_i}{\partial x^j}\right)$ 中指标为 $j_1, \cdots, j_{n-k}$ 的那些列组成的子式 $J_{j_1 \cdots j_{n-k}}$ 不等于零, 则可取

$$(y^1, \cdots, y^n) = (x_0^1, \cdots, \hat{x}^{j_1}, \cdots, \hat{x}^{j_{n-k}}, \cdots, x^n) \tag{2}$$

为曲面上该点的一个邻域内的局部坐标, 其中 "∧" 符号表示该项被略去 (见卷 1§7.1). 整张曲面被形如 $U_{j_1 \cdots j_{n-k}}$ 的区域覆盖, 其中 $U_{j_1 \cdots j_{n-k}}$ 是曲面上使得 $J_{j_1 \cdots j_{n-k}}$ 不等于零的子集.

定理 2.1. 由局部坐标取为 (2) 的区域 $U_{j_1 \cdots j_{n-k}}, 1 \leqslant j_1 < \cdots < j_{n-k}$, 组成的覆盖在曲面 (1) 上给出光滑流形结构.

证明 在曲面 (1) 的区域 $U_{j_1 \cdots j_{n-k}}$ 中成立下面的等式:

$$x^{j_i} = \varphi^i(y^1, \cdots, y^k), \quad i = 1, \cdots, n-k,$$

其中 φ^i 是光滑函数. 类似地在坐标为

$$(z^1, \cdots, z^k) = (x^1, \cdots, \hat{x}^{s_1}, \cdots, \hat{x}^{s_{n-k}}, \cdots, x^n)$$

的区域 $U_{s_1 \cdots s_{n-k}}$ 中我们有

$$x^{s_i} = \psi^i(z^1, \cdots, z^k), \quad i = 1, \cdots, n-k,$$

其中 $\psi^i = \psi^i(z^1,\cdots,z^k)$ 是光滑函数. 在区域 $U_{j_1\cdots j_{n-k}}$ 和 $U_{s_1\cdots s_{n-k}}$ 的交上光滑转移函数 $(y) \to (z)$ 和 $(z) \to (y)$ 为:

$$
\begin{aligned}
y^1 &= z^1 & (&= x^1), \\
&\cdots\cdots\cdots \\
y^{j_1-1} &= z^{j_1-1} & (&= x^{j_1-1}), \\
\varphi^1(y^1,\cdots,y^k) &= z^{j_1} & (&= x^{j_1}), \\
y^{j_1} &= z^{j_1+1} & (&= x^{j_1+1}), \\
&\cdots\cdots\cdots \\
y^{s_1-2} &= z^{s_1-1} & (&= x^{s_1-1}), \\
y^{s_1-1} &= \psi^1(z^1,\cdots,z^k) & (&= x^{s_1}), \\
y^{s_1} &= z^{s_1} & (&= x^{s_1+1}), \\
&\cdots\cdots\cdots \\
y^k &= z^k & (&= x^k)
\end{aligned}
\tag{3}
$$

(这里已假定 $1 < j_1 < s_1 < j_2 < \cdots$). 这些映射是互逆的. 回想一下, 有光滑逆映射的光滑映射具有处处不等于零的雅可比行列式. 定理得证. □

注 1 不难计算转移函数 $(y) \to (z)$ 的雅可比行列式: 它等于

$$J_{(y)\to(z)} = \pm \frac{J_{s_1\cdots s_{n-k}}}{J_{j_1\cdots j_{n-k}}} \neq 0.$$

注 2 在所考察的流形的每一点处的切空间可等同于 $\mathbb{R}^n$ 的由方程组

$$
\left.
\begin{aligned}
\frac{\partial f_1}{\partial x^\alpha}\xi^\alpha &= 0, \\
&\cdots\cdots \\
\frac{\partial f_{n-k}}{\partial x^\alpha}\xi^\alpha &= 0.
\end{aligned}
\right\}
\tag{4}
$$

给出的线性子空间. 向量 $\operatorname{grad} f_i = \left(\dfrac{\partial f_i}{\partial x^\alpha}\right), i = 1,\cdots,n-k$, 在每一点 (关于 $\mathbb{R}^n$ 中的标准欧几里得度量) 正交于曲面.

我们将证明在非奇异曲面上存在定向. 为此, 我们在这里再引入流形定向的另一个定义.

在 n 维流形 M 的任意一点 x 处考察由 n 个切向量组成的任意标架 τ. 任何两个标架 τ_1, τ_2 都可以由线性变换

$$\tau_1 = A\tau_2$$

相关联. 如果行列式 $\det A$ 是正的, 则我们称标架 τ_1, τ_2 属于同一个定向类. 如果 $\det A < 0$, 则称标架 τ_1, τ_2 属于相反的定向类. 这样一来, 在每一点 x 流形 M 具有

两个非退化的切 n 标架类. 因为标架 τ 可以连续地从点 x 移动到流形上邻近的点, 所以一个定向类连续依赖于流形的点这种说法就有意义. 现在我们给出流形的定向的另一种定义.

定义 2.1. a) 流形称为是*定向流形*, 如果在每一点都已取定一个连续依赖于点的标架的定向类.

b) 如果可以取到这样的定向类, 则流形称为*可定向流形*; 否则, 称为*不可定向流形*.

命题 2.1. 定义 1.3 等价于定义 2.1a).

证明 如果流形 M 在定义 1.3 的意义上是定向的, 则在每一点 $x \in M$ 可以取由包含点 x 的邻域 U_j 的坐标轴 $(x_j^1, \cdots, x_j^n)$ 的单位基向量组成的标架 $(e_{1j}, \cdots, e_{nj})$ 作为定向标架. 因为转移函数的雅可比行列式是正的, 所以这样确定的定向类与包含点 x 的邻域 U_j 的选取无关. 反之, 如果流形在定义 2.1 a) 的意义上是定向的, 则在每一点 x 处已给定一个标架的定向类. 我们考察点 x 的一个充分小的 ε 邻域, 在这个 ε 邻域中引入坐标 $(x^1, \cdots, x^n)$ 使得在这个 ε 邻域的所有点上由坐标轴 (x^j) 的单位切向量组成的标架 $(e_1, \cdots, e_n)$ 确定与已给的定向类相同的定向类. 这样小的 $\varepsilon > 0$ 可以取到, 因为标架的定向类连续依赖于点 x (虽然它可能与点有关). 对流形上所有的点都完成这一过程, 我们就得到流形的一个坐标邻域组成的覆盖. 此时转移函数的雅可比行列式都是正的, 因为在每一点处我们选取的坐标系的切标架关于已给定向类的符号都是正的. 命题得证. □

定理 2.2. n 维空间 $\mathbb{R}^n$ 中由方程组 (1) 给定的非奇异曲面 M^k 是可定向的.

证明 设 τ 是曲面 M^k 的切标架. 显然 n 个向量 $\hat{\tau} = (\tau, \operatorname{grad} f_1, \cdots, \operatorname{grad} f_{n-k})$ 在每一点是线性无关的 (向量 $\operatorname{grad} f_i$ 正交于曲面且线性无关). 在曲面 M^k 的每一点我们指定一个切标架的定向类, 要求标架 $\hat{\tau}$ 与 $\mathbb{R}^n$ 中的标准标架 $(e_1, \cdots, e_n)$ 属于同一个定向类. 显然这个定向类连续依赖于点. 命题得证. □

$\mathbb{R}^{n+1}$ 中 (不同于超平面的) 非奇异曲面的最简单例子是球面 S^n, 它由方程

$$x_1^2 + \cdots + x_{n+1}^2 = 1$$

给定. 球面 S^n 是一个 n 维的紧流形. 通过球极投影可以方便地在球面上引入局部坐标 (见卷 1§9). 设 U_N 是去掉北极 $N = (0, \cdots, 0, 1)$ 后的整个球面, U_S 是去掉南极 $S = (0, \cdots, 0, -1)$ 后的整个球面. 区域 U_N 和 U_S 覆盖了整个球面. 在区域 U_N 中的局部坐标 $(u_N^1, \cdots, u_N^n)$ 由从北极到平面 $x^{n+1} = 0$ 的球极投影给出; 在区域 U_S 中则可取从南极作的球极投影, 我们就得到坐标 $(u_S^1, \cdots, u_S^n)$. 由图 1 明显可见在平面 $x^{n+1} = 0$ 中, 向量 $u_N(x)$ 和 $u_S(x)$ 落在

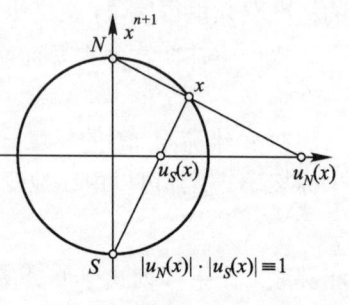

图 1

从坐标原点出发的一条射线上且它们的长度满足关系式

$$|u_N(x)||u_S(x)| \equiv 1.$$

因此, 坐标 $(u_N^1, \cdots, u_N^n)$ 到坐标 $(u_S^1, \cdots, u_S^n)$ 的转移函数形如

$$(u_S^1, \cdots, u_S^n) = \left(\frac{u_N^1}{\sum\limits_{\alpha=1}^n (u_N^\alpha)^2}, \cdots, \frac{u_N^n}{\sum\limits_{\alpha=1}^n (u_N^\alpha)^2} \right) \tag{5}$$

(试证之!). 反向的转移函数由同一公式给出, 只不过字母 N 和 S 应该互换.

球面界定一个带边界流形 D^{n+1} ($(n+1)$ 维圆盘):

$$f(x) = x_1^2 + \cdots + x_{n+1}^2 \leqslant 0.$$

球面 S^n 将空间 $\mathbb{R}^{n+1}$ 分成不相交的两个部分: $f(x) < 0$ 和 $f(x) > 0$.

定义 2.2. 欧几里得空间 $\mathbb{R}^n$ 的一个连通的 $(n-1)$ 维子流形称为是*双侧的*, 如果其上存在一个 (单值的) 连续单位法向量场.

这样的子流形 M 也称为双侧超曲面.

定理 2.3. $\mathbb{R}^n$ 中的双侧超曲面是可定向的.

证明 设 ν 是双侧超曲面 M 的单位法向量场. 则可以这样选定超曲面 M 的切标架定向类使得标架 (τ, ν) 与标准标架 $(e_1, \cdots, e_n)$ 属于同一个定向类. 定理得证. □

注 在 §7 中将证明 $\mathbb{R}^n$ 中每一个闭双侧超曲面都可以由一个非奇异方程 $f(x) = 0$ 定义. 由此不难推出这样的超曲面总界定一个带边界流形. 在第三章中也将证明 $\mathbb{R}^n$ 中任何闭超曲面总是双侧的.

在欧几里得空间中可由一个方程组给出的流形的重要例子是群流形 (在卷 1 §14 中研究过的变换群).

a) 行列式不等于零的矩阵组成的群 $GL(n, \mathbb{R})$ 是空间 $\mathbb{R}^{n^2}$ 中的一个区域.

b) 行列式等于 1 的矩阵组成的群 $SL(n, \mathbb{R})$ 在所有矩阵组成的空间中由一个方程

$$\det A = 1$$

给定 (超曲面).

c) 正交矩阵组成的群 $O(n, \mathbb{R})$ 由方程组

$$AA^T = 1$$

给定.

d) 酉矩阵组成的群 $U(n)$ 在所有复矩阵组成的 $2n^2$ 维空间中由方程

$$A\bar{A}^{\mathrm{T}} = 1$$

给定, 其中 "–" 表示复共轭运算.

在卷 1 (§14 及其后) 曾经证明过这些群及那里出现过的另一些群都是 $\mathbb{R}^{n^2}$ (和 $\mathbb{R}^{2n^2}$) 中的非奇异曲面, 因而是光滑流形.

注 这些流形具有下面的补充结构: 给定了光滑映射 φ 和 ψ,

$$\varphi : G \to G, \text{ 其中 } \varphi(g) = g^{-1},$$
$$\psi : G \times G \to G, \text{ 其中 } \psi(g, h) = gh.$$

定义 2.3. 流形 G 称为**李群**, 如果它是一个群, 且由群结构给出的映射 φ 和 ψ 是光滑映射.

所有在卷 1 中考察过的变换群例子都是李群.

2. 射影空间

我们考察空间 $\mathbb{R}^{n+1}$ 中所有非零向量组成的集, 并规定向量 y 和 $\lambda y, \lambda \neq 0$, 给出一个且同一个点. 这样的等价类称为 (实) 射影空间的点; 这个 (实) 射影空间记为 $\mathbb{R}P^n$.

$\mathbb{R}P^n$ 的另外一种描述: 考察空间 $\mathbb{R}^{n+1}$ 中所有通过坐标原点的直线所成的集. 根据定义, 每一条这样的直线由它的方向向量给定, 而方向向量的确定至多相差一个非零倍数, 因而我们可以将这些直线看作为 $\mathbb{R}P^n$ 中的点.

每一条这样的直线与由方程 $(y^0)^2 + \cdots + (y^n)^2 = 1$ 给定的球面 S^n 恰恰相交于两个对径点. 因此, $\mathbb{R}P^n$ 的每一点由球面 S^n 的一对对径点给定. 我们说射影空间 $\mathbb{R}P^n$ 由球面粘合 (即等同) 对径点而得. 我们注意到 $\mathbb{R}P^n$ 上的函数就是球面 S^n 上的偶函数: $f(y) = f(-y)$.

例 2.1. 射影直线 $\mathbb{R}P^1$ 由圆周 S^1 上的对径点偶组成. 此时上半圆周 (其中 $y > 0$) 的每一点在下半圆周上有它的对径点. 因此只需取下半圆周 (其中 $y \leqslant 0$) 并粘合它的端点 1 和 -1 就可得到 $\mathbb{R}P^1$. 于是, 我们又得到一个圆周. 这样一来, 我们建立了 $\mathbb{R}P^1$ 与圆周 S^1 之间的双方一一的对应 (如图 2).

在 n 维的情形, 我们以类似的方式得到射影空间 $\mathbb{R}P^n$ 的下列构造: 取圆盘 D^n (视为 S^n 的下半球面) 并在它的边界 S^{n-1} 上粘合对径点 ($n = 2$ 的情形可见图 3).

例 2.2. 在卷 1 §14 中构造了群 $SU(2)$ 到 $SO(3)$ 上的同态, 在此同态下 $SU(2)$ 中的矩阵 A 和 $-A$ 映射至流形 $SO(3)$ 的同一点. 还证明了 $SU(2)$ 同胚于 3 维球面 S^3, 在此同胚下矩阵 A 和 $-A$ 对应于球面的对径点. 于是, 我们得到了流形 $SO(3)$ 和 3 维射影空间 $\mathbb{R}P^3$ 之间的双方一一的对应.

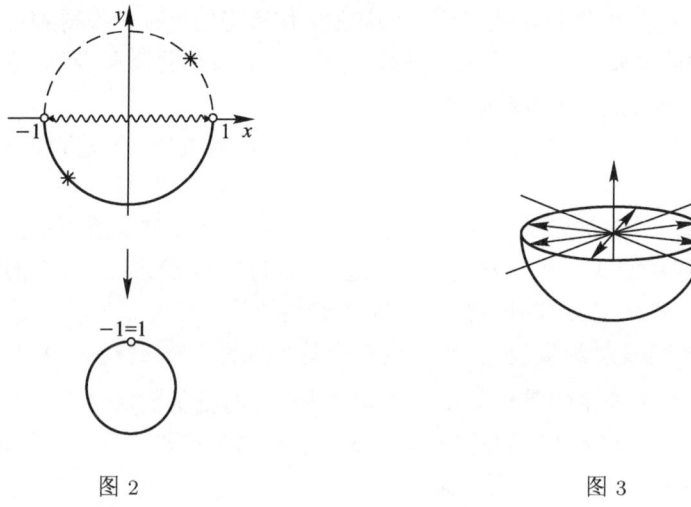

图 2　　　　　　　　　　图 3

现在我们将引入射影空间 $\mathbb{R}P^n$ 上的一个显式表达的流形结构.

考察 $\mathbb{R}P^n$ 中区域 $U_q = \{y^q \neq 0\}$. 在这个区域中引入局部坐标

$$x_q^1 = \frac{y^0}{y^q}, \cdots, x_q^q = \frac{y^{q-1}}{y^q},$$
$$x_q^{q+1} = \frac{y^{q+1}}{y^q}, \cdots, x_q^n = \frac{y^n}{y^q}. \tag{6}$$

区域 $U_q, q = 0, 1, \cdots, n$ 覆盖了整个射影空间. 我们来计算转移函数的显式表示. 在区域 U_0, 我们有坐标 $(x_0^1, \cdots, x_0^n)$, 其中

$$x_0^1 = \frac{y^1}{y^0}, x_0^2 = \frac{y^2}{y^0}, \cdots, x_0^n = \frac{y^n}{y^0}.$$

在区域 U_1 中, 对于它的坐标 $(x_1^1, \cdots, x_1^n)$ 成立

$$x_1^1 = \frac{y^0}{y^1}, x_1^2 = \frac{y^2}{y^1}, \cdots, x_1^n = \frac{y^n}{y^1}.$$

在区域 U_0, U_1 的公共部分, 这里 $y^0 \neq 0, y^1 \neq 0$, 我们得到转移函数 $(x_0) \to (x_1)$:

$$x_1^1 = \frac{1}{x_0^1}, x_1^2 = \frac{x_0^2}{x_0^1}, x_1^3 = \frac{x_0^3}{x_0^1}, \cdots, x_1^n = \frac{x_0^n}{x_0^1} \tag{7}$$

(注意 $x_0^1 = \frac{y^1}{y^0}$ 在交 $U_0 \bigcap U_1$ 上不等于零). 这些转移函数的雅可比行列式形如

$$J_{(x_0) \to (x_1)} = \det \begin{pmatrix} -\frac{1}{(x_0^1)^2} & 0 & \cdots & 0 \\ -\frac{x_0^2}{(x_0^1)^2} & \frac{1}{x_0^1} & 0 & \cdots & 0 \\ \cdots & \cdots & \cdots & \cdots \end{pmatrix} = -\frac{1}{(x_0^1)^{n+1}} \neq 0.$$

其他的交 $U_j \bigcap U_k$ 上的转移函数的公式可从 (7) 作适当的指标轮换得到.

这样, 我们就证实了 $\mathbb{R}P^n$ 是一个光滑流形. 在 $n = 2$ 的情形, 我们得到射影平面 $\mathbb{R}P^2$. 此时的区域 U_0 称为射影平面的有限部分.

我们注意, 易证前面建立的 $S^1 \to \mathbb{R}P^1$ 和 $SO(3) \to \mathbb{R}P^3$ 的双方一一的对应实际上是微分同胚.

复射影空间 $\mathbb{C}P^n$ 被定义为在复空间 $\mathbb{C}^{n+1}$ 中所有非零向量所成的集中将相差一个倍数为非零复数 $\lambda \neq 0$ 的两向量等同起来所成的集. 流形 $\mathbb{C}P^n$ 上的局部坐标可像实的情形一样来定义, $\mathbb{C}P^n$ 是一个 $2n$ 维光滑流形.

例 2.3. 考察复射影直线 $\mathbb{C}P^1$. 这是由等价关系 $(z^0, z^1) \sim (\lambda z^0, \lambda z^1), \lambda \neq 0, |z^0|^2 + |z^1|^2 \neq 0$ 确定的等价类集. 考察 $\mathbb{C}P^1$ 上的复函数 $w_0(z^0, z^1) = \dfrac{z^1}{z^0}$, 这个函数在点 $(0, 1)$ 处无定义, 但是我们可以认为它在这个点取值为 ∞. 于是, $\mathbb{C}P^1$ 就是 (添加了无穷远点的) "扩充复平面".

定理 2.4. 复射影直线 $\mathbb{C}P^1$ 微分同胚于 2 维球面 S^2.

证明 局部坐标 $(u_0, v_0), u_0 + iv_0 = w_0 = \dfrac{z^1}{z^0}$, 将复射影直线的区域 $U_0 = \{z^0 \neq 0\}$ 映射到 2 维平面上. 坐标 $(u_1, v_1), u_1 + iv_1 = w_1 = \dfrac{z^0}{z^1}$, 则在区域 $U_1 = \{z^1 \neq 0\}$ 上起作用. 区域 U_0 和 U_1 覆盖整个 $\mathbb{C}P^1$, 且 $(u_0, v_0) \to (u_1, v_1)$ 的转移函数形式为

$$(u_1, v_1) = \left(\frac{u_0}{u_0^2 + v_0^2}, \frac{-v_0}{u_0^2 + v_0^2} \right)$$

或写成

$$u_1 + iv_1 = w_1 = \frac{1}{w_0} = \frac{u_0 - iv_0}{u_0^2 + v_0^2}.$$

这些转移函数 (除一个符号外) 重合于前面引入的球面 S^2 上球极投影坐标的转移函数. 定理得证. □

相应于所证明的定理, 微分同胚于 2 维球面的扩充复平面称为黎曼球面. 如果 $w = u + iv$ 是扩充复平面的有限部分中的局部坐标, 则 $\dfrac{1}{w}$ 给出 "无穷远" 点 ∞ 的邻域中的局部坐标.

现在我们回到复射影空间 $\mathbb{C}P^n$. 在向量 $z = (z^0, \cdots, z^n) \neq 0$ 的等价类中可以取到 (终端) 位于单位球面 S^{2n+1} 上的代表元, 即

$$|z^0|^2 + \cdots + |z^n|^2 = 1.$$

为此只要用数 $\lambda = \left(\sum_{\alpha=0}^{n} |z^\alpha|^2 \right)^{-1/2}$ 乘向量 z 即可. 除此之外, 向量 z 还可以乘以形 $e^{i\varphi}$ 的模等于 1 的数.

推论 复射影空间 $\mathbb{C}P^n$ 可以从球面 $S^{2n+1} = \left\{ \sum_{\alpha=0}^{n} |z^\alpha|^2 = 1 \right\}$ 通过等同点 $z \sim e^{i\varphi} z$ 得到.

如果将球面 S^{2n+1} 的每一点与它在 $\mathbb{C}P^n$ 中的等价类相对应, 我们就得到一个映射
$$S^{2n+1} \to \mathbb{C}P^n. \tag{8}$$
$\mathbb{C}P^n$ 的每一点在此映射下的原像是圆周 $S^1 = \{e^{i\varphi}\}$. 特别当 $n=1$ 时我们得到映射
$$S^3 \to S^2, (z^0, z^1) \mapsto w = \frac{z^1}{z^0} \quad (|z^0|^2 + |z^1|^2 = 1).$$

习题

2.1. 证明: 奇数维射影空间 $\mathbb{R}P^{2k+1}$ 是可定向的.
2.2. 证明: 李群的单位元的连通分支是正规子群.
2.3. 证明: 连通李群由单位元的一个任意小的邻域生成.
2.4. 证明: 每个李群是可定向的.
2.5. 证明: 射影空间 $\mathbb{R}P^n$ 和 $\mathbb{C}P^n$ 是紧的.
2.6. 四元数空间 $\mathbb{H}P^n$ 由空间 $\mathbb{H}^{n+1}$ 中非零向量不计一个非零四元数倍数所成的等价类集定义. 在 $\mathbb{H}P^n$ 上引入流形结构并证明 $\mathbb{H}P^1 = S^4$.
2.7. 构造与映射 (8) 类似的 $S^{4n+3} \to \mathbb{H}P^n$ 的映射. 在此映射下点的原像是什么?

§3. 李群理论中的必需结果

1. 李群单位元的邻域结构. 李群的李代数. 半单性

在任何李群 G 中都有一个特别的点 $g_0 = 1 \in G$ (群的单位元) 以及单位元的切空间 $T = T_{(1)}$. 变换
$$G \to G, \quad g \mapsto hgh^{-1}$$
称为由群的元 h 决定的内自同构. 这个变换保持单位元 $g_0 = 1$ 不变 ($hg_0h^{-1} = g_0$) 且生成切空间的一个线性映射
$$\mathrm{Ad}(h) : T \to T;$$
还有 $\mathrm{Ad}(h^{-1}) = [\mathrm{Ad}(h)]^{-1}$ 和 $\mathrm{Ad}(h_1 h_2) = \mathrm{Ad}(h_1)\mathrm{Ad}(h_2)$. 换言之, 对应 $h \mapsto \mathrm{Ad}(h)$ 是一个线性表示
$$\mathrm{Ad} : G \to GL(n, \mathbb{R}),$$
这里 n 是群 G 的维数.

对交换群 G 而言, 表示 Ad 是平凡的, 即 $\mathrm{Ad}(h) = 1$, 对一切 $h \in G$.

在单位元 $1 = g_0 = (0, \cdots, 0)$ 的邻域中我们选取坐标 $(x^1, \cdots, x^n)$. 可以用这些坐标描述群的运算: 元 $g_1 = (x^1, \cdots, x^n), g_2 = (y^1, \cdots, y^n)$ 的积 $g_1 g_2$ 有坐标
$$\psi^\alpha(x, y) = \psi^\alpha(x^1, \cdots, x^n, y^1, \cdots, y^n), \quad \alpha = 1, \cdots, n,$$

而元 $g = (x^1, \cdots, x^n)$ 的逆元 $g^{-1} = \varphi(x^1, \cdots, x^n)$ 有坐标

$$\varphi^\alpha(x) = \varphi^\alpha(x^1, \cdots, x^n), \quad \alpha = 1, \cdots, n.$$

函数 $\psi(x, y)$ 和 $\varphi(x)$ 的性质:

1) $\psi(x, 0) = \psi(0, x) = x$ (单位元的性质);
2) $\psi(x, \varphi(x)) = 0$ (逆元的性质);
3) $\psi(x, \psi(y, z)) = \psi(\psi(x, y), z)$ (结合律).

由函数 $\psi(x, y)$ 和 $\varphi(x)$ 的光滑性及性质 1) 导出

$$\psi^\alpha(x, y) = x^\alpha + y^\alpha + b^\alpha_{\beta\gamma} x^\beta y^\gamma + (\text{阶数} \geqslant 3 \text{ 的项}).$$

现设 ξ 和 η 是群在单位元处的切向量, 即空间 T 中的元; 并进一步设 (ξ^α) 和 (η^β) 是它们在我们的坐标系中的坐标. 定义换位子 $[\xi, \eta] \in T$ 如下:

$$[\xi, \eta] = \frac{1}{2}(b^\alpha_{\beta\gamma} - b^\alpha_{\gamma\beta})\xi^\beta \eta^\gamma, \tag{1}$$

其中 $b^\alpha_{\beta\gamma} = \left.\dfrac{\partial^2 \psi}{\partial x^\beta \partial y^\gamma}\right|_{(0,0)}$. 由此定义推出换位子的下列性质:

a) $[\ ,\ ]$ 是 $T = \mathbb{R}^n$ 中的双线性运算, 这里 n 是群 G 的维数;
b) $[\xi, \eta] = -[\eta, \xi]$;
c) 将 (结合律) 3) 中等式的两边作泰勒展开并略去阶数 $\geqslant 4$ 的项, 我们就得到雅可比恒等式 (试证之!)

$$[[\xi, \eta], \zeta] + [[\zeta, \xi], \eta] + [[\eta, \zeta], \xi] = 0. \tag{2}$$

于是, G 在单位元的切空间关于换位运算是一个李代数 (见卷 1 §24). 这个李代数通常称为群 G 的李代数 (见卷 1 同一节).

在坐标系中, 换位子由一组数 $c^\alpha_{\beta\gamma}$ 给出, 它们满足

$$[\xi, \eta]^\alpha = c^\alpha_{\beta\gamma} \xi^\beta \eta^\gamma. \tag{3}$$

这些数 $c^\alpha_{\beta\gamma}$ 关于指标 β, γ 是反称的并称为李代数的结构常数.

群 G 的一个单参数子群是指一条满足 $F(0) = 1$ 和 $F(t_1 + t_2) = F(t_1)F(t_2)$, $F(-t) = F(t)^{-1}$ 的一条 (参数化) 曲线 $F(t) \subset G$. 在矩阵群的情形 (见卷 1 §14), 它们的形式为

$$F(t) = \exp(At).$$

在抽象李群 G 的情形, 对于一条曲线 $F(t)$ 可定义一个依赖于 t 的向量

$$F^{-1}\dot{F} = F(t)^{-1}\frac{dF(t)}{dt} \in T.$$

如果 $F(t)$ 是单参数子群, 则这个向量不依赖于 t. 事实上, 因为 $F(t+\varepsilon) = F(t)F(\varepsilon)$, 从而

$$\frac{dF}{dt} = \left.\frac{dF(t+\varepsilon)}{d\varepsilon}\right|_{\varepsilon=0} = F(t)\left.\frac{dF(\varepsilon)}{d\varepsilon}\right|_{\varepsilon=0},$$

即 $\dot{F}(t) = F(t)\dot{F}(0)$ 或 $F^{-1}(t)\dot{F}(t) = \dot{F}(0) =$ 常向量. 另一方面, 对于每一个非零 $A \in T$ 总存在唯一的单参数子群 $F(t)$ 满足

$$F^{-1}\dot{F} = A. \tag{4}$$

事实上, 由于常微分方程的解的存在性和唯一性定理, 我们通过解方程 (4) 就可对小的 ε 得到单参数群 $F(\varepsilon)$. 由 $F(\delta)$ ($|\delta| < \varepsilon$) 中的元重复作乘积可以将群 $F(t)$ 延拓到所有其余的值 t 上.

对于用这个方法求得的群 G 的单参数子群, 像在矩阵群情形一样, 仍采用记号 $F(t) = \exp(At)$.

习题 3.1. 设 $F_1(t)$ 和 $F_2(t)$ 是两个单参数子群: $A_1 = \dot{F}_1(0), A_2 = \dot{F}_2(0)$ 或者说 $F_1(t) = \exp(A_1 t), F_2(t) = \exp(A_2 t)$. 证明公式

$$t^2[A_1, A_2] = F_1(t)F_2(t)F_1^{-1}(t)F_2^{-1}(t) + O(t^3). \tag{5}$$

设 $F(t) = \exp(At)$ 是群 G 的单参数子群. 变换 $g \mapsto FgF^{-1}$ 生成李代数 $T_{(1)} = \mathbb{R}^n$ 的单参数变换群:

$$\text{Ad } F(t) : \mathbb{R}^n \to \mathbb{R}^n.$$

向量 $\left.\dfrac{d}{dt}\text{Ad } F(t)\right|_{t=0}$ 落在群 $GL(n, \mathbb{R})$ 的李代数中, 即是一个线性算子.

习题 3.2. 证明: $\left.\dfrac{d}{dt}\text{Ad } F(t)\right|_{t=0}$ 的形式为 $B \mapsto [A, B]$, 其中 $B \in \mathbb{R}^n$ 是李代数中的向量. 变换 $B \mapsto [A, B]$ 记为 $\text{ad } A : \mathbb{R}^n \to \mathbb{R}^n$.

现在我们将利用单参数子群在李群 G 的单位元的邻域中定义一种 (典范) 坐标. 设 $A_1, \cdots, A_n$ 是作为 G 在点 $g_0 = 1 \in G$ 的切空间的李代数 $\mathbb{R}^n = T_{(1)}$ 的一个基. 对任意的向量 $A = \sum A_i x^i$ 都可定义单参数子群 $\exp A\tau = F(\tau)$.

令

$$\exp A = F(\tau)|_{\tau=1}, \tag{6}$$

并指定点 $\exp A$ 的坐标为 $(x^1, \cdots, x^n)$; 结果我们就得到在点 $1 \in G$ 的一个邻域中的一个坐标系, 在这个坐标系中和 $\sum (x^i)^2$ 充分小. 这就是"第一类典范坐标".

另一种坐标: 设 $F_i = \exp(A_i t)$. 则点 $1 \in G$ 的一个充分小邻域 U 中的任意点 g 可记成

$$g = F_1(t_1)\cdots F_n(t_n), \tag{7}$$

其中 $t_1, \cdots, t_n$ 的值小. 我们指定点 g 的坐标为 $t_1 = x_1, \cdots, t_n = x_n$; 这就是"第二类典范坐标".

习题

3.3. 考察曲线 $g(\tau) = F_1(\tau t_1) \cdots F_n(\tau t_n)$. 证明:

$$\left.\frac{dg}{d\tau}\right|_{\tau=0} = \sum_{i=1}^{n} t_i A_i.$$

3.4. $G = SO(3)$ 的何种坐标表示 "欧拉角" φ, ψ, θ (见卷 1 例 14.1)?

第一类典范坐标可方便地用于下面定理的证明.

定理 3.1. 如果李群 G 中的乘法函数 ψ^α 是实解析的 (即可展开成收敛幂级数), 则李代数唯一地决定单位元 $1 \in G$ 的某个邻域内群 G 的乘法.

注 对 ψ 的解析性 (或者说, 对群的解析性) 要求不是实质性的, 但不要求 ψ 的解析性时的证明要复杂得多.

证明 作辅助函数 $v_\beta^\alpha(x)$ 如下:

$$v_\beta^\alpha(x) = \left.\frac{\partial \psi^\alpha(x,y)}{\partial x^\beta}\right|_{y=\varphi(x)}, \quad v_\beta^\alpha(0) = \delta_\beta^\alpha,$$

其中 $\varphi(x) = x^{-1}$ 是逆元. 于是, 对函数 $\psi^\alpha(x,y)$ 可得一个关于 x 的微分方程组

$$v_\beta^\alpha(\psi(x,y))\frac{\partial \psi^\beta(x,y)}{\partial x^\gamma} = v_\gamma^\alpha(x), \tag{8}$$

初始条件为

$$\psi(0,y) = y.$$

(为得到方程组 (8), 我们注意它的左边

$$\left.\frac{\partial \psi^\alpha(x,y)}{\partial x^\beta}\right|_{\substack{x=\psi(x,y)\\y=\varphi(\psi(x,y))}} \cdot \frac{\partial \psi^\beta(x,y)}{\partial x^\gamma}$$

是

$$\left.\frac{\partial \psi^\alpha(\psi(x,y),z)}{\partial x^\gamma}\right|_{z=\varphi(\psi(x,y))};$$

然后余下要做的只是应用函数 φ, ψ 的性质 1),2),3).)

方程组 (8) 的可积性条件为 (见后面的 §29)

$$\frac{\partial^2 \psi^\beta}{\partial x^\gamma \partial x^\delta} = \frac{\partial^2 \psi^\beta}{\partial x^\delta \partial x^\gamma},$$

或等价地,

$$\frac{\partial v_\beta^\alpha}{\partial x^\gamma} - \frac{\partial v_\gamma^\alpha}{\partial x^\beta} = 2c_{\mu\nu}^\alpha v_\beta^\mu v_\gamma^\nu, \tag{9}$$

其中 $c_{\mu\nu}^\alpha$ 是李代数的结构常数.

我们注意到具初始速度向量 $A = (A^i)$ 的单参数子群 $x = x(t)$ 的方程形如 (见 (4))

$$A^\alpha = \left.\frac{dx^\alpha(\varepsilon)}{d\varepsilon}\right|_{\varepsilon=0} = \left.\frac{d}{d\varepsilon}\psi^\alpha(x(\varepsilon+t), x(-t))\right|_{\varepsilon=0}$$
$$= \left.\frac{\partial \psi^\alpha(x,y)}{\partial x^\beta}\right|_{y=\varphi(x)} \cdot \left.\frac{dx^\beta(\varepsilon+t)}{d\varepsilon}\right|_{\varepsilon=0} = v^\alpha_\beta(x(t))\frac{dx^\beta(t)}{dt}.$$

在第一类典范坐标中, 根据定义 $x^\alpha(t) = A^\alpha t$, 于是,

$$A^\alpha = v^\alpha_\beta(At)A^\beta,$$

或

$$x^\alpha = v^\alpha_\beta(x)x^\beta.$$

我们证明在典范坐标中这些函数 $v^\alpha_\beta(x)$ 是唯一决定的. 关于 x^β 微分最后面的等式可得

$$\delta^\alpha_\beta = x^\gamma \frac{\partial v^\alpha_\gamma}{\partial x^\beta} + v^\alpha_\beta.$$

现在用 x^β 乘以等式 (9) 并对 β 求和, 我们得到

$$x^\beta \frac{\partial v^\alpha_\gamma}{\partial x^\beta} + v^\alpha_\gamma(x) = \delta^\alpha_\gamma + c^\alpha_{\mu\nu}x^\nu v^\mu_\gamma.$$

在这个等式中用 At 替换 x 将成立

$$tA^\beta \frac{\partial v^\alpha_\gamma}{\partial x^\beta} + v^\alpha_\gamma(At) = \delta^\alpha_\gamma + c^\alpha_{\mu\nu}A^\nu t v^\mu_\gamma. \tag{10}$$

引入函数 $w^\alpha_\gamma(t) = tv^\alpha_\gamma(At) \equiv w^\alpha_\gamma(t, A)$. 等式 (10) 意味着

$$\frac{dw^\alpha_\gamma}{dt} = \delta^\alpha_\gamma + c^\alpha_{\mu\nu}A^\nu w^\mu_\gamma.$$

我们得到函数 w^α_γ 的一个具常系数的线性微分方程组. 初始条件为 $w^\alpha_\gamma(0) = 0$. 因此函数 $w^\alpha_\gamma(t, A)$ 对任意的 A 唯一地由李代数结构决定, 由此, 函数 $v^\alpha_\beta(x)$ 唯一地被决定, 从而乘法法则作为方程组 (8) 的解也唯一地由李代数结构决定. 定理得证. □

推论 1 如果连通的解析李群 G 的李代数是交换的, 即 $[A, B] \equiv 0$, 则群 G 是 (通常意义下的) 交换群.

事实上在这个群的单位元的一个邻域内这个推论由定理 3.1 导出. (在 (10) 中置 $c^\alpha_{\mu\nu} = 0$, 我们得到 $v^\alpha_\beta(x) = \delta^\alpha_\beta$, 结果方程组 (8) 具初始条件 $\psi(0, y) = y$ 的解为 $\psi(x, y) = x + y$.) 只要注意到 G 的任何元由于连通性都可表示为若干个单位元附近的元的乘积就是以明白整个群也是如此.

定义 3.1. 非交换李代数 $L = \{\mathbb{R}^n, c_{jk}^i\}$ 称为是单李代数, 如果它不包含真理想 即不包含这种子空间 $I \neq L, 0$, 而 $[I, L] \subset I$. 如果群 G 的李代数是单的, 则 G 称为单李群. 李代数 L 称为半单李代数, 如果 $L = I_1 + \cdots + I_n$, 其中 I_j 是单 李代数, 两两交换的 ($[I_k, I_l] = 0$, 当 $k \neq l$) 且自身非交换. 具半单李代数的群 G 称为半单李群. 对于任意李代数可定义 "基灵形式"

$$\langle A, B \rangle = -\mathrm{Tr}(\mathrm{ad}\, A \mathrm{ad}\, B), \tag{11}$$

其中 L 上的算子 $\mathrm{ad} A$ 形如

$$u \mapsto [A, u], u \in L. \tag{12}$$

在前面我们对于李群 G 的每一个元 g 伴随群 G 的李代数的一个自同构 $\mathrm{Ad}(g)$ (它由 G 的内自同构诱导而成); 我们自然地将这个自同态 $\mathrm{Ad}(g)$ 称为李代数的内自 同构.

定理 3.2. 1) 如果李群 G 的李代数 L 是单的, 则内自同构 $\mathrm{Ad}\, g$ 是李群 G 的 一个不可约线性表示 (即在 L 中不存在非平凡的不变子空间). 2) 如果基灵形式 是正定的, 则李代数是半单的.

1) 的证明 如果表示 $\mathrm{Ad}\, g$ 有不变子空间 $I \subset L$, 即如果对任意的 $g \in G, gIg^{-1} \subset I$, 则当 g 接近于 1 时, 我们得到

$$[L, I] \subset I.$$

(事实上对任意元 $X \in L, Y \in I$ 和由这些切向量给出的单参数子群 $x(\tau), y(t), I$ 的不 变性隐含向量

$$\mathrm{Ad}(x(\tau))(Y) = \frac{d}{dt}(x(\tau)y(t)x(\tau)^{-1})\Big|_{t=0}$$

对任意 τ 都落在 I 中. 使用第一类典范坐标, $x(\tau) = X\tau, y(t) = Yt$, 对于 $x(\tau)y(t)x(\tau)^{-1} = x(\tau)y(t)x(-\tau)$, 使用 (1) 前面的等式及逆元的性质可以得到它的 第 α 个分量为 $Y^\alpha t + [X, Y]_t^\alpha \tau +$ 关于 t, τ 的高阶项. 因此对充分小的 τ

$$\mathrm{Ad}(x(\tau))(Y) = Y + [X, Y]\tau + O(\tau^2),$$

结果有

$$[X, Y]\tau + O(\tau^2) \in I.$$

将最后的表达式除以 τ 并令 $\tau \to 0$, 由于关于欧几里得范数有限维向量空间的任何 子空间都是闭子空间, 最终我们得到 $[X, Y] \in I$.)

因此, I 是 L 中的理想, 这与 L 是单的矛盾. 结论 1) 得证. □

2) **的证明** 设 I 是李代数 L 的理想. 我们首先证明 I 关于基灵形式的补 J (即 J 是 L 中所有正交于 I 的向量所成的子空间) 同样是一个理想. 为此, 设 X,Y,Z 分别是 L,I,J 中的任意元并注意由于雅可比恒等可表示为

$$\mathrm{ad}[A,B] = \mathrm{ad}\,A\,\mathrm{ad}\,B - \mathrm{ad}\,B\,\mathrm{ad}\,A,$$

成立等式

$$\mathrm{Tr}(\mathrm{ad}[X,Y]\mathrm{ad}\,Z) = \mathrm{Tr}(\mathrm{ad}\,X\,\mathrm{ad}\,Y\,\mathrm{ad}\,Z - \mathrm{ad}\,Y\,\mathrm{ad}\,X\,\mathrm{ad}\,Z).$$

利用迹 (Tr) 的性质我们得到

$$\mathrm{Tr}(\mathrm{ad}[X,Y]\mathrm{ad}\,Z) = \mathrm{Tr}(\mathrm{ad}\,X\,\mathrm{ad}\,Y\,\mathrm{ad}\,Z - \mathrm{ad}\,X\,\mathrm{ad}\,Z\,\mathrm{ad}\,Y)$$
$$= \mathrm{Tr}(\mathrm{ad}\,X\,\mathrm{ad}[Y,Z]) = 0,$$

因为 $[Y,Z] \in I$ 且 $X \in J$. 于是 $[X,Y]$ 正交于 Z, 由此导出所需的 $[L,J] \subset J$.

基灵形式的正定性隐含 $L = I \oplus J$; 于是, 具正定的基灵形式的李代数分解成单李代数的直和且这些单李代数是非交换的 (因为基灵形式在交换直加项上的限制等于零). □

注 在李代数理论中证明过更强的结论: 李代数是半单的当且仅当它的基灵形式非退化. 这个定理的证明除了上面用到的论证外还利用了这个事实: 非交换的单李代数的基灵形式不可能恒等于零. 这个事实又可以从恩格尔定理推得. 恩格尔定理说: 李代数 L 的基灵形式等于零当且仅当该李代数 L 是幂零的, 即当且仅当存在 n 使得

$$[[\cdots,[A_1,A_2],\cdots],A_n] = 0$$

对任意的 $A_1,\cdots,A_n \in L$.

习题

3.5. a) 证明: 一个连通黎曼流形 M 的运动 (等距) 组成李群.
b) 对黎曼流形的所有共形变换组成的群证明类似的结论.

3.6. 决定卷 1 (见 §24) 中出现的李代数中哪些是半单的或单的.

2. (线性) 表示的概念. 非矩阵李群的例子

定义 3.2. 群 G 到某个矩阵群的一个同态 $\rho: G \to GL(n,\mathbb{R})$ 或 $\rho: G \to GL(n,\mathbb{C})$ 称为群 G 的一个表示. 此时由公式 $\chi_\rho(g) = \mathrm{Tr}\,\rho(g), g \in G$ 决定的映射 $\chi_\rho: G \to \mathbb{R}(G \to \mathbb{C})$ 称为表示 ρ 的特征标.

一个表示称为不可约的, 如果在空间 $\mathbb{R}^n$ (或 $\mathbb{C}^n$) 中不包含关于所有的形如 $\rho(g), g \in G$, 的矩阵不变的非平凡子空间. 成立下面简单但重要的

定理 3.3 ("舒尔引理"). 设 $\rho_i : G \to GL(n_i, \mathbb{R}), i = 1, 2$, 是群 G 的两个不可约表示. 如果 $A : \mathbb{R}^{n_1} \to \mathbb{R}^{n_2}$ 是一个将 ρ_1 变为 ρ_2 的线性变换 (即满足 $A\rho_1(g) = \rho_2(g)A$), 则 A 或者是零变换或者是一个同构 (此时自然有 $n_1 = n_2$).

证明 如果 x 是 A 的核中一个元, 即 $Ax = 0$, 则对任意的 $g \in G$,
$$A\rho_1(g)x = \rho_2(g)Ax = 0;$$
换言之, A 的核是表示 ρ_1 的不变子空间, 因而由 ρ_1 的不可约性它必须或者是整个 $\mathbb{R}^{n_1}$ (此时 $A = 0$), 或者是零空间. 类似地, $A(\mathbb{R}^{n_1}) \subset \mathbb{R}^{n_2}$ 关于 $\rho_2(G)$ 是不变的, 因此或者是零空间或者是整个 $\mathbb{R}^{n_2}$. 定理得证. □

注 设给定李群 G 的一个表示 $\rho : G \to GL(N, \mathbb{R})$. 这个 (光滑) 映射在群的单位元处的微分 ρ_* 将李代数 $\mathfrak{g} = T_{(1)}$ 映射至矩阵空间:
$$\rho_* : \mathfrak{g} \to M(N, \mathbb{R}).$$
映射 ρ_* 给出李代数 $\mathfrak{g}$ 的表示 (李代数同态), 即对李代数 $\mathfrak{g}$ 中任意向量 ζ, η 成立等式
$$\rho_*[\zeta, \eta] = [\rho_*\zeta, \rho_*\eta]$$
(试证之!). (可以证明 ρ 的连续性自动地导致它的光滑性.)

表示 $\rho : G \to GL(N, \mathbb{R})$ (或 $\rho : G \to GL(N, \mathbb{C})$) 称为是忠实的, 如果它的核是平凡的, 即当 $\rho \neq 1$ 时 $\rho(g) \neq 1$. 任何矩阵李群具有平凡的忠实表示, 因为它已经实现为空间 $\mathbb{R}^N$ (或 $\mathbb{C}^N$) 的线性变换群. 然而并不是每一个李群都可实现为欧几里得空间的线性变换群的. 例如, 考察实直线的形如

$$x \mapsto x + 2\pi a + \frac{1}{i} \ln \frac{1 - ze^{-ix}}{1 - \bar{z}e^{ix}} \tag{13}$$

的变换群 $G = \widetilde{SL}(2, \mathbb{R})$, 其中 $x \in \mathbb{R}, a \in \mathbb{R}, z \in \mathbb{C}, |z| < 1$, $\ln$ 表示自然对数函数的由条件 $\ln 1 = 0$ 决定的连续分支. (对数的真数是一个分式, 它的分子和分母彼此共轭, 因此模为 1, 于是对数是一个纯虚数, 从而整个右边是一个实数.) 群 $\widetilde{SL}(2, \mathbb{R})$ 是一个 3 维连通李群. 它具有一个同构于 $\mathbb{Z}$ 的子群由 (13) 中 $a \in \mathbb{Z}$ 且 $z = 0$ 对应的变换组成. 这个子群的元与群的其余元都可交换, 或者如通常所说, 这个子群属于群的中心 (下面我们将看到它重合于群 $\widetilde{SL}(2, \mathbb{R})$ 的中心). $z = 0$ 而 a 为任意实数的变换 (13) 组成群 $\widetilde{SL}(2, \mathbb{R})$ 的一个单参数子群.

每个变换 (13) 具有性质: 如果 $x \mapsto y$, 则 $x + 2\pi k \mapsto y + 2\pi k (k \in \mathbb{Z})$; 因此它定义了圆周 $|\omega| = 1$ 上的一个变换, 即变换
$$\omega \mapsto \frac{\omega - z}{1 - \bar{z}\omega} e^{2\pi i a}.$$

于是我们得到群 $\widetilde{SL}(2, \mathbb{R})$ 到群 $SL(2, \mathbb{R})/\pm 1 = SU(1, 1)/\pm 1$ 的一个射影 (同态). 显然, 这个射影的像是整个群 $SL(2, \mathbb{R})/\pm 1$, 而它的核正是上面提到的群 $\mathbb{Z}$.

因为群 $SL(2,\mathbb{R})/\pm 1$ 只有平凡中心, 由此推知群 $SL(2,\mathbb{R})$ 的中心就是我们的这个群 $\mathbb{Z}$.

定理 3.4. 群 $\widetilde{SL}(2,\mathbb{R})$ 不存在任何的忠实线性表示.

证明 回想一下, 群 $\widetilde{SL}(2,\mathbb{R})$ 具有一个单参数子群, 这个子群与它的 (同构于 $\mathbb{Z}$ 的) 中心有无限交但不属于这个中心 (中心由 $a\in\mathbb{Z}$ 且 $z=0$ 的变换 (13) 组成). 我们将证明群 $\widetilde{SL}(2,\mathbb{R})$ 的这个性质与它嵌入于矩阵群是不相容的.

我们假定群 $G\subset GL(n,\mathbb{C})$ 同构于 $\widetilde{SL}(2,\mathbb{R})$. 设 H 是群 G 的对应于上面所说的子群的单参数子群. 由卷 1 §14, $H=\{\exp(tA)|t\in\mathbb{R}\}$, 其中 A 是某个 $n\times n$ 矩阵. 如果必要, 借助群 $GL(n,\mathbb{C})$ 的内自同构, 我们可以做到使矩阵 A 化为它的若尔当典范形, 即成为分块对角矩阵, 每一分块形如

$$\begin{pmatrix} \lambda & a_1 & & 0 \\ & \ddots & \ddots & a_k \\ & & & \ddots \\ 0 & & & \lambda \end{pmatrix},$$

其中 $a_i=0$ 或 1 (我们假定不同的分块对应于不同的 λ, 即分块的阶数等于矩阵 A 的本征值的重数). 于是, 矩阵 $\exp(tA)$ 也是具同样阶数分块的分块对角矩阵, 它的分块形如 $e^{\lambda t}B_\lambda(t)$, 其中

$$B_\lambda(t) = \begin{pmatrix} 1 & a_1 t & \frac{1}{2}a_1 a_2 t^2 & \frac{1}{6}a_1 a_2 a_3 t^3 & \cdots & \frac{1}{k!}a_1\cdots a_k t^k \\ 0 & 1 & a_2 t & \frac{1}{2}a_2 a_3 t^2 & \cdots & \frac{1}{(k-1)!}a_2\cdots a_k t^{k-1} \\ 0 & 0 & 1 & a_3 t & \cdots & \frac{1}{(k-2)!}a_3\cdots a_k t^{k-2} \\ \vdots & \vdots & \vdots & \vdots & & \vdots \\ 0 & 0 & 0 & 0 & \cdots & 1 \end{pmatrix}.$$

由这种形状的矩阵与群 G 无穷多次相交这个事实可以导出群 G 的每一个元都是具有同样阶数分块所成的分块对角矩阵.

所有的与 G 中全体矩阵可交换的矩阵 (包括退化的) 所成的集 P 是 $n\times n$ 矩阵空间 $\mathbb{C}^{n^2}$ 的一个线性子空间; 交 $P\bigcap G$ 是群 G 的中心. P 的矩阵又是具有 G 中矩阵同样阶数分块的分块对角矩阵, 而这种矩阵属于 P 的条件可以用关于矩阵中元的一个线性齐次方程组表达, 并且这个方程组中每一个方程只涉及一个确定的分块. 于是, 矩阵 $\exp(tA)$ 属于中心的条件可以写成关于矩阵 $B_\lambda(t)$ 中元的一个线性方程组, 即写成关于 t 的一个代数方程组. 这样的方程或者关于 t 恒成立, 或者有有限多个解. 这与群 $H=\{\exp(tA)\}$ 不属于中心但与中心有无穷交这个事实矛盾. 定理得证. $\square$

习题

3.7. 计算群 $\widetilde{SL}(2,\mathbb{R})$ 的李代数.

3.8. 证明: 前面构造的映射 $\widetilde{SL}(2,\mathbb{R}) \to SL(2,\mathbb{R})/\pm 1$ 在单位元的某个邻域内是同构.

§4. 复流形

1. 定义和例子

现在我们介绍复流形的概念.

定义 4.1. 一个复维数 n 的复解析流形是一个 $2n$ 维的流形 M, 其上已取定可等同于 n 维复空间 $\mathbb{C}^n$ 中区域的局部坐标区域 $U_q, M = \bigcup_q U_q$. 在每个区域 U_q 中给定的复局部坐标为 $z_q^\alpha = x_q^\alpha + iy_q^\alpha, \alpha = 1, \cdots, n$. 在两个区域的交 $U_q \bigcap U_p$ 上有着两种局部坐标系 (z_q^α) 和 (z_p^β). 要求从坐标 (z_q^α) 到坐标 (z_p^β) 以及从 (z_p^β) 到 (z_q^α) 的转移函数是复解析函数 (见卷 1 §12):

$$\frac{\partial z_q^\alpha}{\partial \bar{z}_p^\beta} \equiv 0, \quad \frac{\partial z_p^\beta}{\partial \bar{z}_q^\alpha} \equiv 0. \tag{1}$$

一个 (在任意局部坐标系中) 复解析的映射称为复流形之间的全纯映射. 到复直线 $\mathbb{C}$ 中的全纯映射称为复流形上的解析函数 (或全纯函数).

映射称为双全纯映射, 如果它及它的逆映射均是全纯的. 互相之间存在双全纯映射的复流形称为双全纯等价的复流形或者称为复微分同胚的复流形.

复流形的一个重要的几何性质是它们的可定向性:

定理 4.1. 复解析流形 M 是定向流形.

证明 设 $z_q^\alpha = x_q^\alpha + iy_q^\alpha$ 是流形 M 在区域 U_q 中的复坐标, $z_p^\beta = x_p^\beta + iy_p^\beta$ 是区域 U_p 中的复坐标. 从坐标 (x_q^α, y_q^α) 到 (x_p^β, y_p^β) 的转移函数的实雅可比行列式形如

$$J^\mathbb{R} = |J^\mathbb{C}|^2 = \det\left(\frac{\partial z_q^\alpha}{\partial z_p^\beta}\right)^2$$

(见卷 1 引理 12.2). 所有这种雅可比行列式都是正的. 定理得证. □

复解析流形的一个例子是在 §2 中考察过的复射影空间 $\mathbb{C}P^n$. 这些流形上的局部坐标像在实的情形同样构造, 并且转移函数可以由 §2 中公式 (7) 给出, 它们是复解析的. 复射影空间 $\mathbb{C}P^n$ 是紧流形 (见习题 2.6).

当 $n = 1$ 时我们得到扩充复平面 ("黎曼球面"). 此时在无穷远点 ∞ 的邻域中的局部坐标是 $w = \frac{1}{z}$ (对 $z = \infty, w = 0$).

§4. 复流形

最简单的复流形例子是 $\mathbb{C}^n$ 中的区域. 另一类重要的例子是 $\mathbb{C}^n$ 中非奇异曲面. 它们由方程组

$$\left.\begin{array}{c} f_1(z^1,\cdots,z^n)=0, \\ \cdots\cdots\cdots\cdots \\ f_{n-k}(z^1,\cdots,z^n)=0, \end{array}\right\} \qquad (2)$$

给出,其中所有的函数 $f_1,\cdots,f_{n-k}$ 是复解析的,且矩阵 $\left(\dfrac{\partial f_i}{\partial z^j}\right)$ 具有最大秩 (等于 $n-k$). 借助卷 1 §12 中的结果, 完全像在实的情形一样,我们可以证明非奇异复曲面是复解析流形.

与实的情形所不同的是: 空间 $\mathbb{C}^n$ 中的复子流形并不能包括所有的复解析流形. 为确信这一点,我们证明下面重要的定理.

定理 4.2. 紧连通复流形上的全纯函数必是常值函数.

证明 设 f 是紧连通复解析流形 M 上的全纯函数. 于是, 紧流形 M 上的连续函数 $|f|$ 在某点 P_0 上取到最大值:

$$|f(P)| \leqslant |f(P_0)|.$$

因此, 由流形的连通性及下面的一般性结论可知函数 $f(P)$ 在整个流形 M 上是常值函数. □

引理 4.1 (最大模原理). 设 f 是 n 维复空间 $\mathbb{C}^n$ 的某个区域 U 上的全纯函数. 如果函数 $|f|$ 在 U 中点 P_0 上取到局部极大值,即 $|f(P)| \leqslant |f(P_0)|$ 对 U 中充分邻近 P_0 的所有点 P 成立,则函数 f 在 P_0 的一个邻域内是常值函数.

证明 由引理中的条件,函数 $|f|$ 在任意的过点 P_0 的复直线上有局部极大值. 因此只要对 $n=1$ 证明最大模原理就足够了. 此时可以假定 $P_0=0, f(0) \neq 0$ (当 $f(0)=0$ 时命题是平凡的). 适当地将函数乘以一个数, 可以假定 $f(0)$ 是一个正实数.

对于单变量全纯函数成立柯西积分公式 (卷 1 §26):

$$f(0) = \frac{1}{2\pi i} \oint_\gamma \frac{f(z)dz}{z},$$

其中 γ 是内部包含坐标原点的圆周. 由 $z = re^{i\varphi}, r = $ 常数, 我们得到

$$f(0) = \frac{1}{2\pi} \int_0^{2\pi} f(re^{i\varphi})d\varphi. \qquad (3)$$

关系式 (3) 对全纯函数的实部和虚部也同样成立.

设 $m(r) = \max_\varphi |f(re^{i\varphi})|$. 由引理条件, $f(0) \geqslant m(r)$. 但是由公式 (3) 推出 $f(0) \leqslant m(r)$. 这意味着 $f(0) = m(r)$. 函数 $g(z) = \mathrm{Re}(f(0) - f(z))$ 在任意圆周 $z = re^{i\varphi}$ 上是非负的, 其中 r 充分小. 事实上, $f(0) - |f(z)| \geqslant 0, |\mathrm{Re} f(z)| \leqslant |f(z)|$.

由等式 (3), 这个函数沿圆周 $z = re^{i\varphi}$ 的积分等于零. 因此在任意圆周 $z = re^{i\varphi}$ 上 (r 充分小), $\mathrm{Re}(f(0) - f(z)) = 0$, 即 $\mathrm{Re} f(z) = f(0)$. 由不等式 $|f(z)| \leqslant f(0)$ 就可推出 $f(z) = f(0)$ 对所有的接近于零的 z 成立. 引理得证. □

现在设 $\max\limits_{P \in M} |f(P)| = f(P_0)$ 是全纯函数 f 在紧复解析流形 M 上的最大模. 再设 $M' \subset M$ 是流形上所有满足 $f(P) = f(P_0)$ 的点 P 的集合. 由最大模原理, 集 M' 在 M 中是开集 (每一点 $P \in M'$ 连带它的某个邻域一起属于 M'). 此外, 显然 M' 是闭集且非空. 因此 $M' = M$ (因为 M 是连通的). 这样就完成了定理的证明. □

推论 1 $\mathbb{C}^n$ 中维数大于零的复解析子流形必是非紧的.

证明 假定存在紧复流形 M 到 $\mathbb{C}^n$ 的全纯嵌入 f:

$$f : M \to \mathbb{C}^n.$$

可以假定 M 是连通的 (否则, 分别考察 M 的每个连通分支). 于是, 这个映射的所有坐标 f^i 将是 M 上的解析函数, 从而是常值函数, 即 f 将流形映射为一点. 推论得证. □

$\mathbb{C}^n$ 中非奇异曲面的重要例子是这些复变换群:

a) $GL(n, \mathbb{C})$, 所有的非奇异 n 阶复矩阵 $A, \det A \neq 0$, 所成的集, 它是所有复矩阵组成的空间 $\mathbb{C}^{n^2} = \mathbb{R}^{2n^2}$ 中的一个区域.

b) $SL(n, \mathbb{C})$, 所有的 n 阶单模复矩阵 A ($\det A = 1$) 所成的集.

c) $O(n, \mathbb{C})$, 所有的复正交变换, 即满足 $AA^{\mathrm{T}} = 1$ 的 n 阶复矩阵 A 所成的集.

这些曲面的非奇异性在卷 1 §14.1 已有证明. 由推论 1 这些群均是非紧的.

这些流形 G 在定义 2.3 的意义上是李群. 更一般地, 由群结构定义的映射 ψ 和 φ:

$$\psi : G \times G \to G, \quad \text{其中 } \psi(g, h) = gh,$$
$$\varphi : G \to G, \quad \text{其中 } \varphi(g) = g^{-1},$$

都是复解析的 (全纯的) 映射. 群 $G = GL(n, \mathbb{C}), SL(n, \mathbb{C}), O(n, \mathbb{C})$ 都是复矩阵李群.

定义 4.2. 李群 G 称为复李群, 如果由群结构给出的映射 φ 和 ψ 是复解析的.

定理 4.3. 所有的连通紧复李群都是交换群.

证明 设 $\mathfrak{g}$ 是群 G 的李代数. 考察 G 在 $\mathfrak{g}$ 上的表示 Ad. 这个表示是群到复 $n \times n$ 矩阵空间的复解析映射: $G \to GL(n, \mathbb{C}) \subset \mathbb{C}^{n^2}$. 如果群 G 是紧的, 则由上面证明的定理, 这个映射是常值映射. 于是, $\mathrm{Ad}\, G = 1$ 是单位矩阵 (即对一切 $g \in G, \mathrm{Ad}(g) = 1$).

如果 $g(t)$ 是 G 中任意的通过单位元的 (光滑) 曲线, 且 $\dot{g}(0) = X$, 则对李代数 $\mathfrak{g}$ 中的任意元 Y, 如定理 3.2 的部分 1) 的证明中所指出的那样, 成立等式

$$\mathrm{Ad}(g(t))(Y) = Y + t[X, Y] + O(t^2).$$

§4. 复 流 形

因为 $\mathrm{Ad}(g(t))(Y) = Y$, 我们断定对任意的 $X, Y \in \mathfrak{g}, [X, Y] = 0$, 由此及定理 3.1 的推论可知群 G 是交换群. 定理得证. □

连通的紧复李群唯一的例子是复环面. 设在空间 $\mathbb{R}^{2n} = \mathbb{C}^n$ 中给定 $2n$ 个实线性无关的向量 $e_1, \cdots, e_{2n}$. 如果在 $\mathbb{C}^n$ 中规定相差向量 $e_1, \cdots, e_{2n}$ 的一个整系数线性组合的两个向量为等价的:

$$z \sim z + \sum_{\alpha=1}^{2n} n_\alpha e_\alpha, \ \ n_\alpha \in \mathbb{Z},$$

则所得的等价类集就是复环面 T^{2n}. 这样的整系数线性组合生成 $\mathbb{C}^n$ 中的一个子群 Γ (向量 $e_1, \cdots, e_{2n}$ 张成的整格). 环面 T^{2n} 是一个商群:

$$T^{2n} = \mathbb{C}^n / \Gamma.$$

分别由向量 $(e_1, \cdots, e_{2n})$ 和 $(f_1, \cdots, f_{2n})$ 给出的整格 Γ 和 Γ' 重合, 如果向量 f_i 属于 Γ 而 e_j 属于 Γ':

$$f_i = n_i^j e_j, \quad e_j = m_j^i f_i.$$

矩阵 (n_i^j) 和 (m_j^i) 的元是整数且互为逆阵. 因此, $\det(n_i^j) = \det(m_j^i) = \pm 1$. 反之, 由整系数线性变换相关联的任何两组向量 (e_j) 和 (f_i) 给出同一个整格.

如果取 $\mathbb{C}^n$ 中充分小的开集在自然映射

$$\mathbb{C}^n \to T^{2n} = \mathbb{C}^n / \Gamma$$

下的像作为 T^{2n} 的坐标邻域, 则可得环面 T^{2n} 上的流形结构. 试证明环面 T^{2n} 成为一个紧复解析流形, 且是一个 (具交换群结构的) 复李群.

环面 T^{2n} 上的一个函数可视为 $\mathbb{C}^n$ 上的一个 $2n$ 重周期函数:

$$f\left(z + \sum_{\alpha=1}^n n_\alpha e_\alpha\right) = f(z).$$

由定理 3.2 可得

推论 2 $\mathbb{C}^n$ 上的全纯 $2n$ 重周期函数必是常值函数.

例 4.1. 设 $n = 1$. 复环面 T^2 由一对非零复数 $z_1, z_2 \in \mathbb{C}, z_1 \notin \mathbb{R} z_2$ 给出. 用 z_1^{-1} 乘以每一个复数, 我们就得到形如 $(1, \tau)$ 的数对, $\tau = z_2/z_1 \in \mathbb{C}$, 且 τ 的虚部 $\mathrm{Im}\,\tau$ 不等于零 (向量 1 和 τ 是实线性无关的). 由向量 (z_1, z_2) 和 $(1, \tau)$ 给出的环面是双全纯等价的 (在 $\mathbb{C}$ 中用 z_1 和 z_1^{-1} 的乘法 "诱导" 了这些环面之间的全纯映射). 于是, 每一个复一维环面 T^2 由一个虚部不等于零的复数 τ 给出.

引理 4.2. 如果 (虚部不等于零的) 复数 τ 和 τ' 由线性分式变换

$$\tau' = \frac{m\tau + n}{p\tau + q}$$

相关联, 其中矩阵 $\begin{pmatrix} m & n \\ p & q \end{pmatrix}$ 有整数元且行列式等于 ± 1, 则由 τ 和 τ' 给出的环面重合.

证明 $\mathbb{C}^n$ 中由向量组 $(1, \tau)$ 和 $(p\tau + q \cdot 1, m\tau + n \cdot 1)$ 定义的整格重合. 如刚才注意到的那样, 第二个整格定义的环面双全纯等价于数 τ' 给出的环面. 引理得证. □

注 可以证明 (这需要使用椭圆函数这个工具) 由充分邻近的复数 τ 和 τ' 给出的环面是互不双全纯等价的.

从实流形观点看, 环面 T^2 微分同胚于二维实环面 $T^2 = S^1 \times S^1$, 其中每一个圆周可由在通过 z_1 (或通过 z_2) 的直线上将 z_1 (或 z_2) 的整数倍的点等同而得; $2n$ 维环面 T^{2n} 则微分同胚于 $2n$ 维实环面 $S^1 \times \cdots \times S^1$.

设环面 T^{2n} 由向量 $e_1, \cdots, e_{2n}$ 给定. 这些向量中有 n 个是复线性无关的; 不失一般性, 可假定它们是 $e_1, \cdots, e_n$. 将向量 $e_{n+1}, \cdots, e_{2n}$ 关于这个基分解:

$$e_{n+k} = \sum_{j=1}^{n} b_{kj} e_j, k = 1, \cdots, n.$$

复矩阵 $B = (b_{kj})$ (除一个双全纯等价外) 完全由环面 T^{2n} 决定. 矩阵 B 的虚部必须是非退化的, 否则向量 $e_1, \cdots, e_{2n}$ 将是实线性相关的.

定义 4.3. 环面 T^{2n} 称为交换环面, 如果对它的整格的某个基 $(e_1, \cdots, e_{2n})$ 矩阵 B 是对称的且它的虚部

$$H = (h_{kj}), \quad h_{kj} = \operatorname{Im} b_{kj}$$

是正定的:

$$b_{jk} = b_{kj}, \quad h_{kj} \xi^k \xi^j > 0,$$

其中 $(\xi^1, \cdots, \xi^n)$ 是任意非零实向量.

例如, 由虚部 $\operatorname{Im} \tau > 0$ 的数 τ 给出的复一维环面 T^2 是交换的. 因为由数 τ 和 $-\tau$ 给出的环面重合, 所以任意的复一维环面均是交换环面. 然而在复二维环面 T^4 中有非交换环面.

习题 4.1. 证明: 几乎所有的环面 T^4 是非交换的.

对于交换环面可以定义 (雅可比 - 黎曼) θ 函数 $\theta(z_1, \cdots, z_n)$, 其中 $z_1, \cdots, z_n$ 是复变量:

$$\theta(z_1, \cdots, z_n) = \sum_{m_1, \cdots, m_n} \exp i \left\{ \frac{1}{2} \sum_{j,k} b_{kj} m_k m_j + \sum_k m_k z_k \right\}, \qquad (4)$$

其中求和取遍所有的整数组 $(m_1, \cdots, m_n)$. 矩阵 B 的虚部的正定性保证了这个级数的收敛性.

2. 作为流形的黎曼面

我们回想一下 (卷 1 §12.3) 多值函数的黎曼面的定义. 在两个复变量 w, z 的空间 $\mathbb{C}^2$ 中, 对任意解析函数 $f(z, w)$ (例如多项式函数) 可以作它的零点曲面

$$f(z, w) = 0. \tag{5}$$

这个曲面是一维复流形 (复曲线), 如果曲面满足非奇异性条件

$$\mathrm{grad}_{\mathbb{C}} f = \left(\frac{\partial f}{\partial z}, \frac{\partial f}{\partial w}\right) \neq 0$$

(见卷 1 §12).

关于 w 解方程 (5), 我们可以得到一个多值函数, 例如:

a) $w = \sqrt{P_n(z)}, f(w, z) = w^2 - P_n(z)$, 其中 $P_n(z)$ 是一个无重根的多项式 (超椭圆黎曼面).

b) $w = \ln z = \ln|z| + i\arg z + 2\pi i, f(w, z) = e^w - z$.

函数 $w(z)$ 的多值性意味着曲面 (5) 沿 w 方向到 z 平面上的射影不是 1–1 的.

设函数 $f(z, w)$ 是关于变量 z, w 的 n 次多项式. 作替换

$$z = \frac{y^1}{y^0}, \quad w = \frac{y^2}{y^0}.$$

于是, $f(z, w) = \dfrac{1}{(y^0)^n} Q_n(y^0, y^1, y^2)$, 其中 Q_n 是齐次多项式. 投影到射影平面 $\mathbb{C}P^2$ 上, 方程 $f(z, w) = 0$ 变成

$$Q_n(y^0, y^1, y^2) = 0. \tag{6}$$

曲面 (6) 中 $y^0 = 0$ 的点称为黎曼面 (5) 的 "无穷远" 点.

引理 4.3. 由方程 (6) 给出的 $\mathbb{C}P^2$ 中的黎曼面是紧曲面.

证明 函数 Q_n 的零点集在 $\mathbb{C}P^2$ 中是闭集. 因为 $\mathbb{C}P^2$ 是紧的, 所以其中的闭子集也是紧集. 引理得证. □

方程 (6) 在非奇异的情形给出一个二维紧流形. 这个流形的形状又如何呢? 我们先研究 $f(z, w) = w^2 - P_n(z)$ 中 $P_n(z)$ 为低次多项式的情形, 然后得到更一般的结果. (要指出的是, 这种曲面的无穷远点是奇点, 因此它们在将这种曲面构造为流形时一般不出现, 或者严格来说, 它们必须从这个流形中移去.)

例 4.2. 设 $f(w, z) = w^2 - z; Q_2(y^0, y^1, y^2) = (y^2)^2 - y^1 y^0$.

考察点 $z = 0, z = \infty$ 和一条联结它们的线段 a. 在微分同胚于 $\mathbb{C}P^1$ 的球面 S^2 上, 这条线段如图 4 上所显示. 直观上显然可见, 黎曼面 $f(z, w) = 0$ 的所有在这条线段外面的点分属于两个连通分支, 借助于到 z 平面上的投影, 每一个连通分支等价于线段 a 的外部. 这些连通分支称为多值函数的 "分支". 在点 0 和 ∞ 处

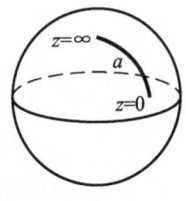

图 4

函数 $w(z) = \sqrt{z}$ 的这两个分支的值相连接. 为了得到曲面必须将区域 I 的边界线段 α_1 与区域 II 的边界线段 β_2 等同起来, 而区域 I 的边界线段 β_1 则与区域 II 的边界线段 α_2 等同起来 (图 5).

容易看出在粘合以后又重新得到一张微分同胚于球面 S^2 的曲面.

例 4.3. $f(z, w) = w^2 - P_2(z)$, 其中 $P_2(z)$ 是具单根 $z = z_1, z = z_2, z_1 \neq z_2$ 的 2 次多项式.

用线段连接根 z_1 和 z_2. 在这个线段外部, 曲面 $f(z, w) = 0$ 分成两个彼此不相交的部分. 在球面 $S^2 = \mathbb{C}P^2$ 上这情形几乎与例 4.2 中的完全一样 (图 6), 差别只在于现在 $z_1 \neq \infty$. 类似于例 4.2, 如果等同 $\alpha_1 \sim \beta_2, \beta_1 \sim \alpha_2$, 我们就得到球面 S^2.

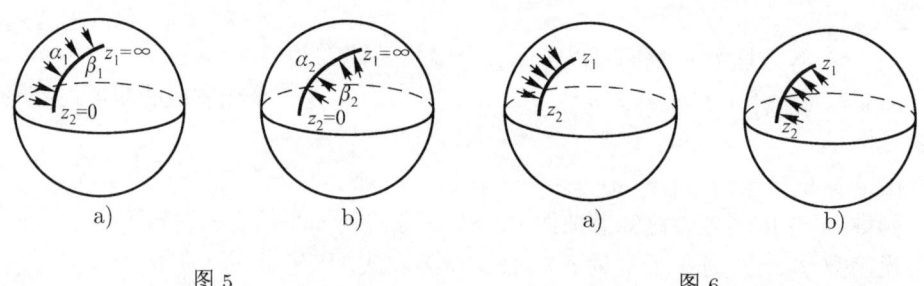

图 5   图 6

例 4.4. $f(z, w) = w^2 - P_3(z)$, 其中 $P_3(z)$ 是具有 3 个不同根 z_1, z_2, z_3 的 3 次多项式. 我们作如图 7 所示的切割 a_1 和 a_2. 在这两条裂缝外部, 曲面分成两个不相交的部分. 如果将 α_1 与 β_2, γ_1 与 δ_2, α_2 与 β_1, γ_2 与 δ_1 等同起来 (图 8), 我们就得到环面 (带一个柄的球面 (见图 9)).

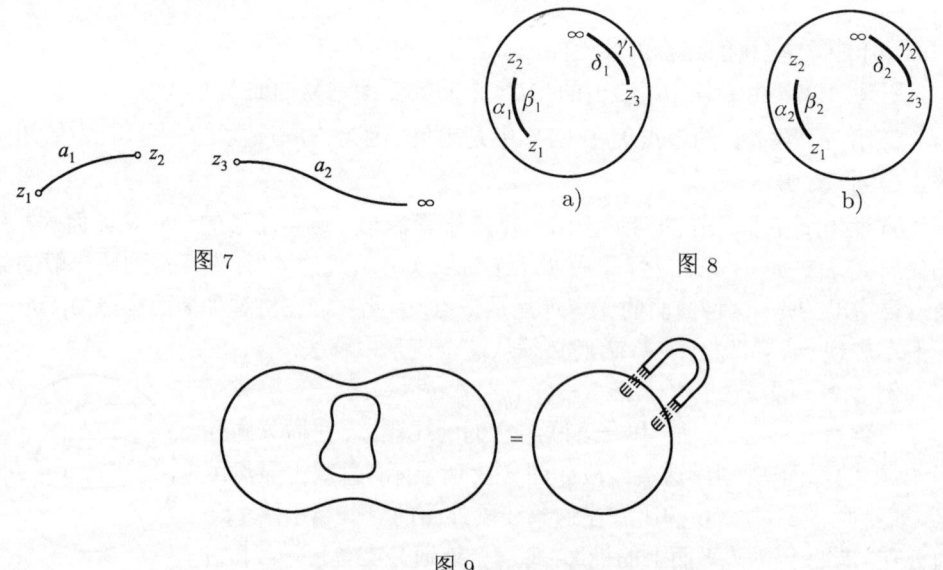

图 7   图 8

图 9

例 4.5. $f(z,w) = w^2 - P_4(z)$,其中 $P_4(z)$ 是具 4 个不同根 z_1, z_2, z_3, z_4 的 4 次多项式.像例 4.4 中一样论证 (点 z_4 起点 ∞ 的作用),又可得到环面.

命题 4.1. 函数 $w = \sqrt{P_n(z)}$,其中 $P_n(z)$ 是无重根的 n 次多项式,的黎曼面微分同胚于带 g 个柄的球面,其中 $n = 2g+1$ 或 $n = 2g+2$. (严格讲,这张曲面的无穷远点在 $\mathbb{C}P^2$ 中是奇点.)

证明 设 n 是偶数,令 $n = 2g+2$.将多项式 $P_n(z)$ 的根划分成两个一组并用曲线段 $\alpha_1, \cdots, \alpha_{g+1}$ 分别将每一组中的两个根连接起来,这些曲线彼此不相交 (图 10).

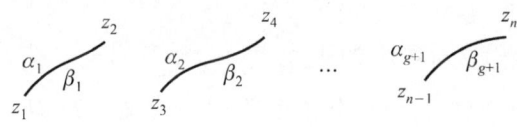

图 10

将 z 平面沿曲线段 α_i 割开.则我们可以肯定黎曼面被分成两个不相交的部分 U_1 和 U_2 (环绕这两个根走一圈不会改变到别的分支去).

我们用字母 α_i, β_i 分别表示裂缝的两条边缘,它们相应地属于片 U_1 和 U_2. 随后我们将边缘如下两两粘合起来:

$$(U_1, \alpha_i) \sim (U_2, \beta_i), (U_1, \beta_i) \sim (U_2, \alpha_i).$$

这样的粘合使我们可以在片 U_1 上接近边缘 α_i 并越过它 (边缘 β_i) 到达片 U_2 上.

对 n 为奇数的情形可以同样构造,但是要将 $z_{n+1} = \infty$ 取为一个分支点.此后即可重复上述过程. □

§5. 最简单的齐性空间

1. 群在流形上的作用

设 G 是一李群 (例如,在卷 1 中研究过的变换群之一).

定义 5.1. 我们称群 G 表示为流形 M 上的变换群 (或左作用在流形 M 上),如果 G 的每一个元素 g 给出流形 M 的一个变换 (微分同胚),

$$x \mapsto T_g(x), \quad x \in M,$$

且在此变换下 $T_{gh} = T_g T_h$ 和 $T_1 = 1$,其中 g, h 是群 G 的任意元,1 是单位元.

变换 $T_g(x)$ 应该光滑地依赖于变元对 (g, x) (即对应 $(g, x) \mapsto T_g(x)$ 应该是光滑映射:$G \times M \to M$).

如果关系式 $T_g T_h = T_{gh}$ 替换成关系式 $T_g T_h = T_{hg}$,则称群右作用在流形 M 上.

如果 G 是群 $GL(n,\mathbb{R}), O(n,\mathbb{R}), O(p,q)$ 或 $GL(n,\mathbb{C}), U(n), U(p,q)[p+q=n]$ 之一, 则 G 自然地左作用于 $\mathbb{R}^n$ 或 $\mathbb{R}^{2n} = \mathbb{C}^n$ 上, 此时这种作用由线性变换定义.

注 如果群在向量空间上的作用是由线性变换给定的, 那么, (如所知) 也称它为这个群的线性表示.

如果对流形 M 的任意两点 x 和 y 总可找到群 G 的元 g 使得 $T_g(x) = y$, 则我们称群 G 在 M 上的作用是可递的 (或可迁的).

定义 5.2. 其上给定了李群 G 的传递作用的流形 M 称为群 G 的齐性空间.

如果将群 G 本身视为具左移动 $T_g(h) = gh$ 作用的流形, 则称为 (左) 主齐性空间.

类似地可以定义右齐性空间: $T_g(h) = hg^{-1}$.

设 x 是齐性空间中任意一点. 作为定义, 点 x 的迷向群 H_x 由群 G 的所有保持点 x 不变的元 g 组成, 即
$$T_g(x) = x \iff g \in H_x.$$

引理 5.1. 齐性空间各点 x 的迷向群彼此同构.

证明 设 $x \neq y$ 是齐性空间的两个点, g 是群中使得 $T_g(x) = y$ 的元. 那么, 同构 $H_x \to H_y$ 由式
$$h \mapsto ghg^{-1}$$
确定 (假定是左作用). □

定理 5.1. 在群 G 的齐性空间 M 与左陪集 (空间) G/H 的点之间存在双方一一的对应, 这里 H 是迷向群 (假定 G 是左作用.)

证明 固定流形 M 的一点 x_0. 所需的对应可如下建立: 左陪集 (gH) 对应于点 $T_g(x_0)$, 其中 $H = H_{x_0}$ 是点 x_0 的迷向群. 这个对应与左陪集的代表元 g 的选取无关且是双方一一的. 定理证毕. □

对于群的右作用则取右陪集 (空间).

注 可以证明: 在某些相当一般的条件下, 迷向群 H 是 G 的闭子群, 而左陪集空间 G/H (具自然的商空间拓扑) 可被赋予唯一的 (实) 解析流形结构使得 G 成为流形 G/H 上的李变换群.

2. 齐性空间的例子

a) $(n+1)$ 维欧几里得空间 $\mathbb{R}^{n+1}$ 中的球面 S^n 由方程
$$(x^1)^2 + \cdots + (x^{n+1})^2 = 1$$
给定且群 $O(n+1)$ 自然地作用在 S^n 上. 这种作用显然是可递的. 于是, 球面 S^n 是空间 $\mathbb{R}^{n+1}$ 的正交变换群 $O(n+1)$ 的齐性空间. 我们来寻找点 $x = (1, 0, \cdots, 0) \in S^n$

的迷向群. 这个群由形如

$$\begin{pmatrix} 1 & 0 \\ 0 & A \end{pmatrix}, \quad A \in O(n)$$

的矩阵组成. 由此, $S^n \cong O(n+1)/O(n)$, 这里 $\cong$ 表示微分同胚. 群 $G = SO(n+1)$ 同样在球面上是传递的, 且迷向群是 $SO(n)$. 因此 $SO(n+1)/SO(n) \cong S^n$.

b) 射影空间 $\mathbb{R}P^n$ 可以视为空间 $\mathbb{R}^{n+1}$ 中通过坐标原点的全体直线. 群 $O(n+1)$ 可迁地作用在流形 $\mathbb{R}P^n$ 上. 我们来考察方向向量为 $(1, 0, \cdots, 0)$ 的直线. 将这条直线变为自身的正交变换形式为

$$\begin{pmatrix} \pm 1 & 0 \\ 0 & A \end{pmatrix}, \quad A \in O(n).$$

于是, 迷向群同构于直积 $O(1) \times O(n)$, 从而成立等式

$$\mathbb{R}P^n \cong O(n+1)/O(1) \times O(n).$$

c) 坐标为 t 的所有实数组成的加群 $\mathbb{R}$ 以下列方式可迁地作用于圆周 $S^1 = \{e^{2\pi i \varphi}\}$:

$$T_t(e^{2\pi i \varphi}) = e^{2\pi i (\varphi + t)}, \quad t \in \mathbb{R}.$$

由关系式 $e^{2\pi i} = 1$ 我们得到: 迷向群重合于所有整数组成的加群.

更一般地, n 维空间 $\mathbb{R}^n$ 的所有平移组成的群 (我们将仍然用 $\mathbb{R}^n$ 表示这个群) 可迁地作用于 n 维环面 $T^n = (S^1)^n$. 此作用由下列方式给出: 如果 $y = (t_1, \cdots, t_n) \in \mathbb{R}^n$ 且 $z = (e^{2\pi i \varphi_1}, \cdots, e^{2\pi i \varphi_n})$ 是 n 维环面的一点, 则

$$T_y(z) = \left(e^{2\pi i (\varphi_1 + t_1)}, \cdots, e^{2\pi i (\varphi_n + t_n)} \right).$$

迷向群由所有的坐标为整数的向量组成. 这样一来, 这个齐性空间的迷向群就是 $\mathbb{R}^n$ 中的整格 Γ:

$$T^n \cong \mathbb{R}^n / \Gamma.$$

d) 斯蒂弗尔流形 $V_{n,k}$. 这个流形中的点是 n 维欧几里得空间的 $k (k \leqslant n)$ 个向量组成的规范正交集 $x = (e_1, \cdots, e_k)$. n 阶正交矩阵 $A \in O(n)$ 将点 x 变换成点 $Ax = (Ae_1, \cdots, Ae_k)$, 而标架 $(Ae_1, \cdots, Ae_k)$ 也是规范正交集. 这种作用是可迁的 (试证之!).

斯蒂弗尔流形 $V_{n,k}$ 也可以作为欧几里得空间 $\mathbb{R}^{nk}$ 中的闭曲面给出. 即, 设向量 $e_1, \cdots, e_k$ 关于 $\mathbb{R}^n$ 中某个规范正交基的坐标为

$$e_i = (x_{i1}, \cdots, x_{in}), \quad i = 1, \cdots, k.$$

这些量 $x_{ij}, i=1,\cdots,k; j=1,\cdots,n$ 可以看成 nk 维欧几里得空间 $\mathbb{R}^{nk}$ 中一个点的坐标. 这些坐标由 $k(k+1)/2$ 个等式

$$\langle e_i, e_j \rangle = \delta_{ij} \iff \sum_{s=1}^{n} x_{is} x_{js} = \delta_{ij}, \quad i,j=1,\cdots,k, i \leqslant j, \tag{1}$$

相关联.

引理 5.2. 斯蒂弗尔流形 $V_{n,k}$ 是空间 $\mathbb{R}^{nk}$ 中一个 $nk - \dfrac{k(k+1)}{2}$ 维非奇异曲面.

证明 由于在 $V_{n,k}$ 上存在可递作用群, 只要在一点证明非奇异性即可. 我们来验证在点 $x_0 = (x_{ij})$ 的邻域中的非奇异性, 这里 $x_{ij} = \delta_{ij}, i=1,\cdots,k; j=1,\cdots,n$. 为此我们将证明曲面 $V_{n,k}$ 在该点的切空间的维数为 $nk - \dfrac{k(k+1)}{2}$ (即方程组 (1) 的雅可比矩阵的秩等于 $\dfrac{k(k+1)}{2}$). 设 $x_{ij} = x_{ij}(t)$ 是曲面 $V_{n,k}$ 上一条曲线, 当 $t=0$ 时通过点 x_0:

$$\sum_{s=1}^{n} x_{is}(t) x_{js}(t) = \delta_{ij}, \quad i,j=1,\cdots,k;$$
$$x_{ij}(0) = \delta_{ij}, \quad i=1,\cdots,k, j=1,\cdots,n.$$

该曲线在点 x_0 处的速度向量 $\xi_{ij} = \left.\dfrac{dx_{ij}(t)}{dt}\right|_{t=0}$ 满足关系式

$$0 = \dfrac{d}{dt}\left(\sum_{s=1}^{n} x_{is}(t) x_{js}(t)\right)\bigg|_{t=0} = \xi_{ij} + \xi_{ji}, \quad i,j=1,\cdots,k.$$

于是曲面 $V_{n,k}$ 在点 x_0 处的切空间由这种向量 $\xi_{ij}, i=1,\cdots,k; j=1,\cdots,n$, 组成, 它满足

$$\xi_{ij} = -\xi_{ji}, \quad i,j=1,\cdots,k.$$

这个空间的维数恰好等于 $nk - \dfrac{k(k+1)}{2}$. 引理证毕. $\square$

于是, $V_{n,k}$ 是一个光滑流形. 我们来寻找这个齐性空间的迷向群. 我们将 $e_1,\cdots,e_k$ 补足成整个 n 维欧几里得空间的一个规范正交基 $e_1,\cdots,e_n$. 保持向量 $e_1,\cdots,e_k$ 不变的正交矩阵在所取的坐标系中形如

$$\begin{matrix} k\left\{\vphantom{\begin{pmatrix}1\\0\\0\\0\end{pmatrix}}\right. \\ n-k\left\{\vphantom{\begin{pmatrix}0\\A\end{pmatrix}}\right. \end{matrix} \begin{pmatrix} 1 & & 0 & \\ & \ddots & & 0 \\ 0 & & 1 & \\ & 0 & & A \end{pmatrix}, \quad A \in O(n-k).$$

因此, 迷向群同构于 $O(n-k)$, 而 $V_{n,k} \cong O(n)/O(n-k)$.

当 $k < n$ 时,斯蒂弗尔流形 $V_{n,k}$ 也可视为群 $SO(n)$ 的齐性空间. 此时迷向群同构于 $SO(n-k)$:
$$V_{n,k} \cong SO(n)/SO(n-k).$$

特别有
$$V_{n,n} \cong O(n), \quad V_{n,n-1} \cong SO(n), \quad V_{n,1} \cong S^{n-1}.$$

e) 格拉斯曼流形 $G_{n,k}$. 格拉斯曼流形中的一个点是 n 维欧几里得空间中通过原点的一张 k 维平面. 群 $O(n)$ 在空间 $\mathbb{R}^n$ 上的自然作用在 $\mathbb{R}^n$ 的所有 k 维平面的集上产生可迁作用. 我们固定一张 k 维平面 π 并寻找它的迷向群. 以下列方式选取 $\mathbb{R}^n$ 的一个规范正交坐标系: 它的前 k 个坐标轴落在平面 π 上, 其余的 $n-k$ 个坐标轴为它的正交补. 在这个坐标系中, 将平面 π 变为它自身的正交矩阵形式为

$$\begin{matrix} k\{ \\ n-k\{ \end{matrix} \begin{pmatrix} A & 0 \\ 0 & B \end{pmatrix}, \quad A \in O(k), B \in O(n-k).$$

由此我们得到
$$G_{n,k} \cong O(n)/O(k) \times O(n-k).$$

显然成立等式
$$G_{n,k} = G_{n,n-k}.$$

此外,格拉斯曼流形 $G_{n,1}$ 重合于射影空间 $\mathbb{R}P^{n-1}$.

f) 酉群 $U(n)$ 的齐性空间有:

1) 奇数维球面 S^{2n-1}, 它在 n 维复空间 $\mathbb{C}^n$ 中由方程
$$|z^1|^2 + \cdots + |z^n|^2 = 1$$
给出,即
$$S^{2n-1} \cong U(n)/U(n-1) \cong SU(n)/SU(n-1);$$

2) 复射影空间 $\mathbb{C}P^{n-1}$:
$$\mathbb{C}P^{n-1} \cong U(n)/U(1) \times U(n-1);$$

3) 由 $\mathbb{C}^n$ 中通过坐标原点的 k 维复平面组成的复格拉斯曼流形
$$G_{n,k}^{\mathbb{C}} \cong U(n)/U(k) \times U(n-k).$$

习题

5.1. 设 M 是群 G 的齐性空间,其迷向群为 H. 证明流形 M 的维数等于 G 的维数与 H 的维数之差:
$$\dim M = \dim G - \dim H.$$
计算流形 $G_{n,k}$ 的维数.

5.2. 证明流形 $V_{n,k}$ 和 $G_{n,k}$ 是紧流形.

5.3. 设 $m = (m_1, \cdots, m_k)$ 是数 n 的一个分割,即
$$m_1 + m_2 + \cdots + m_k = n.$$
空间 $\mathbb{R}^n$ 的一个线性子空间 $\pi_0, \pi_1, \cdots, \pi_k$ 组成的集称为一个 m 旗,如果

a) $\dim \pi_i - \dim \pi_{i-1} = m_i$;
b) $\pi_0 = 0, \pi_k = \mathbb{R}^n$;
c) $\pi_{i-1} \subset \pi_i$.

试在全体 m 旗的集 $F(n,m)$ 上引入结构使它成为群 $O(n)$ 的齐性空间并计算这个齐性空间的迷向群.

§6. 常曲率空间 (对称空间)

1. 对称空间的概念

一种很有趣的空间是具度量 g_{ab} 的流形 M,这种流形 M 上与度量相容的对称联络的曲率张量 R_{abcd} 满足关系式

$$\nabla_s(R_{abcd}) = 0, \tag{1}$$

其中 ∇_s 是共变导数. 我们知道由于比安基恒等式 (见卷 1 习题 30.7),此时曲率张量的共变导数的分量处处都等于零. 然而条件 (1) 却是整体上很强的条件. 特别地,从 (1) 导出曲率所有的标量特征都是常数:

$$R = R_a^a = \text{常数}, \quad R_{abcd}R^{abcd} = \text{常数}.$$

可以证明: 流形 M 加上某些整体条件的限制时由 (1) 就可导出度量 g_{ab} 的齐性. 更精确地,这个结论对于单连通流形 M 就成立 (见后面的 §17). 一般 (非单连通) 的满足条件 (1) 的流形可作为这种单连通流形 M 关于某个离散运动群的商流形. 在这种情形,可能这个离散群 Γ 不可与流形 M 的完全运动群交换,此时商 M/Γ 不是齐性空间. 这种空间称为局部齐性空间或局部对称空间.

然而,我们将使用对称空间的另一种定义.

§6. 常曲率空间 (对称空间)

定义 6.1. 具度量 g_{ab} 的单连通流形 M 称为对称空间, 如果对任意点 $x \in M$ 总存在等距 (运动) $s_x : M \to M$, 使得点 x 是它的孤立不动点, 且在点 x 处的每一个切向量 (在诱导变换 s_{x*} 下) 都变为它的反向量: ξ 变换成 $-\xi$. 这个变换 s_x 称为关于点 x 的 "对称".

要求流形 M 为单连通的意义将以后说明 (见 §17, §18). 在本节中我们将不使用单连通流形的性质. 不懂得这些性质的读者可以在学习过第四章后回头试解本节中约化过的习题.

引理 6.1. 对称空间 M 满足性质 (1).

证明 在给定点 $x \in M$ 的一个邻域内我们可以取到这种坐标 (x^α) 使得在点 x 处

$$x^\alpha = 0, \quad g_{ab} = \delta_{ab}, \quad \frac{\partial g_{ab}}{\partial x^\alpha} = 0.$$

(这里我们使用了关于黎曼流形的一个 (非实质性的) 性质.) 在对称 s_x 下, 张量 g_{ab} 和 R_{abcd} 变换成本身. 在点 x 处的张量 $\nabla_s(R_{abcd})$ 也应该变换成本身, 因为 s_x 是等距 (运动). 另一方面, 由 s_x 的性质和张量的变换规则, 张量 $\nabla_s(R_{abcd})$ 应该变换成 $-\nabla_s(R_{abcd})$. 于是 $\nabla_s(R_{abcd}) = 0$. 引理证毕. □

注 本定理的逆定理也是成立的, 但是它的证明在技术上更复杂, 因此我们不加以证明. 可以指出: 在任意黎曼流形 M 的任意一点 $x \in M$ 的近旁, 我们可以在 x 的某个邻域 U 上如下定义一个 "局部对称" s_x: 考察从点 x 出发的测地线并对满足 $\gamma(0) = x$ 的测地线 γ 令

$$s_x(\gamma(\tau)) = \gamma(-\tau),$$

这里 τ 充分小. 然而, 这个变换, 一般说来, 不是等距 (运动).

习题 6.1. 证明: 局部变换 s_x 对所有的点 $x \in M$ 都是等距当且仅当条件 (1) 成立. (最简单的情形是 $n = 2$, 此时曲率张量由一个常量 R 给出. 在一般情形, 最容易的着手方法是通过分析沿着测地线雅可比方程的不变性来证明在变换 s_x 之下曲率张量的不变性.)

对所有的点 $x \in M$ "对称" s_x 的存在提供了充分多的运动足以证明流形 M (至少是局部) 的齐性.

引理 6.2. 对称流形 M 是局部齐性的, 即对充分接近于 x 的任意点 $\bar{x} \in M$, 存在 M 的运动 g 使得 $g(x) = \bar{x}$. 如果两个点 $x, y \in M$ 可以用测地线连接, 则存在运动 g 使得 $g(x) = y$.

证明 设 γ 是以自然参数 (弧长参数) τ 参数化的测地线, $0 \leqslant \tau \leqslant T$, 且 $\gamma(0) = x$ 和 $\gamma(T) = y$. 然后考察点 $z = \gamma(T/2)$. 显然对称 s_z 将 γ 变换成 γ, y 变换成 x 且 x 变换成 y. (如果度量是非定的且 γ 是一条迷向测地线, 则 τ 可以是仿射参数, 由解测地线方程而得到, 见卷1§29.) 如果 x 和 $\bar{x}$ 是相近的点, 则总有测地线连接 x 和 $\bar{x}$, 因为从 x 出发的测地线束覆盖了包含 x 的一个完整邻域. 引理证毕. □

注 在连通 (黎曼) 流形的情形, 任何两点都可以用测地折线连接. 因此这种对称流形总是齐性的.

2. 等距群及其李代数的性质

我们将进一步考察具满足条件 (1) 的度量 g_{ab} 的齐性对称流形 M; 流形 M 的李运动群用 G 表示, 而迷向子群用 H 表示, 这样就有 $M = G/H$.

考察映射

$$s_{x_0}^{-1} s_x = f_{T,\gamma} : M \to M, \qquad (2)$$

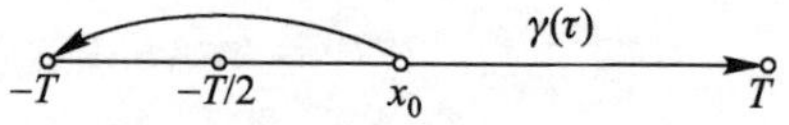

其中 $\gamma = \gamma(\tau)$ 是某条测地线, τ 是自然参数,
$x_0 = \gamma(0), x = \gamma(-T/2)$. 变换 $s_{x_0}^{-1} s_x = f_{T,\gamma} : M \to M$ 具有下面的重要性质 (图 11):

图 11

a) $f_{T,\gamma}$ 将测地线 γ 的点作间隔 T 的平移:

$$\gamma(\tau) \mapsto \gamma(\tau + T);$$

b) $f_{T,\gamma}$ 将沿着这条测地线的向量作平行移动:

c) 对给定的测地线 γ, 变换 $f_{T,\gamma}$ 组成一个单参数群:

$$\begin{aligned} f_{T_1+T_2,\gamma} &= f_{T_1,\gamma} \cdot f_{T_2,\gamma}, \\ f_{-T,\gamma} &= (f_{T,\gamma})^{-1}. \end{aligned} \qquad (3)$$

这些性质容易由 $f_{T,\gamma}$ 的定义推得.

按照前面所述 (见 §3), 群 G 的单参数子群 $f_{T,\gamma}$ 形式为

$$f_{T,\gamma} = \exp(TB_\gamma),$$

其中 B_γ 是群 G 的李代数 $\mathfrak{g}$ 中某个向量 (精确地说, 就是曲线 $f_{T,\gamma}$ 在 $T = 0$ 处的切向量). 我们用 L^1 表示李代数 $\mathfrak{g}$ 的由所有通过 x_0 的测地线 γ 的切向量 $B_\gamma \in \mathfrak{g}$ 生成的子空间. 用 L^0 表示点 x_0 的迷向群 $H(x_0)$ 的李代数. 显然有

$$\mathfrak{g} = L^0 + L^1. \qquad (4)$$

考察小的 $\varepsilon \neq 0$ 以及两条通过点 x_0 的测地线 γ_1, γ_2. 于是, 依次施行变换

$$f_{-\varepsilon,\gamma_2}, f_{-\varepsilon,\gamma_1}, f_{\varepsilon,\gamma_2}, f_{\varepsilon,\gamma_1}$$

的结果将点 x_0 变换到 x_0 附近的一个点 (该点与 x_0 的距离属于 ε^3 阶 —— 这不难利用黎曼曲率张量的性质得到. 试证之!). 由李代数换位子的定义, 换位子 $[B_{\gamma_1}, B_{\gamma_2}]$ 落在对应于点 x_0 的迷向群的子代数中, 即 $[B_{\gamma_1}, B_{\gamma_2}] \in L^0$, 从而 $[L^1, L^1] \subset L^0$.

其次, 设群 G 的单参数子群 $g_T = \exp(TA)$ 保持点 x_0 不动 (即 $A \in L^0$). 于是容易看出对小的 ε, 变换 $g_\varepsilon f_{T,\gamma} g_{-\varepsilon}$ 以 $O(\varepsilon^2)$ 的精确度表示沿着 (γ 在映射 g_ε 下的像)

测地线 $\tilde{\gamma}$ 的平行移动, $\tilde{\gamma}$ 也通过点 x_0. 这样一来, 单参数子群 $g_\varepsilon f_{T,\gamma} g_{-\varepsilon}$ 的切向量落在 L^1 中. 为确定这个切向量, 我们注意到对李群的李代数中任意两个元 X, Y 成立

$$\exp(tX)\exp(tY) = \exp\left(t(X+Y) + \frac{t^2}{2}[X,Y] + O(t^2)\right)$$

(这是 "坎贝尔 – 贝克 – 豪斯多夫公式" 的均形式), 由此

$$\exp(tX)\exp(tY)\exp(-tX) = \exp(tY + t^2[X,Y] + O(t^2)).$$

如果令 $t=1, X=\varepsilon A, Y=TB_\gamma$, 我们就得到所需寻找的向量 $B_\gamma + \varepsilon[A, B_\gamma]$. 因为 $B_\gamma \in L^1$, 所以 $[A, B_\gamma] \in L^1$, 从而 $[L^0, L^1] \subset L^1$. 于是下面的引理得证.

引理 6.3. 设 G 和 $\mathfrak{g} = L^0 + L^1$ 如上, 则成立

$$[L^0, L^0] \subset L^0, [L^1, L^0] \subset L^1, [L^1, L^1] \subset L^0. \tag{5}$$

注 如果李代数 $\mathfrak{g} = L$ 能分解成和 $L = L^0 + L^1$ 且满足关系式 (5), 则称为 $\mathbb{Z}_2$ 分次李代数, 因为 (5) 可以重写为

$$[L^i, L^j] \subset L^{(i+j)(\bmod 2)}. \tag{6}$$

由引理 6.3 导出

推论 1 在 L^0 上等于 1 而在 L^1 上等于 -1 的线性算子

$$\sigma : \mathfrak{g} \to \mathfrak{g}$$

是同态 (即保持换位运算). 此外, $\sigma^2 = 1$ (σ 是 "对合").

本推论的逆也成立: 如果李代数 $\mathfrak{g}$ 存在一个对合同态, 则可得到一个 $\mathbb{Z}_2$ 分次 $\mathfrak{g} = L^0 + L^1$ 使得在 L^0 上 $\sigma = 1$, 在 L^1 上 $\sigma = -1$.

由于齐性, 任意点 $x_0 \in M$ 的近旁的局部几何由点 x_0 的切空间 $\mathbb{R}^n_{x_0}(n = \dim M)$ 的度量 (标量积) 决定. 切空间 $\mathbb{R}^n_{x_0}$ 自然地可等同于空间 $L^1 \subset \mathfrak{g}$. 由引理 6.3, $\mathbb{R}^n_{x_0} = L^1$ 上的度量关于内自同态 $\xi \mapsto g\xi g^{-1}$ 应该是不变的, 这里 $g \in H, \xi \in L^1$. 对于 $g_T = \exp(TA), A \in L^0$, 我们有变换 $L^1 \to L^1$:

$$\mathrm{ad}(g_T) : \xi \mapsto \xi_T, \xi, \xi_T \in L^1.$$

但是如前面所指出的那样,

$$\xi_T = \mathrm{ad}(g_T)(\xi) = \xi + T[A,\xi] + O(T^2),$$

从而有

$$\left.\frac{d\xi_T}{dT}\right|_{T=0} = [A,\xi] = (\mathrm{ab}\, A)(\xi).$$

由于 g_T 是 M 的等距, 对 L^1 上的标量积 $\langle \xi, \eta \rangle$ 成立

$$\langle \xi T, \eta T \rangle = \langle \xi, \eta \rangle;$$

关于 T 微分这个等式并令 $T = 0$ 就导出

$$\langle [A, \xi], \eta \rangle + \langle \xi, [A, \eta] \rangle = 0. \tag{7}$$

条件 (7) 是加在 $L^1 = \mathbb{R}^n_{x_0}$ 上的标量积 (即度量) 上的限制条件 (见卷 1 §24.5 中的基灵度量的定义).

3. 1 型和 2 型对称空间

引理 6.3 给出了对称空间的代数模型. 原则上来说, 像对复李群一样, 对所有的对称空间可以作分类. 我们现在考察最重要的一些例子.

最简单的 (零曲率的) 单连通对称空间的例子显然是欧几里得空间 $\mathbb{R}^n$ 和伪欧几里得空间 $\mathbb{R}^n_{p,q}$. 在这些场合, 群 G 由空间 $\mathbb{R}^n$ (或 $\mathbb{R}^n_{p,q}$) 的运动组成. 子群 H 则是 $O(n)$ (或 $O(p,q)$), 空间 $L^1 = \mathbb{R}^n$ 由平移组成. 如通常那样, 我们有分解

$$\mathfrak{g} = L^0 + L^1,$$

此时还有 $[L^1, L^1] = 0$; 此外, $[L^0, L^1] \subset L^1$ (运动群的结构见卷 1§4). 非单连通的对称空间 (前面称为局部对称空间) 则可由关于离散群 Γ 的商得到, 这些离散群由平移组成 (也可能还要复合某个反射, 像克莱因瓶的情形, 见 §18).

在下面所有的例子中我们将假定群 G 是半单李群 (见 §3.1), 即李代数 $\mathfrak{g}$ 上的基灵标量积是非退化的. 回想一下, 这个标量积 $\langle A, B \rangle$ 的形式为

$$\langle A, B \rangle = -\mathrm{Tr}(\mathrm{ad}\, A \mathrm{ad}\, B),$$

这里 $\mathrm{ad}\, A(\xi) = [A, \xi]$. 我们也限于考察群 G 单位元的连通分支.

有两种不同类型的单连通对称空间 (即使在度量是正定的即黎曼度量的情形):

1 型: 群 G 是紧群, 李代数 $\mathfrak{g}$ 上的基灵标量积正定. (我们指出但不加证明: 一个李群是紧群当且仅当它是某个群 $O(m)$ 的闭子群.)

2 型: 群 G 非紧, 李代数 $\mathfrak{g}$ 上的基灵标量积不定.

我们考察最简单的例子

a) 球面 S^2 (1 型). 此时 $G = SO(3)$ (紧群), $H = SO(2)$.

b) 罗巴切夫斯基平面 L^2 (2 型). 此时群 G 是群 $SO(1,2)$ 的单位元的连通分支 (如卷 1 §13.2 中所指出的那样, 它同构于 $SL(2, \mathbb{R})/\pm 1$), 而 $H = SO(2)$. 李代数 $\mathfrak{g}$ 由迹为零的 2×2 矩阵组成. 标量积 $\langle A, B \rangle$ 的形式为

$$\langle A, B \rangle = -\mathrm{Tr}(AB).$$

李代数的基为:

$$A_1 = \begin{pmatrix} 0 & 1 \\ 0 & 0 \end{pmatrix}, \quad A_2 = \begin{pmatrix} 0 & 0 \\ 1 & 0 \end{pmatrix}, \quad A_3 = \begin{pmatrix} -1 & 0 \\ 0 & 1 \end{pmatrix}.$$

我们有 $A_1^2 = A_2^2 = 0, A_3^2 = 1$ 以及

$$\langle A_1, A_2 \rangle = -1, \langle A_1, A_3 \rangle = \langle A_2, A_3 \rangle = 0,$$
$$\langle A_3, A_3 \rangle = -2, \langle A_1, A_1 \rangle = \langle A_2, A_2 \rangle = 0.$$

$H = SO(2)$ 中的矩阵形如 $\begin{pmatrix} \cos\varphi & \sin\varphi \\ -\sin\varphi & \cos\varphi \end{pmatrix}$. 子代数 $L^0 \subset \mathfrak{g}$ 由形如 $\lambda(A_1 - A_2)$ 的矩阵组成. 子空间 $L^1 \subset \mathfrak{g}$ 由向量 $A_1 + A_2, A_3$ 张成.

容易验证关系式

$$[L^1, L^0] \subset L^1.$$

子空间 $L^1 \subset \mathfrak{g}$ 上的基灵标量积是正定的. 由此, 对称空间 L^2 上的度量也是正定的.

习题 6.2. 探讨一般情形的 S^n 和 L^n.

4. 作为对称空间的李群

现在我们将李群 Q 本身作为对称空间来考察. 群 Q 的运动群 G 同构于 $Q \times Q$; G 在 Q 的群作用由左移动和右移动生成:

$$(g_1, g_2) : q \mapsto g_1 q g_2^{-1};$$

子群 $H \subset G$ 是对角线 $Q = \{g, g\} \subset Q \times Q$: 显然 $H(1) = 1$. 对称则有公式

$$s_q : x \mapsto q x^{-1} q.$$

(试证之!) 特别有 $s_1(x) = x^{-1}$.

我们将更为详细地讨论 1 型和 2 型的情形, 此时 Q 是单连通紧群. 我们以前已经计算过它的基灵度量的曲率 (见卷 1 §30). 这里重要的是它的里奇曲率是正定的. 测地线则可通过将单参数子群作左右平移得到.

构造一个等距嵌入 $Q \subset S^N$, 其中 N 是一个较大的数. 因此我们将假定群 Q 已嵌入到群 $SO(m)$ 中. 进一步, 群 $SO(m)$ 由 $m \times m$ 矩阵组成, 从而位于空间 $\mathbb{R}^{m^2}$ 之中. 我们从 $\mathbb{R}^{m^2}$ 中引进矩阵 A 和 B 的欧几里得标量积:

$$\langle A, B \rangle = \mathrm{Tr}(AB^{\mathrm{T}}), \tag{8}$$

其中 T 表示转置 (见卷 1 §24.5).

习题 6.3. 证明这个标量积限制于 $SO(m)$ 上就是基灵形式.

对于 $A \in SO(m)$，我们有 $AA^\mathrm{T} = 1$ 和 $\mathrm{Tr}\, 1 = m$. 于是群 $SO(m)$ 落在半径为 $\sqrt{m}$ 的球面 $\langle A, A \rangle = m$ 上：
$$SO(m) \subset S^{m^2-1}.$$

引理 6.4. 欧几里得空间 $\mathbb{R}^{m^2}$ 的标量积关于元 $g \in SO(m)$ 决定的左平移和右平移是不变的.

证明 设 $g \in SO(m), A, B$ 是任意的两个 $m \times m$ 矩阵. 于是
$$\langle gA, gB \rangle = \mathrm{Tr}(gAB^\mathrm{T}g^\mathrm{T}) = \mathrm{Tr}(gAB^\mathrm{T}g^{-1}) = \mathrm{Tr}(AB^\mathrm{T})$$
$$= \langle A, B \rangle.$$

类似地，对右平移
$$\langle Ag, Bg \rangle = \mathrm{Tr}(Agg^\mathrm{T}B^\mathrm{T}) = \mathrm{Tr}(AB^\mathrm{T}) = \langle A, B \rangle.$$

引理证毕. □

推论 2 $\mathbb{R}^{m^2}$ 上的度量 (8) 限制于任何子群 $Q \subset SO(m)$ 上关于左平移和右平移
$$q \mapsto q_1 q q_2$$
是不变的 (称为双不变度量).

引理 6.5. 单李群 Q 上的每一个双不变度量与基灵度量成比例 (比例因子为常数).

证明 在群 Q 的李代数 L 上，双不变度量诱导一个 ad 不变的标量积
$$\langle [A, B], C \rangle + \langle B, [A, C] \rangle = 0 \tag{9}$$
(这里 $A, B, C \in L$). 如果 $g_T = \exp(AT)$，则
$$\langle g_T B g_T^{-1}, g_T C g_T^{-1} \rangle = \langle B, C \rangle. \tag{10}$$

基灵标量积 $\langle A, B \rangle$ 满足 (9) 和 (10). 设 $g_{ab}, \bar{g}_{ab}$ 是两个满足 (9) 和 (10) 的度量. 度量 $g_{ab} - \lambda \bar{g}_{ab}$ 也是 ad 不变的. 设 λ_1 使得 $\det(g_{ab} - \lambda \bar{g}_{ab}) = 0$; 用 R_{λ_1} 表示 L 中与 λ_1 对应的特征子空间. 显然子空间 R_{λ_1} 关于 L 的内自同构是不变的. 但群 Q 是单的，因而 ad 表示 (伴随表示) 是不可约的 (即无不变子空间). 由此 $R_{\lambda_1} = L$ 且 $g_{ab} = \lambda_1 \bar{g}_{ab}$. 引理证毕. □

推论 3 群 $SO(m)$ 的每个单子群 Q 连同其基灵度量可以等距嵌入到带有与球面上通常度量成比例的度量的球面 S^{m^2-1} 中.

推论 4 里奇张量 R_{ab} 也满足不变式 (9) 和 (10)，因而对于单群成立 $R_{ab} = \lambda g_{ab}, \lambda$ 为常数.

对于紧群 G 我们已经知道其里奇张量是正定的 (见卷 1 §30). 半单群 (局部上) 是若干个单群的直积: $G = G_1 \times \cdots \times G_k$. 对每个单群 G_i 可以应用这个结果，而 λ_i 容易逐个决定.

5. 对称空间的构造. 一些例子

现在我们转向一般的对称空间. 设

$$M = G/H, \quad \mathfrak{g} = L = L^0 + L^1,$$

这里 $\mathfrak{g}$ 是李群 G 的李代数, 直和项 L^0 和 L^1 满足关系式 (5), L^0 是群 H 的李代数, 空间 $L^1 = \mathbb{R}^n_{x_0}$ 同构于 M 在点 x_0 处的切空间, $H(x_0) = x_0$. 由于空间 M 的齐性, 其上的度量局部地可用 L^1 上的度量来决定且满足 (7); 因而可以假定在下面的例子中 M 的度量是由李代数 $\mathfrak{g}$ 上的基灵形式得到的.

引理 6.6. 子空间 L^0 和 L^1 关于李代数 $\mathfrak{g}$ 上的基灵度量是正交的.

证明 因为 $[L^0, L^0] \subset L^0, [L^0, L^1] \subset L^1, [L^1, L^1] \subset L^0$, 所以对于 $A \in L^0, B \in L^1$ 成立

$$\operatorname{ad} A(L^0) \subset L^0, \quad \operatorname{ad} A(L^1) \subset L^1,$$
$$\operatorname{ad} B(L^1) \subset L^0, \quad \operatorname{ad} B(L^1) \subset L^1.$$

由此, (使用 $\mathfrak{g}$ 中由 L^0 和 L^1 的基的并组成的基) $\operatorname{Tr}(\operatorname{ad} A \operatorname{ad} B) = 0$. 引理证毕. □

$\mathfrak{g}$ 上的基灵形式形如

$$(g_{ab}) = \begin{pmatrix} g^{(0)}_{\alpha\beta} & 0 \\ 0 & g^{(1)}_{\gamma\delta} \end{pmatrix}, \tag{11}$$

(形式 $g^{(1)}_{\gamma\delta}$ 常称为对称空间的基灵形式) 这里 α, β 是 L^0 中基的指标, 而 γ, δ 是 L^1 中基的指标. 子代数 L^0 上的形式 $g^{(0)}_{\alpha\beta}$ 满足关系式 (9). 由此, 如果李代数 L^0 是单的, 则根据引理 6.5, 度量 $g^{(0)}_{\alpha\beta}$ 与 L^0 本身的基灵度量成比例. 但是在一些重要的例子中李代数 L^0 不是单的, 而只是半单的: $L^0 = L^0_1 \oplus L^0_2$, 其中 L^0_1 和 L^0_2 是单的. 于是根据引理 6.6 (以 L^0 替代 $\mathfrak{g}$ 的地位), 形式 $g^{(0)}_{\alpha\beta}$ 限制在 L^0_1 上与它的基灵形式相差一个因数 λ_1, 而限制在 L^0_2 上与它的基灵形式相差另一个因数 λ_2.

我们指出下列事实: 如果 $A \in L^0$, 群 H 是紧群且度量 $g^{(1)}_{\gamma\delta}$ 正定, 则矩阵 $\operatorname{ad} A$ (在 L^0 和 L^1 中) 是反称的. 于是, $\langle A, A \rangle = -\operatorname{Tr}(\operatorname{ad} A)^2$ 是正的, 而由于

$$-\operatorname{Tr}(\operatorname{ad} A)^2 = -[\operatorname{Tr}(\operatorname{ad} A)^2_{L^0} + \operatorname{Tr}(\operatorname{ad} A)^2_{L^1}],$$

所以

$$\langle A, A \rangle_{\mathfrak{g}} > \langle A, A \rangle_{L^0}. \tag{12}$$

我们知道在紧李群 H 的李代数 L^0 上基灵形式是非负的. 关于李代数 $\mathfrak{g}$ 的基灵形式在 L^0 上的限制, 由于不等式 (12), 则对于紧群 H 这个限制是正定的 (如果对称空间的度量正定).

由此看出: 为构造对称空间, 只要给出子代数 $L^0 \subset \mathfrak{g}$ 使得外围李代数 $\mathfrak{g}$ 的基灵形式在 L^0 上的限制非退化就足够了. 然后 L^1 就定义为 L^0 在 $\mathfrak{g}$ 中的正交补. 然而

关系式 (12) 对 L^0 的选取加上了严厉的限制. 如果 $\mathfrak{g}$ 上的基灵形式是非定的, 则对于具正定度量的对称空间, 子代数 $L^0 \subset \mathfrak{g}$ 必须是这样的: 在它的正交补上度量形式是定号的 (2 型). 这种情形下, 李代数 L^0 应该是一个紧群 (即 $SO(n)$ 的子群) 的李代数.

注 对称空间 M 可以实现为群 G 的一个子流形使得流形 M 的测地线恰好也是流形 G 中的测地线. 这种嵌入可以通过下列方法之一来构造:

1) 按照方向向量 $B \in L^1$ 从单位元 $1 \in G$ 处射出所有的单参数子群 (证明这些测地线给出 G 的一个微分同胚于 M 的子流形);

2) 考察映射 $\varphi : M \to G$, 映射 φ 由公式 $\varphi(x) = s_{x_0}^{-1} s_x \in G$ 定义 (s_x 是对称);

3) 考察一个对合 $\bar{\sigma} : G \to G$ (即群的一个反自同态, $\bar{\sigma}(g_1, g_2) = \bar{\sigma}(g_2)\bar{\sigma}(g_1)$), 这个对合在李代数 $\mathfrak{g}$ 上由等式 $\bar{\sigma}|_{L^0} = 1, \bar{\sigma}|_{L^1} = -1$ 定义. 作映射 $g \mapsto g\bar{\sigma}(g^{-1})$, 这个映射的像就是 $M \subset G$.

习题 6.4. 证明嵌入 1),2),3) 重合.

1 型单连通对称空间的基本例子 (作为习题, 构造每一个例子的分解 $\mathfrak{g} = L^0 + L^1$):

1) $SO(2n)/U(n)$,
2) $SU(n)/SO(n)$,
3) $SU(2n)/Sp(n)$,
4) $Sp(n)/U(n)$,
5) $SO(p+q)/SO(p) \times SO(q)$, ⎫
6) $SU(p+q)/SU(p) \times U(q)$, ⎬ 格拉斯曼流形, 包括射影空间和球面.
7) $Sp(p+q)/Sp(p) \times Sp(q)$, ⎭

某些 (度量正定的) 2 型对称空间的例子. 它们中为单连通的例子具有欧几里得空间 $\mathbb{R}^n$ 的拓扑:

1) $SO(p,q)/SO(p) \times SO(q)$ (当 $q = 1$ 时这个 L^p 是罗巴切夫斯基空间),

2) $SU(p,q)/U(p) \times SU(q)$ (当 $q = 1$ 时作为复流形这是 $\mathbb{C}^p$ 中的单位球; 当 $p = 1$ 时这个流形等同于 $L^2 \cong SU(1,1)/U(1)$),

3) $Sp(p,q)/Sp(p) \times Sp(q)$,

4) $SL(n, \mathbb{R})/SO(n)$,

5) $SL(n, \mathbb{C})/SU(n)$,

6) $SO(n, \mathbb{C})/SO(n, \mathbb{R})$.

最后, 我们列出一张 4 维的度量符号为 $(+ - - -)$ 的对称空间表. 这些空间可能是广义相对论感兴趣的, 因为它们的度量 g_{ab} 满足方程 $R_{ab} - \lambda g_{ab} = 0$ (见前面的推论 4).

I. 迷向群 $G = SO(1,3)$ 的常曲率空间.

1) 闵可夫斯基空间 $\mathbb{R}^4_{1,3}$.

2) 德西特空间 $S_+ = SO(1,4)/SO(1,3)$; 注意 S_+ 同胚于 $\mathbb{R} \times S^3$. 曲率张量 R 是双向量空间 $\Lambda^2(\mathbb{R}^4)$ 自身的恒等算子: $R = 1$.

3) 德西特空间 $S_- = SO(2,3)/SO(1,3)$; 空间 S_- 同胚于 $S^1 \times \mathbb{R}^3$, 它的 "万有覆叠空间" $\widetilde{S}_- = \widetilde{SO}(2,3)/\widetilde{SO}(1,3)$ 同胚于 $\mathbb{R}^4$ (见 §18). 曲率张量 $R = -1$.

II. 可约空间 (常曲率空间的乘积).

1) $H = SO(3); M = R_+ \times M^3_{---}$, 这里 M^3_{---} 是符号为 $(---)$ 的常曲率空间.

2) $H = SO(1,2); M = R_- \times M^3_{+--}$, 这里 M^3_{+--} 是符号为 $(+--)$ 的常曲率空间.

3) $H = SO(2) \times SO(1,1); M = M^2_{--} \times M^2_{+-}$ 是两个二维常曲率空间的乘积.

III. 平面波的对称空间 M_t (迷向群 H 是交换群, 运动群是可解群). 在某个整体坐标系中, 度量形如

$$dl^2 = 2dx_1 dx_4 + \underbrace{[(\cos\, t)x_2^3 + (\sin\, t)x_3^2]}_{K} dx_4^2 + dx_2^2 + dx_3^2,$$

当 $\cos\, t \geqslant \sin\, t$.

在由 1- 形式

$$p = dx_1, q = dx_1 + Kdx_4, x = dx_3, y = dx_4$$

给出的四元组中, 曲率张量是常曲率的且形如

$$R = -4[\cos\, t(p \wedge x) \otimes (p \wedge x) + \sin\, t(p \wedge y) \otimes (p \wedge y)].$$

注 a) 单连通对称空间由它的一点处的曲率张量唯一决定. 如果 R 是曲率张量, $R : \Lambda^2(V) \to \Lambda^2(V)$, 则我们用 $\mathfrak{h}$ 表示由形如 $R(x,y), x,y \in V$ 的那些算子生成的空间 V 上的反称线性算子的李代数 ($\mathfrak{h}$ 是迷向群的李代数 L^0). 设 $\mathfrak{g}$ 是空间 $V \oplus \mathfrak{h}$ 由换位运算为

$$[(u,a),(v,b)] = (av - bu, [a,b] + R(u,v))$$

所定义的李代数. 于是, 齐性空间 $M = G/H$ 在与偶对 $(\mathfrak{g},\mathfrak{h})$ 相对应时就自然地建立起对称空间的结构.

b) 所有具给定迷向群 H 的对称空间的曲率张量的分类问题归结为寻找曲率张量型的 H 不变张量 R 使得对任意的 $x,y \in V, R(x,y) \in \mathfrak{h}$, 这里 $\mathfrak{h}$ 是 H 的李代数.

习题

6.5. 证明: 对具正定度量的 2 型对称空间, $\mathfrak{g}$ 的子代数 L^0 的维数等于 $\mathfrak{g}$ 上基灵形式中正平方项的个数.

6.6. 证明: 如果李代数 $\mathfrak{g}$ 是复李代数 (例如, $G = SL(n,\mathbb{C})$ 或 $SO(n,\mathbb{C})$), 则 $\mathfrak{g}$ 上基灵形式中正平方项和负平方项的个数都等于 $\dim L^0 = \frac{1}{2}\dim \mathfrak{g}$. 找出群 $SL(n,\mathbb{C})$ 的李代数 $\mathfrak{g}$ 的子代数 L^0.

6.7. 证明: 对具正定度量的 2 型对称空间总成立 $M \cong G/H$, 其中 H 是 G 的极大紧子群. 研究 $SL(n,\mathbb{R})/SO(n), SL(n,\mathbb{C})/SU(n)$ 的特别情形.

6.8. 证明: 单连通的 2 型对称空间总具有欧几里得空间 $\mathbb{R}^n$ 的拓扑.

在下面, 注意对作为李群的对称空间, 其曲率满足

$$\langle R(\xi,\eta)\zeta,\tau\rangle|_{x_0} = \frac{1}{4}\langle[\xi,\eta],[\zeta,\tau]\rangle_{L^0},$$
$$\xi,\eta,\zeta,\tau \in \mathbb{R}^n_{x_0} = L^1.$$

6.9. 证明: 对 1 型对称空间, 其里奇张量 R_{ab} 是正定的且截曲率 $\langle R(\xi,\eta)\xi,\eta\rangle$ 非负.

6.10. 证明: 对 2 型对称空间, 其截曲率非正. 由此推断单连通 2 型对称空间在拓扑上就是 $\mathbb{R}^n$ (假定度量是正定的).

6.11. 决定本节中列出的 1 型和 2 型对称空间的例子中哪一个具有不等于零的截曲率. 探查 1 型的 $S^n, \mathbb{C}P^n, \mathbb{R}P^n$ 和 2 型的 $L^n, SU(n,1)/U(n), SL(n,\mathbb{R})/SO(n), SL(n,\mathbb{C})/SU(n)$.

6.12. 证明: 仅有的维数等于 2,3 的具正定度量的单连通对称空间是 $L^n, S^n, \mathbb{R}^n$.

提示: 证明迷向子群 $H \subset G$ 必须是 $SO(n)(n=2,3)$. 再由此推出当 $n=3$ 时所有的截曲率是常值.

6.13. 证明: 对半单群 $G = G_1 \times \cdots \times G_k$ (每一个 G_i 是单群), 任何单连通对称空间 M 都形如 $M = (G_1/H_1) \times \cdots \times (G_k/H_k)$, 其中 M 的度量分解为直积. 此时每个 $M_i = G_i/H_i$ 的度量与李代数 $\mathfrak{g}_i = L_i^0 + L_i^1$ 的子空间 L_i^1 上的基灵度量成比例.

§7. 流形上的切丛[*]

1. 与切向量有关的构造

设 M 是一个 n 维流形. 我们将由 M 构造一个 $2n$ 维流形 L, 称为 M 的切丛.

定义 7.1. 切丛 $L(M)$ 的点用偶对 (x,ξ) 表示, 其中 x 是流形 M 的点, ξ 是 M 在这个点的一个切向量.

我们将引入流形 $L(M)$ 上的局部坐标. 设 $U_q \subset M$ 是 M 的一个局部坐标为 (x_q^α) 的坐标邻域. 于是, 在邻域 U 的每一点 M 的切空间产生一个基 $e_\alpha = \dfrac{\partial}{\partial x^\alpha}$ 且在这个点的切向量有坐标表示: $\xi = \xi_q^\alpha e_\alpha$. 形如 (x,ξ) 的偶对组成空间 $L(M)$ 中的一个邻域 U_q^L, 其中 $x \in U_q$. 这个邻域 U_q^L 中的局部坐标为

$$(y_q^1,\cdots,y_q^{2n}) = (x_q^1,\cdots,x_q^n,\xi_q^1,\cdots,\xi_q^n).$$

---

[*] 本节标题直译应为 "线元及与它相关的流形", 作者所指的 "线元流形" 按当今通行的概念即 "切丛", "线元" 则另有所指, 故改译为现标题. —— 译者注.

§7. 流形上的切丛

在邻域 U_q^L 和 U_p^L 的交上的转移函数形如

$$(y_p^1, \cdots, y_p^{2n}) = (x_p^\beta, \xi_p^\beta) = \left(x_p^\beta(x_q^1, \cdots, x_q^n), \frac{\partial x_p^\beta}{\partial x_q^\alpha} \xi_q^\alpha \right),$$

其中 (x_p^β) 为邻域 U_p^1 上的局部坐标. 转移函数的雅可比矩阵为

$$\left(\frac{\partial y_p^i}{\partial y_q^j} \right) = \begin{pmatrix} A & 0 \\ H & A \end{pmatrix}, A = \left(\frac{\partial x_p^\beta}{\partial x_q^\alpha} \right), H = \left(\frac{\partial^2 x_p^\beta}{\partial x_q^\alpha \partial x_q^\gamma} \xi_q^\alpha \right)$$

由此雅可比行列式等于 $(\det A)^2 > 0$.

推论 1 切丛 $L(M)$ 是 $2n$ 维光滑定向流形.

例 7.1. 欧几里得空间 $\mathbb{R}^n$ 中一个区域 U 的切丛微分同胚于直积 $U \times \mathbb{R}^n$.

设在流形 M 上已给定黎曼度量. 于是在切丛 $L(M)$ 中可定一个由满足 $|\xi| = 1$ 的点 (x, ξ) 组成的子流形 $L_1(M)$. 流形 $L_1(M)$ 的维数等于 $2n-1$ (它是在 $L(M)$ 中由非奇异方程 $f(x, \xi) = g_{\alpha\beta}(x)\xi^\alpha \xi^\beta = 1$ 给定的).

例 7.2. 对于由方程 $\sum_{\alpha=0}^{n}(x^\alpha)^2 = 1$ 给定的 n 维球面 S^n, 它的切向量 ξ 正交于指向切点的径向量 x. 因此, 对于球面 S^n, 满足 $|\xi| = 1$ 的 (x, ξ) 组成的流形是斯蒂弗尔流形 $V_{n+1,2}$ (见 §5.2). 特别, 对于二维球面 S^2, 所有的单位切向量组成的流形 $L_1(S^2)$ 等同于 $V_{3,2} \cong SO(3) \cong \mathbb{R}P^3$.

我们来考察另一些与切丛有关的构造:

a) 常常遇到流形 $L_p(M)$, 它的点用偶对 (x, τ) 表示, 其中 τ 是点 $x \in M$ 的切空间中通过坐标原点的直线.

b) 对于任意的 n 维流形 M, 我们可以相关地构造一个新的流形 E, 它的点用偶对 (x, τ) 表示, 其中 $x \in M, \tau = (\xi_1, \cdots, \xi_n)$ 是点 x 处的切空间中一个基.

c) 对于定向流形 M, 类似于 b) 可定义流形 $\widetilde{E}$, 不过此时所有的标架应属于决定 M 定向的定向类中.

d) 对于黎曼流形则有正交标架组成的流形 E_0.

我们将在第六章中再考察与切丛相关的另一些构造.

流形 M 到流形 N 的光滑映射 $f: M \to N$ 可决定对应的切丛之间的一个光滑映射:

$$L(M) \to L(N), \quad (x, \xi) \mapsto (f(x), f_*\xi)$$

(f_* 是在 §1.2 中定义的切空间中的诱导映射).

现在我们定义 "余切丛" $L^*(M)$, 它的点用偶对 (x, p) 表示, 其中 p 是点 x 处的余向量 (即 M 上的 1- 形式). M 上一个邻域 U_p 的局部坐标就给出流形 $L^*(M)$ 中的局部坐标 $(x_p^\alpha, p_{p\alpha})$, 其中 (局部地)

$$p = p_{p\alpha} dx_p^\alpha.$$

从坐标 $(x_p^\alpha, p_{p\alpha})$ 到坐标 $(x_q^\beta, p_{q\beta})$ 的转移函数形如

$$(x_q^\beta, p_{q\beta}) = \left(x_q^\beta(x_p^1, \cdots, x_p^n), \frac{\partial x_p^\alpha}{\partial x_q^\beta} p_{p\alpha}\right). \tag{1}$$

这个转移函数的雅可比矩阵为

$$\begin{pmatrix} A^{-1} & 0 \\ \widetilde{H} & A \end{pmatrix}, A = \left(\frac{\partial x_p^\alpha}{\partial x_q^\beta}\right), \widetilde{H} = \left(\frac{\partial^2 x_p^\alpha}{\partial x_q^\beta \partial x_q^\gamma} p_{p\alpha}\right).$$

它的行列式等于 1. 由此, 流形 $L^*(M)$ 也是定向流形.

流形 M 的度量 $g_{\alpha\beta}$ 可以用来构造微分同胚

$$L(M) \to L^*(M).$$

这个微分同胚将点 (x^α, ξ^α) 变为点 $(x^\alpha, g_{\alpha\beta}(x)\xi^\beta)$ (即卷 1 §19 中学过的降低指标的运算).

表达式 $\omega = p_\alpha dx^\alpha$ 在形如 (1) 的替换下是不变的. 结果 ω 可以视为流形 $L^*(M)$ 上的微分形式. 它的微分 $\Omega = d\omega = \sum_{\alpha=1}^n dp_\alpha \wedge dx^\alpha$ 是一个非退化的反称 2- 形式, 并且显然是闭形式, $d\Omega = 0$.

结论 流形 $L^*(M)$ 是辛流形.

我们回忆在卷 1 中, 具有一个非退化的闭反称 2- 形式的流形称为辛流形.

2. 子流形的法丛

设 M 是一个 n 维黎曼流形, $g_{\alpha\beta}$ 是其上的度量. 再设 N 是 M 的一个 k 维光滑子流形. 我们来定义子流形 N 在 M 中的 "法丛" $\nu_M(N)$. 这个空间的点用偶对 (x, ν) 表示, 其中 x 是 N 的点, ν 是点 x 处 M 的切向量且在 x 处与子流形 N 正交. 所谓与子流形 N 正交是指它正交于与 N 相切的那个子空间. 可以假定子流形 N 局部地由非奇异方程组 $y^{k+1} = 0, \cdots, y^n = 0$ 给定, 这里 $y^{k+1}, \cdots, y^n$ 属于 M 上的坐标系 $(y^1, \cdots, y^n)$ 中的坐标, 而 $(y^1, \cdots, y^k)$ 则是 N 本身的局部坐标 (见 §1). 于是, 流形 $\nu_M(N)$ 在 $L(M)$ 中局部地由方程组

$$y^{k+1} = 0, \cdots, y^n = 0, g_{\alpha\beta}(y)\nu^\beta = 0, \alpha = 1, \cdots, k$$

决定. 这个方程组是非奇异的 (试证之!). 因此 $\nu_M(N)$ 是 $L(M)$ 中的 n 维子流形.

例 7.3. 1) 设 $M = \mathbb{R}^n, N$ 由非奇异方程组

$$f_1(y) = 0, \cdots, f_{n-k}(y) = 0, y = (y^1, \cdots, y^n)$$

整体给定, 这里 $y^1, \cdots, y^n$ 是 $M = \mathbb{R}^n$ 上的欧几里得坐标. 于是向量 $\operatorname{grad} f_1, \cdots, \operatorname{grad} f_{n-k}$ 正交于曲面 N 且处处线性无关. 这些向量给出了 $\nu_{\mathbb{R}^n}(N)$ 的直积结构:

$$\nu_{\mathbb{R}^n}(N) \cong N \times \mathbb{R}^{n-k}.$$

更一般地，如果子流形 N 在 M 中由非奇异方程组
$$f_1(x) = 0, \cdots, f_{n-k}(x) = 0$$
整体给定，则向量场 $e_i(x) = \operatorname{grad} f_i(x) = g_{ij}\dfrac{\partial f_i}{\partial x^j}, i = 1, \cdots, n-k$，在每个点与 N 正交且线性无关。N 在点 x 处的任一法向量都有表达式
$$\nu = \nu^i e_i(x).$$
我们就得到对应 $(x, \nu) \mapsto (x, \nu^1, \cdots, \nu^k)$。这是一个微分同胚
$$\nu_M(N) \cong N \times \mathbb{R}^{n-k}.$$

重要的特殊情形：设 $A \subset M$ 是一个由不等式 $f(x) \leqslant 0$ 给定的带边界流形；$N = \partial A$ 是流形 A 的边界。则这个边界的维数为 $n-1$ 且由一个非奇异方程 $f(x) = 0$ 给定；边界的法丛分解成直积
$$\nu_M(\partial A) = \partial A \times \mathbb{R}.$$

2) 设 $M = N \times N$，这里 N 是一个黎曼流形。则 M 的切向量由 N 的切向量偶对 (ξ, η) 给出。如果我们置
$$\langle (\xi_1, \eta_1), (\xi_2, \eta_2) \rangle = \langle \xi_1, \xi_2 \rangle + \langle \eta_1, \eta_2 \rangle,$$
则在流形 M 中就引进了一个黎曼度量。我们将流形 N 放入 M 中作为对角线 $\Delta = \{(x, x)\} \subset M$，这里 x 是 N 中的点。与对角线相切的向量形如 (ζ, ζ)。如果向量 $\nu = (\xi, \eta)$ 与对角线 Δ 正交，则
$$0 = \langle (\zeta, \zeta), (\xi, \eta) \rangle = \langle \zeta, \xi + \eta \rangle.$$

这个等式对 N 的任意切向量 ζ 都要成立，从而只能 $\xi = -\eta$。即对角线 $\Delta \cong N$ 的法向量的形式为 $\nu = (\xi, -\xi)$。

结论 $\nu_{N \times N}(\Delta) \cong L(N)$。

3) 我们如下定义法丛 $\nu_M(N)$ 到流形 M 的映射 h（测地映射）。设 (x, ν) 是 $\nu_M(N)$ 的任意点。从点 x 出发以 ν 为初始速度向量作 M 中的测地线 $\gamma(t), \dot{\gamma}(0) = \nu$。令 $h(x, \nu) = \gamma(1)$。

引理 7.1. 映射 h 在 $(x, \nu) = (x, 0)$ 处的雅可比行列式不等于零。

证明 我们只对当 M 是具通常欧几里得度量的空间 $\mathbb{R}^n$ 及 $N \subset \mathbb{R}^n$ 是参数表示 $x^i = x^i(u^1, \cdots, u^{n-1}), i = 1, \cdots, n$，的超曲面的情形加以证明。此时，点 $(x, \nu) \in \nu_{\mathbb{R}^n}(N)$ 的坐标为 $(u^1, \cdots, u^{n-1}, t)$，这里 $x = x(u), \nu = tn(u), n = n(u)$ 是超曲面 N 在点 $x(u)$ 处的单位法向量。测地映射的表达式为
$$h(u^1, \cdots, u^{n-1}, t) = x(u) + tn(u).$$

它的偏导数为
$$\frac{\partial h}{\partial u^i} = \frac{\partial x}{\partial u^i} + t\frac{\partial n}{\partial u^i}, \frac{\partial h}{\partial t} = n.$$
当 $t=0$ 时, 显然可以得到非奇异的雅可比矩阵 $\left(\frac{\partial h}{\partial u}, \frac{\partial h}{\partial t}\right) = \left(\frac{\partial h}{\partial u}, n\right)$. 引理证毕. □

推论 2 设 N 是紧流形, 并设 $\nu_M^\varepsilon(N) = \{(x,\nu)||\nu|<\varepsilon\}$. 则当 ε 充分小时, 映射 h 将区域 $\nu_M^\varepsilon(N)$ 微分同胚地映射为流形 N 在 M 中的某个邻域 $U_\varepsilon(N)$.

证明 由引理 7.1, 映射 h 在 $\nu_M(N)$ 中任意点 $(x,0)$ 的某个邻域中是微分同胚. 从这些邻域中我们可以选出有限多个覆盖 $\nu_M(N)$ 中的集合 $(N,0)$ (这是由于 N 的紧性). 这些邻域的并集将 N 包含在某个 ε 邻域 $\nu_M^\varepsilon(N)$ 之中. 在这个 ε 邻域中映射 h 是微分同胚. □

注 设 $U_\varepsilon(N)$ 是推论 2 中所述的邻域 $\nu_M^\varepsilon(N)$ 在 h 之下的微分同胚像. 于是, 对区域 $U_\varepsilon(N)$ 中任意一点 x 可以作 "垂直测地线" γ 到子流形 N 上, 此外, 这条测地线 γ 局部上是唯一的. 这条垂直测地线的长度称为点 x 到流形 N 的距离, 并用 $\rho(x,N)$ 表示. 函数 $\rho(x,N)$ 光滑地依赖于区域 $U_\varepsilon(N)$ 中的点 x.

定理 7.1. 设 M 是 $\mathbb{R}^n$ 中一个紧双侧超曲面 (见 §2), 则 M 必由某个非奇异方程
$$f(x) = 0$$
给定.

证明 设 $\varphi(t)$ 是光滑函数, 它的图如图 12 所示. 如下构造函数 $f(x):\mathbb{R}^n \to \mathbb{R}$:
$$f(x) = \begin{cases} \pm\varepsilon, & \text{如果 } x \notin U_\varepsilon(M), \\ \varphi(\pm\rho(x,M)), & \text{如果 } x \in U_\varepsilon(M). \end{cases}$$

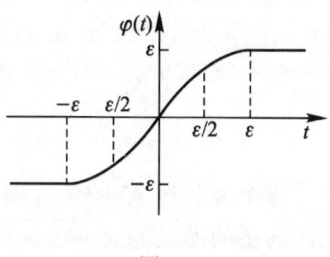

图 12

这里 $U_\varepsilon(M)$ 是推论 2 中所述的 M 的邻域. 对于 $\mathbb{R}^n\setminus M$ 中的一个区域中的点取定 "+" 号, 则对另一个区域中的点取 "−" 号 (这里用到了双侧曲面的性质). 超曲面 M 就由方程 $f(x)=0$ 给定. 定理证毕. □

第二章 基本问题. 函数论中一些必需的结果. 典型的光滑映射

本章用来论述流形上的函数理论必需的一些基本问题. 本章中定理的证明对包含在以后各章中的流形的几何与拓扑的展开不起任何作用. 因此,读者可以只了解本章中定理的表述和有关的定义,这无损于对后面内容的理解.

本章的内容分成两部分: 第一部分中构造所谓的 "单位分解", 借助于单位分解证明一系列的 "存在性定理" (这些定理在一些具体的例子中常常是不言自明的): 流形上黎曼度量和联络的存在性, 一般的斯托克斯公式的严格证明, 紧流形到欧几里得空间的光滑嵌入的存在性, 连续函数和映射通过光滑函数和映射的可逼近性, 形式和度量关于紧变换群的平均运算的证明.

第二部分从所谓的萨德引理开始, 处理关于函数和映射的 "典型的" 奇性的精确定义. 这部分在后面具体的拓扑结构中非常有用, 值得读者去努力熟悉其中的定义和表述.

§8. 单位分解及其应用

我们以后将使用下列记号: $C^\infty(M)$ —— 光滑流形 M 上的光滑函数空间; $\sup(f(x))$ —— 函数 $f(x)$ 的上确界; $\mathrm{supp}(f(x))$ —— 函数 $f(x)$ 的支集, 即使得 $f(x) \neq 0$ 的点 x 组成的集的闭包.

1. 单位分解

考察欧几里得空间 $\mathbb{R}^n$.

引理 8.1. 设 $A, B \subset \mathbb{R}^n$ 是两个不相交的闭子集, 此外, A 有界. 于是存在 $\mathbb{R}^n$ 上的 C^∞ 函数 $\varphi(x)$ 使得在 A 上 $\varphi(x) \equiv 1$ 而在 B 上 $\varphi(x) \equiv 0$ (图 13). 此外, $\varphi(x)$ 处处满足 $0 \leqslant \varphi(x) \leqslant 1$.

证明 设 a, b 是两个实数, $0 < a < b$. 考察实直线 $\mathbb{R}^1$ 上的下列函数:

$$f(x) = \begin{cases} \exp\left(\dfrac{1}{x-b} - \dfrac{1}{x-a}\right), & \text{当 } a < x < b, \\ 0, & \text{其余的 } x. \end{cases}$$

容易验证 $f(x)$ 是 $\mathbb{R}^1$ 上的光滑函数 (试证之!).

考察函数

$$F(x) = \left(\int_x^b f(t)dt\right) \bigg/ \left(\int_a^b f(t)dt\right)$$

(图 14). 显然, $F(x)$ 是光滑函数且成立

$$F(x) = \begin{cases} 0, & \text{当 } x \geqslant b, \\ 1, & \text{当 } x \leqslant a, \\ \text{从 1 减少到 0}, & \text{当 } a \leqslant x \leqslant b. \end{cases}$$

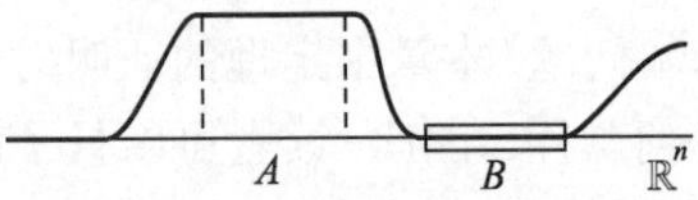

图 13

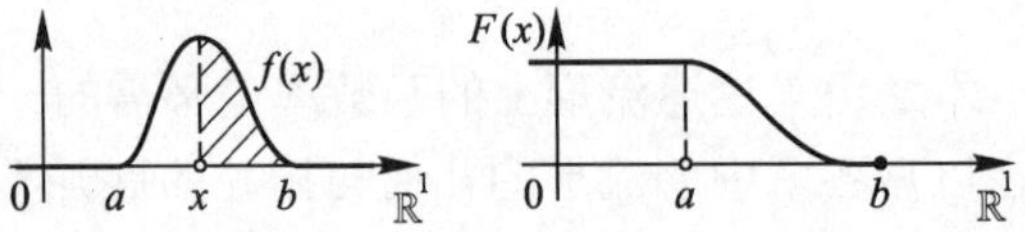

图 14

现在我们考察 $\mathbb{R}^n$ 上由

$$\psi(x^1, \cdots, x^n) = F((x^1)^2 + \cdots + (x^n)^2) = F\left(\sum_{i=1}^n (x^i)^2\right)$$

定义的函数 $\psi(x)$. 显然, $\psi(x)$ 是 $\mathbb{R}^n$ 上的光滑函数且

$$\psi(x) = \begin{cases} 0, & \text{当 } r^2 \geqslant b, \\ 1, & \text{当 } r^2 \leqslant a, \\ \text{从 1 减少到 0}, & \text{当 } a \leqslant r^2 \leqslant b. \end{cases}$$

在这里 $r^2 = \sum\limits_{i=1}^n (x^i)^2$ (见图 15). 于是, 如果 S 和 S' 是 $\mathbb{R}^n$ 中两个同球心的球面且 S 包含着 S', 则存在光滑函数 $\psi(x)$ 使得在以 S 为边界的球的外部, $\psi(x) \equiv 0$, 而在以 S' 为边界的球内部 $\psi(x) \equiv 1$.

现在来考虑集 A 和 B (见引理中的条件). 由于 A 是紧的, 存在有限多个球面 S_i ($1 \leqslant i \leqslant m$) 使得它们相应的开球 $D_i (\partial \overline{D}_i = S_i$, 这里 "—" 表示闭包运算) 组成 A 的一个开覆盖, 即 $A \subset \bigcup\limits_{i=1}^m D_i$. 因而 $A \cap B = \varnothing$, 可以假定 $\overline{D}_i \cap B = \varnothing, i = 1, \cdots, m$.

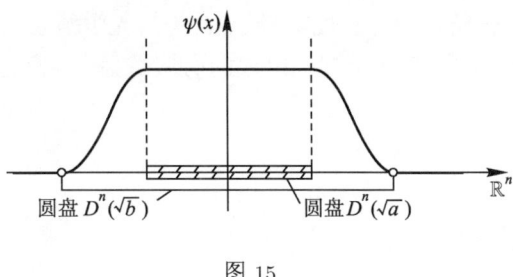

图 15

任意一个球面 S_i 可以缩小为另一球面 $S_i' \subset S_i$ 使得相应的开球集 $\{D_i'\}$ 仍是 A 的开覆盖, 即 $A \subset \bigcup_{i=1}^{m} D_i'$.

现在对每一 i 作函数 $\psi_i(x) \in C^\infty(\mathbb{R}^n)$ ($\mathbb{R}^n$ 上的光滑函数) 使得

$$\psi_i(x) = \begin{cases} 1, & \text{在 } D_i' \text{ 上}, \\ 0, & \text{在 } D_i \text{ 外部}. \end{cases}$$

令 $\varphi(x) = 1 - \prod_{i=1}^{m}(1 - \psi_i(x))$. 显然, $\varphi(x) \in C^\infty(\mathbb{R}^n)$; 在 A 上 $\varphi(x) \equiv 1$ 而在 B 上 $\varphi(x) \equiv 0$. 引理证毕. □

引理 8.2. 设 C 是光滑流形 M 的紧子集; $C \subset V$, 这里 V 是 M 的开子集. 则存在函数 $\varphi(x) \in C^\infty(M)$ 使得在 M 上 $0 \leqslant \varphi(x) \leqslant 1$, 在 C 上 $\varphi(x) \equiv 1$ 且在 V 外部 $\varphi(x) \equiv 0$.

证明 对 $M = \mathbb{R}^n$ 的情形, 这个引理已经被证明 (见引理 8.1). 现转向一般的情形. 设 $(U_\alpha, \varphi_\alpha)$ 是 M 上的局部坐标卡, $\varphi_\alpha: U_\alpha \to \mathbb{R}^n$. 设 $S_\alpha \subset U_\alpha$ 是 U_α 中的一个紧子集.

考察集 $\varphi_\alpha(U_\alpha) \subset \mathbb{R}^n$; 这个集在 $\mathbb{R}^n$ 中是开集. 由于引理 8.1, 在集 $\varphi_\alpha(U_\alpha)$ 上存在函数 $f_\alpha(x)$ 使得在 $\varphi_\alpha(S_\alpha)$ 上 $f_\alpha(x) \equiv 1$ 且 $\operatorname{supp} f_\alpha(x) \subset \varphi_\alpha(U_\alpha)$, 即在 $\varphi_\alpha(U_\alpha)$ 外部 $f_\alpha(x) \equiv 0$. 我们再考察 M 上的函数 $F_\alpha(P)$:

$$F_\alpha(P) = \begin{cases} f_\alpha(\varphi_\alpha(P)), & \text{当 } P \in U_\alpha, \\ 0, & \text{当 } P \notin U_\alpha. \end{cases}$$

明显地, $F_\alpha \in C^\infty(M)$, 在 S_α 上 $F_\alpha \equiv 1$, 在 U_α 外部 $F_\alpha \equiv 0$.

现在考察紧子集 C (见前), $C \subset V, V$ 是开集. 由于 C 的紧性, 存在有限个开坐标邻域 $U_1, \cdots, U_N$ 和紧集 $S_1, \cdots, S_N$ 使得 $C \subset \bigcup_{\alpha=1}^{N} S_\alpha, U_\alpha \supset S_\alpha, \bigcup_{\alpha=1}^{N} U_\alpha \subset V$. 根据我们前面所证明的结果, 对每个 U_α 存在函数 $F_\alpha \in C^\infty(M)$ 使得在 S_α 上 $F_\alpha \equiv 1$ 及在 U_α 外部 $F_\alpha \equiv 0$. 作函数 $F = 1 - \prod_{\alpha=1}^{N}(1 - F_\alpha)$. 于是在 C 上 $F \equiv 1$, 在 $\bigcup_{\alpha=1}^{N} U_\alpha$ 的外部 $F \equiv 0$, 特别在 V 的外部 $F \equiv 0$. 引理证毕. □

定理 8.1 ("单位分解" 的存在性). 设 M 是紧光滑流形；$\{U_\alpha\}$ 是流形 M 的任意一个由坐标邻域 (例如开球) 组成的有限覆盖. 则存在一族函数 $\varphi_\alpha(x) \in C^\infty(M)$ 使得：

1) 对每一个 α, $\operatorname{supp} \varphi_\alpha \subset U_\alpha$；
2) 对一切点 $x \in M$, $1 \geqslant \varphi_\alpha(x) \geqslant 0$；
3) 对一切点 $x \in M$, $\sum_\alpha \varphi_\alpha(x) \equiv 1$.

证明 对于邻域集 $\{U_\alpha\}, 1 \leqslant \alpha \leqslant N$, 如前可以构造新的 "缩小些" 的开球集 $\{V_\alpha\}, 1 \leqslant \alpha \leqslant N$, 使得 $\overline{V}_\alpha \subset U_\alpha$ 且 $\{V_\alpha\}$ 仍是流形 M 的覆盖.

对于开集对 (U_α, V_α), 根据引理 8.2, 存在函数 $\psi_\alpha(x) \in C^\infty(M)$ 使得在 M 上 $0 \leqslant \psi_\alpha \leqslant 1$, 在 $\overline{V}_\alpha$ 上 $\psi_\alpha \equiv 1$ 且在 U_α 的外部 $\psi_\alpha \equiv 0$. 令 $\psi(x) = \sum_{\alpha=1}^{N} \psi_\alpha(x)$, 则显然 $\psi \in C^\infty(M)$ 且对任何点 $x \in M$ 成立 $\psi(x) > 0$. 接着令 $\varphi_\alpha = \psi_\alpha/\psi$. 显然这一族函数 φ_α 满足定理的要求. 定理证毕. □

函数族 $\{\varphi_\alpha(x)\}$ 称为从属于覆盖 $\{U_\alpha\}$ 的单位分解.

注 流形是紧的这个假定并不是必需的, 容易看出, 所给出的单位分解存在性的证明可以逐字逐句地转移到容有所谓的 "局部有限" 覆盖 (即每一点都有一个邻域只与这个覆盖中的有限多个集相交) 的流形上. 回想一下, 一个豪斯多夫拓扑空间称为仿紧空间, 如果它的任意一个开覆盖必有加细的局部有限开覆盖. 于是, 单位分解存在性的上述证明适用于本身是仿紧豪斯多夫空间的流形的任何开覆盖.

2. 单位分解的最简单的应用. 流形上的积分和斯托克斯公式

单位分解的存在性定理有许多有用的推论. 我们将指出其中的某些结果. 为简单起见, 我们将总假定流形是紧流形.

推论 1 任意紧流形上总存在黎曼度量.

证明 考察流形 M 的一个由局部坐标为 (x_α^i) 的开球 U_α 组成的一个开覆盖 $\{U_\alpha\}, 1 \leqslant \alpha \leqslant N$. 在每一个坐标系 $(x_\alpha^1, \cdots, x_\alpha^n)$ 中我们给定一个度量, 例如 $g_{ab}^{(\alpha)} = \delta_{ab}$. 我们需要做的是将所有的这些在球 U_α 中给定的度量 g_{ab}^α "粘合" 起来. 我们定义

$$g_{ab} = \sum_{\alpha=1}^{N} g_{ab}^{(\alpha)}(x)\psi_\alpha(x),$$

其中 $\{\psi_\alpha\}$ 是从属于覆盖 $\{U_\alpha\}$ 的单位分解. g_{ab} 显然是光滑的. 因为对任意点 $x, \psi(x) \geqslant 0$ 以及 M 上所有的黎曼度量组成一个凸锥 (即如果 g_1 和 g_2 是两个黎曼度量且 c, d 是两个正数, 则 $cg_1 + dg_2$ 仍是黎曼度量), 所以我们定义的度量 (g_{ab}) 是黎曼度量. □

由此推论立即导出

推论 2 任意紧流形上总存在黎曼联络.

另一个类似的例子是定义次数为 $n = \dim M$ 的外形式 ω 在流形 M 上的积分. 设在每一个局部坐标为 $(x_\alpha^1, \cdots, x_\alpha^n)$ 的坐标卡 U_α 中 n 次形式 $\omega^{(n)}$ 形如

$$\omega^{(n)}(x) = a_{12\cdots n}(x) dx_\alpha^1 \wedge \cdots \wedge dx_\alpha^n,$$

则 $\omega^{(n)}$ 在坐标卡 U_α 上的积分像通常那样定义为:

$$\int_{U_\alpha} \omega^{(n)} = \int_{U_\alpha} a_{12\cdots n}(x) dx_\alpha^1 \wedge \cdots \wedge dx_\alpha^n.$$

为定义完整的积分 $\int_{M^n} \omega^{(n)}$, 我们需要 "粘合" 这些积分 $\int_{U_\alpha} \omega^{(n)}$. 作为定义, 我们规定

$$\int_{M^n} \omega^{(n)} = \int_{M^n} \left(\sum_{\alpha=1}^N \psi_\alpha(x) \right) \omega^{(n)}(x) = \sum_{\alpha=1}^N \int_{U_\alpha} \psi_\alpha(x) \omega^{(n)}(x).$$

(回想一下, 在 U_α 的外部 $\psi_\alpha(x) \equiv 0$.) 这里 $\{\psi_\alpha\}$ 是从属于 $\{U_\alpha\}$ 的单位分解. 这个定义的合理性的证明, 即它与有限覆盖 $\{U_\alpha\}$ 的选取及单位分解的选取无关的证明并无特别困难, 所以我们这里略去这个证明.

我们转向单位分解的另一个应用例子.

我们将给出一般的斯托克斯公式的严格证明.

设 $D \subset \mathbb{R}^n$ 是具光滑边界 ∂D 的有界区域. 比方说, D 可以用不等式: $f(x^1, \cdots, x^n) \geqslant 0, \operatorname{grad} f|_{\partial D} \neq 0$ 给出, 其中 $x^1, \cdots, x^n$ 是 $\mathbb{R}^n$ 中的欧几里得坐标. 于是, $V^{n-1} = \partial D$ 是 $\mathbb{R}^n$ 中的一张光滑超曲面. 如果 $\mathbb{R}^n$ 已给定一个定向, 则坐标 $x^1, \cdots, x^n$ 的次序就被确定, 最多差一个偶置换. 这等价于向量标架 $(e_1, \cdots, e_n)$ 的次序被确定, 这个标架可以光滑地在 $\mathbb{R}^n$ 中移动. 设 $n(P)(P \in \partial D)$ 是 ∂D 的外法向量. 在点 $P \in \partial D$ 的邻域中可以引入局部光滑坐标 $y^1, \cdots, y^{n-1}$. 这些坐标确定边界 ∂D 的定向; 回想一下, 这个定向是由 D 的定向诱导的, 如果标架 $\left(\dfrac{\partial}{\partial y^1}, \cdots, \dfrac{\partial}{\partial y^{n-1}}, n(P) \right)$ 是由标架 $(e_1, \cdots, e_n)$ 经过一个行列式为正的线性变换而得到的.

定理 8.2. 设 ω 是 $D \subset \mathbb{R}^n$ 上的一个 $(n-1)$ 次微分形式, 则

$$\int_D d\omega = \int_{\partial D} i^*(\omega),$$

这里 $i : \partial D \to D$ 是包含映射, $i^*(\omega)$ 是形式 ω 在 D 的边界 ∂D 上的限制 (其定义见卷 1 §22); ∂D 上的定向与 D 的定向相一致 (即取为诱导定向).

注 由定向给定的坐标 $x^1, \cdots, x^n$ 和 $y^1, \cdots, y^{n-1}$ 的次序在计算形式的积分时是必需的 (这个次序确定积分的符号).

证明 我们考察区域 D 的一个由一些半径足够小的开球 $U_\alpha, 1 \leqslant \alpha \leqslant N$, 组成的有限覆盖, 并确定坐标映射 $h_\alpha : B^n \to \mathbb{R}^n; h_\alpha(B^n) = U_\alpha$, 这里 B^n 是 $\mathbb{R}^n$ 中一个固

定的球 (例如单位球), 而映射 h_α 就在 U_α 中引入了局部坐标. 设 $x^1, \cdots, x^n$ 是 B^n 中已确定的坐标.

可以假定 (可由隐函数定理导出) 覆盖 $\{U_\alpha\}$ 满足: 或者 $\partial D \bigcap U_\alpha = \varnothing$, 或者 $\partial D \bigcap U_\alpha \neq \varnothing$ 而交集 $\partial D \bigcap U_\alpha$ 由方程 $x_\alpha^n = 0$ 确定, 这里 $(x_\alpha^1, \cdots, x_\alpha^n)$ 是 U_α 中局部坐标.

设 $\{\varphi_\alpha(x)\}$ 是从属于覆盖 $\{U_\alpha\}$ 的单位分解, 即:
1) 对任意 $\alpha, \operatorname{supp}(\varphi_\alpha) \subset U_\alpha$;
2) 对任意 $x \in \bigcup_\alpha U_\alpha, \varphi_\alpha(x) \geqslant 0$;
3) 对任意 $x \in \bigcup_\alpha U_\alpha, \sum_\alpha \varphi_\alpha(x) = 1$.

由最后的性质 3) 和 φ_α 是标量, 从积的线性得到

$$\int_{\partial D} i^*(\omega) = \sum_\alpha \int_{\partial D} i^*(\varphi_\alpha \omega),$$

$$\int_D d\omega = \sum_\alpha \int_D d(\varphi_\alpha \omega).$$

结果, 只要能证明下面的事就足够了, 即证明: 对任意的 $\alpha, 1 \leqslant \alpha \leqslant N$ (N 是覆盖中开球的个数), 成立等式

$$\int_{\partial D} i^*(\varphi_\alpha \omega) = \int_D d(\varphi_\alpha \omega). \tag{1}$$

因为 $\operatorname{supp}(\varphi_\alpha) \subset U_\alpha$, 所以 $\operatorname{supp}(\varphi_\alpha \omega) \subset U_\alpha$. 设 $x_\alpha^1, \cdots, x_\alpha^n$ 是 U_α 中局部坐标; 在这个坐标系中, 我们写出

$$\varphi_\alpha \omega = \widetilde{\omega}_\alpha = \sum_{k=1}^n (-1)^{k-1} a_k(x) dx_\alpha^1 \wedge \cdots \wedge \widehat{dx_\alpha^k} \wedge \cdots \wedge dx_\alpha^n, \tag{2}$$

$a_k(x) \in C^\infty(D)$. 由此

$$d\widetilde{\omega}_\alpha = \left(\sum_{k=1}^n \frac{\partial a_k(x)}{\partial x_\alpha^k}\right) dx_\alpha^1 \wedge \cdots \wedge dx_\alpha^n.$$

情形 1. $U_\alpha \bigcap \partial D = \varnothing$. 于是 $\int_{\partial D} i^*(\varphi_\alpha \omega) = 0$, 因为在 ∂D 上 $\varphi_\alpha \equiv 0$. 由于 $U_\alpha \bigcap \partial D = \varnothing$, 因此, 或者 $U_\alpha \subset D$, 或者 $U_\alpha \subset \mathbb{R}^n \backslash D$. 如果 $U_\alpha \subset \mathbb{R}^n \backslash D$, 则 $\int_D d(\varphi_\alpha \omega) = 0$, 且斯托克斯公式得证. 现设 $U_\alpha \subset D$. 需要证明 $\int_D d(\varphi_\alpha \omega) \equiv 0$, 即

$$\int_{U_\alpha} \left(\sum_{k=1}^n \frac{\partial a_k}{\partial x_\alpha^k}\right) dx_\alpha^1 \wedge \cdots \wedge dx_\alpha^n = 0.$$

映射 h_α 将开球 $B^n \subset \mathbb{R}^n$ 等同于它的像 U_α. 我们将积分

$$\int_{U_\alpha = B^n} \left(\sum_{k=1}^n \frac{\partial a_k}{\partial x_\alpha^k} \right) dx_\alpha^1 \wedge \cdots \wedge dx_\alpha^n$$

中的被积项零延拓至整个空间 $\mathbb{R}^n$ (即在 $\mathrm{supp}(a_k) \subset U_\alpha = B^n$ 外部为零). 设

$$C^n = \{(x^1, \cdots, x^n), |x^k| \leqslant R, 1 \leqslant k \leqslant n\}$$

是 $\mathbb{R}^n$ 中的立方体使得 $C^n \supset B^n$; 数 $2R$ 是立方体 C^n 的边长. 于是

$$\int_{B^n} \left(\sum_{k=1}^n \frac{\partial a_k}{\partial x_\alpha^k} \right) dx_\alpha^1 \wedge \cdots \wedge dx_\alpha^n$$
$$= \sum_{k=1}^n \int_{C^n} \frac{\partial a_k}{\partial x_\alpha^k} dx_\alpha^1 \wedge \cdots \wedge dx_\alpha^n$$
$$= \sum_{k=1}^n \int_{C^{n-1}} (-1)^{k-1} \left(\int_{-R}^R \frac{\partial a_k}{\partial x_\alpha^k} dx_\alpha^k \right) dx_\alpha^1 \wedge \cdots \wedge \widehat{dx_\alpha^k} \wedge \cdots \wedge dx_\alpha^n.$$

(这里 C^{n-1} 表示 $(n-1)$ 维的立方体.) 接着, 除一个符号外, 可以这样来计算和式中的第 k 项:

$$\int_{C^{n-1}} \left(\int_{-R}^R \frac{\partial a_k}{\partial x_\alpha^k} dx_\alpha^k \right) dx_\alpha^1 \wedge \cdots \wedge \widehat{dx_\alpha^k} \wedge \cdots \wedge dx_\alpha^n$$
$$= \pm \int_{C^{n-1}} \{ a_k(x_\alpha^1, \cdots, x_\alpha^{k-1}, R, x_\alpha^{k+1}, \cdots, x_\alpha^n) -$$
$$a_k(x_\alpha^1, \cdots, x_\alpha^{k-1}, -R, x_\alpha^{k+1}, \cdots, x_\alpha^n) \} dx_\alpha^1 \wedge \cdots \wedge \widehat{dx_\alpha^k} \wedge \cdots \wedge dx_\alpha^n = 0,$$

由于 $a_k(x_\alpha^1, \cdots, \pm R, \cdots, x_\alpha^n) = 0$.

于是, 情形 1 完全得证.

情形 2. $U_\alpha \bigcap \partial D \neq \varnothing$. 我们希望证明等式 (1); 为此只要证明

$$\int_{\partial D \cap U_\alpha} i^*(\widetilde{\omega}_\alpha) - \int_{U_\alpha} d\widetilde{\omega}_\alpha. \tag{3}$$

如果像 (2) 那样用坐标 $x_\alpha^1, \cdots, x_\alpha^n$ 写出形式 $\widetilde{\omega}_\alpha = \varphi_\alpha \omega$, 并考虑到交集由方程 $x_\alpha^n = 0$ 确定, 我们就有

$$i^*(\widetilde{\omega}_\alpha) = (-1)^{n-1} a_n(x) i^*(dx_\alpha^1 \wedge \cdots \wedge dx_\alpha^{n-1}).$$

这样一来, 我们要证明的等式 (3) 可以表达成

$$\int_{\partial D \cap U_\alpha} (-1)^{n-1} a_n(x) dx_\alpha^1 \wedge \cdots \wedge dx_\alpha^{n-1} = \sum_{k=1}^n \int_{U_\alpha} \frac{\partial a_k}{\partial x_\alpha^k} dx_\alpha^1 \wedge \cdots \wedge dx_\alpha^n. \tag{4}$$

如同情形 1 那样, 我们用球 B^n 替换积分区域并将函数 a_k 零延拓至整个 $\mathbb{R}^n$ 上. 于是, 如果如前一样定义立方体 C^n, 那么 (4) 的右边项变成

$$\sum_{k=1}^{n}\int_{C^n}\frac{\partial a_k}{\partial x_\alpha^k}dx_\alpha^1\wedge\cdots\wedge dx_\alpha^n.$$

然后, 当 $k\neq n$ 时, 由于 $\frac{\partial a_k}{\partial x_\alpha^k}$ 是连续函数, 因而 $a_k(x_\alpha^1,\cdots,R,\cdots,x_\alpha^n)-a_k(x_\alpha^1,\cdots,-R,\cdots,x_\alpha^n)=0$, 我们就有

$$\int_{C^n}\frac{\partial a_k}{\partial x_\alpha^k}dx_\alpha^1\wedge\cdots\wedge dx_\alpha^n=\int_{C^{n-1}}\left(\int_{-R}^{R}\frac{\partial a_k}{\partial x_\alpha^k}dx_\alpha^k\right)dx_\alpha^1\wedge\cdots\wedge\widehat{dx_\alpha^k}\wedge\cdots\wedge dx_\alpha^n=0.$$

当 $k=n$ 时, 情形变成

$$\int_{C^n}\frac{\partial a_n}{\partial x_\alpha^n}dx_\alpha^1\wedge\cdots\wedge dx_\alpha^n=(-1)^{n-1}\int_{C^{n-1}}\left(\int_{-R}^{R}\frac{\partial a_n}{\partial x_\alpha^n}dx_\alpha^n\right)dx_\alpha^1\wedge\cdots\wedge dx_\alpha^{n-1}. \quad (5)$$

于是, 因为 a_n (对固定的 $x^1,\cdots,x^{n-1}$ 的值) 在区间 $-R\leqslant x^n<0$ 和 $0<x^n\leqslant R^n$ 上是 x^n 的连续函数 (可能在 $x^n=0$ 时存在具有限跃变的间断点), 那么对这些积分中的每一个求积并相加就可得到

$$\int_{-R}^{R}\frac{\partial a_n}{\partial x_\alpha^n}dx_\alpha^n=a_n\Big|_{\partial D}.$$

将这个关系式代入等式 (5) 的右边就导出

$$\int_{B^n}d\widetilde{\omega}_\alpha=\int_{C^{n-1}}(-1)^{n-1}a_n(x)dx_\alpha^1\wedge\cdots\wedge dx_\alpha^{n-1},$$

这正是所需要的. 情形 2 完全得证. 定理证毕. □

注 在证明中用到区域 D 和它的边界 ∂D 的 "定向的诱导", 这在使用公式 $\int_a^b df(x)=f(b)-f(a),b>a$ 时也用到. 这个诱导定向由 ∂D 的外法向量给出. 如果替换为内法向量时则积分将改变一个符号. 当固定一组 $x_\alpha^1,\cdots,x_\alpha^{n-1}$ 时, 函数 $a_n(x_\alpha^n)$ 的图像有点像图 16 所示.

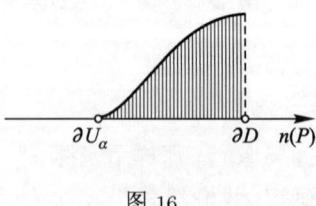

图 16

习题 8.1. 对紧带边流形证明斯托克斯公式:

$$\int_M d\omega=\int_{\partial M}\omega,$$

这里 ∂M 是 M 的边界, ∂M 的定向由 M 的定向诱导 (见 §1.3).

3. 不变度量

单位分解的存在容许我们去证明 (流形上) 关于紧变换群的作用不变的黎曼度量的存在性.

首先, 我们考察有限群 G 在光滑连通的紧闭流形 M 上的作用.

定理 8.3. 在流形 M 上存在关于群 G 的作用不变的黎曼度量.

证明 如前所证明的那样 (见推论 1), 在 M 上存在某个黎曼度量 $g_{ab}(x)$. 我们将从度量 $g_{ab}(x)$ 通过作关于群 G 的平均构造所要的不变度量. 用 $\langle\ ,\ \rangle_x$ 表示在 T_x (M 在点 x 处的切空间) 中的标量积, 它由度量 $g_{ab}(x)$ 生成. 设 N 是 (有限) 群 G 的阶数. 我们在 M 上构造一个新的标量积 $(\ ,\ )_x$ (也即一个新的黎曼度量), 方法是作 "群平均":

$$(\xi,\eta)_x = \frac{1}{N}\sum_{g\in G}\langle g_*(\xi), g_*(\eta)\rangle_{g(x)},$$

这里 $\xi,\eta\in T_x, g_*$ 是变换 g 诱导的切空间的映射. 显然, 这个公式给出的标量积满足 $(g_*(\xi), g_*(\eta))_{g(x)} = (\xi,\eta)_x$, 对任意的 $x\in M, \xi,\eta\in T_x$ 及 $g\in G$, 即提供了一个关于群 G 的作用不变的黎曼度量. 定理证毕. □

类似的处理可以产生关于连续李群作用不变的黎曼度量. 我们来更详细地考察这个问题.

设 G 是连通紧李群, 并设 $t = (t^1,\cdots,t^m)$ 是 G 中单位元的一个邻域中的局部坐标. 这些坐标生成 (例如借助于右平移) 任意点 $\alpha\in G$ 的某个邻域中的局部坐标. 由于 G 上乘法的光滑性, 这个邻域系给出群 G 上的 (坐标邻域) 图册. 因此, 可以认为坐标 $(t^1,\cdots,t^m)$ (借助于右平移) 适用于群 G 的一切点.

引理 8.3. 紧连通李群 G 上存在关于右平移的不变体积元, 且这种体积元可表示为 $d\mu(\alpha) = \Omega dt^1\wedge\cdots\wedge dt^m$, 这里 $\alpha\in G, \Omega$ 是常数, $t^1,\cdots,t^m$ 是点 α 的邻域中的局部坐标, 这些局部坐标由单位元邻域中的坐标系经过右平移而得.

注 G 上这样的微分形式常被称为给出了 G 上的一个 "右不变测度"; 类似的方法可以构造 G 上的 "左不变测度".

证明 在单位元 $1\in G$ 处, 我们可以借助于通常的行列式 (即借助于由切向量的分量组成的矩阵的行列式) 给出该点处的体积元. 应用右平移就将这个形式 "传送" 到整个群 G 上. (除一个常数因子外的) 唯一性则来自于这个事实: m 维线性空间 $T_1(G)$ 中的秩为 m 的反称张量除一个常数因子外是唯一确定的. 引理得证. □

用来表达测度 $d\mu(\alpha)$ 的右不变性质的标准记法是 $d\mu(gg_0) = d\mu(g)$ (作变量替换时, 体积元将乘上替换的雅可比行列式), 测度 $d\mu(\alpha)$ 的右不变性质有时也用积分术语来表达:

$$\int_G f(gg_0)d\mu(g) = \int_G f(g)d\mu(g),$$

其中 $f(g)$ 是 G 上的任意可积函数.

现在设紧李群 G 光滑地作用在流形 M 上.

定理 8.4. 光滑闭流形 M 上存在关于紧连通李群 G 不变的黎曼度量.

注 如果 G 在 M 上的作用不是可迁的, 则一般说来, M 上将存在许多这样的 G 不变度量.

证明 所需度量的构造类似于我们已经描述过的度量关于有限群 G 的作用的平均过程. 我们在 M 上任取一个黎曼度量 $g_{ab}(x)$, 并设 $\langle\ ,\ \rangle_x$ 是相应的在 T_x 中的标量积. 再在 M 上构造 T_x 中的一个新的标量积 $(\ ,\ )_x$ (也即新的黎曼度量), 定义为

$$(\xi,\eta)_x = \frac{1}{\mu(G)} \int_G \langle g_*(\xi), g_*(\eta)\rangle_{g(x)} d\mu(g),$$

其中 $x \in M, \xi, \eta \in T_x, g \in G, g_*$ 是切空间的诱导映射, $d\mu(g)$ 是 G 上的右不变测度, $\mu(G)$ 是群 G 的体积. 显然有

$$\langle g_{0*}(\xi), g_{0*}(\eta)\rangle_{g_0(x)} = \frac{1}{\mu(G)} \int_G \langle (gg_0)_*(\xi), (gg_0)_*(\eta)\rangle_{gg_0(x)} d\mu(gg_0)$$

$$= \frac{1}{\mu(G)} \int_G \langle g'_*(\xi), g'_*(\eta)\rangle_{g'(x)} d\mu(g') = (\xi,\eta)_x,$$

即所定义的度量关于 G 在 M 上的作用是不变的. 定理证毕. $\square$

§9. 紧流形作为曲面在 $\mathbb{R}^n$ 中的实现

设 M 和 N 是两个维数分别为 n 和 p 的光滑流形. 回想一下, 光滑映射 $f: M \to N$ 称为一个浸入, 如果映射 $df|_x: T_x \to T_{f(x)}$ 的秩在任意点 x 都等于 n. 这意味着对每个点 x, 切空间的线性映射 $df|_x$ 是一个嵌入; 特别, 由此得出 $p \geqslant n$. 从隐函数定理可导出在局部上这种映射 f 建立了点 $x \in M$ 的某个邻域 $U(x)$ 与它在流形 N 中的像 $f(U(x))$ 之间的一个微分同胚. 然而, 在 "整体" 上映射 f 完全不必要是双方一一的.

浸入 $f: M \to N$ 称为嵌入, 如果 f 是双方一一的 (即建立 M 和 $f(M)$ 之间的双方一一的对应).

定理 9.1. 任意一个紧光滑流形 M 总可以光滑嵌入到某个 $\mathbb{R}^N$ 中, 这里 N 充分大.

证明 我们取定流形 M 的一个由微分同胚于 $\mathbb{R}^n (n = \dim M)$ 的邻域组成的有限覆盖 $\{U_i\}, i = 1, \cdots, k$. 对每个 i 构造映射 $\varphi_i : M \to S^n \subset \mathbb{R}^{n+1}$, 它将 $M \backslash U_i$ 映射为球面 S^n 的一个点而将 U_i 映射成这个点在 S^n 中的补. 容易明白这个映射可以取得使它是光滑的且在 U_i 的点处有非退化的微分. 这些映射 φ_i 一起按下式组成一个映射 $\varphi : M \to \mathbb{R}^N$:

$$\varphi(x) = (\varphi_1(x), \cdots, \varphi_k(x)),$$

这里 $N=(n+1)k, k$ 是覆盖中邻域的个数. 这个映射是一个嵌入. 事实上, 如果 $x \in U_i$, 则因为微分 $d_x\varphi_i$ 已经是单同态, 所以微分 $d_x\varphi$ 也是单同态; 其次, 如果 $x \in U_i$, 则当 $x \neq y$ 时因为已经有 $\varphi_i(x) \neq \varphi_i(y)$, 所以也有 $\varphi(x) \neq \varphi(y)$. 定理证毕.
$\square$

对外围欧几里得空间的维数 N 的估计可以降低到数 $2n+1$ (见 §11.1). 此外, 每个连续映射 $M \to \mathbb{R}^{2n+1}$ 可以用光滑嵌入逼近 (见下节). 当 $n=1$ 时这个事实直观上是显然的.

§10. 流形的光滑映射的某些性质

1. 用光滑映射逼近连续映射

我们先证明可以用光滑映射逼近连续映射. 为简单计, 我们考察连续映射 $f: M \to N$, 其中 M, N 是连通的光滑紧无边界流形. 如以前所证, 可以假定 M 和 N 是黎曼流形, 特别可以假定 M 和 N 是度量空间; 设 ρ 是流形 N 上的度量 (距离).

于是可以自然地引入两个连续映射 $f, g: M \to N$ 之间的距离, 即, 令

$$\rho(f,g) = \max_{x \in M}(f(x), g(x)).$$

这样一来, 紧流形 M 和 N 之间的连续映射全体组成一个度量空间.

现在我们利用下面的分析学教程中熟知的结果.

命题 设 $f(x^1, \cdots, x^n)$ 是开区域 $U \subset \mathbb{R}^n$ 上的连续函数. 于是对任意的 $\varepsilon > 0$ 和任意的满足 $\overline{V} \subset U$ 的开集 $V \subset U$, 存在函数 $g(x^1, \cdots, x^n)$ 使得: 1) 函数 $g(x^1, \cdots, x^n)$ 在 V 上是光滑的; 2) $g|_{U \setminus V} = f|_{U \setminus V}$; 3) $\max_{x \in \overline{V}} |f(x) - g(x)| \leqslant \varepsilon$; 4) 在函数 $f(x^1, \cdots, x^n)$ 是光滑的所有点处函数 $g(x^1, \cdots, x^n)$ 也是光滑的.

我们省略它的证明. 现在来证明下面重要的逼近定理.

定理 10.1. 任意一个连续映射 $f: M \to N$ 可以被光滑映射任意接近地逼近: 对任意的 $\varepsilon > 0$, 存在光滑映射 $g: M \to N$, 使得 $\rho(f,g) < \varepsilon$.

证明 设 $U \subset N$ 是一个开子集, 同胚于区域 $V, V \subset \mathbb{R}^n (\dim N = n)$; 设 $\varphi: U \to V$ 是相应的同胚 (例如, U 可以取为光滑流形 N 的任意一个坐标邻域, 而 φ 是相应的坐标映射). 选取开集 S 和 W 使得 $S \subset \overline{S} \subset W \subset \overline{W} \subset V \subset \mathbb{R}^n$. 记 $W'' = \varphi^{-1}(W), S'' = \varphi^{-1}(S), V' = f^{-1}(U), W' = f^{-1}(W''), S' = f^{-1}(S'')$ (见图 17). 因为 $\overline{S''} \subset W'' \subset \overline{W''} \subset U$, 所以存在正数 $\eta < \varepsilon$ 使得 $\rho(W'', N \setminus U) > \eta > 0, \rho(S'', N \setminus W'') > \eta > 0$. 根据上面所述的命题 (将其应用于函数 $\varphi \circ f: V' \to \mathbb{R}^n$), 存在连续映射 $\widetilde{g}: V' \to \mathbb{R}^n$ 使得它在 S' 及 f 为光滑的所有点上是光滑的且

$$\widetilde{g}|_{V' \setminus W'} \equiv (\varphi \circ f)|_{V' \setminus W'}, \quad \rho(f, \varphi^{-1} \circ g) \leqslant \eta < \varepsilon.$$

于是, $(\varphi^{-1} \circ \widetilde{g})(V') \subset U$. 这样一来, 我们得到连续映射 $g' = \varphi^{-1} \circ \widetilde{g} : V' \to U$, 它在 $S' \subset M$ 上是光滑的. 同时可以假定 (见前) $g'|_{V' \setminus W'} \equiv f|_{V' \setminus W'}$, 于是 g' 可以连续地延拓到整个流形 M 上, 只要令: 在 $M \setminus W'$ 上 $f = g$, 在 V' 上 $g = g'$. 这样我们构造了连续映射 $g : M \to N$, 它在 S' 及 f 为光滑的所有点上是光滑的且 $\rho(f, g) < \varepsilon$. 现在用有限多个同胚于 $\mathbb{R}^n$ 中区域的开集覆盖 N, 再在这些开集的逆像上以类似的方式 (逐个地) 逼近连续映射 f, 我们就可得到所要的定理. □

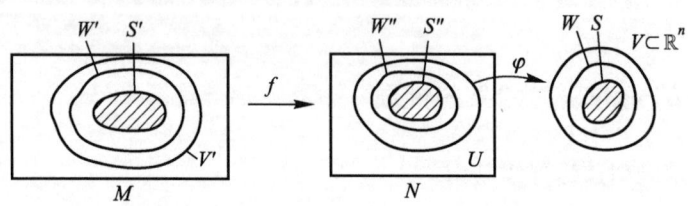

图 17

注 1 从定理的证明可以看到逼近的局部特性: 映射 f 是在流形 M 的坐标图册上逐个地被光滑映射逼近的. 因此, 如果映射 f 在某个开区域 $U, U \subset M$ 上已经是光滑的, 则对任意闭集 $V \subset U$ 可以做到在 V 上 $f \equiv g$.

注 2 稍后 (见 §12.1) 我们将证明: 如果 M, N 是光滑连通闭流形, 则存在 $\varepsilon_0 > 0$ 使得从不等式 $\rho(f, g) < \varepsilon_0$ 就可导出 f 和 g 是同伦的 (这里 $f, g : M \to N$ 是两个连续映射). 特别, 在上面所证明的定理中可以假定逼近 f 的光滑映射 g 是与 f 同伦的 (同伦的定义见后面).

2. 萨德定理

考察光滑映射 $f : M \to N$. 设 $C = C(f) \subset M$ 是所有使得微分 $df_x : T_x \to T_{f(x)}$ 的秩小于 $n = \dim N$ 的点 $x \in M$ 的集. 这个集 $C \subset M$ 称为映射 f 的**临界点集**, $f(C)$ 则称为映射 f 的**临界值集**.

我们回想一下零测度集的定义. 集 $B \subset \mathbb{R}^n$ 称为具有 (n 维的) **零测度**, 如果对任意的 $\varepsilon > 0$, 可以用可数多个 n 维立方体覆盖集 B 而这些立方体的体积之和小于 ε. 由分析学课程中熟知, 此时补 $\mathbb{R}^n \setminus B$ 是 $\mathbb{R}^n$ 中的处处稠密集. 这个定义也适用于 n 维流形的情形: 集合 $B \subset N$ 有零测度, 如果对任意的坐标映射 $\varphi : U \to \mathbb{R}^n$, 这里 U 是 N 中的开集, 像集 $\varphi(U \cap B)$ 是 $\mathbb{R}^n$ 中的零测度集.

定理 10.2 (萨德定理). 设 $f : M \to N$ 是光滑流形 M 到光滑流形 N 的一个光滑映射. 则临界值集 $f(C)$ 在 N 中有零测度.

证明 显然只要能在下述情形证明定理就够了: 设 $f : U \to \mathbb{R}^n$ 是光滑映射, 这里 U 是 $\mathbb{R}^m$ 中开集 (M 中的一个坐标卡), 则集合 $f(C)$ 的测度为零. 证明将采用对维数 m 的归纳法. 当 $m = 0$ 或 $n = 0$ 时, 定理是显然的. 因此我们假定 $m, n \geq 1$.

我们用 C_i 表示区域 U 的由使得 f 的所有阶数 $\leqslant i$ 的偏导数等于零的这种点 x 组成的子集. 于是我们得到一个下降的闭集序列: $C \supset C_1 \supset C_2 \supset \cdots$.

证明分成三步.

引理 10.1. 集 $f(C \backslash C_1)$ 的测度等于零.

证明 因为当 $n = 1$ 时 $C = C_1$, 可以假定 $n \geqslant 2$. 我们需要下面的富比尼定理 (证明见分析教程) 的特殊情形: 集 $A \subset \mathbb{R}^n = \mathbb{R}^1 \times \mathbb{R}^{n-1}$ 有 n 维的零测度, 如果它与每一个超平面 $q \times \mathbb{R}^{n-1}$ ($q \in \mathbb{R}^1$) 相交于一个 $(n-1)$ 维零测度集.

设 $x' \in C \backslash C_1$. 我们将寻找包含 x 的开邻域 $V \subset \mathbb{R}^m$ 使得集 $f(V \cap C)$ 有零测度. 因为 $C \backslash C_1$ 可以被可数多个这样的邻域覆盖, 由此可得整个差 $C \backslash C_1$ 有零测度.

因为 $x' \notin C_1$, 至少有一个一阶偏导数, 例如 $\dfrac{\partial f_1}{\partial x^1}$, 在点 x' 不等于零. 我们定义映射 $h : U \to \mathbb{R}^m$ 如下: $h(x) = (f_1(x), x^2, \cdots, x^m)$. 由于映射 dh_x 在 x' 处的秩等于 m, h 是点 x' 的某个开邻域 $V = V(x') \subset U$ 到点 $h(x')$ 的某个开邻域上的微分同胚. 考察复合映射 $g = f \circ h^{-1} : V' \to \mathbb{R}^n$. 映射 g 的临界点集 C' 重合于 $h(V \cap C)$ 即 $g(C') = f(V \cap C)$ 是 g 的临界点集 (图 18).

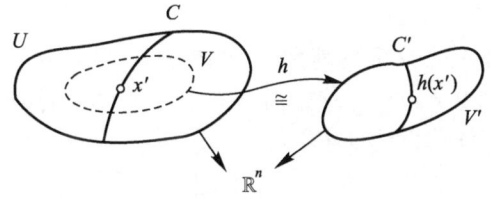

图 18

在映射 g 下, 每个点 $(t, x^2, \cdots, x^m) \in V'$ 映射为超平面 $t \times \mathbb{R}^{n-1}$ 的点 $g(t, x^2, \cdots, x^m)$. 由此可得 g 将 V' 中的超平面变为 $\mathbb{R}^n$ 中的超平面. (此外, 也可以不引入微分同胚 h 而直接地用弯曲的超曲面来做.)

考察一族光滑映射 $g^t : (t \times \mathbb{R}^{m-1}) \cap V' \to t \times \mathbb{R}^{n-1}$. 则点 $\alpha \in t \times \mathbb{R}^{m-1}$ 是映射 g^t 的临界点当且仅当 α 是映射 g 的临界点. 事实上

$$\left(\frac{\partial g_i}{\partial x^j}\right) = \begin{pmatrix} 1 & 0 \\ * & \dfrac{\partial g_i^t}{\partial x^j} \end{pmatrix}.$$

由归纳假定, 映射 g^t 的临界值集在 $t \times \mathbb{R}^{n-1}$ 中有零测度. 结果, 交集 $g(C') \cap (t \times \mathbb{R}^{n-1})$ 的 $(n-1)$ 维测度对一切 t 都等于零, 且由富比尼定理导出 $g(C')$ 有零测度, 从而引理得证. □

引理 10.2. 对于 $i \geqslant 1$, 集 $C_i \backslash C_{i+1}$ 的测度等于零.

证明 论证的步骤类似于引理 10.1 的证明, 设 $x' \in C_i \backslash C_{i+1}$, 即在这个点映射 f 的坐标函数所有的阶数 $\leqslant i$ 的偏导数都等于零, 而存在一组指标: $r; s_1, s_2, \cdots, s_{i+1}$

使得在点 x' 处 $\dfrac{\partial^{i+1} f_r}{\partial x^{s_1} \cdots \partial x^{s_{i+1}}} \neq 0$. 用 W 表示函数 $\dfrac{\partial^i f_r}{\partial x^{s_2} \cdots \partial x^{s_{i+1}}}$. 于是

$$W(x') = 0, \quad \left.\frac{\partial W}{\partial x^{s_1}}\right|_{x'} \neq 0.$$

不妨假定 $s_1 = 1$. 我们用 $h(x) = (W(x), x^2, \cdots, x^m)$ 定义一个映射 $h: U \to \mathbb{R}^m$. 于是, h 是点 x' 的某个邻域 V 到某个开集 $V' \subset \mathbb{R}^m$ 的微分同胚. 我们考察集 $C_i \bigcap V$ 在映射 h 之下的像集. 因为在 $W(x)$ 的坐标中有一个是 i 阶偏导数, 而在 C_i 的点上所有的 i 阶偏导数都等于零, 所以集 $h(C_i \bigcap V)$ 属于超平面 $W(x) = 0$. 于是 h 将 $C_i \bigcap V$ 映射到 $0 \times \mathbb{R}^{m-1}$ 中.

像引理 10.1 中那样, 我们考察复合映射 $g = f \circ h^{-1}: V' \to \mathbb{R}^n$ 及它的限制 $g': (0 \times \mathbb{R}^{m-1}) \bigcap V' \to \mathbb{R}^n$. 由归纳假定, g' 的临界值集的测度等于零. 进一步, 集 $h(C_i \bigcap V)$ 中所有点都是 g' 的临界点, 因为集 $C_i \bigcap V$ 由使得函数 f 的所有阶数 $\leqslant i$ 的偏导数都等于零的点组成, 由此导出函数 g' 的所有阶数 $\leqslant i$ 的偏导数在集合 $h(C_i \bigcap V)$ 上都等于零 (特别, f 的秩小于 n). 于是集 $g' \circ h(C_i \bigcap V) = f(C_i \bigcap V)$ 在 $\mathbb{R}^n$ 中的测度等于零. 再用可数多个这种邻域 V 覆盖 $C_i \setminus C_{i+1}$, 我们就得到所需的引理. $\square$

引理 10.1 和引理 10.2 之间的差别在于: 在引理 10.1 中, 一般说来, 我们无法将集合 C 映射入超平面 $0 \times \mathbb{R}^{m-1}$, 这是由于 C 是 f 的秩小于 n 的集, 这个定义不容许像在引理 10.2 中那样选择这种超平面.

引理 10.3. 对充分大的 k, 集 $f(C_k)$ 的测度等于零.

证明 我们用可数多个边长为 δ 的立方体覆盖 C_k, 其中 δ 充分小, 并从这些立方体中任取一个 $I^m \subset U$. 我们将证明集 $f(C_k \bigcap I^m)$ 的测度等于零. 由 C_k 的定义及泰勒公式可得: $f(x+h) = f(x) + R(x,h)$, 其中 $\|R(x,h)\| \leqslant \alpha \cdot \|h\|^{k+1}$, $\|\cdot\|$ 是向量的欧几里得模长, $x \in C_k \bigcap I^m, x+h \in I^m$. 常数 α 仅依赖于 f 和 I^m. 再将 I^m 分成 r^m 个边长为 δ/r 的立方体. 用 I_1 表示此分割中包含点 $x \in C_k$ 的立方体. 于是, I_1 中任意一点可表达为 $x+h$, 其中 $\|h\| \leqslant \sqrt{m}(\delta/r)$. 由此, $f(I_1)$ 落在中心在点 $f(x)$ 边长为 a/r^{k+1} 的立方体中, 其中 $a = 2\alpha(\sqrt{m}\delta)^{k+1}$, 于是, $f(C_k \bigcap I^m)$ 被包含在体积之和 $\leqslant r^m (a/r^{k+1})^n = a^n r^{m-n(k+1)}$ 的 r^m 个立方体的并中. 如果 $k+1 > m/n$, 则这个体积当 $r \to \infty$ 时趋向于零. 引理证毕. $\square$

将引理 10.1, 10.2 和 10.3 结合起来, 我们就得到所需的萨德定理.

推论 1 集 $N \setminus f(C)$ (这里 $f: M \to N$ 是光滑映射, C 是 f 的临界点集) 在 N 中处处稠密.

推论 2 如果 $f: M \to N$ 是光滑映射且 $\dim M < \dim N$, 则集 $f(M)$ 在 N 中的测度等于零. 特别, 像 $f(M)$ 不充满整个 N.

稍后 (见 §11.1) 我们将应用萨德定理证明关于光滑流形的嵌入和浸入的惠特尼定理, 现在先转向映射的非临界点, 即 "正则点".

定义 10.1. 点 $x \in M$ 称为光滑映射 $f: M \to N$ 的正则点, 如果点 x 不是临界点, 即如果映射 df_x 的秩等于 $n = \dim N$. 点 $y \in N$ 称为光滑映射 $f: M \to N$ 的正则值, 如果 y 的所有原像都是 M 中的正则点 (如果 $f^{-1}(y) = \varnothing$, 则点 y 同样是正则值). 如果 y 是映射 f 的正则值, 则称映射 f 关于点 y 是正则的.

于是, 映射 f 的正则点集在 M 中的补重合于其临界点集, 而映射 f 的正则值集在 N 中的补重合于其临界值集.

注意, 如果 $f: M \to N$ 是光滑映射, $y \in N$ 是正则值, 则 $f^{-1}(y)$ 是 M 中一个光滑子流形 (这可由隐函数定理导出).

容易从萨德定理得出的下面的推论在今后将是有用的.

推论 以点 $y \in N$ 为正则值的所有光滑映射组成的集在所有光滑映射组成的空间中是处处稠密的.

证明 需要证明: 对给定的光滑映射 $g: M \to N$, 可以在它的任意近旁总可找到以 $y \in N$ 为正则值的光滑映射 $f: M \to N$. 由于萨德定理, 映射 $f: M \to N$ 的正则值集在 N 中处处稠密, 即在点 y 的任意开邻域 $U \subset N$ 内可找到 f 的正则值 y'. 我们假定 U 微分同胚于 (n 维) 圆盘 D^n, 坐标映射为 $\varphi: U \to D^n$. 记 $z = \varphi(y), z' = \varphi(y')$. 于是, 存在微分同胚 $h: D^n \to D^n$ 使得在圆盘的边界附近是恒等变换而 $h(z') = z$ 且当 $t \in D^n$ 时 $|h(t) - t| < \varepsilon = \rho(z, z')$. 然后, 我们延拓 h 为微分同胚 $h': N \to N$, 即将 U 等同于 D^n 然后在 U 外部规定 h' 是恒等映射. 则可令 $f = h' \circ g$, 显然 f 以 y 为正则值. □

为今后的目的, 我们还需要比这个推论更强的结果, 即: 前面所构造的微分同胚 $h': N \to N$ 可以取得使映射 $f = h' \circ g$ 不仅仅是在以前的意义上 (即 $\rho(f, g) = \max |f(x) - g(x)| < \varepsilon$) 接近于 g, 而且 f 与 g 的所有对应的一阶偏导数也接近. 这种微分同胚的存在性的证明作为习题留给读者.

3. 横截正则性

我们转向研究重要的 t 正则性 (横截正则性) 概念.

定义 10.2. 设 $P \subset N$ 是光滑流形 N 的余维数为 k 的子流形 (余维数的定义为 $\dim N - \dim P$), $f: M \to N$ 是光滑映射. 映射 f 称为沿 P 横截正则, 如果映射 $df: T_x \to T_{f(x)}N/T_{f(x)}P(f(x) \in P)$ 的秩等于 k(关于 P 的切空间的模空间, df 的秩等于 k). 换言之, 子空间 $df(T_x)$ 和 $T_{f(x)}P$ 张成整个切空间 $T_{f(x)}N$; 人们也说 "像 $f(M)$ 在点 $f(x)$ 横截 P" (图 19).

我们指出 t 正则 (即横截正则) 映射的一个重要性质: 完全原像 $f^{-1}(P) \subset M$ 是 M 中的余维数也为 k 的光滑子流形, 即维数为 $-n + (m+p)$, 其中 $n = \dim N, m = \dim M, p = \dim P$. 证明可由隐函数定理导出.

定理 10.3. 设 M, N 是光滑流形, $P \subset N$. 于是, 沿 P 横截正则的映射 $g: M \to N$ 组成的集在所有的光滑映射 $f: M \to N$ 组成的空间中处处稠密, 即在任意光

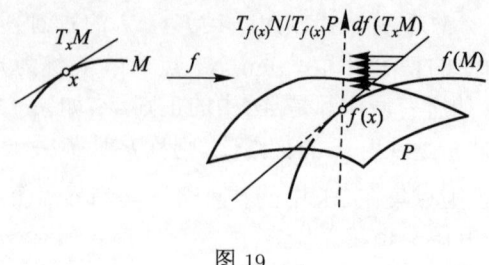

图 19

滑映射的任意邻域中存在沿 P 横截正则的映射.

证明 设给定映射 $f: M \to N$. 需要证明: 在 f 的任意近旁可以找到沿 P 横截正则映射 g. 首先, 我们注意到下面的一个直接由 t 正则性的定义所隐含的结论.

设 $\rho : M \to N$ 是光滑映射, $x \in M, U$ 是 x 在 M 中的一个开邻域, V 是点 $\rho(x)$ 在 N 中的开邻域; 于是, 如果映射 $\rho : U \to V$ 横截正则 $P \subset N$ (即横截正则 $P \cap V \subset V$), 则这个性质对于连同所有的一阶偏导数一起都充分接近于 ρ 的光滑映射也是成立的. (这个结论来自于这样一个事实, 即 ρ 连同它在点 x 的一阶偏导数一起完全决定了 $d\rho(T_x)$ 在 $T_{\rho(x)}N$ 中所处的状态.)

从这个结论导出: 只要局部上证明本定理的结论就足够了, 即只要考察 $U = \mathbb{R}^m, V = \mathbb{R}^n, P = \mathbb{R}^p \subset \mathbb{R}^n$ 的情形就足够了 (这里 $\mathbb{R}^p$ 由 $\mathbb{R}^n$ 中最后 $(n-p)$ 个坐标等于零的点组成); 于是, f 可以记成

$$f(x^1, \cdots, x^m) = (f_1(x), \cdots, f_p(x), f_{p+1}(x), \cdots, f_n(x)).$$

在这种记法下, f 沿 P 的 t 正则性等价于下面的表述: 点 0 是由公式 $\alpha(x) = (f_{p+1}(x), \cdots, f_n(x))$ 定义的映射 $\alpha: \mathbb{R}^m \to \mathbb{R}^{n-p}$ 的一个正则值. 由前面的证明可得: 以点 0 为正则值的映射全体在所有光滑映射组成的空间中是处处稠密的, 即存在光滑函数 $g_{p+1}, \cdots, g_n$, 它们给出的映射 $\alpha': \mathbb{R}^m \to \mathbb{R}^{n-p}$ 及它的所有的一阶偏导数可以充分接近于 α (见前面的推论), 且映射

$$g(x^1, \cdots, x^m) = (f_1(x), \cdots, f_p(x), g_{p+1}(x), \cdots, g_n(x))$$

是沿 P 横截正则的. 如果最初的映射 $f: \mathbb{R}^m \to \mathbb{R}^n$ 在边界 ∂V 附近是 t 正则于 P 的, 则取光滑函数

$$\varphi = \begin{cases} 0, \text{在 } \partial V \text{ 上}, \\ 1, \text{在 } K \text{ 上}, \end{cases}$$

这里 $K \subset V$ 是紧集, 我们就可令 $\rho = f(1-\varphi) + \varphi \cdot g$. 显然 ρ 横截正则于 P 且在 ∂V 上 $\rho(x) \equiv f(x)$; 在 K 上 $\rho(x) \equiv g(x)$. 这里我们利用了这个事实, 即映射 f 和 g 不仅仅在 $\rho(f, g) = \max_{(x)} |f(x) - g(x)| < \varepsilon$ 的意义上接近而且所有它们的一阶偏导数也是接近的. 这种接近保证了映射 $\rho = f \cdot (1-\varphi) + \varphi \cdot g = f + \varphi \cdot (f - g)$ 的 t 正则

性, 因为扰动 $\varphi \cdot (f-g)$ 本身以及这个扰动的一阶偏导数在 V 的边界附近都是小量. 定理证毕. □

t 正则性的概念容许我们引入重要的横截相交子流形的概念. 设 M 和 P 是光滑流形 N 的两个光滑子流形. 我们称 M 和 P 为横截相交的, 如果包含映射 $i_M : M \to N$ 沿 P 是横截正则的. 这意味着在交 $M \cap P$ 的每一点 x 处切空间 $T_x M$ 和 $T_x P$ 张成整个 $T_x N$. 横截相交关系是对称的, 即在上面引进的定义中可以用包含映射 $i_P : P \to N$ 替代 i_M (试证之!).

两个横截相交的子空间的交 $M \cap P$ 是光滑子流形.

前面证明的萨德定理 (以及它的推论) 表明横截正则映射非常多以至于在任意一个光滑映射的任意小的近旁都可以找到它们; 在这个意义上, 横截正则映射是一种 "典型的" 映射. 萨德定理容许我们通过对给定的光滑映射的一个任意小 (在光滑映射类中) 的扰动而使它化为 "一般位置" (即成为横截正则映射). 这一类的定理是所谓化为一般位置的基础.

注 到目前为止, 我们所做的构造中 "小扰动" 是在光滑映射类中定义的. 然而有时只借助于比较狭义的映射类中的变分 (扰动) 将映射化为一般位置也是有用的.

下面的结果也是有用的.

定理 10.4. 设 A, M, N 和 P 是光滑流形, 此外 P 是流形 N 的子流形, 并设 $f : A \times M \to N$ 是光滑映射, 横截正则于 P. 于是, 所有的使得映射 $f_a = f(a, x) : M \to N$ 横截正则于 P 的点 $a \in A$ 组成的集在 A 中处处稠密.

注 流形 A 可视为 "参数流形", 借助它可以将最初的映射 $f(a_0, x) : M \to N$ 化为一般位置.

证明 设 $f : A \times M \to N$ 沿 P 是 t 正则的; 考察 $Q = f^{-1}(P) \subset A \times M$. 如果层 $a \times M$ 横截相交 Q, 则 (由定义)$T(A \times M) = T(Q) \oplus H$, 其中 $H \subset T(a \times M)$ (图 20).

由此导出 df 将 H 映射为一个 $T(N)$ 中将 $T(P)$ 补张成 $T(N)$ 的平面 (子空间), 即 $f(a, *)$ 沿 P 是 t 正则的. 其逆亦对: 如果 $f(a, *)$ 沿 P 是 t 正则的, 则子流形 $a \times M$ 和 Q 横截相交. 最后, $a \times M$ 横截相交 Q 当且仅当将射影 $p : A \times M \to A$ 限制于子流形 Q 时点 $a \in A$ 是射影 $p : Q \to A$ 的正则值. 由萨德定理的推论 1, 这种点组成的集在 A 中处处稠密. 定理证毕. □

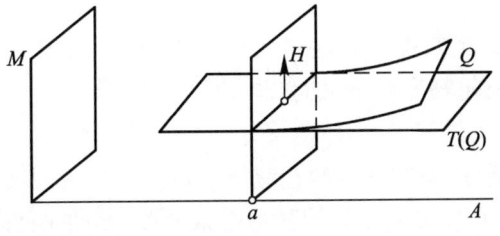

图 20

注 1 事实上, 这个定理完全等价于推论 1, 其逆命题可以如下证明. 设 $f: M \to N$ 是光滑映射. 我们给 f 在 N 中的正则值一种新的刻画. 考察映射 $F: N \times M \to N \times M$, 这里 $F(x,y) = (x, f(y))$. 容易看出 $n \in N$ 是 f 的正则值当且仅当映射 $F(x,y): N \times M \to N \times M$ 沿子流形 $N \times n$ 是 t 正则的. 结果由定理 10.4 (用 N 替代 A), 正则值 $n \in N$ 组成的集在 N 中处处稠密.

注 2 横截相交的一个重要情形是子流形 M 和 P 在流形 N 中有互补的维数, 即 $m + p = n$ 的情形, 这里 $m = \dim M, p = \dim P, n = \dim N$. 于是, 这两个流形相交于分离开的孤立点. 如果 $m + p < n$, 则可以将子流形 M 和 P 化为一般位置使得它们不相交, 即在 N 中 "分离" M 和 P.

4. 莫尔斯函数

在 §10.2 中我们引入了光滑映射 $f: M \to N$ 的临界点这个重要的概念. 考察特殊的情形, 其中 $N = \mathbb{R}^1$ 是实直线. 在这个情形, 映射 f 可以解释为 M 上的光滑标量函数; 因为 $\dim T_{f(x)} \mathbb{R}^1 = 1$, 于是点 $x \in M$ 是临界点 (即 df_x 的秩小于 1) 当且仅当 $df_x = 0$. M 上的光滑标量函数 $f(x)$ 的临界点可由方程组 $\dfrac{\partial f}{\partial x^i} = 0, 1 \leqslant i \leqslant m$, 即 $\mathrm{grad}\, f(x) = 0$ 得到 (当然, 这些是早就清楚的).

定义 10.3. 光滑函数 $f(x)$ 的一个临界点 $x_0 \in M$ 称为非退化的, 如果矩阵 $\left(\dfrac{\partial^2 f(x_0)}{\partial x^i \partial x^j}\right)$ 非奇异. 流形 M 上的函数 f 称为莫尔斯函数, 如果它的所有临界点都是非退化的.

注 非退化临界点的定义在下列意义上是合理的: 双线性型的矩阵 $\left(\dfrac{\partial^2 f(x_0)}{\partial x^i \partial x^j}\right)$ (这个矩阵称为函数 f 在点 x_0 的黑塞式) 的非奇异性与临界点 x_0 的邻域中局部坐标的选取无关. 我们可以将 $d^2 f$ 理解为 $T_{x_0} M$ 上的对称双线性型. 设 $\xi, \eta \in T_{x_0} M$; 假定 ξ 和 η 分别属于 (点 x_0 的一个邻域中的) 局部光滑向量场 X 和 Y, 则 $d^2 f(\xi, \eta) = \partial_X \partial_Y (f)_{x_0}$, 这里用 $\partial_Y(f)$ 表示 f 关于方向向量场 Y 的 (方向) 导数. 容易看出二次型 $d^2 f$ 是对称的且它关于 $T_{x_0} M$ 中的基 $e_1 = \dfrac{\partial}{\partial x^1}, \cdots, e_m = \dfrac{\partial}{\partial x^m}$ 的矩阵是 $\left(\dfrac{\partial^2 f(x_0)}{\partial x^i \partial x^j}\right)$.

定义 10.4. 使得黑塞式 $d^2 f$ 在其上为负定的子空间 $V \subset T_{x_0} M$ 的最大维数称为函数 f 在非退化临界点 x_0 的指标 (即当 $d^2 f$ 化为对角形式时负的平方项的个数).

自然产生的问题是: 莫尔斯函数在流形上是否存在, 有多少? 例如, 莫尔斯函数在流形的光滑函数空间中是否处处稠密? (对紧流形) 这两个问题的答案都是肯定的. 这可由定理 10.5 得出. 这样, 我们就证明了莫尔斯函数的存在及处处稠密性都属于 "一般位置" 的情形, 也就是说, 这类函数在所有的光滑函数中是 "典型的".

定理 10.5. 1) 在任何紧光滑流形 M 上存在莫尔斯函数.

2) 莫尔斯函数在流形 M 上的光滑函数空间中处处稠密.

3) 紧流形上的每一个莫尔斯函数只有有限多个临界点 $x_1, \cdots, x_n$ (特别, 它们都是孤立点).

4) 在莫尔斯函数集中存在一个处处稠密的子集 R, 使得对任意的函数 $f \in R$, 它的每一个临界值只对应于 M 中一个临界点 (即 $f(x_i) \neq f(x_j)$, 如果 $i \neq j$).

证明 对于紧流形, 由 $d^2 f$ 的非退化性的定义, 非退化临界点的孤立性 (从而由于 M 的紧性, 当然是有限多个) 是显然的 (如果 x_0 不是孤立的临界点, 则适当地选取 x_0 的邻域中坐标可得, 例如 $\frac{\partial^2 f(x_0)}{\partial x^1 \partial x^i} = 0$, 对于一切 i). 3) 得证.

现在转向 1) 和 2) 的证明. 考察 M 上任意的光滑函数 f; 我们将证明在 f 的任意近旁 (理解为 M 上光滑函数空间中的近旁) 都存在莫尔斯函数 g. 为此, 必须考察函数 f 的 "扰动" 且从这些扰动函数中找出一个莫尔斯函数.

我们考察映射 $\alpha_f : M \to T^*M$, 其定义为 $\alpha_f(x) = df_x$. 这里用 T^*M 表示流形 M 的余切丛, 余切丛是一个 $2m$ 维流形, 其中的点用 (x, ξ) 表示, 这里 ξ 是余向量, 即 $\xi \in T_x^*(M)$. (线性泛函 $df_x : T_x(M) \to \mathbb{R}^1$ 属于 $T_x^*(M)$, 严格说, $\alpha_f(x) = (x, df_x)$.) 我们将使得 α_f 包含于一个 s 个参数的映射族 A 中, A 是 α_f 的扰动. 为此目的, 我们用有限多个开球 $\{U_j\}, 1 \leqslant j \leqslant k$, 覆盖 M, 其中每一个开球包含于一个更大的球 V_j 中使得 $\overline{U}_j \subset V_j$. 在每个 V_j 上我们构造一组 m 个线性无关的函数 $\{l_{V_j}^1(x), \cdots, l_{V_j}^m(x)\}$, 例如, 球 V_j 的局部坐标就可以取作为这一组函数. 对于每一对 V_j, U_j, 我们构造 M 上的光滑函数 $\varphi_j(x)$ 使得在 $\overline{U}_j$ 上 $\varphi_j(x) \equiv 1$, 而在 V_j 的外部 $\varphi_j(x) \equiv 0$, 且在 $V_j \setminus U_j$ 中 $0 \leqslant \varphi_j(x) \leqslant 1$ (这种函数的存在性前面已证明, 见引理 8.2). 再通过规定: 当 $x \in V_j$ 时 $\bar{l}_{V_j}^i(x) = l_{V_j}^i \varphi_j(x)$, 当 $x \in M \setminus V_j$ 时 $\bar{l}_{V_j}^i(x) = 0$. 我们就将函数 $\bar{l}_{V_j}^i(x)$ 光滑延拓至整个流形 M. 考察由 M 上下列形式的光滑函数

$$g(x, a) = f(x) + \sum_{V_j, i} a_{V_j}^i \bar{l}_{V_j}^i(x)$$

生成的线性空间 A. 这里 $f(x)$ 是原来给定的函数, $a_{V_j}^i$ 是实数. 数 $a_{V_j}^i, 1 \leqslant i \leqslant m, 1 \leqslant j \leqslant k$ 可以用作为这个线性空间 A 中的坐标. 显然 $\dim A = mk$, 其中 k 是流形 M 的开覆盖中球的个数. 考察映射 $\psi : M \times A \to T^*M$, 其定义为 $\psi(x, g) = dg_x \in T_x^*M$. 显然 ψ 是光滑映射. 我们在流形 T^*M 中取出一个 m 维的子流形 $P = \{(x, 0) | x \in M\}$ (所谓的 "余切丛的零截面"), P 微分同胚于 M. 我们断言光滑流形 $M \times A$ 的映射 ψ 沿 P 是 t 正则的. 为此, 我们注意到 $T_{(x,0)}(M \times A)$ 中的典型元的形式为 $(\zeta, h(x))$, 其中 ζ 是点 $x \in M$ 处的任意切向量, 而 $h(x)$ 是函数 $\bar{l}_{V_j}^i(x)$ 的任意的一个线性组合. (回想一下, 我们将 $a_{V_j}^i$ 用作为 A 中的坐标, 因而函数 $g(x, a)$ 关于 $a_{V_j}^i$ 的偏导数就等于 $\bar{l}_{V_j}^i(x)$.) 由此导出: 子空间 $d\psi T_{(x,0)}(M \times A)$ 的典型元的形式为 (η, l), 其中 η 是 x 处的任意切向量, 而 l 是函数 $\bar{l}_{V_j}^i$ 的梯度向量的任意一个线性组合. 因为 $\bar{l}_{V_j}^i(x)$ 已被

选为在 V_j 中线性无关的, 所以 $d\psi T_{(x,0)}(M \times A)$ 确实 (在 T^*M 中) 与子流形 P 的切空间互补, 即 ψ 沿 P 是 t 正则的. 断言成立 (图 21).

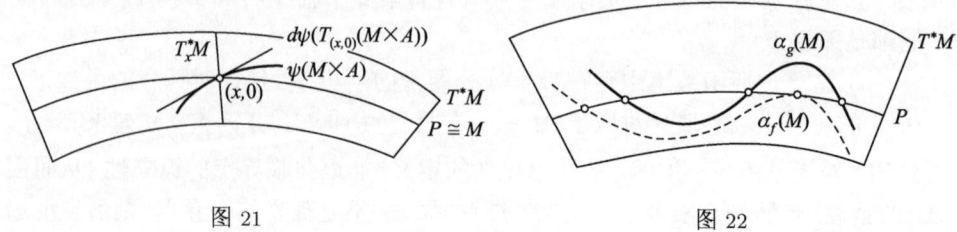

图 21　　　　　　　　　图 22

由定理 10.4, 几乎所有的单个映射 $\psi(x, a_0) : M \to T^*M$ (固定 $a_0 \in A$) 都具有沿 P 的 t 正则性; 这种 a_0 的集在 A 中处处稠密. 由此导出: 在初始映射 $\alpha_f : M \to T^*M$ (它的形式为 $\alpha_f(x) = \psi(x, 0)$, 因为 $f(x) = g(x, 0)$ 对应于参数 $\{a^i_{V_j}\}$ 等于零) 的任意近旁内总存在沿 P (T^*M 的零截面) 为 t 正则的映射 $\psi(g, x) = dg_x = \alpha_g(x)$. 于是我们找到了 M 上的函数 $g(x)$ (函数 f 借助于线性函数的小扰动) 使得 $\alpha_g : M \to T^*M$ 沿 P 是 t 正则的 (图 22).

考察 $\alpha_g(M) \cap P$. 显然它恰恰正是函数 g 的临界点 $(x_0, 0)(dg_{x_0} \equiv 0)$ 组成的. 映射 α_g 沿 P 的 t 正则性意味着 $\alpha_g(M)$ 在每个点 $(x_0, 0) \in \alpha_g(M) \cap P$ 横截 P, 即 T^*M 在点 $(x_0, 0)$ 的切空间是 P 的切空间和 $\alpha_g(M)$ 的切空间之和. 典型元 $\alpha_g(M)$ 形如 (x, dg_x), 其中 dg_x 可表示为 $\left(\dfrac{\partial g}{\partial x^1}, \cdots, \dfrac{\partial g}{\partial x^m}\right)$, 从而在 (x, dg_x) 处相切于 $\alpha_g(M)$ 的典型向量形式为 $\left(\xi, \dfrac{d}{dt}\left(\dfrac{\partial g(x(t))}{\partial x}\right)\Big|_{t=0}\right)$, 这里 ξ 是 M 在点 x 处的切向量, 而 $x(t)$ 是 M 中满足 $x(0) = 0$ 的曲线. 这个切向量又可以表示成 $\left(\xi, \left(\dfrac{\partial^2 g}{\partial x^i \partial x^j}\right)\eta\right)$, 这里 ξ, η 是 M 在 x 的任意切向量. 但是, 如我们已指出的那样, T^*M 在 $(x_0, 0)$ 处的切空间分解成 P 的切空间和 $\alpha_g(M)$ 的切空间之和, 从而矩阵 $\left(\dfrac{\partial^2 g(x_0)}{\partial x^i \partial x^j}\right)$ 必须给出一个同构, 即必须在点 x_0 处是非奇异的. 这样一来, 函数 g 的临界点 $(x_0, 0)$ 是非退化的, 即 g 是一个莫尔斯函数.

于是, 我们已证明了莫尔斯函数的存在性及处处稠密性. 还要证明的是 4), 即每个临界水平 (即每个临界点的原像) 恰恰只存在一个临界点的莫尔斯函数是处处稠密的.

我们考察 M 上任意的莫尔斯函数 $f(x)$, 设 $x_1, \cdots, x_N$ 是它的临界点. 不妨假定函数 $f(x)$ 在 M 上取值于 0 和 1 之间. 设 U 和 W 是点 x_1 的两个开邻域使得 $\overline{U} \subset W$, $\overline{W}$ 紧且当 $i > 1$ 时 $x_i \notin \overline{W}$. 在 M 上构造光滑函数 $\lambda(x)$ 使得在 $\overline{U}$ 上 $\lambda \equiv 1$, 而在 W 外部 $\lambda \equiv 0$ 且在 $W\backslash U$ 上 $0 \leqslant \lambda \leqslant 1$ (由引理 8.2 可知 $\lambda(x)$ 存在). 集 $\mathrm{supp}\,\lambda \cap \mathrm{supp}(1-\lambda) = K$ 是紧空间 $\overline{W}$ 的闭子集, 因而本身也是紧集. 由此以及临

界点 $x_1, \cdots, x_N$ 均不属于 K 导出: 可以取到这样的两个正常数 a 和 b 使得在 K 上成立不等式 $0 \leqslant a \leqslant |\text{grad } f|$ 和 $|\text{grad } \lambda| \leqslant b$ (已假定 M 上给定了黎曼度量).

取正数 $\eta \leqslant a/b$, 且 η 不等于任何一个差 $f(x_i) - f(x_1)$. 于是 $f_1 = f + \eta\lambda$ 是一个莫尔斯函数使得 $f_1(x_i) \neq f_1(x_1), i > 1$, 且 f 和 f_1 有相同的临界点. 事实上, 在 K 上成立关系式

$$|\text{grad}(f + \eta\lambda)| \geqslant |\text{grad } f| - |\eta\text{grad } \lambda| \geqslant a - \eta b > 0.$$

显然在 K 外部 $|\text{grad } \lambda| = 0$, 即 $|\text{grad } f_1| = |\text{grad } f|$; 而在邻域 U 中我们有 $f_1 = f + \eta$ (常数平移).

对所有的临界点继续这个构造过程, 我们就得到 4) 的证明. 定理证毕. □

§11. 萨德定理的应用

1. 嵌入和浸入的存在性

我们在前面证明了任何连通的光滑紧闭流形 M 可以嵌入到欧几里得空间 $\mathbb{R}^N$, 这里 N 是一个充分大的数. 现在我们将证明所谓的 "弱惠特尼定理", 表明这个数 N 可以是多大.

定理 11.1 (惠特尼). 任何连通的光滑闭 n 维流形 M 可以光滑地嵌入到 $\mathbb{R}^{2n+1}$ 中并可光滑地浸入到 $\mathbb{R}^{2n}$ 中. 每一个连续映射 $M \to \mathbb{R}^{2n+1}(M \to \mathbb{R}^{2n})$ 可用光滑嵌入 (浸入) 逼近.

证明 我们只给出定理的第一部分的证明. 考察任意一个光滑嵌入 $M \to \mathbb{R}^N$ (见 §9). 证明的思想在于将嵌入流形 $M \subset \mathbb{R}^N$ 逐次地在超平面上作投射, 每一次投射就将外围空间的维数降低 1 维. 在 $\mathbb{R}^N$ 中固定坐标原点 O 并考察通过 O 的直线丛; 这些直线组成射影空间 $\mathbb{R}P^{N-1}$ (见 §2.2). 每一条直线 $l \in \mathbb{R}P^{N-1}$ 确定空间 $\mathbb{R}^N$ 到正交于 l 并通过 O 的超平面 $\mathbb{R}_l^{N-1}$ 上的一个正交投射 π_l.

我们的目标是选取这样的直线 l 使得如上的投影 $\pi_l(M)$ 依然是 $\mathbb{R}_l^{N-1}$ 中的光滑子流形. 我们先阐述 M 的浸入问题. 我们设法找到这种投射 π_l: 对所有的点 $x \in M$, 它的微分 $d\pi_l: T_xM \to \mathbb{R}_l^{N-1}$ 的核为零. 那些使得微分 $d\pi_l$ (对某个点 x) 具有非零核的方向 $l \in \mathbb{R}P^{N-1}$ 称为第一类禁止方向. 例如, 在将曲线 $\gamma \subset \mathbb{R}^3$ 沿着禁止方向投射到二维平面 $\mathbb{R}^2$ 时会出现奇点, 通常称为 "尖点" (图 23).

显然方向 $l \in \mathbb{R}P^{N-1}$ 是禁止方向当且仅当存在点 $x \in M$ 使得经过平行移动后 $l \subset T_xM$ (图 24).

所有的禁止方向构成一个 $(2n-1)$ 维的光滑流形 Q, 它的点用 (x, l) 表示, 这里 $x \in M, l$ 是 ($\mathbb{R}P^{N-1}$ 中的) 直线, 它经平行移动后落在 T_xM 中. 点 $x \in M$ 给出 n 个参数, 而直线 l 给出 $n-1$ 个参数:$2n-1 = n + (n-1)$ (试证 Q 是光滑流形!). 我们构造映射 $\alpha: Q \to \mathbb{R}P^{N-1}$, 定义为 $\alpha(x,l) = l$. 显然 $\alpha(Q)$ 就是所有的禁止方向组成的

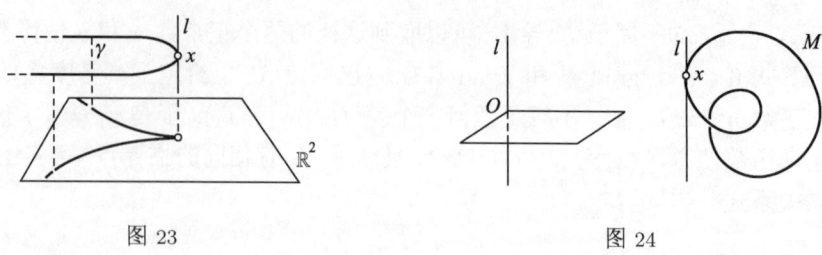

图 23　　　　　　　　图 24

集. 因为原来的嵌入 $M \subset \mathbb{R}^N$ 是光滑的, 所以映射 α 也是光滑的. 由萨德定理, 如果 $N-1 > 2n-1$, 即 $2n < N$, 则集 $\alpha(Q)$ 的 $(N-1)$ 维测度等于零. 特别有, $\mathbb{R}P^{N-1}$ 中的禁止方向组成的集 $\alpha(Q)$ 不能覆盖整个空间 $\mathbb{R}P^{N-1}$, 从而存在 $l_0 \notin \alpha(Q)$. 作正交投射 $\pi_{l_0} : M \to \mathbb{R}^{N-1}_{l_0}$, 我们就得到 M 到 $\mathbb{R}^{N-1}_{l_0}$ 中的一个光滑浸入 (如果 $2n < N$).

显然, 如果一开始 M 不是嵌入而是浸入到 $\mathbb{R}^N$ 中, 这个论证依然导致同一结论. 因此, 上述的投射程序可应用于所得的浸入 $M \to \mathbb{R}^{N-1}$ 并一般地可重复进行 k 次, 只要 $2n < N-k$. 当 $N-k = 2n-1$ 时是最终的一次投射; 于是我们就实现了最终的投射 $\pi_{l_0} : M \to \mathbb{R}^{2n}$, 此后投射程序终止. 这就证明了惠特尼定理中关于 M 可以浸入到 $\mathbb{R}^{2n}$ 中的那部分. 我们再转向嵌入.

现在我们必须保证在 $\mathbb{R}^{N-1}_l$ 中的投影 $\pi_l(M)$ 不出现自相交. 考察第二类禁止方向, 沿这种方向的投射在 $\mathbb{R}^{N-1}_l$ 中产生自相交的 $\pi_l(M)$. 例如, 将光滑曲线 $\gamma \subset \mathbb{R}^3$ 沿第二类禁止方向投射到二维平面 $\mathbb{R}^2$ 时, 会出现如图 25 所示的情形.

显然方向 $l \in \mathbb{R}P^{N-1}$ 是第二类禁止方向当且仅当存在两点 $x, y \in M, x \neq y$, 同时属于经过适当平行移动后的 l 上.

所有的第二类禁止方向构成一个 $2n$ 维光滑开流形 P, 它的点用 (x,y) 表示, $x, y \in M, x \neq y; x$ 和 y 彼此独立地取遍 M. 换一种说法, $P = (M \times M) \setminus \Delta$, 这里 $\Delta = \{(x,x) | x \in M\}$ 是直积 $M \times M$ 的对角线. 考察映射 $\beta : P \to \mathbb{R}P^{N-1}$, 这里 $\beta(x,y)$ 是通过坐标原点平行于端点为 x 和 y 的线段的直线. 显然, β 是光滑映射, 从而由萨德定理, 如果 $2n < N-1$, 即 $2n+1 < N$, 则集 $\beta(P)$ 在 $\mathbb{R}P^{N-1}$ 中有零测度.

我们注意到, 集 $\beta(P)$ 在 $\mathbb{R}P^{N-1}$ 中的闭包重合于并 $\beta(P) \cup \alpha(Q)$ 且有 $(N-1)$ 维零测度. 于是, 如果 $N > 2n+1$, 则所有的第一类和第二类禁止方向所成的集 $\overline{\beta(P)}$ 不能覆盖整个 $\mathbb{R}P^{N-1}$, 从而存在 $l_0 \notin \overline{\beta(P)}$. 作正交投射 $\pi_{l_0} : M \to \mathbb{R}P^{N-1}$, 我们就得到 M 到 $\mathbb{R}^{N-1}_{l_0}$ 的嵌入. 对这嵌入应用同样的过程, 并逐次重复直到最终的投射为 M 到 $\mathbb{R}^{2n+1}$ 的投射. 定理完全得证. □

显然在一般情形中, 进一步的 (继续是嵌入的) 投射是不可能的. 事实上, 设圆周 $M = S^1$ 嵌入到 $\mathbb{R}^3$ 中形成一个非平凡纽结 (例如见图 26). 此时 $n = 1, N = 3 = 2n+1$. 明显地, 这个打结的圆周在任何一个二维平面 $\mathbb{R}^2$ 上的正交投影将都是一条自相交的曲线. 这个例子表明, 在证明弱惠特尼定理中使用的 "投射方法" 不可能使我们在降低外围欧几里得空间的维数的道路上走得更远. 虽然如此, 可以指出使用更精妙的方法却可以改进我们前面得到的估计 (这里我们不打算叙述这些更精妙的方法).

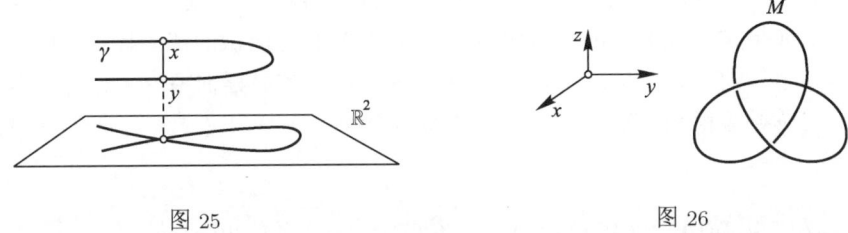

图 25　　　　　　　　　　图 26

注　已知的一个更为复杂的定理 (我们不在这里证明它) 说, 任意一个 n 维流形 M 可以光滑嵌入到 $\mathbb{R}^{2n}$ 中, 但是这种嵌入 $M \to \mathbb{R}^{2n}$ 不再在映射 $M \to \mathbb{R}^{2n}$ 组成的空间中稠密. 在一般情形中, 这个估计已不可改进. 例如不可定向的二维闭流形不可能嵌入到 $\mathbb{R}^3$ 中 (试证之!).

在某些特殊情形中这个估计可以改进. 例如, 任何一个定向二维流形可在 $\mathbb{R}^3$ 中实现, 这可由这类流形的分类中导出.

2. 作为高度函数构造莫尔斯函数

现在我们将证明, 借助于嵌入 $M \to \mathbb{R}^N$, 可以对紧光滑流形上莫尔斯函数的存在性给出一个新的证明. 我们证明可以在流形 M 上的相当狭窄的一类函数中找到莫尔斯函数, 这类函数称为 "高度函数".

如果流形 M 光滑嵌入到 $\mathbb{R}^N$ 中, 且给定一条通过 $\mathbb{R}^N$ 的坐标原点以 l 为方向向量的直线 $\xi_l(t)$, 则我们规定 (高度函数) $h_l(x)$ 在点 $x \in M$ 处的值等于点 x 在直线 $\xi_l(t)$ 上的正交投影 (我们将这条直线视为一条实数直线).

高度函数的下列性质是显然的 (试验证之!):

1) 高度函数的集与球面 S^{N-1} 的对径点偶集, 也即射影空间 $\mathbb{R}P^{N-1}$ 所有的点之间存在双方一一的对应;

2) 点 $x_0 \in M$ 是高度函数的临界点当且仅当向量 l 在点 x_0 处正交于流形 M (即 $l \perp T_{x_0} M$).

我们来弄明白何时函数 $h_l(x)$ 的临界点 $x_0 \in M$ 是非退化的. 考察一个特殊的情形: 流形 M 嵌入到 $\mathbb{R}^{m+1}$ 中 (成为一张超曲面), 这里 $m = \dim M$.

回想一下, 对超曲面 $M \subset \mathbb{R}^{m+1}$ 定义过高斯映射 (见卷 1 §26.2)$r: M \to S^m \to \mathbb{R}P^m$, 即 $r(x) = n(x)$, 这里 $n(x) \perp T_x M$ 是 M 在点 x 的单位法向量 (向量 $n(x)$ 已被平行移动至坐标原点 $O \in \mathbb{R}^{m+1}$).

引理 11.1.　点 $x_0 \in M \subset \mathbb{R}^{m+1}$ 是高度函数 $h_l(x)$ 的非退化临界点当且仅当 x_0 是高斯映射 $r: M \to \mathbb{R}P^m$ 的正则点; 这里 $l \perp T_{x_0} M$.

证明　将坐标轴 x^{m+1} 取得与向量 l 平行, 坐标轴 $x^1, \cdots, x^m$ 则正交于 l; 于是, 平面 $\mathbb{R}^m(x^1, \cdots, x^m)$ 可以视为 M 在点 x_0 处的切平面. 在点 $x_0 \in M$ 的近旁, 流

形 M 可以由方程 $x^{m+1} = \varphi(x^1, \cdots, x^m)$ 给定, 此时 $d\varphi|_{x_0} = 0$. 在点 x_0 的充分小的邻域 U 中, $(x^1, \cdots, x^m)$ 可视为超曲面 M 上的局部坐标, 而 "高度" $h_l(x)$ 在这里就是函数 $x^{m+1} = \varphi(x^1, \cdots, x^m)$. 在球面 S^m 上点 $r(x_0)$ 的邻域中选取类似的坐标 $y^1, \cdots, y^m$. 如果重复我们以前在证明卷 1 中定理 26.2 时所做的那些计算 (用 $m+1$ 替代 3), 我们就得到公式 $K d\sigma = r^*(\Omega)$, 这里 K 是 M 的高斯曲率, $d\sigma, \Omega$ 分别是 M 和 S^m 上的诱导体积元. 在点 x_0 的局部坐标 $(x^1, \cdots, x^m)$ 和 $(y^1, \cdots, y^m)$ 中, 我们可得等式

$$\left(\frac{\partial^2 h_l(x_0)}{\partial x^\alpha \partial x^\beta}\right) = \left(\frac{\partial^2 \varphi(x_0)}{\partial x^\alpha \partial x^\beta}\right) = \left(\frac{\partial y^\alpha}{\partial x^\beta}\bigg|_{x_0}\right); \det\left(\frac{\partial^2 h_l(x_0)}{\partial x^\alpha \partial x^\beta}\right) = K,$$

这里 K 是超曲面在点 x_0 处的高斯曲率; $y^\alpha = r^\alpha(x^1, \cdots, x^m), 1 \leqslant \alpha \leqslant m$, 是高斯映射在局部坐标 (x) 和 (y) 中的表达形式. 于是, 高斯映射 r 在点 x_0 的正则性条件 $\det\left(\frac{\partial y^\alpha}{\partial x^\beta}\bigg|_{x_0}\right) = 0$ 恰恰等于高度函数 $h_l(x_0)$ 的黑塞式的非奇异性, 即 $\det\left(\frac{\partial^2 h_l(x_0)}{\partial x^\alpha \partial x^\beta}\right) \neq 0$. 引理证毕. □

重要的注 如果存在嵌入 $M \subset \mathbb{R}^q$, 这里 $q > m+1$ ($m = \dim M$), 则可以定义一个 $(q-1)$ 维的光滑流形 N, 即子流形 M 的 "管状邻域面". 为此, 我们需要考察一个由与子流形正交的且中心在点 $x \in M$ 半径为 $\varepsilon > 0$ (这里 ε 充分小) 的 $(q-m)$ 维圆盘 D_x^{q-m} 组成的集. 这些圆盘的并 (对小的 $\varepsilon > 0$) 给出一个 q 维流形 (有时称为子流形 M 的管状邻域), 它的面 (即其边界) 用 N 表示. 如果 ε 小, N 嵌入于 $\mathbb{R}^q$ 中. 这子流形由高斯映射 r 映射至球面 S^{q-1} 之中. 设 $h_l(x)$ 是 M 和 N 上 (即 $M \cup N$ 上) 的高度函数. 容易发现 (试验证之!): 函数 $h_l(x)$ 的在 M 上的每一个临界点 x_0 恰好对应着它在 N 上的两个临界点 y_0 和 y_0', 它们是过点 x_0 正交于 M 的直线 l 与 N 的交点 (图 27).

于是可以验证函数 $h_l(x)$ 的临界点 $x_0 \in M$ 是非退化的当且仅当点 y_0 和 y_0' 是非退化的 (y_0 和 y_0' 总是同时为退化的或同时为非退化的). 这样一来, 如果 $h_l(x)$ 是 N 上的莫尔斯函数, 则这个函数也是 M 上的莫尔斯函数. 由此导出: 所有关于高度函数集中莫尔斯函数的存在性及处处稠密性的命题, 如果对 N 得以证明, 则自动地对 M 也成立. 于是, 在前面证明过的引理中, 尽管我们限于超曲面 $M \subset \mathbb{R}^{m+1}$, 我们的论证却不失一般性.

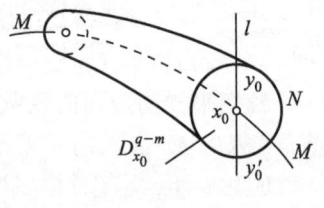

图 27

定理 11.2. 超曲面 $M \subset \mathbb{R}^{m+1}, m = \dim M$, 上的一个高度函数 $h_l(x)$ 是莫尔斯函数当且仅当点 $(\pm l) \in \mathbb{R}P^m$ 是高斯映射 $r : M \to \mathbb{R}P^m$ 的正则值. 特别有, 几乎所有的高度函数 $h_l(x)$ 都是莫尔斯函数.

证明 定理的第一部分由引理 11.1 导出. 第二部分则由萨德定理导出, 因为高斯映射 $r: M \to \mathbb{R}P^m$ 的正则值在 $\mathbb{R}P^m$ 中是处处稠密的. 定理证毕. $\square$

注 由于前面对 $M \subset \mathbb{R}^q, q > m+1$, 的情形所作的重要的注, 本定理自动地对 $\mathbb{R}^q$ 中任意余维数 (即只要 $q - m > 0$) 的光滑子流形都成立.

3. 焦点

还有另外一些简单的方法可以在光滑流形上构造大量的莫尔斯函数. 我们描述其中的一种, 但不去涉及太多的细节.

考察一个光滑流形 M 和它在 $\mathbb{R}^q$ 中的任意一个光滑嵌入. 任意固定一点 $p \in \mathbb{R}^q$. 令 $L_p(x) = |p - x|^2$, 其中 $x \in M, |p - x|$ 是向量 $p - x$ 的长度, 则 L_p 是伴随于 p 的嵌入子流形 M^m 上的一个光滑函数.

可以证明对几乎所有的点 $p \in \mathbb{R}^q$, 函数 $L_p(x)$ 是 M 上的莫尔斯函数. 这一类的函数 $L_p(x)$ 的集与高度函数 $h_l(x)$ 的集是不同的.

我们来弄清楚对何种点 p 函数 $L_p(x)$ 才是莫尔斯函数. 为此, 我们用 N 表示偶对 (x, v) 全体, 其中 $x \in M, v \in \mathbb{R}^q$ 是在点 x 处与 M 正交的向量. 显然 N 是一个 q 维光滑流形 (试验证之!). 考察光滑映射 $f: N \to \mathbb{R}^q$, 它将偶对 $(x, v) \in N$ 映射为从 x 射出的向量 v 的末端点.

定义 11.1. 点 $P \in \mathbb{R}^q$ 称为 M 的重数 $\mu > 0$ 的焦点, 如果对某个点 $(x, v) \in N, P = f(x, v)$ 且映射 f 在点 (x, v) 处的雅可比矩阵的秩为 $q - \mu$.

由于萨德定理, 几乎所有的点 $P \in \mathbb{R}^q$ 都不是 $M \subset \mathbb{R}^q$ 的焦点; 特别有, 焦点 $P \in \mathbb{R}^q$ 的集有零测度.

现在考察 "嵌入 $M \subset \mathbb{R}^q$ 的第二基本形式". 我们假定流形 M 在 $\mathbb{R}^q$ 中 (局部地) 由参数 $x = x(u^1, \cdots, u^m)$ 给出, 其中 $u^\alpha, 1 \leqslant \alpha \leqslant m$ 是 M 上的局部坐标, $x = (x^1, \cdots, x^q)$. 考察向量 $\dfrac{\partial^2 x}{\partial u^i \partial u^j} = x_{ij}$, 并设 v 是 M 在点 $x_0 \in M$ 的法向量. 于是, 可以作标量积 $\langle v, x_{ij} \rangle = \langle v, n_{ij}(x_0) \rangle$, 其中 $n_{ij}(x_0)$ 是在点 x_0 处的向量 x_{ij} 的法向分量 (即向量 x_{ij} 在 M 在 x_0 处的法平面上的正交投影). 我们用 Q_v 表示矩阵 $\langle v, x_{ij} \rangle$; 它称为流形 M 关于法向量 v 的第二基本形式的矩阵. 设 $G = (g_{ij})$ 是第一基本形式的矩阵, 即 M 上的度量 (这个度量由嵌入 $M \subset \mathbb{R}^q$ 所诱导; 在 $\mathbb{R}^q$ 中则是欧几里得度量). 可以假定已取局部坐标 $u^1, \cdots, u^m$ 使得 $G(x_0) = E$ (单位矩阵), x_0 为某一点. 于是在点 x_0 我们有 $G^{-1} Q_v = Q_v$; 设 $\lambda_1, \cdots, \lambda_m$ 是形式 $G^{-1} Q_v = Q_v$ 在点 x_0 的本征值, 即 λ_α 是子流形 M 关于方向 v 的 "主曲率". 考察直线 $x + tv$ (即过点 x_0 方向向量为 v 所定义的直线).

引理 11.2. 直线 $x + tv$ 上的焦点恰恰就是 $t = \lambda_\alpha^{-1}, 1 \leqslant \alpha \leqslant m$ 对应的点全体.

证明 局部上 N 可具直积 $M \times \mathbb{R}^{q-m}$ 的构造; 因此, 在 N 上可以引进局部坐标 $x = x(u^1, \cdots, u^m), t^1, \cdots, t^{q-m}$. 映射 f 在所考察的点 (x_0, v) 附近形式为 $f(x(u), t) = $

$x(u) + \sum_\alpha t^\alpha a_\alpha(u)$, 其中 $(a_\alpha(u))$ 是 M 在点 $x(u)$ 的法空间中的标架, 它光滑地依赖于 u. 很清楚, 在这些坐标中 df 由矩阵

$$\begin{pmatrix} \dfrac{\partial f}{\partial u^i} \\ \dfrac{\partial f}{\partial t^\alpha} \end{pmatrix} = \begin{pmatrix} \dfrac{\partial x}{\partial u^i} + \sum_{\alpha=1}^{q-m} t^\alpha \dfrac{\partial a_\alpha(u)}{\partial u^i} \\ a_\alpha(u) \end{pmatrix}$$

给出.

在点 x_0 的切空间 T_xM 中选取基 $\left\{\dfrac{\partial x}{\partial u^\alpha}\right\}, 1 \leqslant \alpha \leqslant m$. 我们要找出由 N 中基向量在 df 作用下的像张成的平行多面体. 因此我们计算映射 f 的雅可比行列式 (即 $\det(df)$). 所需的矩阵形如

$$\begin{pmatrix} \left\langle \dfrac{\partial x}{\partial u^i}, \dfrac{\partial x}{\partial u^j} \right\rangle + \sum_{\alpha=1}^{q-m} t^\alpha \left\langle \dfrac{\partial a_\alpha}{\partial u^i}, \dfrac{\partial x}{\partial u^j} \right\rangle & \sum_{\alpha=1}^{q-m} t^\alpha \left\langle \dfrac{\partial a_\alpha}{\partial u^i}, a_\beta \right\rangle \\ 0 & E \end{pmatrix},$$

这里 E 表示 $(q-m) \times (q-m)$ 单位矩阵. 显然这个矩阵的秩由矩阵

$$A = \left(\left\langle \dfrac{\partial x}{\partial u^i}, \dfrac{\partial x}{\partial u^j} \right\rangle + \sum_\alpha t^\alpha \left\langle \dfrac{\partial a_\alpha}{\partial u^i}, \dfrac{\partial x}{\partial u^j} \right\rangle \right)$$

的秩确定. 另一方面, 因为 $\left\langle a_\alpha, \dfrac{\partial x}{\partial u^j} \right\rangle = 0$, 所以 $0 = \dfrac{\partial}{\partial u^i} \left\langle a_\alpha, \dfrac{\partial x}{\partial u^j} \right\rangle = \left\langle \dfrac{\partial a_\alpha}{\partial u^i}, \dfrac{\partial x}{\partial u^j} \right\rangle + \left\langle a_\alpha, \dfrac{\partial^2 x}{\partial u^i \partial u^j} \right\rangle$, 即对于点 (x_0, tv) 我们有

$$A = \left(g_{ij} - \sum_\alpha t^\alpha \left\langle a_\alpha, \dfrac{\partial^2 x}{\partial u^i \partial u^j} \right\rangle \right) = \left(g_{ij} - t\left\langle v, \dfrac{\partial^2 x}{\partial u^i \partial u^j} \right\rangle \right).$$

于是矩阵 (df) 在该点的秩等于矩阵 $(g_{ij} - t\langle v, x_{ij}\rangle)$ 的秩, 这正是所需证者. 引理证毕. $\square$

现在考察点 $p \in \mathbb{R}^q$ 和函数 $L_p(x) = |x-p|^2 = \langle x-p, x-p \rangle$. 于是, $\dfrac{\partial L_p(x)}{\partial u^i} = 2\left\langle \dfrac{\partial x}{\partial u^i}, x \right\rangle - 2\left\langle \dfrac{\partial x}{\partial u^i}, p \right\rangle = 2\left\langle \dfrac{\partial x}{\partial u^i}, x-p \right\rangle$. 由此函数 L_p 在 M 上的临界点是使得 $\left\langle \dfrac{\partial x}{\partial u^i}, x-p \right\rangle = 0$ 的那些点 $x \in M$; 这等价于向量 $x-p$ 正交于 $T_x(M)$. 于是, 如果 x 是临界点, 则 p 形如 $x+tv$ (回想一下, v 是 M 的法向量). 进一步, 为研究非退化性, 我们考察

$$\dfrac{\partial^2 L_p(x)}{\partial u^i \partial u^j} = \left\langle \dfrac{\partial^2 x}{\partial u^i \partial u^j}, x-p \right\rangle + \left\langle \dfrac{\partial x}{\partial u^i}, \dfrac{\partial x}{\partial u^j} \right\rangle = -\left\langle \dfrac{\partial^2 x}{\partial u^i \partial u^j}, tv \right\rangle + g_{ij},$$

其中 $p = x + tv$. 于是, 根据所证的引理, 函数 $L_p(x)$ 的退化的临界点恰好出现于当 p 是焦点的情形. 即如果 p 不是焦点, 则 $L_p(x)$ 是 $M \subset \mathbb{R}^q$ 上的莫尔斯函数.

重要的推论 设 $M \subset \mathbb{R}^q$ 是一个闭光滑子流形. 于是, 存在 $\varepsilon > 0$ 使得管状邻域 $N_\varepsilon(M) = \{y \in \mathbb{R}^q | \rho(y, M) < \varepsilon\}$ 是 $\mathbb{R}^q$ 的 q 维光滑子流形, 边界为 $\partial N_\varepsilon(M)$, 它是空间 $\mathbb{R}^q$ 的 $(q-1)$ 维光滑子流形. 特别有, $N_\varepsilon(M)$ 可纤维化, 纤维为 $(q-m)$ 维圆盘 $D_\varepsilon^{q-m}(x)$, 这里圆盘的中心为 $x \in M$ 而半径等于 ε; 类似地, 流形 $\partial N_\varepsilon(M)$ 也可纤维化, 纤维为球面 $S_\varepsilon^{q-m-1}(x), x \in M$.

证明 取 $\varepsilon < \min\limits_{i,x} \lambda_i^{-1}(x)$ 就足够了, 这里 $x \in M, 1 \leqslant i \leqslant m$. 于是, 在 $N_\varepsilon(M)$ 中不存在流形 $M \subset \mathbb{R}^q$ 的焦点, 从而定理的所有结论都成立. $\square$

这个推论通常称为 "管状邻域的存在性定理".

第三章 映射度和相交指数及其应用

§12. 同伦的概念

1. 同伦的定义. 映射和同伦的光滑逼近

考察两个光滑 (为简单计, C^∞ 类的) 流形 M 和 N 及光滑映射 $f: M \to N$.

定义 12.1. 光滑 (分片光滑、连续) 映射 f 的一个光滑 (分片光滑、连续) 同伦 (或形变) 是指柱 $M \times I$ 到 N 的一个光滑 (分片光滑、连续) 映射

$$F: M \times I \to N \ (I = [0,1])$$

使得 $F(x,0) = f(x)$ 对任何的 $x \in M$ 成立. 此时也说映射 $f_t: M \to N, f_t(x) = F(x,t)$, 同伦于初始映射 $f = f_0$, 而整个柱的映射 F 是一个同伦或 "同伦过程".

与给定的一个映射 f 同伦的所有映射组成两两同伦的映射类 (或称同伦 (映射) 类). 容易理解, 我们可以定义各种光滑度为 l 的光滑同伦类. 特别有, 当 $l = 0$ 时我们有由连续同伦的映射组成的连续同伦类. 然而, 如我们即将看到的那样, 光滑映射对连续映射的逼近定理隐含下面的基本同伦性质:

1) 任何一个连续映射可用任意光滑度 (特别, C^∞) 的同伦光滑映射任意近地逼近.

2) 如果两个光滑映射是连续同伦的, 则它们也是光滑同伦的.

现在我们转向有关细节.

定理 12.1. 设 M, N 是紧光滑流形; $f, g: M \to N$ 是连续映射. 则对 N 上的任意一个黎曼度量, 存在数 $\varepsilon > 0$ 使得由条件 $\rho(f, g) < \varepsilon$ (这里 ρ 是映射之间的距离, 见 §10.1) 可推出 f 和 g 是同伦的.

§12. 同伦的概念

证明 假定 M 上已给定黎曼度量, 用 ρ_0 表示相应的距离. 因为 N 是紧的, 所以存在 $\varepsilon > 0$ 使得如果 $p, q \in N$ 且 $\rho_0(p, q) < \varepsilon$, 则存在唯一的最短测地线连接 p 和 q (见卷 1 §29.2). 现在设 $f, g : M \to N$ 是两个连续映射满足 $\rho_0(f, g) < \varepsilon$ (即 $\max_{x \in M} \rho_0(f(x), g(x)) < \varepsilon$. 我们来构造同伦 $F : M \times I \to N$ 满足 $F(x, 0) = f(x), F(x, 1) = g(x)$. 为此, 必须对任意点 $(x, t) \in M \times I$ 给出像 $F(x, t)$. 考察点 $f(x), g(x) \in N$. 因为 $\rho_0(f(x), g(x)) < \varepsilon$, 它们可以用唯一的从 $f(x)$ 到 $g(x)$ 的最短测地线 $\gamma_{f(x), g(x)}(t)$ 连接. 因为, 除了点 x 外, 我们还给定了 t 的值, 于是从 $f(x)$ 到 $g(x)$ 的这条测地线段可以按比例 $t : (1-t)$ 作划分, 而我们就将这个分点取为点 $(x, t) \in M \times I$ 的像 (图 28). 所构造的这个映射的连续性由关于解对 (决定测地线的常微分方程组的) 初始条件的连续依赖性的定理得出. 定理证毕. □

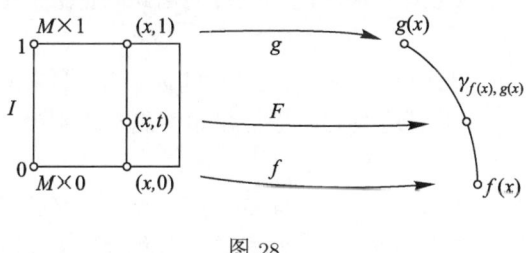

图 28

定理 12.2. 设 f 是任意的一个从光滑流形 M 到光滑流形 N 的连续映射 (其中 M 和 N 是紧流形). 则 f 同伦于一个光滑映射 $g : M \to N$.

证明 以前我们证明过 (见定理 10.1): 任何连续映射 $f : M \to N$ 可以被光滑映射任意地逼近. 于是本定理可从定理 12.1 推出. □

习题 12.1. 证明: 如果映射 f 已经在某个子流形 $X \subset M$ 上是光滑的, 则可以选取 f 的光滑逼近 g 使得 g 在 X 上的限制重合于 f.

定理 12.3. 如果光滑映射 $f, g : M \to N$ 是连续同伦的, 则它们也是光滑同伦的.

这个定理可从对连续映射 (在此情形即对最初的连续同伦 $F : M \times I \to N$) 的光滑逼近的存在性及前一定理中导出.

类似地可证明下面的命题: 紧光滑流形 M 到一个维数充分高的紧光滑流形中的任意连续映射同伦于一个光滑嵌入. 如果这个连续映射是光滑的, 则可以取到与嵌入的光滑同伦.

定义 12.2. 两个光滑嵌入 $f, g : M \to N$ 称为 (光滑的) 同痕 (嵌入), 如果存在映射 f 和 g 之间的一个光滑同伦 $F : M \times I \to N$ 使得由 $f_t(x) = F(x, t)$ 确定的映射 $f_t : M \to N$ 对每个 $t \in [0, 1]$ 都是光滑嵌入.

定理 12.4. 从维数为 n 的光滑流形 M 到维数 q 充分高 (现在这个情形 $q \geqslant 2n + 2$) 的欧几里得空间 $\mathbb{R}^q$ 中的任意两个光滑嵌入 f 和 g 是同痕的.

证明 如果 q 充分大, 则嵌入 f 和 g 可取到连续的 (从而, 光滑的) 同伦 $F: M \times I \to \mathbb{R}^q$ (例如, 这两个映射 f 和 g 同伦于将 M 映射为一个点的映射). 然后, 这个光滑同伦又可以通过光滑形变 (这些形变在柱的 "底" $M \times 0$ 和 $M \times 1$ 上与 F 相同) 转为嵌入. 这个从 $M \times I$ 到 $\mathbb{R}^q$ 中的光滑嵌入就是要寻找的 f 和 g 之间的同痕.

刚才证明的定理使我们不必去区分连续同伦和光滑同伦. 今后我们将视对给定情形何种同伦更方便来考虑使用连续同伦, 分片光滑同伦或 C^∞ 类的光滑同伦.

映射 f 的同伦类用 $[f]$ 表示, 从 $M \to N$ 的映射的全体同伦类集用 $[M; N]$ 表示.

2. 相对同伦

后面我们还必须考察带有附加限制的映射同伦和同伦类. 我们先提这类限制中的一些重要情形.

a) 在流形 M 和 N 中分别取定点 $x_0 \in M$ 和 $y_0 \in N$. 要求所有的映射 $f: M \to N$ 将点 x_0 映射为点 y_0 (并且所有的同伦也如此). 这种映射类称为带基点的 (映射类或同伦类).

b) 流形 M 和 N 有边界 $\Gamma = \partial M$ 和 $\Delta = \partial N$. 要求所有的映射 $f: M \to N$ 及它的同伦映射将边界 Γ 映射为边界 Δ. 这种映射类称为相对 (相对于边界) (映射类或同伦类).

c) 流形 M 和 N 可以是非紧的 (开的) 流形. 要求所有的映射 $f: M \to N$ 使得任何点的完全原像是紧集. 对同伦过程 $F: M \times I \to N$ 也同样要求. 这种映射类和同伦类称为真映射类和真同伦类.

d) 更一般的相对映射类是这样的: 设在 M 和 N 中分别取定集 $A \subset M$ 和 $B \subset N$. 要求所有的映射 f 和同伦 F 将集 A 映射到集 B 中. 这种相对同伦类全体用 $[(M, A); (N, B)]$ 表示.

§13. 映射度

1. 度的定义

本节的基本目标是研究维数都为 n 的定向闭流形 M 和 N 之间的映射同伦类, 特别是当 N 是球面时的情形. 考察光滑映射 $f: M \to N$ 并取定点 $y_0 \in N$. 我们假定映射 f 关于点 $y_0 \in N$ 是正则的 (见 §10.2). 这意味着点 y_0 的完全原像由流形 M 中有限个点 x_i $(i = 1, \cdots, m)$ 组成, 且如果 (x_i^β) 是点 x_i 近旁的局部坐标, (y_0^α) 是点 y_0 近旁的局部坐标, 则映射的雅可比行列式 $\det\left(\dfrac{\partial y_0^\alpha}{\partial x_i^\beta}\right)$ 在点 x_i 对 $i = 1, \cdots, m$ 都不等于零. 由于在流形 M 和 N 上已给定定向, 因此从一个邻域的局部坐标到另一个邻域的局部坐标的转移函数的雅可比行列式是正的.

§13. 映射度

定义 13.1. 设 $f: M \to N$ 是闭定向连通流形之间的一个映射, 则数

$$\deg f = \sum_{f(x_i)=y_0} \operatorname{sgn} \det \left(\frac{\partial y_0^\alpha}{\partial x_i^\beta} \right)$$

称为 f 关于正则值 y_0 的(映射)度.(映射在这些点 x_i 的雅可比行列式的符号的决定是确定无疑的.)

成立重要的

定理 13.1. 映射度不依赖于正则值 y_0 的选取且在同伦下不变.

证明 我们首先证明映射度不依赖于正则值的选取. 对充分接近于 y_0 的正则值, 这是显然的, 因为它们有着同样多的原像及相同的符号.

设 y_0 和 y_1 是 f 的两个正则值. 在流形 N 中用一条自身不相交的且每点都具有非零切向量的光滑路径连接这两点 y_0 和 y_1. 这条路径本身表示一个一维流形 γ. 由关于 t 正则性的定理 (见定理 10.3), 可选取路径 γ 使得映射 f 在整个 γ 上是 t 正则的且在端点 y_0, y_1 是正则的. 考察完全原像 $f^{-1}(\gamma)$, 由 t 正则性可知它是 M 中一个光滑一维流形, 边界由两部分: $f^{-1}(y_0)$ 和 $f^{-1}(y_1)$ 组成 (见图 29, 此时 $n = 2$, 点 (x_{i0}) 是 y_0 的原像 $f^{-1}(y_0)$, 点 (x_{i1}) 是原像 $f^{-1}(y_1)$). (在图 29 中每个点的附近标出它的符号; 注意 γ 上不同的点其原像点的个数可能是不同的.) 如果原像 $f^{-1}(y_0)$ (或 $f^{-1}(y_1)$) 的两个点是 $f^{-1}(\gamma)$ 的一个连通线段的两个端点 (例如在图 29 中的点 x_{10} 和 x_{30}), 则由于 M 和 N 上定向, 这两个点受到符号相反的限制. 另一方面, 如果 $f^{-1}(\gamma)$ 中一条连通线段连接的是 $f^{-1}(y_0)$ 中点与 $f^{-1}(y_1)$ 中点 (如点 x_{20} 和 x_{31} 的连接), 则这两个点要受到符号相同的限制. 由此导出定理的第一部分.

现在我们用类似的方式证明定理中涉及 f 的映射度在 f 的同伦下不变的这部分. 设已给定光滑同伦 $F: M \times I \to N$, 其中 $f(x) = F(x, 0), g(x) = F(x, 1)$. 可以假定整个同伦过程在 y_0 处是正则的 (见 §10.2 最后的推论), 考察完全原像 $F^{-1}(y_0)$ (见图 30, 此时 $n = 1$; 点 y_0 的原像点的个数对不同的时刻 t 可以是不相同的, 但是符号的代数和则不变).

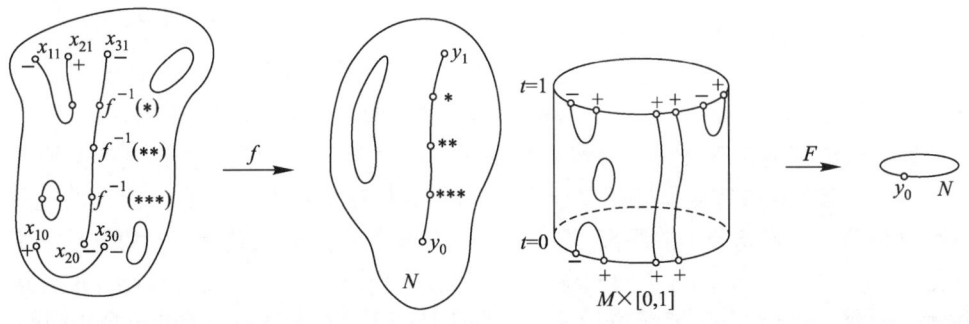

图 29　　　　　　　　　　　图 30

这里的情形完全类似于图 29, 因为 $F^{-1}(y_0)$ 是 $M \times I$ 中非奇异的一维流形, 其两个边界部分分别对应于 $t = 0$ (这是 $f^{-1}(y_0)$) 和 $t = 1$ (这是 $g^{-1}(y_0)$). 显然定理中提到的整数当 $t = 0$ 时和 $t = 1$ 时都是相同的, 即映射 f 和 g 有相同的度. 定理证毕. □

2. 基本定义的推广

我们将指出度的概念的一些有用的推广.

a) 可以用显然的方式将映射度的概念推广到具有边界的流形之间的相对映射类上. 设给定映射

$$f : (M, \partial M) \to (N, \partial N),$$

其中 M 和 N 是 (带边界的) 同为 n 维的紧流形. 因为边界映射为边界, 内部的正则值 $y_0 \in N$ 的完全原像整个地落于 M 的内部, 这一点对于它在同伦之下的原像也是对的. 因此, 映射度 $\deg f$ 是确定的, 与在 N 内部的正则值 y_0 的选取无关, 也不因这一类相对映射中的同伦而改变 (这个事实的证明与定理 13.1 的证明雷同). 我们注意到边界 $\partial M = \Gamma$ 和 $\partial N = \Delta$ 是 $(n-1)$ 维的定向闭流形 (M 和 N 是定向流形). 我们假定边界是连通的 (事实上, 这并不是实质性的). 映射 f 在边界上同样有映射度 $\deg f|_{\partial M}$. 成立下面的.

定理 13.2. 边界映射的度与流形映射的度是相同的: $\deg f|_{\partial M} = \deg f$.

证明 我们首先将相对映射 $f : M \to N$ 作小的光滑形变 (同伦) 使得 M 中不存在内点被映射为边界 ∂N 的点. 这可以如下来完成. 考察边界 ∂N 的一个小 ε 邻域 U_ε, 指向流形 N 内部的一个单位法向量场 $\eta(y)$ 以及一个在边界 ∂N 的那个 ε 邻域 U_ε 定义的 C^∞ 函数 $\varphi(y) \geqslant 0$, 它在边界 ∂N 上等于 ε, 在 ε 邻域的另一个边界上等于零且随着远离边界而单调减少. 再将这个函数 φ 零延拓至整个 N 上. 考察区域 $V_\varepsilon = f^{-1}(U_\varepsilon) \subset M$. 在 V_ε 上复合函数 $\varphi^* = \varphi(f(x)) \geqslant 0$, 并且它的极大值 (即那个小 ε) 出现在边界的完全原像上. 我们再定义 M 上的另一个 C^∞ 函数 $\psi(x) \geqslant 0$, 它在边界 $\partial M = \Gamma$ 上等于零, 在 Γ 的一个小 δ 邻域外部等于 1 且随着远离边界而单调增加.

我们如下定义 f 的同伦: 令点 $x \in M$ 的像是流形 N 中从边界沿向量场 $\eta(y)$ 的轨线移动距离 $\psi(x)\varphi(f(x))$. 显然, 边界 Γ 的点的像不变 ($\psi(x) \equiv 0$), 在 V_ε 外部的点的像也不变 ($\varphi(f(x)) \equiv 0$). 所有其余的点则移动一段正的 (但是短的) 距离.

现在转向证明定理 13.2. 考察映射 f 的位于边界 ∂N 上的正则值的完全原像 $f^{-1}(y_0)$. 所有的这种完全原像都属于边界 ∂M. 我们注意到由于流形 N 内部的正则点都只移动了一段充分小的距离, 我们并没有使原像中点的个数及它们的符号发生变化 (边界的定向与流形的定向相容且由 N 的定向所诱导), 只有当经过临界值时这些才会改变. 因此数 $\deg f$ 无论是关于边界还是关于 M 本身来计算结果是相同的. 定理证毕. □

b) 映射度概念的第二种推广涉及真映射类 (见 §12.2 中的定义). 显然所有的定义和定理 13.1 以及其证明都可以移用到这个情形.

c) 对不可定向流形也可以定义映射度的概念, 但此时雅可比行列式的符号没有不变性. 因此, 度只能定义为模 2 的留数.

3. 流形到球面的映射的同伦分类

在流形 N 是一个 n 维球面 S^n 的情形, 映射度呈现出完整的同伦不变性, 即成立

定理 13.3. n 维定向闭流形到 n 维球面的两个光滑映射 $f, g : M \to S^n$ 是同伦的当且仅当它们有相同的映射度.

证明 我们首先考察简单的情形, 即存在正则值 $y_0 \in S^n$, y_0 在 f 和 g 之下的完全原像中点的个数恰好等于 $\deg f = \deg g$ (即彼此相等). 在这种情形, 我们可以通过以下的初等步骤构造 f 与 g 之间的同伦:

第 1 步 对映射 f 作形变使得所有的原像 $f^{-1}(y_0)$ 和 $g^{-1}(y_0)$ 恰好重合.

第 2 步 因为由假设条件雅可比行列式的符号完全相同, 我们再将 f 形变为一个映射使得在完全原像 $f^{-1}(y_0) = g^{-1}(y_0)$ 的每一个点它的微分与 g 的微分相同.

第 3 步 选取小的 $\varepsilon > 0$ 并将两个映射 f 和 g 在 y_0 的所有原像点近旁作形变使得映射 f 和 g 在它的 ε 邻域中关于某个局部坐标系是线性映射; 此外, 并可使 ε 邻域的像微分同胚地覆盖球面 S^n, 而它的边界则映射为点 y_0 的对径点 y_0^*. 可以假定, ε 邻域的补也被映射为这个点, 因为点 y_0 在球面 S^n 中的补微分同胚于欧几里得空间 $\mathbb{R}^n$.

在这些形变 (即同伦) 之后, 映射 f 和 g 重合.

现在考察一般的映射 f, 它在 $y_0 \in S^n$ 处是正则的. 如果我们能证明: 对映射 $f : M \to S^n$ 总存在同伦于它的映射 g 使得 y_0 在 g 之下的完全原像中点的个数恰恰等于 $\deg f$, 那么定理就得证. 对映射 f 可以应用上述的 3 个步骤中的形变 (虽然原像中点的个数可能大于 $\deg f = m$). 结果我们将这个映射化为规范形式: 点 y_0 有 $m + 2q$ 个原像点 $x_1, \cdots, x_{m+2q}$; 对充分小的 $\varepsilon > 0$, 这些原像点的 ε 邻域被线性地映射到刺破的球面 $S^n - \{y^*\}$ 上, 其中 y^* 是点 y_0 的对径点, 而这个邻域的补则被映射为点 y^*; 映射 f 在点 $x_1, \cdots, x_m$ 处的雅可比行列式的符号是相同的, 而在点 x_{m+i}, x_{m+q+i} $(i = 1, \cdots, q)$ 处的雅可比行列式的符号则相反.

现在我们准备来构造 f 与一个正则值 y_0 的原像恰为 m 个点的映射之间的同伦 $F : M \times I \to S^n$. 设 $\gamma_i, i = 1, \cdots, q$, 是 $M \times I$ 中连接 x_{m+i} 和 x_{m+q+i} 的路径 (图 31 表示 $m = 1, q = 1$ 的情形). 在每条路径 γ_i 的某个充分小的邻域中, 由于在点 x_{m+i} 和 x_{m+q+i} 处雅可比行列式的符号相反, 我们可以定义映射 F 使得这个邻域的边界映射为点 y^* (图 31, 邻域上画有阴影线). 显然, 由于在点 (x_{m+i}, x_{m+q+i}) 处雅可比行列式的符号相反, 这种映射是存在的. 在其余的原像点 (即点 $x_1, \cdots, x_m$) 的 ε 邻

域上定义 F 为恒等同伦 (如图 31 中对点 x_1 所示). F 将流形 $M \times I$ 的其余部分映射为点 y^*. 于是映射 F 就如所需那样消除了原来的原像点 $x_{m+1}, \cdots, x_{m+2q}$. 定理得证. □

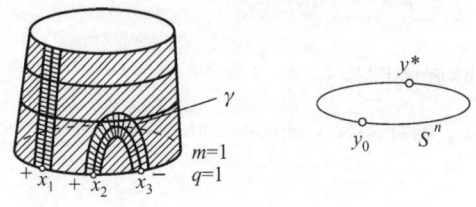

图 31

注 当 $n = 1$ 时同伦 F 的构造与一般情形有所不同. 请读者自行作出.

习题 13.1. 对 n 维的不可定向闭流形到球面 S^n 的映射可定义模 2 的映射度. 对此证明与定理 13.3 类似的结果.

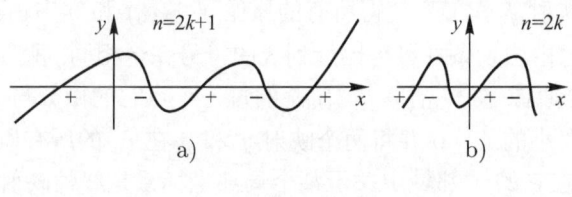

图 32

4. 最简单的例子

例 13.1. 每一个 n 次的实系数多项式 $f(x)$ 确定一个真映射 $\mathbb{R} \to \mathbb{R}$ (因为方程 $f(x) = c$ 至多有 n 个解). 这个映射的度等于 1(或 −1), 如果 n 是奇数; 等于 0, 如果 n 是偶数 (分别对应于图 32 的 a) 和 b)). 由此导出, 特别有, 奇数次的多项式总有一个实根; 如果存在原像是空集的点, 则多项式的度将等于零.

例 13.2. 考察从单位圆周到单位圆周的映射 $f: S^1 \to S^1$. 我们将圆周用直线来表示, 在其中将点 $x + 2\pi n$ 彼此等同起来, n 为整数. 类似地将像集中的所有点 $y + 2\pi n$ (n 是整数) 彼此等同起来. 函数 $y = f(x)$ 确定一个单位圆周之间的映射, 如果对每一 x 成立 $f(x + 2\pi) = f(x) + 2\pi k$, 这里 k 是整数. 考察 f 的图像 (见图 33, 此时 $k = 2$) 明显可见 $\deg f = k$.

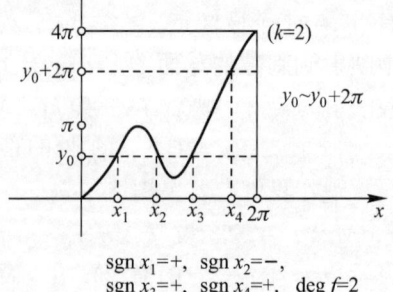

图 33

于是, 关于映射度我们得到

$$k = \deg f = \frac{1}{2\pi} \int_0^{2\pi} \left(\frac{df}{dx} \right) dx.$$

也可以将单位圆周本身表示为复平面中的曲线 $|z| = 1$. 于是, 每一个映射度为 k 的映射 $S^1 \to S^1$ 同伦于典范映射 $z \mapsto z^k$.

例 13.3. 一个 n 次的复多项式 $w = f(z)$ 确定一个复平面到复平面的真映射 $f : \mathbb{R}^2 \to \mathbb{R}^2$, 或者说, (在添加点 ∞ 后) 黎曼球面 $S^2 (\cong \mathbb{C}P^1)$ 之间的一个映射

$$f : S^2 \to S^2.$$

我们来证明 f 作为映射的度 (其绝对值) 与 f 作为多项式的次数是相等的. 在 $f(z) = a_0 z^n$ ($a_0 \neq 0$) 的特殊情形, 显然这个映射的度为 n. 此外, 我们注意到每一个具非零最高项的 n 次多项式都确定一个同伦映射. 这个同伦是明显的:

$$F(z, t) = a_0 z^n + (1 - t)[a_1 z^{n-1} + \cdots + a_n],$$

这里 $f(z) = a_0 z^n + a_1 z^{n-1} + \cdots + a_n, 0 \leqslant t \leqslant 1$. 显然. $F(z, 0) = f(z)$ 而 $F(z, 1) = a_0 z^n, a_0 \neq 0$.

推论 1 (高斯定理) 一个 $n\ (\neq 0)$ 次多项式至少有一个根.

证明 事实上, 如果方程 $f(z) = 0$ 无解, 则完全原像 $f^{-1}(0)$ 是空集且 $\deg f = 0$. 得出矛盾. □

试验证有理映射 $S^2 \to S^2$ 的度 (其绝对值) 等于分子和分母 (多项式) 次数中大的一个.

更一般的例子是复闭流形之间的 (复解析) 映射

$$f : M \to N$$

的同伦.

成立简单的

定理 13.4. 如果度 $\deg f$ 等于 q, 则 $q \geqslant 0$ 且映射 f 的正则值 $y_0 \in N$ 恰有 q 个原像点, 此外, 雅可比行列式在每一个原像点处的符号均为正.

证明 任何复线性映射 A 的行列式总是非负的 (见卷 1 §12.2):

$$\det_{\mathbb{R}} A = |\det_{\mathbb{C}} A|^2 \geqslant 0.$$

将此应用到正则值 y_0 的原像点处的雅可比行列式就可得到所要的结论, 因为由定义

$$\deg f = \sum_{i=1}^{q} \operatorname{sgn} \operatorname{def}_{\mathbb{C}} \left(\frac{\partial y_0^\alpha}{\partial x_i^\beta} \right)_{f(x_i) = y_0} = \sum_{i=1}^{q} (+1) = q.$$

定理得证. □

在上面考察的例 13.3 中, 方程 $f(z) = c$ 在一般情形下恰有 n 个解. 这可由定理 13.4 自明.

另一个同伦映射的例子是一个 n 值代数函数的黎曼面到定义这个 n 值函数的 z 平面上 (或者说到黎曼球面 $S^2 = \mathbb{C}P^1$ 上) 的投影. 这个情形中, 映射度显然等于黎曼面的叶数 n.

例 13.4. 考察 n 维闭流形 M 到 $\mathbb{R}^n$ 中的一个映射 f. 显然这个映射是真映射, 从闭流形 M 到任何流形的任意映射都是真映射. 因此, $\deg f$ 有定义且等于零. 为证明这个结果, 只需注意到由 $f(M)$ 在 $\mathbb{R}^n$ 中的紧性, 存在点 y_0 使得它的完全原像 $f^{-1}(y_0)$ 是空集. 这种点 y_0 可在 $\mathbb{R}^n$ 中离 $f(M)$ 充分远处取得.

由此导出, 如果点 $y \in \mathbb{R}^n$ 是正则值, 则 y 的完全原像必由偶数个点组成.

例 13.5. 考察带边界的定向流形之间的这种映射 $f : (M, \partial M) \to (N, \partial N)$, 它在边界上的限制是一个微分同胚: $\partial M \cong \partial N$; 再假定这个微分同胚保持定向. 在这个情形中, 由定理 13.2 可得 $\deg f = 1$. 特别有, 如果在 $\mathbb{R}^n$ 中一个带有光滑边界 $\Gamma = \partial U$ 的区域 U 上给定一个坐标转换 $y = f(x)$ 且这个转换限制在边界上是一对一的, 则 f 在 U 的内部的度等于 1.

§14. 映射度的若干应用

1. 积分与映射度

我们来研究 n 维定向闭流形上 n 次微分形式的积分在具有限映射度的映射之下的行为. 设 $f : M \to N$ 是光滑映射, 映射度 $\deg f = q, \Omega$ 是 N 上的次数为 $n = \dim M = \dim N$ 的微分形式, 在 N 的第 i 个局部坐标系 (y_i^α) 中 $\Omega = \varphi_i(y) dy_i^1 \wedge \cdots \wedge dy_i^n$. 形式 Ω 在 N 上的积分 $\int_N \Omega$ 已有定义, 同样地, 形式 $f^* \Omega$ 在 M 上的积分 $\int f^* \Omega$ 也是确定的. 在 M 上的具坐标 (x_j^β) 的区域中, 或更精确地说, 在被映射 f 映射到坐标为 (y_i^α) 的区域中的坐标区域中 $f^* \Omega$ 有局部形式

$$f^* \Omega = \varphi_i(f(x)) dx_j^1 \wedge \cdots \wedge dx_j^n \det\left(\frac{\partial y_i^\alpha}{\partial x_j^\beta}\right).$$

定理 14.1.
$$\int_M f^* \Omega = (\deg f) \int_N \Omega.$$

证明 考察区域 $U \subset N$, 它完全由映射 f 的正则值组成且属于正则值 $y_0 \in N$ 的一个充分小邻域. 完全原像 $f^{-1}(y_0)$ 由有限多个点 $x_1, \cdots, x_m$ 组成. y_0 的邻域 U 的完全原像 $f^{-1}(U)$ 是坐标为 (x_j^α) 的不相交集 U_j 的并, $j = 1, \cdots, m; \alpha = 1, \cdots, n$,

$$f^{-1}(U) = U_1 \cup \cdots \cup U_m.$$

U 中的坐标用 $(y_0^\alpha), \alpha = 1, \cdots, n$ 表示. 区域 U_j 中的点都是正则点, 因为区域 U 完全由 f 的正则值组成. 因此, 在每个区域 U_j 中, 映射 f 是一一的,

$$y_0^\alpha = f_{(j)}^\alpha(x^1, \cdots, x_j^n).$$

根据重积分的变量替换公式, 我们有

$$\int_{U_j} \varphi(y(x)) \det\left(\frac{\partial y_0^\alpha}{\partial x_j^\beta}\right) dx_j^1 \wedge \cdots \wedge dx_j^n = \operatorname{sgn} \det\left(\frac{\partial y_0^\alpha}{\partial x_j^\beta}\right) \int_U \varphi(y) dy_0^1 \wedge \cdots \wedge dy_0^n.$$

对这些式子关于所有的 U_j 求和可得

$$\int_{f^{-1}(U)} f^*\Omega = \left(\sum_j \operatorname{sgn} \det\left(\frac{\partial y_0^\alpha}{\partial x_j^\beta}\right)\right) \int_U \Omega = (\deg f) \int_U \Omega.$$

此外, 如果在某个集合 $V \subset M$ 上映射 f 的雅可比行列式都等于零, 则在 V 上形式 $f^*\Omega$ 也等于零. 结果, 临界点在 $\int f^*\Omega$ 中不起作用 (贡献为零). 另一方面, 由萨德定理 (见 §10.2), N 中正则值集是处处稠密的开集, 因而临界值在积分 $\int_N \Omega$ 中也不起作用. 于是, 由于积分的区域可加性, 定理由上面导出的公式得证. □

注 1 定理 14.1 在非紧情形对于真映射也是对的, 如果形式 Ω 是 "有限的" (即在 N 上具有紧支集); 这对于带边界流形也是对的.

注 2 如果存在 $\mathbb{R}^n$ 中一个紧区域上的变量替换 f, 且 f 在该区域的光滑边界上是双方一一的, 则 (见例 13.5) $|\deg f| = 1$, 且形式 Ω 和 $f^*\Omega$ 在相应的区域上的积分的绝对值相等 (虽然这个替换在内部点可能不是双方一一的.)

2. 超曲面上的向量场的度

现在考察在 n 维坐标为 $(x^1, \cdots, x^n)$ 的欧几里得空间 $\mathbb{R}^n$ 中某个区域 U 上的光滑向量场 $(\xi^\alpha(x)) = \xi, \alpha = 1, \cdots, n, \xi$ 在 U 上处处不等于零. 此时在 U 上可以定义一个单位向量场 $n(x) = \dfrac{\xi(x)}{|\xi(x)|}$. 同样可以定义区域 U 到单位球面 S^{n-1} 的 (高斯) 球面映射 f:

$$f(x) = n(x),$$

其中右面的 $n(x)$ 以坐标原点为起点. (精确地说, $f(x)$ 是单位向量 $n(x)$ 的末端点, 位于 $(n-1)$ 维的超曲面即球面上.) 如果 Q 是任意一张整个位于 U 中的闭超曲面, 则 Q 上的映射 f 的映射度 $\deg f|_Q$ 已有定义. 这个度称为向量场 ξ 在超曲面 Q 上的度.

假定超曲面 Q 局部地由参数形式

$$x^\alpha = x^\alpha(u^1, \cdots, u^{n-1}), \alpha = 1, \cdots, n,$$

给出.

在球面 S^{n-1} 或就在整个区域 $\mathbb{R}^n \setminus \{0\}$ 上可以定义一个 $(n-1)$ 次闭微分形式 Ω (S^{n-1} 上的体积形式):

$$\Omega = \frac{1}{\gamma_n} \cdot \frac{\sum_{i=1}^n (-1)^{i+1} x^i dx^1 \wedge \cdots \wedge \widehat{dx^i} \wedge \cdots \wedge dx^n}{((x^1)^2 + \cdots + (x^n)^2)^{1/2}}$$

(这里符号 $\widehat{dx^i}$ 表示这个微分不出现). 规范系数 γ_n 由条件

$$\int_{S^{n-1}} \Omega = 1$$

确定. 例如, 对平面 $\mathbb{R}^2$, 若其欧几里得坐标为 (x,y), 则有 $(n=2)$

$$\Omega = \frac{1}{2\pi}\left(\frac{xdy-ydx}{x^2+y^2}\right)$$

或在极坐标系中 $\Omega = \dfrac{d\varphi}{2\pi}$. 对 $\mathbb{R}^3$, 若其欧几里得坐标为 (x,y,z), 则有 $(n=3)$

$$\Omega = \frac{1}{4\pi}\left(\frac{xdy\wedge dz - ydx\wedge dz + zdy\wedge dx}{(x^2+y^2+z^2)^{3/2}}\right)$$

或在球面坐标系中 $\Omega = \dfrac{1}{4\pi}|\sin\theta|d\theta\wedge d\varphi$.

从定理 14.1 可推得

推论 1 对于欧几里得空间 $\mathbb{R}^n$ 中任意的非零向量场 $\xi(x)$ 和闭超曲面 Q, 向量场 ξ 在 Q 上的度等于 $\int_Q f^*\Omega$, 其中 f 是高斯球面映射:

$$\deg f = \deg_Q \xi = \frac{1}{\gamma_n}\int_Q \frac{1}{|\xi|^n}\det\begin{pmatrix} \xi^1 & \cdots & \xi^n \\ \dfrac{\partial\xi^1}{\partial u^1} & \cdots & \dfrac{\partial\xi^n}{\partial u^1} \\ \vdots & & \vdots \\ \dfrac{\partial\xi^1}{\partial u^{n-1}} & \cdots & \dfrac{\partial\xi^n}{\partial u^{n-1}} \end{pmatrix} du^1\wedge\cdots\wedge du^{n-1}$$

(这里 $u^1,\cdots,u^{n-1}$ 是超曲面上的坐标).

这个推论可从前面指出的 Ω 的表达式及 $f^*\Omega$ 的定义推得. 当 $n=2$ 时, 我们有

$$\deg f = \frac{1}{2\pi}\oint \frac{dt}{|\xi|^2}(\xi^1\frac{d\xi^2}{dt} - \xi^2\frac{d\xi^1}{dt}),$$

这里 t 是闭曲线上的参数, 积分就是沿着这条闭曲线计算的, $\xi^1(t),\xi^2(t)$ 则是这条曲线上的向量场的坐标 (分量). 当 $n=3$ 时, 我们有 $\gamma_3 = 4\pi$,

$$\deg f = \frac{1}{4\pi}\iint_Q \frac{dudv}{|\xi|^2}\det\begin{pmatrix} \xi^1 & \xi^2 & \xi^3 \\ \dfrac{\partial\xi^1}{\partial u} & \dfrac{\partial\xi^2}{\partial u} & \dfrac{\partial\xi^3}{\partial u} \\ \dfrac{\partial\xi^1}{\partial v} & \dfrac{\partial\xi^2}{\partial v} & \dfrac{\partial\xi^3}{\partial v} \end{pmatrix} = \frac{1}{4\pi}\iint_Q \frac{dudv}{|\xi|^3}\left\langle \xi, \left[\frac{\partial\xi}{\partial u}, \frac{\partial\xi}{\partial v}\right]\right\rangle$$

(这里 [,] 表示向量积运算).

考察一个特殊情形, 此时向量场 $\xi(x)$ 是单位向量场 ($|\xi|=1$) 且在 Q 上垂直地指向 Q 的外侧.

在这个情形,我们知道 (见卷 1 §26),形式 $f^*\Omega$ 形如

$$\gamma_n(f^*\Omega) = Kd\sigma = K\sqrt{g}du^1 \wedge \cdots \wedge du^{n-1},$$

这里 K 是超曲面的高斯曲率 (主曲率的乘积),$d\sigma = \sqrt{g}du^1 \wedge \cdots \wedge du^{n-1}$ 是超曲面 Q 上由 Q 到具欧几里得度量的 $\mathbb{R}^n$ 的嵌入所诱导的度量决定的标准体积元. 对 $n = 2$, 则有 $d\sigma = dl$ (l 是自然参数, 即弧长参数), $K = k$ (曲线的曲率). 当 $n = 3$ 时, K 是通常的曲面的高斯曲率, $d\sigma = \sqrt{EG - F^2}du \wedge dv$ 是通常的面积元.

结合推论 1,可得到下面的命题.

定理 14.2. 高斯曲率 K 在一个闭超曲面上的积分除一个倍数 γ_n (n 维欧几里得空间中单位球面的体积) 外恰好等于高斯映射的度.

3. 惠特尼数. 高斯 – 博内公式

我们现在的目标是计算高斯映射的度. 我们研究最重要的 $n = 2, 3$ 的情形 (曲线和曲面).

$n = 2$ 的情形 (曲线). 设给定 $\mathbb{R}^2$ 中一般位置的闭曲线 $\gamma = (x(u), y(u))$. 所谓一般位置是指对一切 $t, x(t + 2\pi) = x(t), y(t + 2\pi) = y(t)$, 向量 $(\dot{x}, \dot{y})$ 不等于零且在 $\mathbb{R}^2$ 中曲线的自交点是二重点, 此外曲线在自交点的两个切向量是线性无关的 (图 34).

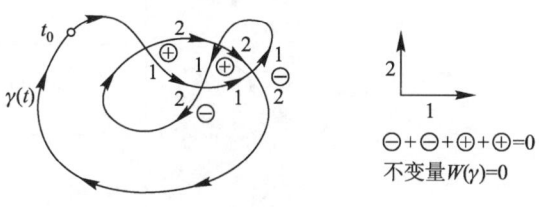

图 34

我们在曲线上取定一个点 t_0, 它不是自交点. 一条一般位置的平面曲线 γ 的所有自交点的符号之和 $\sum(\pm 1)$ 称为该曲线的惠特尼数 $W(\gamma)$ 或自交点的代数数. 自交点的符号是这样来指定的: 设平面的定向由标架 $[1, 2]$ 给定 (见图 34). 我们从点 t_0 出发沿曲线 γ 的方向前进; 当我们第一次遇到自交点时, 我们将曲线的这一分支在该点的切向量标号为 1; 当第二次遇到这同一点时, 将这一分支在该点的切向量标号 2. 于是, 每一自交点对应有一个标架, 它的定向类与平面的定向标架 $[1, 2]$ 的定向类或者相同或者相反 (图 34). 在第一种情形则该点的符号取为 $+1$, 而在第二种情形则该点的符号取为 -1. 关于惠特尼数的奇偶性, 即关于曲线的自交点个数的奇偶性成立下面的命题.

定理 14.3. 一般位置的正则闭曲线的自交点个数的奇偶性与高斯映射 f 的度 $\deg f$ 的奇偶性相反.

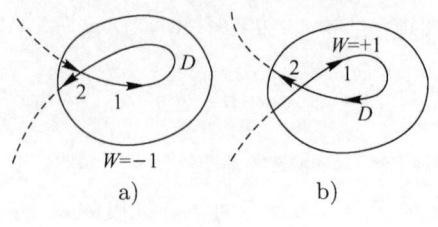

图 35

证明 对于自身不相交的闭曲线, $W(\gamma) = 0$ 且 $\deg f = +1$. 于是, 在这种情形, 定理的结论成立. 我们通过对自交点个数的归纳法证明定理. 首先假定这条一般位置的正则曲线 γ 在自交点附近可以找到一条 "极小的" 闭路, 这条闭路的内部不包含曲线 γ 的点, 闭路本身也不包含起始点 t_0 (图 35). 将 γ 的这条闭路包含于一个区域 D, 在 D 内部不包含曲线其他的点. 我们将在 D 中完成所有的曲线替换. 保持方向的曲线替换以自然的方式完成 (图 36,a),b)): $\gamma \to \gamma_1 + \gamma_2$. 在情形 a) 和 b) 中的两种替换结果中, 自交点的个数减少 1. 当去掉所形成的不自交的闭路后, 积分值 (即度, $\deg f$) 在情形 a) 增加 1 而在情形 b) 则减少 1. 数 $W(\gamma)$ 则完全同样地变化. 在这个特殊情形定理得证.

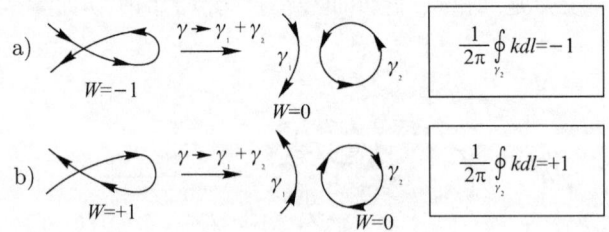

图 36

在一般情形, 在每次取定自交点后, 我们也同样地进行, 使得曲线 γ_2 (图 37) 是不自交的 (但容许它与 γ_1 相交). 我们可以进行曲线替代使得又回到图 36 中的 a) 和 b) 的情形. 曲线 γ_1 和 γ_2 可能相交但是它们的交点数是偶数. 因此, 上述的论证完全不变地成立. 定理得证. □

注 如果点 t_0 不在 γ_2 上, 则两个整数 $W(\gamma)$ 和 $\deg f$ 在曲线替换下改变量是相同的 (作为整数而不只是模 2). 当在外面的 γ 上取定 t_0 后, 可以证明这样的闭路 γ_2 总存在且替换总是可以完成的. 由此可得更精确的定理: 数 $W(\gamma)$ 或者等于 $\deg f + 1$, 或者等于 $\deg f - 1$, 取决于 t_0 的选取 (图 38).

$n = 3$ 的情形 (曲面). 我们现在计算 $\mathbb{R}^3$ 中光滑定向闭曲面 Q 的高斯映射 $f : Q \to S^2$ 的度. 由定义, 映射度等于映射 f 的一个正则值 $y_0 \in S^2$ 的原像中的点数. 不妨假定这个点 y_0 是球面的北极, 即坐标为 $(0, 0, 1)$ 的点 (球面在 $\mathbb{R}^3$ 中给定). 我们将假定南极 $y_0^* = (0, 0, -1)$ 同样是 f 的正则值 (不失一般性, 利用适当的小形变

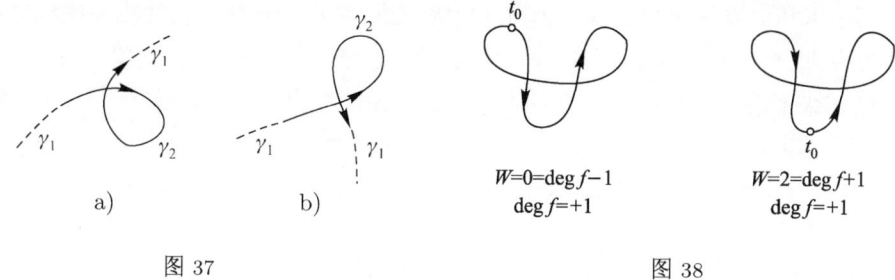

图 37   图 38

总可以做到这一点). 球面上这一对对径点同时为正则值等价于射影平面 $\mathbb{R}P^2$ 中它们的对应点是复合映射

$$Q \xrightarrow{f} S^2 \to \mathbb{R}P^2$$

的正则值.

在上述假定下, 成立

引理 14.1. 设 φ 是曲面 Q 上的高度函数, 它在点 $P \in Q$ 的值等于 P 的 z 坐标, $z = \varphi(P)$. 则这个函数的所有临界点都是非退化的, 且临界点集等于两个原像集的并 $f^{-1}(y_0) \cup f^{-1}(y_0^*)$.

证明 在映射 $\varphi: Q \to \mathbb{R}$ 的每个临界点的某个邻域内, 曲面 Q 可由形如 $z = \varphi(x, y)$ 的方程给出, 在这个邻域中的临界点就是使得 $\mathrm{grad}\, \varphi = 0$ 的那些点. 函数 $\varphi(P) = z$ 的梯度在 Q 上 z 轴正交于 Q 的点处等于零. 但是由高斯映射 f 的定义, 这些点恰被 f 映射为北极或南极. 于是, φ 的临界点集等于 $f^{-1}(y_0) \cup f^{-1}(y_0^*)$.

如同卷 1 (见 §26.2) 中所述, 在特定的坐标系中映射 $Q \xrightarrow{f} S^2$ 在原像点 $f^{-1}(y_0)$ 的雅可比行列式恰好等于函数 $z = \varphi(x, y)$ 的黑塞行列式, 因而等于高斯曲率. 而在原像点 $f^{-1}(y_0^*)$ 关于函数 $z = -\varphi$ 成立同样的结论. 于是, 原像 $f^{-1}(y_0^*) \cup f^{-1}(y_0)$ 的非退化性等价于条件 $K \neq 0$, 也即函数 φ 和 $-\varphi$ 的黑塞行列式不等于零. 引理证毕. □

现在注意成立明显的等式

$$\det\left(\frac{\partial^2 \varphi}{\partial u^i \partial u^j}\right) = (-1)^{n-1} \det\left(\frac{\partial^2 (-\varphi)}{\partial u^i \partial u^j}\right),$$

这里 $(u^1, \cdots, u^{n-1})$ 是曲面 Q 上任意点的邻域中的局部坐标. 这恰好表明 n 是奇数时与 n 为偶数时的差别. 对于我们的情形, $n - 1 = 2$. 由此导出, 映射 f 的雅可比行列式在并 $f^{-1}(y_0) \bigcup f^{-1}(y_0^*)$ 的所有点上的符号与高斯曲率在这些点上的符号是相同的. 因而在确定符号时, 无需区分选用曲面 Q 的外法向还是内法向, 也无需区分使用函数 φ 还是 $-\varphi$. 将所有点的符号加起来就得到

引理 14.2. 成立等式

$$2\deg f = \sum_{P_i} (-1)^{\alpha(P_i)},$$

其中求和运算在函数 $\varphi = z$ 的临界点集上进行, 在局部极小值和极大值点处 (这种点上 $K = +1$), $\alpha(P_i) = 0$, 而在鞍点处 (这种点处 $K = -1$), $\alpha(P_i) = 1$.

现在来证明: 对于具 g 个柄的曲面, 这个等式右边的数恰好等于 $2 - 2g$. 容易作出这种曲面在 $\mathbb{R}^3$ 中的嵌入图示, 此时的高度函数 φ 有 1 个极小值, 1 个极大值和 $2g$ 个鞍点 (图 39, 其中已标出驻点). 对这种具有 g 个柄的曲面的嵌入, 我们可得 (见定理 14.2)

$$2\deg f = \frac{1}{2\pi} \int_Q K d\sigma = 2 - 2g.$$

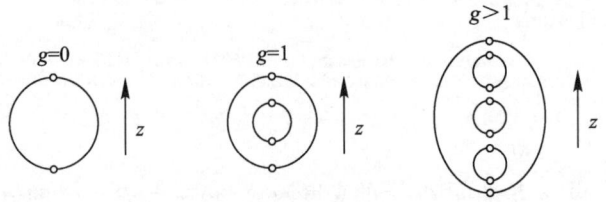

图 39

当然, 曲面还可以有别的在 $\mathbb{R}^3$ 中的嵌入, 但是我们知道 $K = R/2$, 这里 R 是标量曲率 (见卷 1 §30.3). 此外, 我们还知道 $\int_Q R$ 的值在二维流形 Q 上的度量的光滑变分中是不变的, 因为 $\delta \int R d\sigma = 0$ (见卷 1 §37.4). 设 g_{ij}^{0} 和 $g_{ij}^{(1)}$ 是曲面 Q 上的两个黎曼度量. 考察一族度量

$$g_{ij}(t) = t g_{ij}^{(1)} + (1-t) g_{ij}^{(0)}.$$

显然, 度量 $g_{ij}(t)$ 对所有的 $t \in [0,1]$ 是正定的, $g_{ij}(0) = g_{ij}^{(0)}, g_{ij}(1) = g_{ij}^{(0)}$. 由此导出, 积分 $\int_Q R d\sigma$ 的值对于度量 $g_{ij}^{(0)}$ 和 $g_{ij}^{(1)}$ 是相同的. 这就证明了下面的.

定理 14.4 (高斯 – 博内). 对于具 g 个柄的曲面 Q 及其上的任意黎曼度量成立等式

$$\frac{1}{4\pi} \int_Q R d\sigma = 2 - 2g.$$

4. 向量场奇点的指标

现在我们在向量场的 "孤立奇点" 的一个邻域中考察高斯映射. 设 $\xi = \xi(x)$ 是一个在空间 $\mathbb{R}^n$ 中某个点 x_0 的一个邻域中定义的向量场. 按流行的说法, 我们称 x_0 是向量场 ξ 的一个奇点, 如果 $\xi(x_0) = 0$, 奇点 x_0 称为孤立奇点, 如果 ξ 在 x_0 的一个充分小的邻域中除 x_0 外都不等于零. 奇点 x_0 称为非退化奇点, 如果

$$\det \left(\left. \frac{\partial \xi^\alpha}{\partial x^\beta} \right|_{x=x_0} \right) \neq 0.$$

引理 14.3. 非退化奇点总是孤立的.

证明 将 $\xi(x)$ 视为从 $\mathbb{R}^n$ 到 $\mathbb{R}^n$ 中的一个映射. 因为在非退化奇点 x_0 处 $\det\left(\dfrac{\partial \xi^\alpha}{\partial x^\beta}\right) \neq 0$, 由隐函数定理可知在点 x_0 的某个邻域中 ξ 是双方一一的. 由此即可推得本引理. □

矩阵 $\left(\dfrac{\partial \xi^\alpha}{\partial x^\beta}\right)_{x=x_0}$ 的本征值 $\lambda_1, \cdots, \lambda_n$ 称为非退化奇点 x_0 的根.

符号
$$\operatorname{sgn} \det\left(\left.\frac{\partial \xi^\alpha}{\partial x^\beta}\right|_{x=x_0}\right) = \operatorname{sgn}(\lambda_1, \cdots, \lambda_n)$$

称为非退化奇点 x_0 的指标. 对于梯度场 $\xi = \dfrac{\partial f}{\partial x^\alpha}$, 奇点的指标等于黑塞行列式的符号
$$\operatorname{sgn} \det\left(\left.\frac{\partial \xi^\alpha}{\partial x^\beta}\right|_{x=x_0}\right) = \operatorname{sgn} \det\left(\left.\frac{\partial^2 f}{\partial x^\alpha \partial x^\beta}\right|_{x=x_0}\right) = (-1)^{i(x_0)},$$

这里 $i(x_0)$ 等于二次型 $d^2 f|_{x=x_0}$ 化为典范形式时其中负的平方项的个数.

考察一个包含孤立奇点 x_0 的半径小到使向量场 ξ 在其上不等于零的球面 $Q_\varepsilon = S^{n-1}$. 按照本节 2 中所说的, 可以定义高斯球面映射
$$f_{x_0}: Q_\varepsilon \to S^{n-1}.$$

定义 14.1. 高斯映射的度称为向量场 ξ 的孤立奇点 x_0 的指标:
$$\operatorname{ind}_{x_0}(\xi) = \deg f_{x_0}.$$

可以证明, 如果点 x_0 是非退化奇点, 则这个定义与前面的定义是一致的.

定理 14.5. 对向量场 $\xi(x)$ 的非退化奇点 x_0 成立
$$\deg f_{x_0} = \operatorname{sgn} \det\left(\left.\frac{\partial \xi^\alpha}{\partial x^\beta}\right|_{x=x_0}\right).$$

证明 在点 x_0 的充分小邻域内, 向量场 $\xi(x)$ 可以表示成
$$\xi(x) = \xi^{(1)}(x) + \xi^{(2)}(x),$$

这里 $\xi^{(1)\beta}(x) = \left.\dfrac{\partial \xi^\beta}{\partial x^\gamma}\right|_{x=x_0} (x^\gamma - x_0^\gamma)$ 且 $|\xi^{(2)}(x)| = 0(|\xi^{(1)}|)$. 我们给出一个同伦 $\xi(x,t)$ 如下:
$$\xi(x,t) = \xi^{(1)}(x) + (1-t)\xi^{(2)}(x), \quad 0 \leqslant t \leqslant 1.$$

这个同伦具有下列性质: $\xi(x,0) = \xi(x), \xi(x,1) = \xi^{(1)}(x)$, 且在点 x_0 的某个充分小邻域中, 对所有的 $t, 0 \leqslant t \leqslant 1, \xi(x,t)$ 只在点 x_0 处等于零. 于是, 我们证明了在点 x_0 的某个邻域中向量场 ξ 线性同伦于向量场 $\xi^{(1)}(x)$.

取充分小的 ε 使得中心为 x_0 的球面 Q_ε 全部落在这个邻域中,在同伦过程中,映射 f_{x_0}: $Q_\varepsilon \to S^{n-1}$ 经历一个光滑同伦,而向量场的线性部分却保持不变. 因此, 等式的两边, 即 $\deg f_{x_0}$ 和 $\operatorname{sgn} \det \left(\left. \dfrac{\partial \xi^\alpha}{\partial x^\beta} \right|_{x=x_0} \right)$ 仍然不变. 结果我们只要对线性映射 $\xi^{(1)}$ 计算相应的映射

$$f_{x_0}^{(1)}(x) = \frac{\xi^{(1)}(x)}{|\xi^{(1)}(x)|}$$

的度就可以了. 在线性场合, 向量场 $\xi^{(1)}$ 给出了点 x_0 的一个邻域到 $\mathbb{R}^n$ 中原点的一个邻域上的同构, 因而是双方一一的, 且映射 $f_{x_0}^{(1)}$: $Q_\varepsilon \to S^{n-1}$ 同样也是双方一一的, 没有临界点. 球面 S^{n-1} 上的每一个点都是正则值且恰有一个原像点. 变换 $\xi^{(1)}$ 的行列式的符号决定映射 $f_{x_0}^{(1)}$ 保持定向还是改变定向. 定理证毕. □

例 14.1 $(n = 2)$. 平面上的向量场的非退化奇点可能有以下的几种类型:

	指标
中心 (纯虚根; 图 40, a))	$+1$
结点 (实根且符号相同, 图40, b))	$+1$
焦点 (共轭复根, 图 40, c))	$+1$
鞍点 (实根但符号相反, 图 40, d))	-1

奇点的指标与向量场的方向无关.

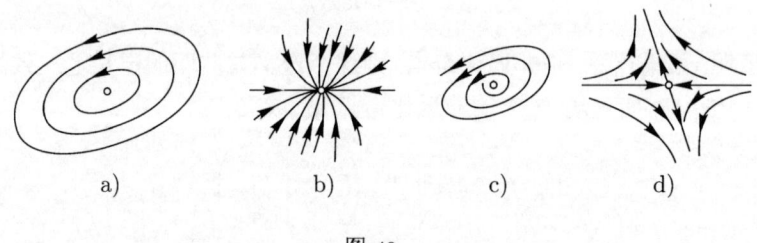

图 40

如果向量场是某个函数 f 的梯度向量, 则可能有如下的奇性:

	指标
f 的极小值点	$+1$
f 的鞍点	-1
f 的极大值点	$+1$

例 14.2 $(n = 3)$. 梯度向量场 $\left(\xi^\alpha = \dfrac{\partial f}{\partial x^\alpha} \right)$:

	指标
f 的极小值点	$+1$
1 型的鞍点 (二次型 d^2f 只有 1 个负平方项)	-1
2 型的鞍点 (二次型 d^2f 有 2 个负平方项)	$+1$
f 的极大值点	-1

一般情形的向量场 (所有的 $\lambda_i \neq 0$; 注意此时或者所有的 3 个根都是实的, 或者 1 个是实的, 另外有 2 个共轭复根):

	指标
源点 ($\operatorname{Re}\lambda_i \geqslant 0, i = 1, 2, 3$)	$+1$
1 型鞍点 ($\operatorname{Re}\lambda_1 \geqslant 0, \operatorname{Re}\lambda_2 \geqslant 0, \lambda_3$ 是实的, $\lambda_3 < 0$)	-1
2 型鞍点 (λ_1 是实的, $\lambda_1 > 0, \operatorname{Re}\lambda_2 \leqslant 0, \operatorname{Re}\lambda_3 \leqslant 0$)	$+1$
汇点 ($\operatorname{Re}\lambda_i \leqslant 0, i = 1, 2, 3$)	-1

定理 14.6. 设 $\xi = \xi(x)$ 是 $\mathbb{R}^n$ 中具孤立奇点 $x_1, \cdots, x_m$ 的向量场. 设 Q 是 $\mathbb{R}^n$ 中一张定向闭超曲面, 不包含 ξ 的奇点且界定 $\mathbb{R}^n$ 的一个区域 D. 于是, 向量场 $\xi(x)$ 在超曲面 Q 上的度, 即高斯映射 $Q \to S^{n-1}$ 的度等于所有的落在区域 D 的奇点 $x_{i_1}, \cdots, x_{i_k}$ 的指标之和.

证明 考察包含奇点 x_j 的半径为 ε 的球面 $Q_{j\varepsilon} > 0$ 充分小. 从区域 D 中挖去这些球面界定的球, 得到的区域记为 $\widetilde{D}$, 它的边界形如

$$\partial\widetilde{D} = Q \cup Q_{i_1\varepsilon} \cup \cdots \cup Q_{i_n\varepsilon}.$$

在 $\widetilde{D}$ 中考察高斯映射 $f: \widetilde{D} \to S^{n-1}$ 和形式 $f^*\Omega$, 这里 Ω 是在本节第 2 段中定义的形式. 因为在球面 S^{n-1} 上由于维数的原因 $d\Omega = 0$, 所以 $df^*\Omega = f^*(d\Omega) = 0$. 由一般的斯托克斯公式 (见 §8) 我们得到

$$0 = \int_{\widetilde{D}} df^*\Omega = \int_{\partial\widetilde{D}} f^*\Omega = -\int_Q f^*\Omega + \sum_{q=1}^k \int_{Q_{i_q\varepsilon}} f^*\Omega,$$

这里负号的出现是由于在外面的超曲面 Q 属于边界 $\partial\widetilde{D}$, 但具有与球面 $Q_{i_q\varepsilon}$ 相反的定向. 现在由推论 1 和奇点指标的定义可导出本定理. □

5. 向量场的横截曲面. 庞加莱 – 本迪克松定理

特别使人感兴趣的一种情形是曲面 Q 本身是一个大半径的球面而 $\xi(x)$ 是这个球面上一个处处不与它相切的向量场. 处于这种关系的曲面 Q 称为向量场 ξ 的*横截曲面*. 在这种情形, 成立下面简单的引理.

引理 14.4. 向量场 ξ 在横截曲面上的度 (除一个符号外) 等于这个曲面的 (高斯) 曲率的 (正规化) 积分. 如果这个曲面是一个球面, 则这个积分的绝对值等于 1.

证明 Q 上的横截向量场 (在与 Q 不相切的向量场类中) 同伦于这个曲面的单位法向量场 $n(x)$ (精确地说, $n(x)$ 或 $-n(x)$). 度是同伦不变的. 对于曲面 Q 的法向量场 $\pm n(x)$, 形式 $f^*\Omega$ 等于 $\pm\dfrac{1}{\gamma_n}Kd\sigma$, 其中 K 是曲率, γ_n 是只依赖于维数的正规化系数 (见本节 2). 对于球面 S^{n-1}, 这个表达式等于 $1 : \dfrac{1}{\gamma_n}\int_Q Kd\sigma = 1$. 引理证毕. □

推论 2 $\mathbb{R}^n$ 中任何与球面 S^{n-1} (例如, $\mathbb{R}^2$ 时圆周 S^1) 横截的向量场在这个球面的内部至少有一个奇点.

由定理 14.6 并注意到任何非奇点的指标等于零就可证明这个推论.

注 在描述向量场 $\xi(x)$ 的积分曲线性状的定性图形时, 该向量场的奇点及横截曲面的有关信息非常重要, 在平面场时尤其如此. 例如, 在平面 $\mathbb{R}^2$ 中考察一个向量场 ξ, 它指向一条横截闭曲线 Q 的内部, 且在 Q 所界定的区域中 ξ 恰有一个奇点 x_0, 它是一个源点 (图 41). 在这些条件下, 向量场 ξ 的从 Q 上点出发的积分曲线 $\gamma = (x(t), y(t))$ 不可能到达 x_0, 因为点 x_0 是源点. 考察这条积分曲线的极限集 $\omega^+(\gamma)$, 它由所有的点列 $\{\gamma(t_1), \gamma(t_2), \cdots\}$ 在 $\mathbb{R}^2$ 中的极限点组成, 这里 $t_i < t_{i+1}$, 当 $i \to \infty$ 时 $t_i \to +\infty$. 集 $\omega^+(\gamma)$ 是紧闭集且不包含 ξ 的奇点. 在这个情形, 成立

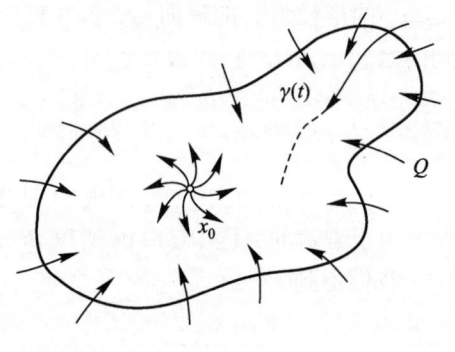

图 41

定理 14.7 (庞加莱 – 本迪克松). 集 $\omega^+(\gamma)$ 是向量场 ξ 的周期积分曲线 ("极限环"), 曲线 γ 从外部在其上卷绕.

定理的证明分三步进行.

引理 14.5. 对集 $\omega^+(\gamma)$ 中每一个点 $A, \omega^+(\gamma)$ 包含了过点 A 的整个积分曲线 $\widetilde{\gamma}$.

证明 如果 $A = \lim\limits_{i\to\infty}\gamma(t_i)$, 则积分曲线 γ 的所有其他点由 $A_t = \lim\gamma(t_i + t), -\infty < t < +\infty$ 给出.

引理 14.6. 如果集 $\omega^+(\tilde{\gamma})$ 紧且不包含 ξ 的奇点, 而积分曲线 $\tilde{\gamma}$ 本身非周期曲线, 则存在 ξ 的闭横截曲线穿过 $\tilde{\gamma}$.

证明 设 $\tilde{\gamma}(t_1)$ 和 $\tilde{\gamma}(t_2)$ 是 $\mathbb{R}^2$ 中邻近的两点, 但它们相应的 t 值较远; $|t_1 - t_2| \gg 1$. 由引理的条件可知总存在这样的 t_1, t_2. 用短的横截线段 l 连接这两个点 $\tilde{\gamma}(t_1)$ 和 $\tilde{\gamma}(t_2)$. 考察闭曲线 $S = l \cup [\tilde{\gamma}(t_1, t_2)]$. 显然 (见定理 10.3) 曲线 S 可用闭横截曲线 $\tilde{S}$ 逼近, 而 $\tilde{S}$ 与 $\tilde{\gamma}$ 相交 (图 42). 引理证毕. □

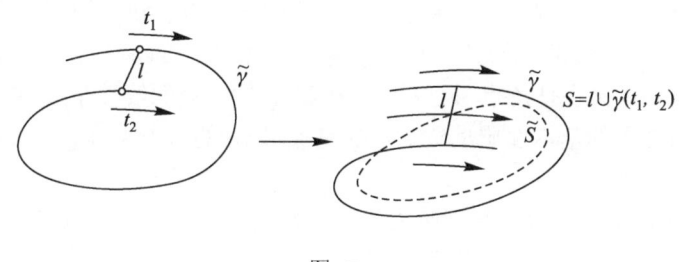

图 42

引理 14.7. 在定理的条件下, 如果 $\tilde{\gamma}$ 是集 $\omega^+(\gamma)$ 中 ξ 的积分曲线, 则不存在与 ξ 横截的闭曲线穿过 $\tilde{\gamma}$.

证明 反之, 设对于 $\tilde{\gamma}$ 存在闭横截曲线 $\tilde{S}$. 因为 $\tilde{\gamma}$ 与 $\tilde{S}$ 相交 (比方说, 相交于点 x) 且 $\tilde{\gamma}$ 完全由 $\omega^+(\gamma)$ 中的极限点组成, 所以向量 $\xi(x)$ 必须指向曲线 $\tilde{S}$ 的内部, 从而向量场 ξ 在 $\tilde{S}$ 的所有点上同样指向内部. 于是, 路径 γ 和 $\tilde{\gamma}$ 一旦进入 $\tilde{S}$ 的内部之后就不可能再离开那里. 但是这表明 $\tilde{\gamma}$ 的在 $\tilde{S}$ 外部的那部分不可能属于集 $\omega^+(\gamma)$. 这与引理 14.5 矛盾. □

定理可由后面的两个引理得证: (由引理 14.6) $\tilde{\gamma}$ 是周期曲线, 而 $\gamma(t)$ 从 $\tilde{\gamma}$ 的外侧趋向它.

例 14.3. 考察二阶方程 $\ddot{x} + a\dot{x} + bx = f(\dot{x}), -f(\dot{x}) = f(-\dot{x}), a > 0, b > 0$.

设函数 $f(y)$ 是单调函数, 形如图 43 中所示. 在相平面 $(x, \dot{x} = y)$ 上, 我们有向量场

$$\xi(x, y) = (\dot{x}, \dot{y}) = (y, -ay - bx - f(y)).$$

半径充分大的 (中心为坐标原点的) 圆周 S^1 与向量场 ξ 横截且 ξ 指向这个圆周的内部. 在平面 (x, y) 的有限部分中, 向量场 ξ 有一个奇点 $(x = 0, y = 0)$. 在该点矩阵 $\left(\dfrac{\partial \xi^\alpha}{\partial x^\beta}\right)$ 形如

$$\begin{pmatrix} 0 & 1 \\ -b & -a + f'(0) \end{pmatrix}$$

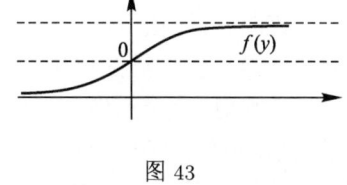

图 43

且有本征值:

$$\lambda_{1,2} = \frac{p}{2} \pm \sqrt{\frac{p^2}{4} - b},$$

其中 $p = f'(0) - a$. 由此导出如果 $\mathrm{Re}\,\lambda_i > 0$, 即 $f'(0) > a$, 则奇点 (0,0) 是源点. 于是, 应用庞加莱 – 本迪克松定理可知这个方程 (即向量场 ξ) 有一个极限环.

§15. 相交指数及其应用

1. 相交指数的定义

考察 n 维流形 N (例如 $\mathbb{R}^n$) 和它的两个维数分别为 p 和 q 的闭子流形 P 和 Q. 回想一下 (见 §10.3), 子流形 P 和 Q 称为横截相交 (或者如我们的另一种说法, 处于一般位置), 如果在任意点 $x \in P \cap Q, P$ 和 Q 的切空间线性张成 N 的切空间.

处于一般位置的基本性质是交 $P \cap Q$ 是流形 N 的一个 $(p+q-n)$ 维光滑子流形.

$p + q = n$ 的情形是我们特别感兴趣的. 此时, 交 $P \cap Q$ 由有限个点 $x_1, \cdots, x_m$ 组成. 如果 N, P, Q 是定向的, 则每个点 x_j 按下列法则附加一个符号. 设 $\tau_{(j)}^P$ 是 P 在点 x_j 的定向切标架, $\tau_{(j)}^Q$ 是 Q 在点 x_j 的定向切标架. 如果标架 $(\tau_{(j)}^P, \tau_{(j)}^Q)$ (由横截性定义, 它们是非退化的) 符合 N 在点 x_j 的定向, 则对点 x_j 附加符号 $+1$, 在相反的情形则附加符号 -1, 这个符号用 $\mathrm{sgn}\, x_j(P \circ Q)$ 表示.

定义 15.1. 整数
$$P \circ Q = \sum_{j=1}^m \mathrm{sgn}\, x_j(P \circ Q)$$

称为流形 P, Q 的相交指数. 在不可定向的情形, $P \circ Q$ 定义为交点数 m 的模 2 余数.

引理 15.1. 成立等式 $P \circ Q = (-1)^{pq} Q \circ P$.

证明 如果 τ^P 和 τ^Q 是标架且 (τ^P, τ^Q) 是非退化的 n 维标架, 则从 (τ^Q, τ^P) 到 (τ^P, τ^Q) 的转换行列式的符号恰是 $(-1)^{pq}$. 于是引理由交点的符号定义推出. □

定理 15.1. 如果子流形 $Q_1, Q_2 \subset N$ 是同伦的, 即它们是 $Q \to N$ 的两个同伦的嵌入像, 则它们与任意的 P 的相交指数相等:
$$Q_1 \circ P = Q_2 \circ P.$$

证明 设同伦 $F : Q \times I \to N$ 使得 $F(Q \times 0)$ 是 Q_1, 而 $F(Q \times 1)$ 是 Q_2. 由定理 10.3 及 Q_1, Q_2 与 P 横截相交, 可以假定 F 在 P 上是一个 t 正则的光滑映射. 完全原像 $F^{-1}(P)$ 是柱 $Q \times I$ 的一个光滑的 1 维子流形, 边界为 $\partial F^{-1}(P) = [Q_1 \cap P] \cup [Q_2 \cap P]$, 此外, $Q_1 \cap P$ 位于柱的下底 $Q \times 0$ 中, 而 $Q_2 \cap P$ 则位于顶盖 $Q \times 1$ 中, 且 $F^{-1}(P)$ 横截地接近柱 $Q \times I$ 的边界. 这张关于 $Q \times I$ 的图 (图 44) 与在 §13 中证明映射度关于同伦不变时使用的图 (见定理 13.1 和图 30) 完全类同. 定理由此得证. □

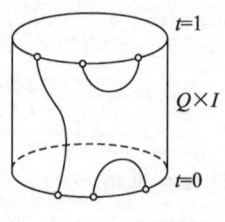

图 44

推论 1 欧几里得空间中任何两个闭子流形 P 和 Q 的相交指数总等于零.

证明 作 Q 沿向量 $a \in \mathbb{R}^n$ 的平移使得 $Q_2 = Q + a$ 与 P 不相交 (这可以做到, 因为 P 和 Q 是紧的). 于是 $Q_2 \circ P = 0$, 从而由定理 15.1, $Q \circ P = 0$. □

推论 2 $\mathbb{R}^n$ 中的任意一个 $(n-1)$ 维连通闭子流形 M 总将 $\mathbb{R}^n$ 分隔成两个不相交部分 (从而是可定向的).

证明 反之, 假定 M 不能将 $\mathbb{R}^n$ 分隔成两个不相交部分. 在 $x \in M$ 的近旁取 $\mathbb{R}^n$ 中两个点 y_1 和 y_2 分居于 $\mathbb{R}^n$ 中 M 的两侧 (局部上这是有意义的). 用 $\mathbb{R}^n$ 中与 M 不相交的路径 γ 连接 y_1 和 y_2. 再借助一条与 M 只交于一点的 M 的法向短线段将路径 γ 封闭成 $\mathbb{R}^n$ 中的一条闭路 C. 相交指数 $C \circ M$ 等于 ± 1 (因为它们恰有一个一般位置的交点). 这与推论 1 矛盾. 推论得证. □

注 1 在上面的推论 2 中, 我们对流形 M 应用了定理 15.1 而并没有假定它们的可定向性. 如果 M 是不可定向流形, 则定理 15.1, 此时对模 2 余数成立 (见定义 15.1).

注 2 如果在推论 2 中用 $M \to \mathbb{R}^n$ 是一个浸入, 即容许自交替代 M 是子流形的条件, 则推论 2 不再成立. 例如存在 $\mathbb{R}P^2$ 到 $\mathbb{R}^3$ 的自交的浸入 (见 [2]).

2. 向量场的全指数

设 ξ 为在 p 维闭光滑流形 P 上给定的向量场, N 为 P 的切丛, 维数为 $n = 2p$. 流形 N 的点形如 (x, η), 这里 x 是 P 中的点, η 是点 x 处的切向量 (见 §7). 向量场 ξ 可如下定义一个嵌入 $f_\xi : P \to N, f_\xi(x) = (x, \xi(x))$. 我们用 $P(\xi)$ 表示这个嵌入的像. 如通常那样, 将对应于零向量场的流形 $P(0)$ 等同于 P.

定义 15.2. 如果流形 $P(\xi)$ 和 $P = P(0)$ 在 N 中处于一般位置, 则向量场 ξ 称为一个一般位置向量场.

由于 t 正则性, 一个一般位置向量场至多只具有孤立的奇点 $\xi(x_j) = 0$. 如果流形 P 在点 x 处由标架 τ^P 定向, 则 N 在所有的点 (x, η) 处也由标架 (τ^P, τ^P) 定向.

引理 15.2. 一般位置向量场的所有奇点都是非退化的. 奇点 x_j 作为交 $P(0) \cap P(\xi)$ 的点在其相交指数 $P(0) \circ P(\xi)$ 中的符号与奇点指标 $\mathrm{sgn} \det \left(\dfrac{\partial \xi^\alpha}{\partial x^\beta} \right)_{x_j}$ 相同.

证明 交 $P(0) \cap P(\xi)$ 的典范点形如 $(x_j, 0)$, 这里 x_j 是向量场 ξ 的奇点. $P = P(0)$ 在该点的切空间由所有的向量 $(\eta, 0)$ 组成, 而 $P(\xi)$ 的切空间由所有的向量 $\left(\eta^\alpha, \dfrac{\partial \xi^\alpha}{\partial x_j^\beta} \eta^\beta \right)$ 组成 (在点 x_j 的近旁的局部坐标系为 $(x_j^\beta), \alpha, \beta = 1, \cdots, n$). 在两种情形中, η 是 $T_{x_j} P$ 中的向量. 设 $J = \left(\dfrac{\partial \xi^\alpha}{\partial x_j^\beta} \Big|_{x=x_j} \right)$. 如果 τ^P 是 P 在点 x_j 的定向

标架, 则标架 $\tau_1^P = \tau^P \times 0$ 和 $\tau_2^P = \tau^P \times J\tau^P$ 分别是 $P(0)$ 和 $P(\xi)$ 在交点 $(x_j, 0)$ 的定向. 由相交指数符号的定义, 应该将它们复合成 N 的标架 (τ_1^P, τ_2^P) 并计算它关于 N 的定向标架的转换矩阵的行列式的符号. N 的定向标架是 $\tau^{2P} = (\tau_1^P, \tau_1^P)$. 而标架 (τ_1^P, τ_2^P) 与 τ^{2P} 的差别在第二组向量, 因而转换矩阵是 $J = \left(\dfrac{\partial \xi^\alpha}{\partial x_j^\beta} \right)$. 于是, 相交指数的符号就是 $\det J$ 的符号. 引理证毕. □

定理 15.2. 在任意的定向闭流形 P 上, 任意一般位置向量场 ξ 的奇点指标之和等于切丛 N 中的相交指数 $P(0) \circ P(\xi)$ 且与向量场 ξ 无关.

证明 由引理 15.2 立即导出相交指数 $P(0) \circ P(\xi)$ 与向量场 ξ 的奇点指标之和相等. 两个向量场 $\xi(x)$ 和 $\eta(x)$ 总是同伦的, 因为任何向量场 $\xi(x)$ 可以通过同伦 $\xi(x, t) = t\xi(x), 0 \leqslant t \leqslant 1$ 与零向量场相连接. 因此, 由 ξ 和 η 决定的嵌入 $P \to P(\xi) \subset N$ 和 $P \to P(\eta) \subset N$ 是同伦的. 由定理 15.1 导出相交指数 $P(0) \circ P(\xi)$ 与 $P(0) \circ P(\eta)$ 相等. 定理得证. □

推论 3 如果 p 是奇数, 则 p 维定向闭流形 P 上的一般位置向量场的奇点指标之和等于零.

证明 设 ξ 是流形 P 上的一个一般位置向量场. 根据引理 15.2, 我们有 $P(0) \circ P(\xi) = (-1)^{p^2} P(\xi) \circ P(0) = -P(\xi) \circ P(0)$. 另一方面, 因为零向量场与 ξ 是同伦的, 由定理 15.1 成立 $P(0) \circ P(\xi) = P(\xi) \circ P(0)$. 于是,

$$P(0) \circ P(\xi) = -P(0) \circ P(\xi) = 0.$$

推论得证. □

推论 4 如果 p 是奇数, 则对于 p 维定向闭流形 P 上的具非退化奇点 x_j 的任意光滑函数 f, 表达式 $\sum_{x_j} (-1)^{i(x_j)}$ 与函数 f 无关且等于零, 这里的 $i(x_j)$ 是奇点 x_j 的指标, 即二次型 $d^2 f|_{x=x_j}$ 中负的平方项的个数.

推论 4 立即可由定理 15.2 (及前面的推论) 导出, 因为数 $(-1)^{i(x_j)}$ 等于向量场 $\xi = \operatorname{grad} f$ 的奇点指标 (见 §14).

数 $\sum_{x_j} (-1)^{i(x_j)}$ 称为流形 P 的欧拉示性数. 我们也可通过所谓的流形 P 的三角剖分来定义欧拉示性数. 我们在这里只考察 $p = 2$ 的情形. 假设定向闭曲面 P 被划分成一些 (曲边的) 三角形, 它们满足下列条件: a) 曲面 P 的每一个点至少属于一个三角形; b) 两个三角形相交时只能相交于一个顶点或整个一条边.

定义 15.3. 数 $\alpha_0 - \alpha_1 + \alpha_2$ 称为曲面 P 的欧拉示性数, 其中 α_0 是顶点数, α_1 是边数而 α_2 是三角形的个数.

这个定义与前面叙述的定义的等价性由下面的定理导出.

定理 15.3 (霍普夫). 由三角剖分定义的曲面 P 的欧拉示性数等于这个曲面上的一般位置向量场的奇点指标之和.

证明 由于定理 15.2, 我们只要构造曲面 P 上一个使定理成立的光滑向量场 $\xi(x)$ 就足够了. 我们如下构造这种向量场. 在每一个三角形的中心 (内点) 布置一个源点型奇点. 在每一个顶点处布置一个汇点型奇点. 在每条边的中心布置一个鞍点型奇点. 容易构造出具有这些奇点的一个向量场 (图 45; 图上标出了所要找的向量场的一些积分曲线, 这个向量场可以在每个三角形中独立地构造). 对于 $p = 2$, 源点型和汇点型奇点指标为 $+1$, 而鞍点型奇点指标为 -1. 构造的这个向量场证明了本定理. □

具 g 个柄的曲面的欧拉示性数等于 $2 - 2g$ (试证之!). 如果 $g = 0$, 则得出球面的欧拉示性数等于 2.

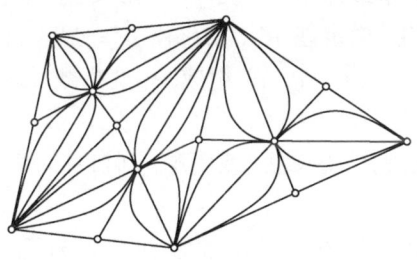

图 45

3. 不动点的代数个数. 布劳威尔定理

设给定了一个从 n 维定向流形 M 到自身的光滑映射 $f : M \to M$. 我们将研究映射 f 的不动点, 即方程 $f(x) = x$ 的解. 设 x_j 是一个不动点, 这个点近旁的局部坐标为 (x_j^α), 而映射 f 可表达为 $x_j^\alpha = f^\alpha(x_j^1, \cdots, x_j^n), \alpha = 1, \cdots, n$.

定义 15.4. 不动点 x_j 称为非退化的, 如果矩阵

$$\left(\delta_{\alpha\beta} - \left(\frac{\partial f^\alpha}{\partial x^\beta}\right)\bigg|_{x=x_j}\right) = (1 - df)|_{x=x_j}$$

是非退化的. 符号 $\operatorname{sgn} \det(1 - df)|_{x=x_j}$ 称为*不动点* x_j *的符号*. 如果 f 的所有不动点都是非退化的, 则和 $\sum_j \operatorname{sgn} \det(1 - df)|_{x=x_j} = L(f)$ 称为 f *的不动点的代数个数* (莱夫谢茨数).

考察直积 $M \times M$ 并选出它的两个子流形:
1) 对角线 Δ, 由形如 (x, x) 的点组成;
2) 映射 f 的图 $\Delta(f)$, 由点 $(x, f(x))$ 组成.

对角线 Δ 与图 $\Delta(f)$ 本身都是直积 $M \times M$ 的光滑子流形且微分同胚于 M.

定理 15.4. *相交指数* $\Delta(f) \circ \Delta$ *等于映射 f 的不动点的代数个数.*

证明 交 $\Delta \cap \Delta(f)$ 的点对应于满足 $f(x_j) = x_j$ 的点 $x_j \in M$. 设 $\tau = (v_1, \cdots, v_n)$ 是流形 M 在点 x_j 的定向标架. 于是 (τ, τ) 是 $M \times M$ 在对角线 Δ 的点 (x_j, x_j) 的定

向标架, 由 $(v_1,v_1),\cdots,(v_n,v_n)$ 组成. $\Delta(f)$ 的定向标架则是 $\tau \times df(\tau)$, 这里 df 是映射 f 在点 x_j 处的微分. 从 $M \times M$ 的定向标架 (τ,τ) (由向量 $(v_1,0),\cdots,(v_n,0),(0,v_1)$, $\cdots,(0,v_n)$ 组成) 到复合标架 $(\tau \times df(\tau), \tau \times \tau)$ 的转换矩阵形如

$$\begin{pmatrix} 1 & 1 \\ df & 1 \end{pmatrix} \sim \begin{pmatrix} 1 & 0 \\ df & 1-df \end{pmatrix},$$

它的行列式等于 $\det(1-df)$. 定理证毕. □

推论 5 如果映射 $f: M \to M$ 同伦于零 (即同伦于 M 到一个点的映射), 则 $L(f) = \pm 1$ 且映射 f 至少有一个不动点.

证明 f 的同伦诱导了嵌入 $M \to \Delta(f) \subset M \times M$ 和 $M \to M \times x_0 \subset M \times M$ ($x_0 \in M$) 之间的一个同伦. 由定理 15.1, $\Delta(f) \circ \Delta = M_0 \circ \Delta$, 这里 $M_0 = M \times x_0$. 但是因为交 $M_0 \cap \Delta$ 恰由一个点 (x_0, x_0) 组成, 相交指数 $\Delta(f) \circ \Delta$ 等于 ± 1. 推论证毕. □

推论 6 (布劳威尔定理) 闭圆盘 (或闭球) 到自身的每一个连续映射 $f: D^n \to D^n$ 必有不动点.

证明 我们将圆盘表示为 $\mathbb{R}^{n+1}$ 中球面 S^n 的下半球面. 考察折叠映射 $\psi: S^n \to D^n$, ψ 保持下半球面上的点不动并将上半球面的点投射到下半球面. 再考察复合映射

$$S^n \xrightarrow{\psi} D^n \xrightarrow{f} D^n \subset S^n.$$

这个复合映射是 $S^n \to S^n$ 的映射且同伦于零 (因为像位于 D^n 中, 而 D^n 可收缩为一点). 由定理 10.1 和定理 12.1, 这个复合映射 $f \circ \psi: S^n \to S^n$ 可用同伦的光滑映射逼近, 由上述推论后者有不动点. 于是 $f \circ \psi$ 也有不动点且这个点位于 D^n 中, 因而也是 f 的不动点. 推论得证. □

例 15.1. 单位圆周 $|z| = 1$ 到自身的映射 $f: z \mapsto z^n$ (或 $\varphi \mapsto n\varphi$) 有度 $\deg f = n$ (见例 13.2) 并恰有 $n-1$ 个不动点 $z^n = z, |z| = 1$. 这些点是 1 的 $(n-1)$ 次根, $z^{n-1} = 1$. 由此, 根据数 $L(f)$ 的同伦不变性, 我们得到对于任何映射度为 n 的映射 $f: S^1 \to S^1, L(f) = -(n-1)$.

例 15.2. 在复坐标中形式为 $z \mapsto z^n$ 的 $S^2 \to S^2$ 的映射恰有 n 个在 $\mathbb{C}^1 = \mathbb{R}^2$ 中的有限不动点和一个无穷远处的不动点. 试验证: 所有的这些不动点是非退化的并具符号 $+1$. 由此推出 $L(f) = n+1$.

习题

15.1. 证明: 对于映射度为 n 的映射 $f: S^m \to S^m$, 数 $L(f)$ 的绝对值当 m 为奇数时等于 $n-1$, 而当 m 为偶数时等于 $n+1$. (特别, 球面的对极映射 $\xi \mapsto -\xi$ 的度为 $(-1)^{m-1}$, 它没有不动点.)

15.2. 计算 m 维环面 T^m 到自身的线性映射 f 的数 $L(f)$, 这里 f 由一个 m 阶的整数矩阵给定. (环面 T^m 定义为 $\mathbb{R}^m$ 关于一个整格的商空间, 见 §5.2.)

4. 环绕系数

现在考察 $\mathbb{R}^3$ 中一对光滑闭正则定向曲线 γ_1 和 γ_2，它们彼此不相交. 设曲线 γ_i 由 $\gamma_i(t) = r_i(t), 0 \leqslant t \leqslant 2\pi$ 给定，这里 r 是 $\mathbb{R}^3$ 中点的径向量.

定义 15.5. 数 ("高斯积分")

$$\{\gamma_1, \gamma_2\} = \frac{1}{4\pi} \oint_{\gamma_1} \oint_{\gamma_2} \frac{\langle [dr_1, dr_2], r_{12} \rangle}{|r_{12}|^3} \tag{1}$$

称为两条曲线 γ_1 和 γ_2 的环绕系数，其中 $r_{12} = r_2 - r_1$.

直观上，环绕系数表示其中一条闭曲线环绕另一条的圈的代数 (即带符号的) 个数. 这可用下面的定理来说明.

定理 15.5. a) 环绕系数是一个整数且在曲线 γ_1 和 γ_2 的不使它们彼此相交的形变下保持不变.

b) 设圆盘的一个映射 $F: D^2 \to \mathbb{R}^3$ 在边界 $S^1 = \partial D^2$ 上重合于 $\gamma_1 : t \mapsto r_1(t), 0 \leqslant t \leqslant 2\pi$，且在 γ_2 上处于一般位置 (即在 γ_2 上是 t 正则的). 则相交指数 $F(D^2) \circ \gamma_2$ 等于环绕系数 $\{\gamma_1, \gamma_2\}$.

证明 闭曲线 $\gamma_i(t) = r_i(t), i = 1, 2$，定义了 $\mathbb{R}^6$ 中的一个 2 维定向闭曲面 $\gamma_1 \times \gamma_2$: $(t_1, t_2) \mapsto (r_1(t_1), r_2(t_2))$. 设曲线 γ_1 和 γ_2 不相交. 于是，可定义曲面 $\gamma_1 \times \gamma_2$ 到球面 S^2 的映射 φ:

$$\varphi(t_1, t_2) = \frac{r_1(t_1) - r_2(t_2)}{|r_1(t_1) - r_2(t_2)|}.$$

这个映射的度恰由积分 (1) 给定 (见 §14.2). 因而，这个积分是一个整数，当闭曲线 γ_1 和 γ_2 作保持它们不相交的形变时，映射 φ 作同伦的改变. 因此，在这种形变中环绕系数 $\{\gamma_1, \gamma_2\} = \deg \varphi$ 是不变的.

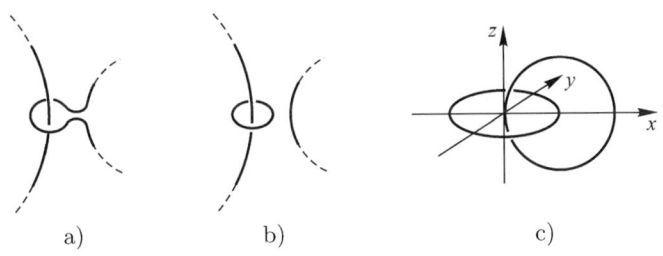

图 46

如果曲线 γ_1, γ_2 不环绕，即它们能被拉开至一个 2 维平面的不同的侧，则 $\deg \varphi = \{\gamma_1, \gamma_2\}$ 等于零 (记住在曲线 γ_1 和 γ_2 的形变过程中，它们必须彼此不相交). 因此，借助于图 46, a),b) 指出的同伦形变，计算环绕系数的问题可以化为在图 46, c) 中所示的最简单情形下进行计算. 如果将其中一个圆周的半径趋向无穷大，这时的计算就特别容易. 于是, 曲线 γ_1, γ_2 可以表示为 $r_1(t_1) = (0,0,t_1), -\infty < t_1 < \infty, r_2(t_2) = (\cos t_2, \sin t_2, 0), 0 \leqslant t \leqslant 2\pi$. 这样的曲线的环绕系数等于

$$\{\gamma_1, \gamma_2\} = \frac{1}{4\pi} \int_{-\infty}^{+\infty} \int_0^{2\pi} \frac{dt_1 \wedge dt_2}{(1+t_1^2)^{3/2}} = \frac{1}{2} \int_{-\infty}^{+\infty} \frac{dt_1}{(1+t_1^2)^{3/2}}$$
$$= \frac{1}{2} \int_{-\infty}^{+\infty} \frac{dz}{\text{ch}^2 z} = \frac{1}{2} \text{th } z \bigg|_{-\infty}^{+\infty} = 1,$$

其中我们作了替换 $t_1 = \text{sh } z$.

因此, 对于最简单的情形 (图 46, c)), 环绕系数 $\{\gamma_1, \gamma_2\}$ 等于 1; 对于不环绕的两条曲线, 环绕系数等于零. 由此容易导出本定理的结论. □

第四章 流形的可定向性．基本群．覆叠空间 (具离散纤维的纤维丛)

§16. 可定向性和闭路的同伦

1. 定向沿路径的移动

在前面 (见 §1) 给出的关于流形的定向最简单的定义是这样构成的：用一组坐标为 (x_j^α) 的邻域 U_j 覆盖 M，其中在所有的交 $U_j \cap U_k$ 上的坐标变换具有正的雅可比行列式：

$$\det\left(\frac{\partial x_j^\alpha}{\partial x_k^\beta}\right) > 0.$$

与这个定义等价的另一个定义 (见 §2) 是这样构成的：在流形的每一点 $x \in M$ 处指定切标架 (非退化的 n 维标架，$n = \dim M$) 的一个定向类，此类中的标架彼此相差一个行列式为正的线性变换，此外，这个定向类必须随同流形 M 的点连续地变化．

这些定义在证明某些流形的可定向性中使用起来很方便，例如对于复流形以及 $\mathbb{R}^n$ 中由非奇异方程组 $f_1 = 0, \cdots, f_{n-k} = 0$ 给定的曲面．我们现在的目的则是证明某些流形的不可定向性．为方便计，我们在流形 M 上引入黎曼度量 g_{ab}．此外，总假定流形 M 是连通的．

我们来定义定向沿路径移动的运算．设给定流形 M 上的一条分段光滑路径 $\gamma = \gamma(t)$ 并在路径 γ 上的每一点给定一个非退化的 n 维切标架 $\tau^n(t)$，它们连续依赖于 t，这里 $0 \leqslant t \leqslant 1$. 在这些假定下，我们引入

定义 16.1. 点 $\gamma_1(1)$ 处的标架 $\tau^n(t)|_{t=1}$ 的定向类称为点 $\gamma(0)$ 处的标架 $\tau^n(0)$ 的定向类沿路径 γ 移动的结果．

定向沿路径 γ 的移动具有下列性质:

a) 从任意一点 x 可以沿着完全落在 x 的一个邻域中的短路径将定向唯一地移动到流形中所有充分接近 x 的点.

这个性质是显然的, 因为点 x 的整个小邻域可包含于一个坐标邻域中 (从而等同于 $\mathbb{R}^n$ 中一个区域).

b) 对任意的分段光滑路径定向的移动总存在且不依赖于沿此路径的非退化标架场 $\tau^n(t)$ 的选取.

存在性是由于具黎曼度量的流形上总可以沿光滑的或分段光滑的曲线作标架的平行移动 (见 §1.2 和卷 1 §29.1). 可以如下证明移动不依赖于标架场的选取: 设 $\tau_1^n(t)$ 和 $\tau_2^n(t)$ 是沿曲线 $\gamma(t)$ 的两个标架场, 在 $t = 0$ 时它们有相同的定向. 在时刻 t 从 τ_1^n 到 τ_2^n 的转换矩阵给出一个函数矩阵 $A(t)$, 对一切 $t, \det A(t) \neq 0$ 且当 $t = 0$ 时 $\operatorname{sgn} \det A = +1$. 于是, 由于标架 $\tau_1^n(t)$ 和 $\tau_2^n(t)$ 的定向类对 t 的连续依赖性, 对一切 $t, \operatorname{sgn} \det A = +1$.

c) 如果两条分段光滑路径 $\gamma_1(t)$ 和 $\gamma_2(t)$ 连接相同的两个点且可以通过固定端点 $x_0 = \gamma_1(0) = \gamma_2(0), x_1 = \gamma_1(1) = \gamma_2(1)$ 的分段光滑同伦彼此转移, 则定向沿这两条路径的移动重合.

为证明这个性质, 我们考察同伦 $F(t, s)$, 其中 $0 \leqslant t \leqslant 1, 0 \leqslant s \leqslant 1, F(t, 0) = \gamma_1(t), F(t, 1) = \gamma_2(t)$, 且对任意的 $t =$ 常数路径 $F(t, s)$ 是分段光滑的. 设 $\tau^n(t)$ 是沿曲线 $\gamma_1(t) = F(t, 0)$ 的一个标架场. 沿参数为 $0 \leqslant s \leqslant 1$ 的曲线 $F(t, s)$ 平行移动标架 $\tau^n(t)$. (用来作平行移动的 $M \times I$ 上的度量对应的标量积形如 $\langle (\xi, \eta), (\xi, \eta) \rangle = g_{ab} \xi^a \xi^b + |\eta|^2$, 其中 ξ 是 M 在点 x 的切向量, 而 η 是 $I = [0, 1]$ 的切向量.) 注意, 在同伦中, 点 $x_0 = F(0, s)$ 和 $x_1 = F(1, s)$ 是不动的. 由于黎曼几何中平行移动时标架的连续性 (见卷 1 §29), 作为标架 $\tau^n(t)$ 沿曲线 $F(t, s)$ (t 为常数) 平行移动的结果, 我们得到沿曲线 $\gamma_2(t) = F(t, 1)$ 的一个连续标架场.

从这个性质推出

定理 16.1. 连通流形 M 是可定向的当且仅当沿任意闭路 (始点与终点为同一点的路径) 的平行移动保持定向.

证明 如果存在始点和终点为点 x_0 的闭路 γ 逆转定向 (即标架 τ 经过沿路径 γ 从 x_0 到 x_0 的移动成为另一个定向中的标架), 则不可能给流形定向. 事实上, 如果在每一点指定一个连续依赖于点的定向, 则任意闭路都将保持标架的定向.

下面证明其逆. 设所有的从 x_0 到 x_0 的闭路都保持定向. 我们在 x_0 给定一个初始定向 (标架类). 则任意点 x_1 处的定向可由 x_0 处的定向沿从 x_0 到 x_1 的分段光滑路径 γ 的移动而得. 如果点 x_0 和 x_1 由两条不动的路径 γ_1 和 γ_2 相连接, 则它们给出定向从 x_0 到 x_1 相同的移动, 否则, 从 x_0 到 x_0 的闭路 $\gamma_2^{-1} \circ \gamma_1 = q(s)$ 将逆转定向. (这里路径 γ_2^{-1} 表示反方向前进的 γ_2, 而复合路径 $\gamma_2^{-1} \circ \gamma_1$ 是一条路径 $q(s)$, 其中 $q(s) = \gamma_1(s), 0 \leqslant s \leqslant 1, q(s) = \gamma_2(2 - s), 1 \leqslant s \leqslant 2$.) 定理得证. □

2. 不可定向流形的例子

例 16.1. 默比乌斯带, 坐标为 $(\varphi, t), 0 \leqslant \varphi \leqslant 2\pi, -1 \leqslant t \leqslant 1$, 并有等同关系: $(0, t) \sim (2\pi, -t)$ (图 47). 显然, 曲线 $\gamma = \{(\varphi, 0) | 0 \leqslant \varphi \leqslant 2\pi\}$ 逆转定向.(试证之!)

例 16.2. 射影平面 $\mathbb{R}P^2$. 在圆盘 D^2 中将边界 $S^1 = \partial D^2$ 的对径点等同起来, 我们就在 D^2 中实现了 $\mathbb{R}P^2$. 对于射影直线 $\mathbb{R}P^1 \subset \mathbb{R}P^2$, 在图 48 中实现为通过坐标原点的直径, 其邻域是一条默比乌斯带 (试证之!). 因此 $\mathbb{R}P^1$ 逆转定向, 从而 $\mathbb{R}P^2$ 是不可定向曲面.

习题 16.1. 证明流形 $\mathbb{R}P^n$ 当 n 为偶数时是不可定向的, 而当 n 是奇数时是可定向的.

习题 16.2. 克莱因瓶. 考察正方形 $\{(t, \tau), 0 \leqslant t \leqslant 1, 0 \leqslant \tau \leqslant 1\}$ 并规定等同关系 $(t, 0) \sim (1-t, 1)$ 和 $(0, \tau) \sim (1, \tau)$ (图 49 上等同的两条边用一个箭头表示). 试证明克莱因瓶是不可定向的.

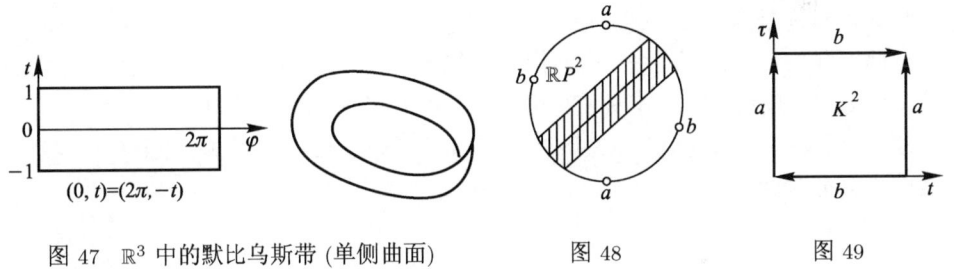

图 47 $\mathbb{R}^3$ 中的默比乌斯带 (单侧曲面)   图 48   图 49

§17. 基本群

1. 基本群的定义

考察任意的道路连通流形 M (或更一般地, 道路连通拓扑空间 M), 并在其中取定某个点 $x_0 \in M$. 连续 (或分段光滑) 路径 $\gamma_1(t), 0 \leqslant t \leqslant 1$, 和 $\gamma_2(t), 1 \leqslant t \leqslant 2$, 可以"相乘", 如果 γ_1 的终点与 γ_2 的起点重合.

定义 17.1. 如下定义的路径 $\gamma_2 \circ \gamma_1 = q(t), 0 \leqslant t \leqslant 2$:

$$q(t) = \gamma_1(t), \quad 0 \leqslant t \leqslant 1,$$
$$q(t) = \gamma_2(t), \quad 1 \leqslant t \leqslant 2,$$

称为路径 γ_2 和 γ_1 的 乘积.

定义 17.2. 路径 $\gamma(t)$ 的 逆路径 $\gamma^{-1}(t)$ 是指反向前进的路径 $\gamma(t)$ 本身: $\gamma^{-1}(t) = \gamma(1-t)$, 如果 $0 \leqslant t \leqslant 1$.

定义 17.3. 路径 $\gamma_1(t)$ 和 $\gamma_2(t)$ 称为等价的路径, 如果它们只相差参数的一个单调置换 $t = t(\tau) : \gamma_1(t(\tau)) = \gamma_2(\tau), \dfrac{dt}{d\tau} > 0$.

今后, 我们将等价的路径组成的类称为一条定向路径并选取最方便的参数表示 (例如, 取方便的运动参数).

考察所有的以同一个点 $x_0 \in M$ 为始点及终点的定向闭路的集合. 这个路径集用 $\Omega(x_0, M)$ 表示. 所有的从点 x_0 到 x_1 的定向路径的集合用 $\Omega(x_0, x_1, M)$ 表示. $\Omega(x_0, M)$ 中的路径可以相乘. 这个集中存在单位元 e —— 对一切 t, $e(t) \equiv x_0$ 的常路径.

注意, 如果用同伦路径替换两条路径, 则这两条路径的乘积的同伦类是不变的. 因此, 可以定义定向路径同伦类的乘积.

定理 17.1. $\Omega(x_0, M)$ 中的定向路径同伦类关于乘法运算构成群, 其中逆元是逆路径的同伦类, 而单位元则是单点路径的同伦类.

这个群用 $\pi_1(M, x_0)$ 表示, 称为点 x_0 处的**基本群**. (我们总假定在路径的同伦中始点和终点永远是点 x_0.)

证明 我们证明路径 $\gamma^{-1} \circ \gamma$ 同伦于单位元 e (图 50). 路径 $\gamma^{-1} \circ \gamma$ 到单位元的同伦 (形变) 只要在路径 γ 本身的 "实体" 上就可实现. 在区间 $[0,1]$ 上作这个形变就足够了. 考察区间 $0 \leqslant \tau \leqslant 2$ 到区间 $[0,1]$ 的映射 q, 它将区间 $[0,2]$ 在点 $\tau = 1$ 处两边的部分叠合起来:

$$q(\tau) = \tau, \quad \tau \leqslant 1,$$
$$q(\tau) = 2 - \tau, \quad \tau \geqslant 1.$$

映射 $q(\tau)$ 可通过区间 $[0,2]$ 上的一个显然的同伦变成常映射 $\widetilde{q}(\tau) = 0$, 并且在同伦过程中端点 $\tau = 0$ 和 $\tau = 2$ 始终被映射为点 0 (点 $\tau = 1$ 不是端点). 如果给定映射 $\gamma(t), 0 \leqslant t \leqslant 1$, 则路径 $\gamma^{-1} \circ \gamma$ 按定义应为 $\gamma(q(\tau))$. 在将 $q(\tau)$ 同伦到 $\widetilde{q}(\tau)$ 时, 我们就得到路径 $\gamma^{-1} \circ \gamma$ 到单位元的同伦.

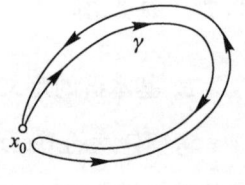

图 50

再证明乘法的结合律. 设给定三条路径 $\gamma_1, \gamma_2, \gamma_3$. 我们定义它们的乘积 $\gamma_1 \circ \gamma_2 \circ \gamma_3$ 为路径 $q(\tau), 0 \leqslant \tau \leqslant 3$, 其中当 $\tau \leqslant 1$ 时 $q = \gamma_1$, 当 $1 \leqslant \tau \leqslant 2$ 时 $q = \gamma_2$, 当 $\tau \geqslant 2$ 时 $q = \gamma_3$. 这个乘积除一个 (单调的) 参数替换外与 $(\gamma_1 \circ \gamma_2) \circ \gamma_3$ 和 $\gamma_1 \circ (\gamma_2 \circ \gamma_3)$ 重合. 于是, 同伦类的乘积满足结合律. 定理得证. □

现在考察连续映射 $f : M \to N$, 这里 $f(x_0) = y_0$. M 中的每一条路径 $\gamma(t)$ 映射为 N 中的路径 $f(\gamma(t))$, 且乘积映射为乘积, 同伦的路径仍映射为同伦的路径. 如果给定映射 $f = f_0$ 的一个同伦 $F(x,t) = f_t$ 使得 $F(x_0, t) = f(x_0)$, 则同伦的闭路 (始点和终点都是点 x_0) 同样被映射为同伦的闭路 (始点和终点都是点 y_0). 这样就证明了下面的定理.

定理 17.2. 设空间 (流形) 的连续映射 $f: M \to N$ 使得 $f(x_0) = y_0$. 则在 f 之下基本群经受一个同态

$$f_*: \pi_1(M, x_0) \to \pi_1(N, y_0),$$

这个同态关于映射 f 的使得 x_0 的像为 y_0 的同伦是不变的. 特别有, 如果 $M = N$ 且映射 f 同伦于常映射 $M \to x_0$, 则同态 f_* 是平凡同态 (任何元均映射为单位元 1). 如果映射 f 同伦于恒等映射 1_M, 则同态 f_* 是同构.

2. 与基点的关系

现在来阐明基本群 $\pi_1(M, x_0)$ 与点 x_0 的关系. 我们来定义群 $\pi_1(M, x_0)$ 沿着从 x_0 到 x_1 的路径 γ "转移" 到群 $\pi_1(M, x_1)$ 的运算.

定理 17.3. 每一条从 x_0 到 x_1 的路径 γ 决定一个同构 $\gamma^*: \pi_1(M, x_1) \to \pi_1(M, x_0)$. 这个同构仅依赖于路径 γ 的同伦类 (在同伦过程中端点始终为点 x_0 和 x_1, 即同伦只涉及 $\Omega(x_0, x_1, M)$ 中的路径). 如果始点与终点重合: $x_0 = x_1$, 则路径 γ 本身代表 $\pi_1(M, x_0)$ 的一个元; 同构 γ^* 在此情形是内自同构:

$$\gamma^*(\alpha) = \gamma^{-1} \alpha \gamma.$$

证明 如果 γ_1 是一条闭路径, 代表 $\pi_1(M, x_1)$ 的一个元, 则路径 $\gamma^*(\gamma_1)$ 定义为 $\gamma^{-1} \circ \gamma_1 \circ \gamma$ (图 51), 代表 $\pi_1(M, x_0)$ 的一个元. 乘积 $\gamma_1 \circ \gamma_2$ 此时对应于 $\gamma^*(\gamma_1 \circ \gamma_2) = \gamma^{-1} \circ \gamma_1 \circ \gamma \circ \gamma^{-1} \circ \gamma_2 \circ \gamma$, 后者同伦于 $\gamma^*(\gamma_1) \circ \gamma^*(\gamma_2)$. 于是, 映射 γ^* 是一个同态

$$\gamma^*: \pi_1(M, x_1) \to \pi_1(M, x_0).$$

考察从 x_1 到 x_0 的逆路径 γ^{-1}, 我们可得同态

$$(\gamma^{-1})^*: \pi_1(M, x_0) \to \pi_1(M, x_1).$$

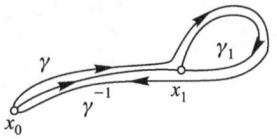

图 51

两个复合同态 $\gamma^* \circ (\gamma^{-1})^*$ 和 $(\gamma^{-1})^* \circ \gamma^*$ 给出群 $\pi_1(M, x_0)$ 和 $\pi_1(M, x_1)$ 的恒等同构. 因此, γ^* 和 $(\gamma^{-1})^*$ 是互逆的同构. 如果 $x_0 = x_1$, 则由同态 γ^* 的定义显然有 $\gamma^*(\alpha) = \gamma^{-1} \circ \alpha \circ \gamma$, α 为 $\pi_1(M, x_0)$ 中任意元. 定理得证. □

3. 圆周的映射的自由同伦类

现在考察关于圆周 S^1 到道路连通流形 M (或拓扑空间) 的映射的 "自由" 同伦类的分类问题. 此时在圆周 S^1 上并未取定初始点.

定理 17.4. $S^1 \to M$ 的映射同伦类的集合 $[S^1, M]$ 与群 $\pi_1(M, x_0)$ (x_0 是任意取定的点) 的元的共轭类之间存在双方一一的对应.

证明 在圆周 S^1 $(0 \leqslant \varphi \leqslant 2\pi)$ 上取定初始点 $\varphi_0 = 0$. 我们先证明每一个映射 $\gamma: S^1 \to M$ 都同伦于一个使点 φ_0 映射为 M 中定点 x_0 的映射 $S^1 \to M$. 设 $\gamma(\varphi_0) = x_1$, 用路径 γ_1 连接 x_0 和 x_1. 考察从 x_0 到 x_0 的路径 $q(\tau), 0 \leqslant \tau \leqslant 3, q = \gamma_1^{-1}\gamma\gamma_1$:

$$q = \gamma_1, \quad 0 \leqslant \tau \leqslant 1,$$
$$q = \gamma, \quad 1 \leqslant \tau \leqslant 2,$$
$$q = \gamma_1^{-1}, \quad 2 \leqslant \tau \leqslant 3.$$

作为圆周的映射, 路径 q 同伦于路径 γ 且将点 φ_0 映射为 x_0.

于是, 每一个 $S^1 \to M$ 的映射同伦类对应于 $\pi_1(M, x_0)$ 中的一个元, 但是可能不是唯一的. 考察 $\pi_1(M, x_0)$ 中两个元 α_1 和 α_2, 它们作为圆周 $S^1 \to M$ 的映射是同伦的, 这里在同伦 $F(\varphi, t), 0 \leqslant \varphi \leqslant 2\pi, 0 \leqslant t \leqslant 1$, 的过程中, 初始点 $\varphi_0 = 0$ 沿着一条从 x_0 到 x_0 的闭路 p 移动:

$$F(\varphi, 0) = \alpha_1, F(\varphi, 1) = \alpha_2, F(\varphi_0, t) = p(1-t).$$

直观上, 显然路径 α_1 与 $p^{-1}\alpha_2 p$ 在群 $\pi_1(M, x_0)$ 中代表了同一个元 (图 52). 反之, 路径 α_1 和 $\alpha_2 = p\alpha_1 p^{-1}$ (作为 $S^1 \to M$ 的映射) 一定是自由同伦的 (图 53). 在图 53 中显示了去掉两个点 a 和 b 的平面区域. 路径 p 和 α_1 分别围着点 a 和 b. 路径 $\alpha_2 = p\alpha_1 p^{-1}$ 用虚线表示. 直观上, 当顺着路径 p 开始运动时 (可用一个会收缩的橡皮圈来做), 显然这条路径可以越过点 a 形变为路径 α_1. 定理得证. □

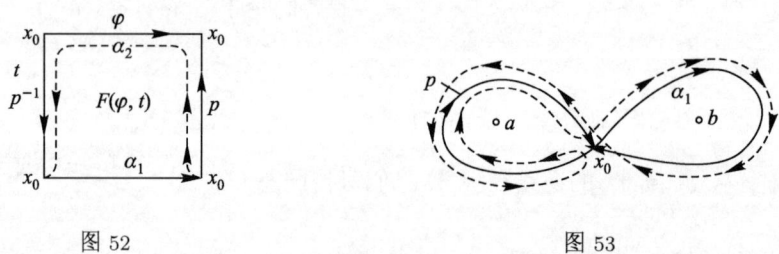

图 52 　　　　　　　　　　图 53

4. 同伦等价

在许多场合, 一个 n 维的开流形 (例如欧几里得空间 $\mathbb{R}^n$ 中的一个区域) 可以在 M 中收缩成一个低维的子集 (一般说来, 不一定是子流形), 而这个子集的基本群 π_1 或别的不变量的计算十分简单. 为精确地叙述这种情形, 我们将引入重要的同伦等价概念. 设给定两个流形 (拓扑空间) M 和 N 及两个连续映射 (在流形的情形, 光滑或分段光滑映射)

$$f: M \to N,$$
$$g: N \to M.$$

复合映射 $f \circ g : N \to N$ 和 $g \circ f : M \to M$ 分别将流形 N 和 M 映射到自身. 设 $1_M : M \to M$ 和 $1_N : N \to N$ 分别表示 M 和 N 上的恒等映射.

定义 17.4. 流形 (空间) M 和 N 称为彼此同伦等价的, 如果存在映射 f 和 g 使得复合映射 $f \circ g$ 和 $g \circ f$ 分别同伦于恒等映射 1_N 和 1_M. 如果 M 和 N 同伦等价, 则记成 $M \sim N$.

同伦等价的空间 M 和 N 的基本性质是: 对于任意的流形 (空间) K, 映射同伦类集 $[K, M]$ 和 $[K, N]$ 存在自然的双方一一对应.

在证明这个事实之前我们先作下面的评注. 同伦等价性的概念可以稍微加以修改, 引入定点. 即, 我们将假定在 M 和 N 中已分别取好定点 x_0 和 y_0, 并要求映射 f, g 及连接 $f \circ g$ 和 $g \circ f$ 与 1_N 和 1_M 的同伦都将定点映射为对应的定点. 可以证明对充分好的空间, 比如说流形, 新的同伦等价性概念与前面的定义并无区别.

上面所述的同伦等价空间的基本性质也修改为: 如果具定点的空间 M 和 N 是同伦等价的, 则对任意具定点 k_0 的空间 K, 保持定点映射到定点的 $K \to M$ 和 $K \to N$ 的映射同伦类集之间存在自然的双方一一对应.

证明 映射 f 和 g 以自然的方式决定了同伦类集的映射

$$f_* : [K, M] \to [K, N] \text{ 和 } g_* : [K, N] \to [K, M].$$

显然, $(f \circ g)_* = (g \circ f)_* = 1, (f \circ g)_* = f_* \circ g_*, (g \circ f)_* = g_* \circ f_*$. 由此导出 f_* 和 g_* 是互逆的且 $[K, M] \approx [K, N]$.

对已取定定点的情形, 证明可同样给出. □

从同伦等价空间 M 和 N 的基本性质特别可得 M 和 N 的基本群彼此同构 (将 K 取为圆周 S^1 即可).

5. 一些例子

例 17.1. 欧几里得空间 $\mathbb{R}^n$ (以及 $\mathbb{R}^n$ 中的任意可缩区域) 同伦等价于一个点 $x_0 \in \mathbb{R}^n : \mathbb{R}^n \sim x_0$.

证明 嵌入 $f : x_0 \to \mathbb{R}^n$ 和常映射 $g : \mathbb{R}^n \to x_0$ 满足 $g \circ f = 1_{x_0}$, 且映射 $f \circ g : \mathbb{R}^n \to \mathbb{R}^n$ 将整个 $\mathbb{R}^n$ 映射 x_0 并同伦于恒等映射 $1_{\mathbb{R}^n}$. 事实上, 同伦 $F(x, t)$ 可按下述公式给出: $F(x, 0) = x_0, F(x, 1) = x$ 而 $F(x, t) = tx + (1-t)x_0, 0 \leqslant t \leqslant 1$. 这就对整个 $\mathbb{R}^n$ 的情形证明了命题. 对于任意的在自身上可缩为点 $x_0 \in A$ 的集 $A \subset \mathbb{R}^n$ 可类似地证明 (试证之!).

单位球 D^n 及与它同胚的区域就是这种区域的例子. 任何树 A (即图或没有闭路的一维复形) 也是可缩的 (图 54). 所有这些对象都同伦等价于一个点且有平凡的基本群

$$\pi_1(\mathbb{R}^n, x_0) = 1, \pi_1(D^n, x_0) = 1, \pi_1(A, x_0) = 1. \qquad \square$$

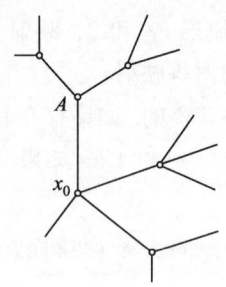
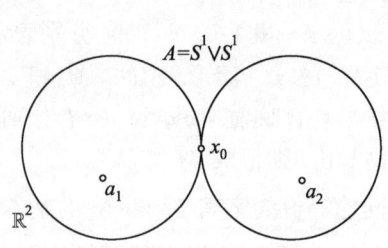

图 54　树 $A \sim x_0$　　　　　图 55　两个圆周所成的圆束

例 17.2. 考察 $\mathbb{R}^2$ 挖去若干个点 $a_1, \cdots, a_n$ 所成的区域. 区域 $\mathbb{R}^2 \backslash (a_1 \cup \cdots \cup a_n)$ 同伦等价于粘合在一个点上的 k 个圆周所成的 "圆束" (见图 55, 此时 $\mathbb{R}^2 \backslash (a_1 \cup a_2)$ 到圆束 A 的形变过程直观上是显然的). 特别有, 对一个点 $a \in \mathbb{R}^2$, 区域 $\mathbb{R}^2 \backslash a$ 同伦等价于圆周 S^1 (给出同伦公式!).

对应的基本群之间的同构稍后再述.

例 17.3. $\mathbb{R}^3$ 移去一点 a 所得的区域同伦等价于球面 S^2. $\mathbb{R}^3$ 移去 k 个点 $a_1, \cdots, a_k$ 所得的区域同伦等价于 k 个球面 S^2 所成的球束 (试证之!). 区域 $\mathbb{R}^3 \backslash \mathbb{R}^1$ 同伦等价于圆周 S^1 (试证之!).

例 17.4. 考察球面 $S^3 \cong \mathbb{R}^3 \cup \infty$ 和 S^3 移去某个 (不自交的) 圆周 S^1 所得的区域 $U: S^3 \backslash S^1$. 试证明如果圆周 S^1 是不打结的 (即, 例如在平面 $\mathbb{R}^2 \subset \mathbb{R}^3 \subset S^3$ 中由方程 $x^2 + y^2 = 1$ 给定的), 则区域 $U = S^3 \backslash S^1$ 同伦等价于圆周 S^1; 区域 $V = U \backslash (\text{点}) \cong \mathbb{R}^3 \backslash S^1$ 同伦等价于圆周 S^1 和二维球面 S^2 组成的束 (图 56).

利用所得的结果我们得到下列的基本群 $\pi_1(M, x_0)$:

a) $\pi_1(\mathbb{R}^n) = \pi_1(D^n) = \pi_1(A) = 1$ (这里 A 是任意在自身中可缩为一点的集合);

b) $\pi_1(S^1) \simeq \mathbb{Z}$, 这里 $\mathbb{Z}$ 是整数加群, 即一个生成元的循环群. 这可由 §13.4 中给出的 $S^1 \to S^1$ 的映射同伦分类得出;

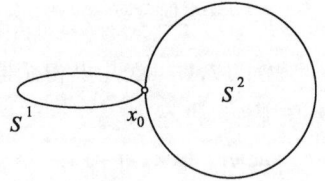

c) $\pi_1(\mathbb{R}^2 \backslash a_1) \simeq \pi_1(S^1) \simeq \mathbb{Z} \simeq \pi_1(\mathbb{R}^3 \backslash \mathbb{R}^1)$;

d) $\pi_1(\mathbb{R}^2 \backslash (a_1 \cup \cdots \cup a_n)) \simeq \pi_1(S_1^1 \vee \cdots \vee S_n^1)$ (圆束, 当 $n = 2$ 是 8 字形);

图 56　束 $S^1 \vee S^2$

e) $\pi_1(S^3 \backslash S^1) \simeq \pi_1(S^1) \simeq \mathbb{Z}$ (见例 17.4).

习题 17.1. $\pi_1(\mathbb{R}^3 \backslash S^1) = \mathbb{Z}$ (如果圆周 $S^1 \subset \mathbb{R}^3$ 不打结).

f) 容易证明下面的结论:

$$\pi_1(S^n, x_0) = 1, \text{ 当 } n > 1.$$

事实上, 当 $n > 1$ 时考察分段光滑映射 $f: S^1 \to S^n$. 因为 $n > 1$, 正则值

$y_0 \in S^n$ 的原像必是空集. 由萨德定理 (见 §10.2), 映射 f 必有正则值, 从而像 $f(S^1)$ 落在 $S^n \setminus \{y_0\} \cong \mathbb{R}^n$ 中, 并可收缩到一点, y_0 是某个正则值. 结论得证. □

注 类似的论证表明, 对任何维数 $< n$ 的流形 K, 同伦类集 $[K, S^n]$ 是平凡的 (只由一个元组成).

我们在后面将计算一系列具体的流形 (和空间) 的基本群: 圆束或等价的平面 $\mathbb{R}^2$ 中的区域, 闭曲面, 区域 $\mathbb{R}^3 \setminus S^1$, 这里 S^1 可以是打结的.

6. 基本群和可定向性

从 §16 的结果导出, 流形 M 上始点和终点均为 x_0 的每一个闭路同伦类 (即 $\pi_1(M, x_0)$ 的每一个元) 或者保持或者逆转沿闭路运动的定向标架, 即有符号 $+1$ 或 -1. 于是就产生一个到两个元组成的群 $\mathbb{Z}_2$ 的同态

$$\sigma : \pi_1(M, x_0) \to \{\pm 1\} \simeq \mathbb{Z}_2,$$

$\sigma(\gamma) = \operatorname{sgn} \gamma = \pm 1$. 对可定向流形, 同态 σ 是平凡的, 对不可定向流形, 则 σ 是不平凡的, 因为存在逆转定向的闭路. 我们可得

推论 1 *不可定向流形的基本群必为非平凡群且存在到两个元的群的非零同态.*

对于默比乌斯带, $\pi_1(M) \simeq \mathbb{Z}$, 因为默比乌斯带可收缩为中心圆周 S^1 (见图 47). 对于射影平面 $\mathbb{R}P^2$ 则有 $\pi_1(\mathbb{R}P^2) \neq 1$. 后面 (在 §19.2 中) 将证明 $\pi_1(\mathbb{R}P^2) \simeq \mathbb{Z}_2$.

§18. 覆叠映射和覆叠同伦

1. 覆叠映射的定义和基本性质

覆叠映射的概念产生于对多值函数的图像的研究, 这种多值函数值的个数是不变的且它的分支无法分离.

考察同维数流形之间一个正则映射 $f : M \to N$, 它具有下面的性质:

a) 映射 f 的雅可比行列式在流形 M 的一切点 x 上都不等于零:

$$\det \left(\frac{\partial y^\alpha}{\partial x^\beta} \right) \neq 0,$$

这里 x^β 是点 $x \in M$ 近旁的坐标, y^α 是点 $y = f(x) \in N$ 近旁的坐标.

b) 每一点 $y \in N$ 具有一个邻域 $U_j \subset N$, 它的完全原像 $f^{-1}(U_j)$ 可表示为不相交区域的并: $f^{-1}(U_j) = V_{1j} \cup V_{2j} \cup \cdots$, 其中在每个区域 V_{kj} 上映射 $f : V_{kj} \to U_j$ 是 V_{kj} 与 U_j 之间的一个微分同胚. 我们将假定流形 N 总是可被有限多个或可数多个这种邻域 U_j 覆盖且每个点 $y \in N$ (或者甚至 N 中每一个紧集) 只属于有限多个这种邻域 U_j. 对流形 M 的由区域 V_{kj} 组成的覆盖也要加上类似的假定.

定义 18.1. 满足性质 a) 和 b) 的映射 $f : M \to N$ 称为一个**覆叠映射** (简称覆叠). 事实上, 对于覆叠的定义, 性质 b) 就足够了. 流形 N 称为覆叠的底流形,

M 称为覆叠空间. 任意点 $y \in N$ 的完全原像 $F = f^{-1}(y)$ 称为覆叠的纤维 F. 在完全原像 $f^{-1}(U_j)$ 中区域 V_{kj} 的个数 (或者纤维中点的个数) 称为叶数. 如果这个数是有限数, 等于 m, 则覆叠称为 m 叶的覆叠.

设流形 N 是连通的; 覆叠称为不可约的, 如果流形 M 也是连通的. 覆叠称为平凡的, 如果流形 M 是直积 $M \cong N \times F$, 这里纤维是离散的 (有限或可数多个孤立点组成的集).

成立

引理 18.1. 覆叠的叶数与点 $y \in N$ 的选取无关, 如果 N 是连通的.

证明 用分段光滑不自交的路径 $\gamma(t), 0 \leqslant t \leqslant 1$, 连接两点 y_0 和 y_1. 将区间 $[0,1]$ 分割成 K 个长度为 $\dfrac{1}{K}$ 的小区间 δ_k, 其中在区间 δ_k 中, $\dfrac{k}{K} \leqslant t \leqslant \dfrac{k+1}{K}, k = 0, \cdots, k-1$. 选取 K 足够大使得每一段路径 $\gamma(\delta_k)$ 完全落在一个覆叠的定义中所述的区域 U_j 中. 由覆叠的定义, 完全原像 $f^{-1}(\gamma(\delta_k))$ 是线段的集合,

$$f^{-1}(\gamma(\delta_k)) = \delta_{jk,1} \cup \delta_{jk,2} \cup \cdots ,$$

其中线段 $\delta_{jk,q}$ 完全落在区域 $V_{jk,q}$ 中且在映射 f 之下同胚地投射为路径段 $\gamma(\delta_k)$. 于是, 在 δ_k 的范围内, 路径 γ 的每一个点的完全原像随时间 t 连续地变化, 且完全原像中点不会彼此合并. 因此路径 $\gamma(\delta_k)$ 中所有点的原像中点的个数是相同的. 当到达区间 δ_k 的端点时, 再一次对区间 δ_{k+1} 在区域 $U_{j(k+1)}$ 中重复这一论证, 并连续 (K 次) 重复到区间 $[0,1]$ 的端点. 这样我们就证明了 y_0 与 y_1 有同样多个原像点. 引理得证. □

由引理 18.1 的证明也可推得

引理 18.2. 分段光滑不自交的 (具不同的端点 y_0 和 y_1 的) 路径 γ 的完全原像微分同胚于 γ 与纤维 F 的直积, 即个数与纤维中的点数同样多的 γ 的不相交并: $f^{-1}(\gamma) \cong \gamma \times F$. 这些 γ 中的每一个在映射 f 之下微分同胚地投射为底流形 N 中的路径 γ.

证明 如果将 $(t=0)\gamma(0) = y_0$ 处纤维中的点按指标 $1, 2, \cdots,$ 来编号, 则我们在集 $F = f^{-1}(\gamma)$ 中引入坐标 $(t, n), 0 \leqslant t \leqslant 1, n = 1, 2, \cdots,$ 使得当 $t = 0$ 时纤维 $F = f^{-1}(y_0) = f^{-1}(\gamma(0))$ 中的点根据编号具有坐标 $(0, n)$. 当沿 γ 移动时, 我们可如同引理 18.1 的证明中那样根据连续性将编号转换到纤维 $F = f^{-1}(\gamma(t))$ 中的点, 且如果 $f^{-1}(\gamma(t))$ 的点编号为 n, 则给予它坐标 (t, n). 引理得证. □

定义 18.2. 如果 $f(\mu(t)) = \gamma(t)$, 则称 M 中的路径 $\mu(t)$ 覆叠 N 中的路径 $\gamma(t)$.

由引理 18.2 推得

推论 1 对于 N 中任意一条分段光滑路径 $\gamma(t)$, 总存在 M 中的覆叠路径 $\mu(t)$, 且 $\mu(t)$ 由它的一个点 $\mu(t_0) \in M$ 唯一决定, 这里 $f(\mu(t_0)) = \gamma(t_0)$.

只需将 $\gamma(t)$ 分割成不自交的一些线段并对每一线段应用引理 18.2 就可以证明本推论.

设 K 是任意流形 (或拓扑空间), $q: K \to N$ 是它到覆叠射影 $f: M \to N$ 的底空间 N 上的 (分段光滑) 映射, $F: K \times I \to N$ 是这个映射 q 的 (分段光滑) 同伦, 即 $F(x,0) = q(x), x \in K$. 则成立

定理 18.1 (覆叠同伦定理). 如果映射 q 被映射 $\widetilde{q}: K \to M$ 覆叠, 即如果 $f \circ \widetilde{q} = q$, 则到底空间 N 中的映射 q 的同伦 $F: K \times I \to N$ 唯一地被一个同伦 $\widetilde{F}: K \times I \to M$ 覆叠, 即 $f \circ \widetilde{F} = F$ 且 $\widetilde{F}(x,0) = \widetilde{q}(x), x \in K$.

证明 在到底空间 N 中的映射 q 的同伦 F 下每一个点 $q(x)$ 沿路径 $\gamma_x(t) = F(x,t)$ 移动. 当 $t=0$ 时这个点 $\gamma_x(0) = q(x)$ 被点 $\widetilde{q}(x)$ 覆叠. 现在, 由引理 18.2 和推论 1 并注意到覆叠道路连续地 (甚至光滑地) 依赖于起点就可推出定理. 定理得证.
$\square$

2. 最简单的例子. 万有覆叠

例 18.1. 设 $M = \mathbb{R}^1$ (直线), $N = S^1$. 覆叠由 $f(t) = e^{2\pi i t}$ 定义, 其中 t 是直线 $\mathbb{R}^1$ 上的坐标. 在这里叶数为 ∞.

例 18.2. 设 $M = S^1, N = S^1$, 覆叠则由公式 $f(z) = z^n$ 定义, 其中 $|z|=1$. 这个覆叠有 $|n|$ 叶. 公式 $z \mapsto z^n$ 也定义了区域 $M = \mathbb{R}^2 \setminus \{0\} \cong \mathbb{C}^*$ 到自身的覆叠.

例 18.3. 设 $M = S^n, N = \mathbb{R}P^n$. 覆叠 $f: S^n \to \mathbb{R}P^n$ 由等同球面上的对径点 x 和 $-x$ 定义. 此时的叶数为 2.

这种覆叠的特殊情形是在卷 1 (见 §13.2) 中研究过的群同态

$$SU(2) \cong S^3 \to \mathbb{R}P^3 \cong SO(3).$$

另一个 2 叶覆叠的例子是群同态

$$S^3 \wedge S^3 \cong SU(2) \times SU(2) \to SO(4),$$

其核为 $(1,1)$ 和 $(-1,-1)$ (见卷 1 §14.3).

例 18.4. 设 $M = \mathbb{R}^n$. 考察加群 $\mathbb{R}^n$ 的由坐标为整数的向量组成的子群. 这个子群用 $\mathbb{Z}^n$ 表示. 商群 $\mathbb{R}^n/\mathbb{Z}^n$ 是环面 T^n (当 $n=1$ 时是圆周). 则映射 $f: \mathbb{R}^n \to T^n$ 是覆叠 (试证之!).

例 18.5. 考察平面 $\mathbb{R}^2$ 和平面 (x,y) 的运动群中由变换

$$T_1(x,y) = (x, y+1), \quad T_2(x,y) = \left(x + \frac{1}{2}, -y\right)$$

生成的子群 G. 将彼此可以通过群 G 中的变换得到的所有点等同起来, 我们就得到克莱因瓶 K^2, 因为群 G 将矩形 $\frac{1}{2} \times 1$ 的对边按图 57 中箭头所示的方式 "粘合" 在一起. 射影 $f: \mathbb{R}^2 \to K^2$ 是无穷多叶的覆叠. 试证明群 G 的生成元满足关系式 $T_2^{-1} T_1 T_2 T_1 = 1$. G 中有一个由变换 $T_1, T_2^2 \in G$ 生成的指数为 2 的子群 $G' \simeq \mathbb{Z}^2$. 子群 G' 可决定例 18.4 中的环面 T^2, 因为 $T_2^2(x,y) = (x+1, y)$. 商群 $\mathbb{R}^2/G'$ 就是环面 T^2, 它是克莱因瓶的一个 2 叶覆叠, 因为在平面 $\mathbb{R}^2$ 的每一个群 G 的轨道上恰有群 $G' \simeq \mathbb{Z}^2$ 的 2 个轨道.

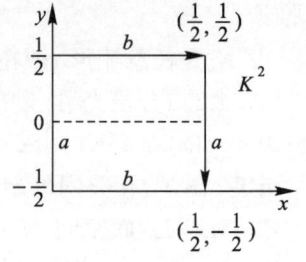

图 57

例 18.6. 我们用图示的方式指出 8 字形 (两个圆的束) 和圆周与球面所成的球束 $S^1 \vee S^2$ 的覆叠 (图 58, a 和 b, 在两种情形中, 覆叠即向下投影到这两个图形). 由图明显可见 $N = S^1 \vee S^2$ 上的覆叠空间 (在拓扑上) 为一组球面 S^2, 且它们与实直线 $\mathbb{R}^1$ 在整数点处相连 ($\mathbb{R}^1$ 在图上画成一条螺线).

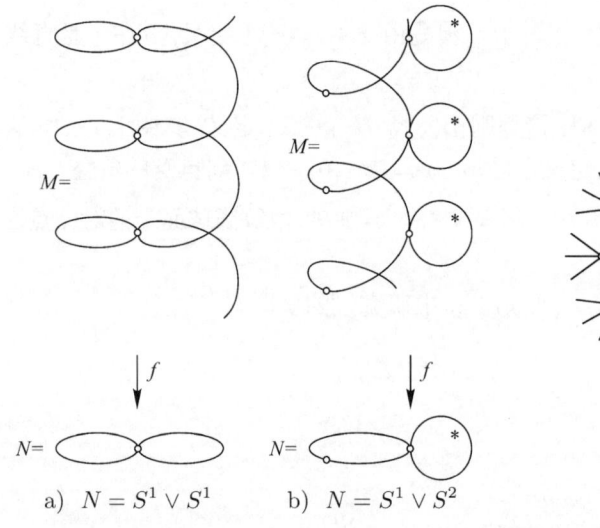

图 58

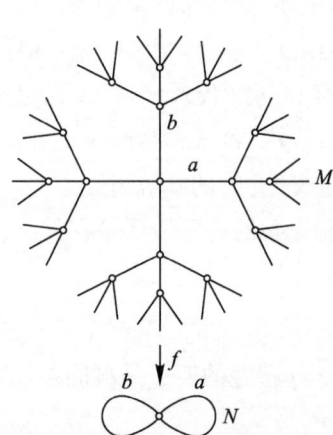

图 59 M 是由十字形组成的没有闭路的树 (因而是可缩的). 每一个十字形的顶点恰有 4 条边通过.

例 18.7. 我们用图示的方式再指出 8 字形 $S^1 \vee S^1$ 的万有覆叠 (图 59). 此时 M 是由十字形组成的没有闭路的无限树 (因此是可缩的). 每个 (十字形) 顶点恰有 4 条边通过. 树的中心 (图的顶点) 是点 $x_0 \in S^1 \vee S^1$ 的原像: 每条边或者映射为圆周 a 或者映射为圆周 b. 通过每个十字形顶点的 4 条边中有 2 条映射为 a, 另外 2 条映射为 b.

为计算基本群起见, 我们引入重要的.

定义 18.3. 覆叠 $f: M \to N$ 称为**万有覆叠**, 如果 $\pi_1(M) = 1$ (即空间 M 是单连通空间).

在前面的例子中是万有覆叠的有:

a) $\mathbb{R}^1 \to S^1$ (例 18.1);
b) $S^n \to \mathbb{R}P^n$, 当 $n \geqslant 2$ (例 18.3);
c) $SU(2) \times SU(2) \to SO(4)$;
d) $\mathbb{R}^n \to T^n$ (例 18.4);
e) $\mathbb{R}^2 \to K^2$ (例 18.5);
f) $M \to S^1 \vee S^2$ (例 18.6, 图 58, b));
g) 树 $M \to S^1 \vee S^1$ (例 18.7)

前面的其余例子不是万有覆叠, 因为覆叠空间不是单连通的.

3. 分支覆叠.黎曼面

我们继续考察一些覆叠的例子. 但是首先证明两个定理, 这些定理指出了如何从闭流形的一般映射得到覆叠的方法.

(1) 首先假设 M 和 N 是同为 n 维的光滑闭流形, 映射 f 是正则的 (即映射 f 的雅可比行列式在所有的点都不等于零). 在这些条件下, 成立

定理 18.2. 映射 $f: M \to N$ 是有限叶的覆叠.

证明 根据反函数定理, 流形 M 的每一点 x 有一个邻域 V_x 使得映射 f 限制在 V_x 上是一个微分同胚. 由流形 M 的紧性, 由此可推出任意点 $y \in N$ 的原像 $f^{-1}(y)$ 由有限个点组成. 因此在流形 N 的点 y 处可取到邻域 U_y 使得对任意点 $x_i \in f^{-1}(U_y)$, 映射 f 限制在它的邻域 V_{x_i} 中是到 U_y 的一个微分同胚. 于是, 任意点 $y \in N$ 的某个邻域 U_y 的完全原像分解成一些不相交邻域的并, $f^{-1}(U_y) \subset V_{x_1} \cup \cdots \cup V_{x_m}$ 且映射 f 在每个邻域 V_{x_i} 上是微分同胚. 定理得证. □

(2) 设 M 和 N 是维数同为 n 的光滑闭流形, 但是, 光滑映射 $f: M \to N$ 不再是处处正则的: 在某个集 $A \subset M$ 上这个映射的雅可比行列式为零. 一般来说, 集 A 的维数等于 $n-1$. 然而, 也有集 A 的维数小于 $n-1$ 的情形. 这种类型的重要场合是 n 为偶数的情形, 此时两个流形 M 和 N 是复流形, 而映射 $f: M \to N$ 是复解析的 (全纯) 映射. 此时映射 f 的雅可比行列式等于零的条件由局部复坐标的一个复 (解析的) 方程给出. 因此, 奇点集 A 的维数不超过 $n-2$ 且集 A 不会将 M 分离成两片.

在这些条件下成立

定理 18.3. 设两个 n 维的连通光滑闭流形之间的映射 $f: M \to N$ 的雅可比行列式的零点集 A 的维数不超过 $n-2$ (因此, 集 $f(A)$ 不会分离流形 N). 令 $N' = N \backslash f(A), M' = M \backslash f^{-1}(f(A))$. 则映射 $f: M' \to N'$ 是一个有限叶覆叠, 且 M' 是连通的.

注 原有的映射 $f: M \to N$ 本身称为沿 $f(A)$ 的分支覆叠, 而集 $f(A)$ 称为分支点集.

证明 考察充分小的 $\varepsilon > 0$ 并在 N 中移去集 $f(A)$ 的一个开 ε 邻域 U_ε, 在 M 中移去它的原像 $f^{-1}(U_\varepsilon)$. 剩下的带边界流形 $M_\varepsilon = M \setminus f^{-1}(U_\varepsilon)$ 被映射到 $N_\varepsilon = N \setminus U_\varepsilon$, 这两个流形 M_ε 和 N_ε 是连通的紧流形. 对映射 $f: M_\varepsilon \to N_\varepsilon$ 逐字逐句地重复定理 18.2 的证明, 并令 $\varepsilon \to 0$ 就得到定理 18.3. □

对奇点集 A 的维数的假定在证明中只用于推出 N' 和 M' 的连通性.

由 (z,w) 复平面 $\mathbb{C}^2$ 上的非奇异复解析的 (代数) 方程:

$$\Phi(z,w) = w^n + a_1(z)w^{n-1} + \cdots + a_n(z) = 0,$$

其中 $a_1, \cdots, a_n$ 是 z 的多项式, 给出的非奇异黎曼面是重要的一类例子. 这个方程给出了 n 值函数 $w(z)$ 的黎曼面 Γ (见 §4.2).

射影 $f: \Gamma \to \mathbb{C}$ 可延拓成为闭黎曼面 $\widehat{\Gamma}$ (包含 $\mathbb{C}P^2$ 中的无穷远点) 到球面 $\mathbb{C}P^1 \cong S^2$ 的射影. 令 $M = \widehat{\Gamma}$ 和 $N = S^2$. 集 $f(A)$ 是黎曼面 $\widehat{\Gamma}$ 的分支点集. 这个集是平面 $\mathbb{C}$ 中的一组点且可能含有点 ∞. 我们用 N' 表示移去分支点 z_α 后的平面 $\mathbb{R}^2 \cong \mathbb{C} \cong S^2 \setminus \{\infty\}$. 完全原像 $f^{-1}(z_\alpha)$ 由黎曼面 Γ 上满足 $\left.\dfrac{\partial \Phi}{\partial w}\right|_{z=z_\alpha, w=w_{\alpha j}} = 0$ 的点 $(z_\alpha, w_{\alpha j}) = P_{\alpha j}$ 组成. 从 $\widehat{\Gamma}$ 中移去所有的 α 对应的完全原像 $f^{-1}(z_\alpha)$ 及 $f^{-1}(\infty)$, 剩下部分的流形记为 M'. 由定理 18.3, 我们有一个 n 叶的覆叠 $f: M' \to N'$.

注 我们知道, 为决定黎曼面 Γ 上分支点的完全原像需要解方程组

$$\Phi(z,w) = 0, \quad \frac{\partial \Phi(z,w)}{\partial w} = 0.$$

例 18.8. $\Phi(z,w) = w^2 - P_n(z) = 0$ (超椭圆曲面). 如果 $P_n(z_\alpha) = 0$ 的根非重根, 则 Γ 是非奇异超椭圆黎曼面 (见卷 1§12.3). 这里 $N' = \mathbb{C} \setminus (\bigcup_\alpha z_\alpha), M' = \Gamma \setminus (\bigcup_\alpha f^{-1}(z_\alpha))$, 而 $f: M' \to N'$ 是 2 叶覆叠.

例 18.9. $\Phi(z,w) = w^k - P_n(z) = 0$. 这里一切都是类似的, 我们得到区域 $N' = \mathbb{C} \setminus (\bigcup_\alpha z_\alpha)$ 上的一个 k 叶覆叠 $f: M' \to N'$.

例 18.10. 考察一般的关于 z, w 的 n 次多项式,

$$\Phi(z,w) = w^n + \sum_{i>1} a_i(z) w^{n-i},$$

其中, 对每个 i 关于 z 的多项式 $a_i(z)$ 的次数不超过 i. 在一般情形中, 多项式 Φ 恰有 $n(n-1)$ 个分支点 z_α, 它们可由在 $\mathbb{C}^2$ 中解方程组 $\Phi = 0, \dfrac{\partial \Phi}{\partial w} = 0$ 而得. (如果假定这个方程组非退化, 则分支点的个数等于 $n(n-1)$.) 如果置 $N' = \mathbb{C}^2 \setminus (\bigcup_\alpha z_\alpha), M' = \Gamma \setminus (\bigcup_\alpha f^{-1}(z_\alpha))$, 则我们得到一个 n 叶覆叠 $f: M' \to N'$.

例 18.11. 函数 $\Phi(z,w)$ 是复解析的 (但非代数的), 曲面 $\Phi = 0$ 在 $\mathbb{C}^2$ 中是非奇异的. 一般来说, 在 z 平面中的分支点 z_α 组成一个可数集. 我们要求这些分支点在 $\mathbb{C}$ 中彼此相距足够远. 则区域 $N' = \mathbb{C}\setminus(\bigcup_\alpha z_\alpha)$ 上的覆叠, 一般来说, 将是无限叶的. 方程 $z - e^w = 0$ 给出最简单的例子. 在这个情形, $w = \ln z, z_\alpha = 0$; 在区域 $\mathbb{C}\setminus\{0\} = N'$ 上有 (对数分支) 覆叠

$$f : M' \to N' = \mathbb{C}\setminus\{0\}.$$

试证明 M' 微分同胚于平面 $\mathbb{C}$.

4. 覆叠与离散变换群

下面的重要的一类覆叠与所谓的流形的离散变换群有关.

设 M 是光滑流形 (或拓扑空间), G 是一个群, 微分同胚地作用在 M 上 (对一般空间则是同胚地作用).

定义 18.4. 群 G 称为是离散变换群, 如果对流形 (或空间) M 的任意点 y, 群轨道 $G(y)$ 本身是一个在 M 中离散地分布的点集, 这意味着任意一点 $y \in M$ 具有一个小邻域 U, 使得对群 G 所有的元 g, 像 $g(U)$ 或者重合或者不相交. 并且我们还进一步要求这个离散变换群自由地作用在 M 上: 这意味着对任意点 $y \in M$, 方程 $g(y) = y$ 只有唯一解 $g = 1$; 此时, 上面所指出的 y 的邻域 U 和点 $g(y)$ 的邻域 $g(U)$ 当 $g \neq 1$ 时不相交.

对于流形, 我们常常 (并不总是这样) 考察的是由某个黎曼度量 (g_{ab}) 的运动群组成的离散变换群.

定义 18.5. 我们称覆叠 $f : M \to N$ 由一个自由作用的 $M \to M$ 的离散变换群 G 所决定, 如果对任意的点 $y \in N$, 纤维 $F = f^{-1}(y)$ 是群 G 的轨道. 在这个情形, 称 N 为 M 关于群 G 的商流形, 记为 $N = M/G$. 这种覆叠称为具离散群 G 的正则纤维丛或主纤维丛. 在后面第 6 章中我们将研究具非离散群 G 的主(纤维) 丛.

前面考察的例 18.1—18.9 是一些由不同的离散变换群决定的覆叠. 反之, 一般来说, 例 18.10 中的覆叠 (一般的代数黎曼面) 和例 18.11 中的覆叠 (除最简单的对数分支覆叠外) 不是由自由作用的离散群所决定的.

§19. 覆叠与基本群.某些流形的基本群的计算

1. 单值

我们将引入重要的概念 —— 覆叠的单值群 ("离散和乐群") 和 "单值表示" σ. 考察覆叠 $f : M \to N$ 的底 N 中一点 y_0 并任意地将纤维 $F = f^{-1}(y_0)$ 的点用指标记为 $\{x_1, x_2, \cdots\}$. 考察 N 上一条始终点均为 y_0 的闭路 γ, 它也代表一个元 $\gamma \in \pi_1(N, y_0)$.

利用 §18.1 中的推论 1, 从纤维中某点 $x_j \in F$ 出发, 我们覆叠点 y_0 沿参数为 t 的闭路 γ 的运动 (可以假定 γ 和 μ 是用同一个参数 t 参数化使得 $f(\mu(t)) = \gamma(t)$). 如果沿闭路 γ 运动并又回到点 $y_0 = \gamma(1)$, 则作为覆叠路径 $\mu(t)$ 的端点我们得到同一根纤维中的某个点 $x_{\sigma(j)} = \mu(1)$. 于是, 我们得到一个对应 $\gamma \mapsto \sigma(\gamma)$, 其中 $\sigma(\gamma)$ 是纤维 F 中点的某个置换:

$$\sigma(\gamma) : x_j \mapsto x_{\sigma(j)}.$$

由定理 18.1 可得置换 $\sigma(\gamma)$ 仅依赖于同伦类 $\gamma \in \pi_1(N, y_0)$. 显然有 $\sigma(\gamma^{-1}) = \sigma(\gamma)^{-1}, \sigma(\gamma_1 \gamma_2) = \sigma(\gamma_1) \circ \sigma(\gamma_2)$. 于是, σ 是基本群 $\pi_1(N, y_0)$ 到纤维 F 中点的置换群的同态 (即表示) (我们假定 F 中点可用整数作指标列出). 表示 σ 称为覆叠的 "单值表示" 或 "离散完整表示", 而它的像 $\sigma(\pi_1(N, y_0))$ 称 "单值群".

我们将指出最简单的例子 18.1—18.4 中覆叠的单值群 (表示).

(例 18.1.) $f : \mathbb{R}^1 \to S^1, t \mapsto e^{2\pi i t}$. 群 $\pi_1(S^1)$ 同构于 $\mathbb{Z}$, 这个群的自然的生成元记为 a. 圆周 S^1 的点 $\varphi_0 = 0$ 的原像由直线上的整数点组成 ($n = 0, \pm 1, \pm 2, \cdots$). 于是纤维 $F = f^{-1}(0)$ 的点自然地可用整数指标列出. 单值变换 $\sigma(a)$ 表示为移动

$$\sigma(a) : n \to n + 1.$$

(例 18.2.) $f : S^1 \to S^1, z \mapsto z^n, |z| = 1$. 点 1 的原像由点 $z_k = \exp\left(\dfrac{2\pi i k}{n}\right), k = 0, 1, \cdots, n-1$ 组成. 单值变换 $\sigma(a)$ 是循环置换.

$$\sigma(a) = \begin{pmatrix} 0 & 1 & \cdots & n-1 \\ 1 & 2 & \cdots & 0 \end{pmatrix}.$$

(例 18.3.) $f : S^n \to \mathbb{R}P^n$. 点 $y_0 \in \mathbb{R}P^n$ 有两个原像 x_1 和 x_2. 变换 $\sigma(a)$ 交换它们: $x_1 \mapsto x_2, x_2 \mapsto x_1$. 这里 $a \in \pi_1(\mathbb{R}P^n)$ 是 $\mathbb{R}P^n$ 中的闭路类, 由球面上连接两个对径点的路径投影而得. 于是, σ 将 $\pi_1(\mathbb{R}P^n)$ 映射到2阶循环群 $\mathbb{Z}_2$ 上. 事实上, 我们很快会看到 $\pi_1(\mathbb{R}P^n) \simeq \mathbb{Z}_2$.

类似地, $\pi_1(SO(4)) \simeq \mathbb{Z}_2$, 生成元为 a, 而 $\sigma(a)$ 是覆叠空间 $SU(2) \times SU(2)$ 中两个点的置换. 这个基本群的准确计算将在后面完成.

(例 18.4.) 群 $\pi_1(T^n)$ 同构于 $\mathbb{Z}^n$, 生成元为 $a_1, \cdots, a_n$. 生成元 a_j 由映射 $f : \mathbb{R}^n \to T^n$ 作用在连接点 O 与点 $(0, \cdots, 1, \cdots, 0)$ 的直线段 $\widetilde{\gamma}_j$ 上而得, 这里坐标 x^j 等于 1 而其余的坐标等于零. 路径 $a_j = f(\widetilde{\gamma}_j)$ 表示为单值变换

$$\sigma(a_j) : (m_1, \cdots, m_j, \cdots, m_n) \mapsto (m_1, \cdots, m_j + 1, \cdots, m_n).$$

我们将相当简单的例子 18.5 和 18.6 中的单值群留给读者去做, 下面来描述例 18.7 和 18.10 中的单值群.

(例 18.7.) 8 字形 $N = S^1 \vee S^1$ 上的万有覆叠具有自由的单值群. 设 $a_1 = a \in \pi_1(S^1 \vee S^1), a_2 = b \in \pi_1(S^1 \vee S^1)$ 为 $\pi_1(S^1 \vee S^1)$ 的生成元. 则这意味着所有的形如

$$a_{i_1}^{n_1} a_{i_2}^{n_2} \cdots a_{i_k}^{n_k}$$

的字当 $k \geqslant 1$, 整数 $n_q \neq 0$ 且 $i_q \neq i_{q+1}$ 时总是单值群中的非平凡元: 变换 $\sigma(a_1)$ 将所有的顶点和边移向右边的顶点和边, 而 $\sigma(a_2)$ 则将它们向上移动. 借助于表示这个覆叠的图 59 容易验证这个自由群中不同的字将最初的顶点 x_0 转换成这个树中不同的顶点.

(例 18.10.) 关于 z, w 的次数和为 n 的一般类型的多项式 $\Phi(z, w)$ 恰有 $n(n-1)$ 个非退化的分支点 $z_{(jk)}, j, k = 1, \cdots, n$, 其中 $k \neq j$. 从 $\mathbb{C}$ 中移去所有的点 $z_{(jk)}$ 并选取一个基点 $y_0 \in N$, 这里 $N' = \mathbb{C} \backslash (\bigcup_{j,k} z_{(jk)})$. 选取闭路 $a_{(jk)}$, 它环绕分支点 $z_{(jk)}$ 恰好一次 (图 60). 可以发现, 闭路 $a_{(ik)}$ 的作用是恰好交换纤维 $F = f^{-1}(y_0) = x_1 \cup \cdots \cup x_n$ 中两个点的位置. 在适当的编号后, $\sigma(a_{(jk)})$ 和 $\sigma(a_{(kj)})$

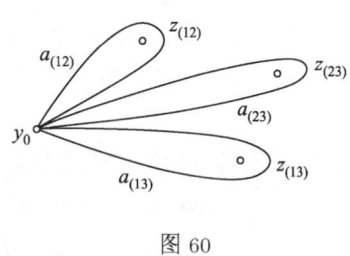

图 60

交换点 x_j 和点 x_k 的位置而保持其余的点不动, 并且 $\sigma(a_{(jk)})\sigma(a_{(kj)}) = 1$. 于是, 可以证明单值群就是纤维 F 中点的整个置换群, 由 $n!$ 个元组成. $\sigma(a_{(jk)})$ 只交换纤维中的两点这个事实可由下面的事实导出: 对一般类型的黎曼面, 射影 $\Gamma \to \mathbb{C}$ 在它的像是分支点的退化点处有低次的退化性. 这个命题留给读者作习题.

一般类型的黎曼面 Γ 的单值群重合于纤维中点的整个置换群这个结论很重要. 我们推荐读者自己去证明下面的命题: 如果黎曼面 Γ_1 由多值代数函数 $w = w(z)$ 给出, 其中函数 $w(z)$ 是只包含各种根式 $\sqrt[k]{}$ 的代数表达式 (可能包含它们与加法和乘法的复合运算), 则 Γ_1 的单值群是可解的. 回想一下, 任何可解群包含一个交换正规子群 G 且关于 G 的商群也是可解的.

由 5 个及 5 个以上的元组成的置换群不是可解的, 它的唯一的正规子群是由偶置换组成的子群, 它是非交换的. 由此导出

定理 19.1 (阿贝尔). 对于一般的次数 $\geqslant 5$ 的多项式, 不存在任何的包含根式的代数公式能通过多项式的系数表达出该多项式的根.

2. 利用覆叠计算基本群

考察覆叠 $f : M \to N$, 点 $y_0 \in N$ 和它的原像点 $f^{-1}(y_0) = \{x_1, x_2, \cdots\}$. 单值表示 σ 使群 $\pi_1(N, y_0)$ 作为置换群作用在纤维 $F = f^{-1}(y_0)$ 上:

$$\sigma(\alpha) : x_j \mapsto x_{\sigma(j)} \quad (\alpha \in \pi_1(N, y_0)).$$

群 $\pi_1(M, x_j)$ 在射影 $f : M \to N$ 之下同态地映射到群 $\pi_1(N, y_0)$ 之中.

定理 19.2. 由射影 f 诱导的同态 $f_* : \pi_1(M, x_j) \to \pi_1(N, y_0)$ 是群 $\pi_1(M, x_j)$ 到 $\pi_1(N, y_0)$ 中的一个嵌入 (同态). 群 $\pi_1(N, y_0)$ 的子群 $f_*\pi_1(M, x_j)$ 由这样的元 $\alpha \in \pi_1(N, y_0)$ 组成: α 对应的单值变换 $\sigma(\alpha)$ 保持点 x_j 不动. 对不同的点 x_j, x_k, 子群 $f_*\pi_1(M, x_j)$ 和 $f_*\pi_1(M, x_k)$ 通过元 $\gamma \in \pi_1(N, y_0)$ 互相共轭, 这里 γ 对应的

单值变换 $\sigma(\gamma)$ 满足性质: $\sigma(\gamma): x_j \mapsto x_k$, 即 $\gamma^{-1} f_* \pi_1(M, x_j) \gamma = f_* \pi_1(M, x_k)$.

证明 如果 $\alpha \in \pi_1(M, x_j)$ 且在群 $\pi_1(N, y_0)$ 中 $f_*(\alpha) = 1$, 则 $\alpha = 1$. 事实上, 设始终点均为 x_j 的闭路 $\alpha(t)$ 使得它的射影 $f(\alpha(t)) = \gamma(t)$ 在流形 N 中可收缩成点 y_0, 其中闭路 $\gamma(t)$ 的端点在同伦过程中始终为点 y_0 (对一切 τ); 我们用 $F = F(t, \tau)$ 记此同伦. 因为 $f(\alpha(t)) = \gamma(t) = F(t, 0)$, 我们的情形满足关于覆叠同伦的定理的条件 (定理 18.1; 用 γ, α 分别替代 $q, \tilde{q}$ 的角色). 由这个定理, 我们就得到闭路 $\alpha(t)$ 在 M 中的到点 x_j 的一个同伦. 于是, 同态 f_* 是群 $\pi_1(M, x_j)$ 到 $\pi_1(N, y_0)$ 中的嵌入 (同态).

根据定理 17.3, 如果选取始点为 $x_k = \tilde{\gamma}(0)$ 和终点为 $x_j = \tilde{\gamma}(1)$ 的路径 $\tilde{\gamma}(t)$ 并令 $\alpha \mapsto \tilde{\gamma}^*(\alpha) = \tilde{\gamma}^{-1} \alpha \tilde{\gamma}$, 则就实现了 $\pi_1(M, x_j)$ 的元到 $\pi_1(M, x_k)$ 的元的转换 ($\alpha \in \pi_1(M, x_j)$, 则 $\tilde{\gamma}^*(\alpha) \in \pi_1(M, x_k)$). 在 N 中的射影 $f(\tilde{\gamma}(t))$ 给出一条闭路 $\gamma(t) = f(\tilde{\gamma}(t))$, 它代表了群 $\pi_1(N, y_0)$ 中的一个元, 且 $\sigma(\gamma): x_j \mapsto x_k$. 显然, 应用射影 f_* 后, 这种转换就成为一个同构 $f_* \pi_1(M, x_j) \to f_* \pi_1(M, x_k)$, 其法则为

$$f_*(\alpha) \mapsto \gamma^{-1} f_*(\alpha) \gamma \in f_* \pi_1(M, x_k),$$

其中 $f_*(\alpha) \in f_* \pi_1(M, x_j)$. 因为这个结论对任意的满足 $\sigma(\gamma)$ 将 x_j 映射为 x_k 的 $\gamma \in \pi_1(N, y_0)$ 都成立, 定理得证. □

习题

19.1. 证明: 对任意流形 N 的基本群 $\pi_1(N)$ 的任意子群 H 存在覆叠 $f: M \to N$ 且 $f_* \pi_1(M) = H$; 特别有, 每个连通流形存在万有覆叠.

19.2. 证明: 如果对于流形 N 上的覆叠 $f: M \to N, f': M' \to N$, 群 $f_* \pi_1(M)$ 和 $f'_* \pi_1(M')$ 重合, 则这两个覆叠等价 (即存在同胚 $\varphi: M \to M'$ 使得 $f' \circ \varphi = f$).

注 这两个习题中, "N 是流形" 这个条件可以大大地放松. 例如, 像我们已经看到的, 8 字形及一个圆周和一个 2 维球面所成的球束这样的空间都存在万有覆叠 (见图 58 和图 59).

定理 19.3. 如果覆叠 $f: M \to N$ 由一个 $M \to M$ 的自由作用的离散变换群 Γ 所决定, 且流形 (空间) M 是单连通的 (即 $\pi_1(M) = 1$), 则

$$\pi_1(N, y_0) \simeq \Gamma.$$

证明 我们选取点 $x_0 \in f^{-1}(y_0)$ 并建立纤维 $f^{-1}(y_0)$ 中的点 (它们形如 $g(x_0)$, $g \in \Gamma$) 和群 $\pi_1(N, y_0)$ 的元之间的双方一一对应. 为此, 将点 x_0 取为覆叠路径的起点, 我们覆叠任意的路径 $\gamma_1 \in \pi_1(N, y_0)$. 覆叠路径的终点位于点 $x_1 \neq x_0$, 且 $\sigma(\gamma_1): x_0 \mapsto x_1$. 设元 $g_1 \in \Gamma$ 使得 $g_1(x_0) = x_1$. 我们建立对应 $\gamma_1 \to g_1$. 这个对应是双方一一的 (如果 $\gamma_1 \to g_1, \gamma_2 \to g_1$, 则 $\gamma_1^{-1} \gamma_2$ 使得 $\sigma(\gamma_1^{-1} \gamma_2): x_0 \mapsto x_0$; 因此, 由 M 的单连通性和定理 19.2, 路径 γ_1 与 γ_2 是同伦的). 上面所建立的双方一一的对应

$\Gamma \leftrightarrow \pi_1(N)$ 保持两个群中的乘法, 因为 σ 是 $\pi_1(N, y_0)$ 的同态且 $\sigma(\gamma_1)$ 在纤维上的作用完全重合于对应的元 $g \in \Gamma$ 在纤维上的作用. 定理得证. □

我们将定理 19.3 推广到覆叠空间不是单连通的情形

定理 19.4. 如果覆叠 $f: M \to N$ 是正则的, 即它由 $M \to M$ 的一个自由作用的离散变换群 Γ 所决定 ("主纤维丛"), 则纤维 $F = f^{-1}(y_0)$ 的置换群 Γ 重合于作用在纤维 F 上的单值群 $\sigma(\pi_1(N, y_0))$. 此时 $f_*\pi_1(M, x_j)$ 是群 $\pi_1(N, y_0)$ 的正规子群, 且单值群 ("离散和乐群") 重合于商群 $\pi_1(N, y_0)/f_*\pi_1(M, x_j)$, 其中 x_j 是纤维 F 中的任意点.

证明 群 Γ 与单值群重合可以通过与定理 19.3 的证明完全相同的论证推出. 还可建立群 Γ 的元, 纤维 F 的点及群 $\sigma(\pi_1(N, y_0))$ 的元之间的对应关系. 由此导出, 像 $f_*\pi_1(M, x_j)$ 不依赖于点 $x_j \in F$, 因而由定理 19.2, 它是 $\pi_1(N, y_0)$ 的一个正规子群. 由单值的定义, 纤维 F 作为集重合于 $\pi_1(N, y_0)/f_*\pi_1(M, x_j)$. 在所给的情形, $F \approx \Gamma$ 且 F 是群 $\pi_1(N, y_0)/f_*\pi_1(M, x_j)$, 重合于单值群. 定理得证. □

习题 19.3. 证明: 对于一般的 (非正则的) 覆叠, 单值群同构于关于正规子群 $P = \bigcap_j f_*\pi_1(M, x_j)$ 的商群 $\pi_1(N, y_0)/P$.

例 19.1. a) $\pi_1(S^1) \simeq \mathbb{Z}$ 作为 $\mathbb{R}^1 \to \mathbb{R}^1$ 的移动距离为整数的运动作用在 $\mathbb{R}^1$ 上, 因为 S^1 是由离散群 $\Gamma = \mathbb{Z}$ 的作用定义的覆叠 $\mathbb{R}^1 \to S^1$ 的底空间.

b) 当 $n > 1$ 时, $\pi_1(\mathbb{R}P^n) \simeq \mathbb{Z}_2$, 因为存在覆叠 $S^n \to \mathbb{R}P^n$, 群 $\Gamma \simeq \mathbb{Z}_2$. Γ 的非零元是球面 $S^n \subset \mathbb{R}^{n+1}$ 上的映射 $x \mapsto -x$ (当 $n > 1$ 时 S^n 是单连通的, 见例 18.3).

c) $\pi_1(T^n) \simeq \mathbb{Z}^n$, 因为存在万有覆叠 $\mathbb{R}^n \to T^n$, 群 Γ 是按整数向量的平行移动 (见例 18.4).

d) $\pi_1(K^2)$ 有两个生成元 T_1 和 T_2, 它们满足关系式

$$T_2^{-1} T_1 T_2 T_1 = 1.$$

这是因为存在覆叠 $\mathbb{R}^2 \to K^2$, 而群 Γ 由运动 $T_1(x, y) = (x, y+1), T_2(x, y) = (x + \frac{1}{2}, -y)$ 生成 (见例 18.5).

e) $\pi_1(S^1 \vee S^1)$ 是具两个生成元的自由群. 可借助于在例 18.7 中描述的万有覆叠证实这个结果. 类似地可以证明 k 个圆周所成的圆束的基本群 $\pi_1(S^1 \vee \cdots \vee S^1)$ 是具 k 个生成元的自由群. 结果, 形如 $\mathbb{R}^2 \setminus (x_1 \cup \cdots \cup x_k)$ (平面中移去 k 个点 $x_1, \cdots, x_k$) 的平面区域的基本群是自由群, 因为这个区域可收缩成 (即同伦等价于) 圆束 $S^1 \vee \cdots \vee S^1$ (k 个).

f) $\pi_1(S^1 \vee S^2) \simeq \mathbb{Z}$. 可借助于例 18.6 中描述的万有覆叠证明这个结果. 空间 M 由一条直线 $\mathbb{R}^1$ 及在它的整数点上依附着的球面 $S^2_{(n)}$ 组成. 群 Γ 的作用是在直线上移动整数距离使球面 $S^2_{(n)}$ 一个个地替换. 回想一下 (见 §17.5), 空间 $S^1 \vee S^2$ 同伦等价于区域 $U = \mathbb{R}^3 \setminus S^1$, 如果圆周在 $\mathbb{R}^3$ 是不打结的 (或者同伦等价于 $V = \mathbb{R}^3 \setminus (\mathbb{R}^1 \cup x_0)$).

3. 最简单的同调群

定义 19.1. 流形 (空间) M 的基本群关于它的换位子群的商群称为流形 M 的一维同调群. 这个群记为 $H_1(M)$:

$$H_1(M) = \pi_1(M)/[\pi_1, \pi_1].$$

(这里 $[\pi_1, \pi_1]$ 表示 $\pi_1(M)$ 的由所有的 "换位子" $aba^{-1}b^{-1}, a, b \in \pi_1(M)$, 生成的子群.) 群 $H_1(M)$ 中的群运算法则用加法表示, 在同态 $\pi_1 \to H_1$ 之下: $a \mapsto [a], ab \mapsto [a] + [b]$.

考察流形 N 上的闭 1- 形式的积分. 如果形式 ω 是闭的, $d\omega = 0$, 则 ω 沿始终点均为 y_0 的闭路 γ 的积分对所有的同伦闭路都是同一个值. (为证明这个结论只需对闭形式和 N 中由路径 $\gamma_1 \cup \gamma_2^{-1}$ 围成的区域应用一般斯托克斯公式 (见 §8.2) 即可.) 结果, 闭形式 ω 的积分产生群 π_1 上的一个线性函数:

$$\gamma \mapsto \oint_\gamma \omega,$$

积分的一些显然的性质表明

$$\oint_{\gamma_1 \gamma_2} \omega = \oint_{\gamma_1} \omega + \oint_{\gamma_2} \omega = \oint_{\gamma_2 \gamma_1} \omega,$$

$$\oint_{\gamma^{-1}} \omega = -\oint_\gamma \omega.$$

由此导出这种积分是群 $H_1(N) = \pi_1(N)/[\pi_1, \pi_1]$ 上实值或复值的线性函数, 而熟知的通过 "形变周线" 的方法计算积分的过程实际上就是用在同调群中与它等价的周线替代周线 γ.

设在群 $H_1(N)$ 中存在有限阶挠元 ("同调类") $[\gamma] \in H_1(N)$, 即群 $H_1(N)$ 中的存在整数 $m(\neq 0)$ 使得 $m[\gamma] = 0$ 的元 $[\gamma]$. 则对于闭形式 ω 积分 $\oint_{[\gamma]} \omega$ 等于零.

事实上,

$$\oint_{m[\gamma]} \omega = m \oint_{[\gamma]} \omega = 0.$$

因此, $\oint_{[\gamma]} \omega = 0$.

结果, 这个闭形式的积分可以定义为群 $\widetilde{H}_1(N)$ 上的线性函数, $\widetilde{H}_1(N)$ 为 $H_1(N)$ 关于它的挠子群的商群 (这个积分对所有的有限阶元都等于零). 群 $\widetilde{H}_1(N)$ 称为化约同调群.

下面列出前面考察过的一些例子的同调群.

例 19.2. a) 对平面区域 $N = \mathbb{R}^2 \setminus (x_1 \cup \cdots \cup x_k)$: 群 $\pi_1(N)$ 是自由群, 而群 $H_1(N)$ 没有挠元且同构于自由阿贝尔群 (格) $\mathbb{Z}^k$.

b) 对 $\mathbb{R}P^n$: 群 $\pi_1(\mathbb{R}P^n)$ 同构于 $\mathbb{Z}_2$, 群 $H_1(\mathbb{R}P^n)$ 也是 $\mathbb{Z}_2$ 而群 $\widetilde{H}_1(\mathbb{R}P^n)$ 是平凡群.

c) 对克莱因瓶 K^2: 群 $\pi_1(K^2)$ 同构于具两个生成元 T_1, T_2 的抽象群, 其中 T_1, T_2 满足关系 $T_2^{-1} T_1 T_2 T_1 = 1$; 在群 $H_1(K^2)$ 中这个关系的形式为

$$2[T_1] = 0.$$

因此, 在 $\widetilde{H}_1(K^2)$ 中, 元 $[T_1] \sim 0$, 结果, $H_1(K^2) \simeq \mathbb{Z}_2 \oplus \mathbb{Z}$ 而 $\widetilde{H}_1(K^2)$ 同构于 $\mathbb{Z}$.

于是, 闭形式的积分给出了化约同调群 $\widetilde{H}_1(N)$ 上的一个实值或复值的线性函数.

有时候, 其他值的线性函数是有用的, 例如所谓的 "特征", 它的值为按 1 取模的实数, 即取值于 S^1. 此时群 $\widetilde{H}_1(N)$ 已不够用, 必须考虑整个同调群 $H_1(N)$. 一个例子是定向同态

$$\sigma: \pi_1(N) \to (\pm 1) \simeq \mathbb{Z}_2$$

(见 §17.6), 这里对每个路径类 $\gamma \in \pi_1(N)$, 像 $\sigma(\gamma)$ 或者等于 $+1$, 或者等于 -1, 取决于当沿 γ 移动时保持定向还是颠倒定向. 对于 $\mathbb{R}P^2$ 和 K^2 这个同态是非平凡的, 对所有的不可定向流形也是如此 (见 §17 末尾).

a) 对于 $\mathbb{R}P^2$, 我们有 $\pi_1 \simeq \mathbb{Z}_2, \sigma(\gamma) = -1$, 当 $\gamma \neq 1$.

b) 对于 K^2, 群 $\pi_1(K^2)$ 由元 T_1 和 T_2 生成, 且在 $H_1(K^2)$ 中, $2[T_1] = 0$. 定向同态是这样的:

$$\sigma(T_1) = +1, \quad \sigma(T_2) = -1.$$

一个打结圆周在 $\mathbb{R}^3$ 中的补集的基本群的计算将在后面给出 (见 §26).

习题

19.4. 可定向闭曲面 M_g^2 (带 g 个柄的球面) 可以通过将 $4g$ 边形的对边成对地等同得到 (见图 61, 此时 $g = 2$). 证明群 $\pi_1(M_g^2)$ 由生成元 $a_1, b_1, \cdots, a_g, b_g$ 及关系

$$\prod_{i=1}^{g} a_i b_i a_i^{-1} b_i^{-1} = 1$$

给出.

19.5. 不可定向曲面 N_μ^2 可以如图 62 (对 $\mu = 2$ 的情形) 所示粘合而成. 证明 $\pi_1(N_\mu^2)$ 由生成元 $c_1, \cdots, c_\mu$ 和关系 $c_1^2 c_2^2 \cdots c_\mu^2 = 1$ 给出.

19.6. 计算曲面 M_g^2 的单位切丛的基本群 (见 §7.1).

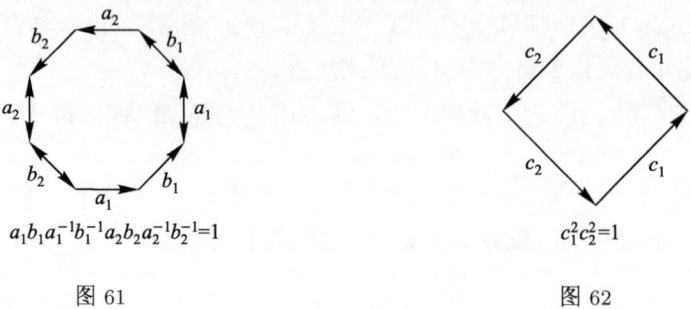

图 61　　　　　　　　　　图 62

§20. 罗巴切夫斯基平面的离散运动群

在前面 (卷 1, §20) 我们描述了欧几里得平面的离散运动群和三维欧几里得空间中的离散旋转群. 我们指出了这些群与平面及空间上的晶格之间的密切联系. 对于具标准度量的罗巴切夫斯基平面 (见卷 1 §10.1) 的离散运动群可以进行类似的分类. 本节中我们将描述这种分类, 但由于其论证比欧几里得平面的情形远为复杂, 我们省略了证明. 三维罗巴切夫斯基空间的离散运动群的描述是一个更为复杂的问题, 我们在这里不去涉及它.

我们对罗巴切夫斯基平面的离散运动群的兴趣来自于这些群与二维闭流形及它们的基本群有着密切的关系. 在欧几里得的情形, 当我们描述二维曲面时注意到环面可以表示为平面 (零曲率空间) 关于离散运动群 $\mathbb{Z}(a) \oplus \mathbb{Z}(b)$ 的商空间, 其中生成元 a 和 b 定义按向量 $(1,0)$ 和 $(0,1)$ 所作的平移 (见 §4.1, §18.2). 因为这个群自由地作用在 $\mathbb{R}^2$ 上, 它同构于环面的基本群: $\pi_1(T^2) \simeq \mathbb{Z} \oplus \mathbb{Z}$. 另一方面, 球面 S^2 则不能表示为平面关于某个离散群的作用所成的商空间. 这与球面是单连通流形且它的高斯曲率是正的这两个性质有关. 还可发现, 其余的定向闭曲面 (即亏格大于 1 的曲面) 可以表示为罗巴切夫斯基平面关于离散群的作用所成的商空间, 这个离散群同构于该曲面的基本群. 此时, 所指出的离散群将作为标准的罗巴切夫斯基度量的等距群的子群作用在罗巴切夫斯基平面上, 因而商空间 (群的作用是自由的且无不动点) 自动地具有诱导度量, 其曲率为负常数. (注意, 在环面的情形, 基本群 $\mathbb{Z} \oplus \mathbb{Z}$ 也是作为等距群的子群作用在欧几里得平面上.)

我们从罗巴切夫斯基平面的离散运动群的几何分类着手, 并将这个群与罗巴切夫斯基平面上的凸多边形联系起来.

我们将使用的罗巴切夫斯基平面的两个基本模型如下: (复平面上的) 上半平面, 度量为 $dl^2 = \dfrac{dx^2 + dy^2}{y^2}$ 及单位圆, 度量为 $dl^2 = \dfrac{dr^2 + r^2 d\varphi^2}{(1-r^2)^2}$ (上述的这些度量在卷 1, §10.1 中已引入). 回想一下, Γ 称为离散变换群 (在我们的情形, 罗巴切夫斯基平面的离散变换群), 如果对任意的一对点 $x, y \in L_2$ (我们用 L_2 表示罗巴切夫斯基平面) 存在这些点的开邻域 (例如, 中心在 x 和 y 的圆盘) 使得只有有限个 Γ 中的元

将 x 的邻域变换成与 y 的邻域有非空交的集. 我们总假定 Γ 中的所有变换都是罗巴切夫斯基平面的微分同胚. 如果 Γ_x 是点 x 的迷向子群 (即群 Γ 中所有保持点 x 不动的变换全体所成的子群), 则 Γ_x 是 Γ 的有限子群. 逆命题也是对的: 如果 Γ 是罗巴切夫斯基平面的某个等距群, 在它的作用下所有的轨道都是离散的且平面中任意一点的迷向子群是有限群, 则 Γ 是离散群.

定义 20.1. 设 Γ 是罗巴切夫斯基平面 L_2 的一个离散变换群, 它是等距群的一个子群. L_2 的一个子集 D 称为群 Γ 的基本域, 如果:

(1) D 是闭集;

(2) 子集 D 的像 $\Gamma(D)$ 重合于整个罗巴切夫斯基平面;

(3) 由集 $\gamma(D), \gamma \in \Gamma$, 组成的平面 L_2 的覆盖使得平面 L_2 的每一点都有一个充分小的仅与有限多个形如 $\gamma(D)$ 的集相交的邻域.

(4) 基本域 D 的内点集在 Γ 中的不同于单位元的任意变换的作用下的像与基本域的内点集不相交. 这个性质也可表述如下: $\gamma(\text{Int } D) \bigcap \text{Int } D = \varnothing, \gamma \in \Gamma$ 且 $\gamma \neq e$, 这里 $\text{Int } D$ 是域 D 的内点集 (内部), 即 $\text{Int } D = D \backslash \partial D$, 而 ∂D 是 D 的边界.

容易证明: 对任意一个离散群 Γ, 可以取到一个具有限条边的凸多边形作为 Γ 的基本域 (试证之!).

我们的目标是给出罗巴切夫斯基平面的离散运动群. 因为我们已经弄清楚罗巴切夫斯基平面的等距群同构于 $SL(2, \mathbb{R})/\mathbb{Z}_2$, 结果, 这个任务就等价于列出群 $SL(2, \mathbb{R})$ 中的离散子群, 即实矩阵群 $\begin{pmatrix} a & b \\ c & d \end{pmatrix}$ 中的离散子群, 其中 $ad - bc = 1$. 我们回想一下, 群 $SL(2, \mathbb{R})$ 是如何作用在 L_2 上的. 如果 $g = \begin{pmatrix} a & b \\ c & d \end{pmatrix} \in SL(2, \mathbb{R}), z$ 是罗巴切夫斯基平面 L_2 的一个点, L_2 实现为上半平面, 则 $g(z) = \dfrac{az+b}{cz+d}$. 因为 $\text{Im } g(z) = \dfrac{\text{Im } z}{|cz+d|^2}$, 所以 L_2 在这些变换下仍变为本身. 立即可验证这种类型的变换都是 L_2 的等距变换. 因此, 群 $SL(2, \mathbb{R})$ 同态地映射到 L_2 的等距群中, 这个映射的核是群 $SL(2, \mathbb{R})$ 的中心 $\{\pm 1\} \simeq \mathbb{Z}_2$, 而像则是 L_2 的等距群的单位元的连通分支; 结果, 这个分支同构于商群 $SL(2, \mathbb{R})/\mathbb{Z}_2$.

离散地作用在罗巴切夫斯基平面上的群自然地出现于一维复解析流形的分类问题中. 任何连通的复解析流形 X 可表示为 $X = \tilde{X}/\Gamma$, 其中 $\tilde{X}$ 是单连通解析流形 (万有覆叠), 而群 Γ 则作为它的复自同构离散地自由作用在流形 $\tilde{X}$ 上; 因此, 由定理 19.3, 群 Γ 同构于流形 X 的基本群 $\pi_1(X)$. 流形 X 的所有这种类型的表示中的群 Γ 在 $\tilde{X}$ 的自同构群中是彼此共轭的.

可以证明, 除相差一个双全纯等价外, 连通且单连通的一维解析流形只有 3 种, 即: 1) 射影直线 $\mathbb{C}P^1$, 即一维复射影空间; 2) 仿射直线 $\mathbb{C}^1$, 即复变量 z 的平面; 3) 复

平面上的单位圆周的内部 $\{z|z\in\mathbb{C},|z|<1\}$.

于是, 所提到的任务 (一维复流形的分类) 化为决定在上面列出的 3 种流形上离散地自由作用的自同构群. 我们假定变换群 $\varGamma$ 是复解析变换, 即流形 $\widetilde{X}$ 上复结构的自同构.

命题 1) 流形 $\mathbb{C}P^1$ 的任何自同构总有不动点.

2) 流形 $\mathbb{C}^1$ 的离散自由作用的使得流形 $\mathbb{C}^1/\varGamma$ 是紧流形的自同构群 $\varGamma$ 由移动 $z\mapsto z+a$ 组成, 其中 a 取遍 $\mathbb{C}^1$ 上某个 2 维格中的向量.

3) 单位圆盘的所有自同构形如: $z\mapsto\theta\dfrac{z-\alpha}{1-\bar{\alpha}z}$, 其中 $|\theta|=1,|\alpha|<1$; 特别, 这个自同构群是庞加莱模型中的罗巴切夫斯基度量的 (保持定向的) 运动群.

设 $X=L_2$ 是罗巴切夫斯基平面, $\varGamma$ 是 L_2 的任意的离散运动群. 再设 D 是作为 $\varGamma$ 的基本域的凸多边形 (基本多边形). 考察形如 $\{\gamma(D)\}$ 的多边形, $\gamma\in\varGamma$; 它们彼此不会重叠 (见前面所述) 且覆盖整个罗巴切夫斯基平面. 罗巴切夫斯基平面的这种多边形分割中的元通常称为 "棋格". 两个棋格称为是邻接的, 如果它们的交是一维子集, 即平面上的一条曲线. 可以假定: 如果 D_1 和 D_2 是两个邻接的棋格, 则 $D_1\bigcap D_2$ 是这两个多边形的公共边. 为做到这一点, 只要在基本多边形中添加若干个顶点, 在这些顶点处的角等于 π; 借助它们可以做到使任何两个邻接棋格的交恰是它们的公共边 (图 63). 对于棋格 (基本多边形) D 的任意一条边 a, 存在唯一的棋格 D_1 与 D 邻接于 a; 此时可通过应用变换 $\gamma\in\varGamma$ 由 D 得到棋格 D_1; 我们将这个变换用 $\gamma(a)$ 表示. 因为变换 $\gamma(a)$ 将 D 变为 D_1, 随之就存在某条边 $a'\in D$ 使得 $\gamma(a)a'=a$. 由此我们有 $\gamma(a')=\gamma(a)^{-1}$, 特别有 $a''=(a')'=a$ (图 64).

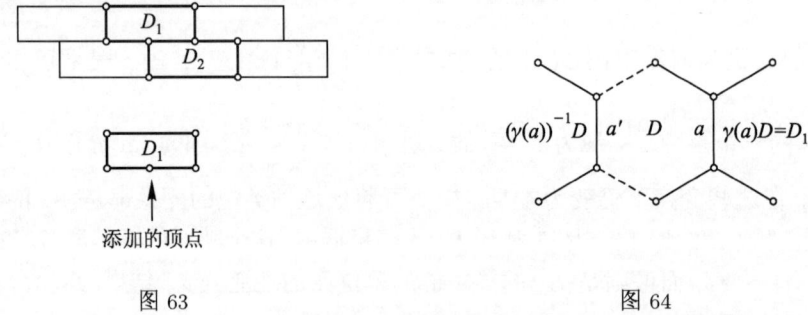

图 63　　　　　　　　　　　图 64

我们对每一条边 a 指定在所提到的映射下与它对应的边 a', 这就产生了基本域 D 的边所成的集中一个对合变换(即作用二次后成为恒等变换的变换). 当然, 可能出现 $a'=a$ 的情形, 于是 $(\gamma(a))^2=e$, 而结果 $\gamma(a)$ 或者是基本域 D 关于边 a 的反射, 或者是基本域 D 关于边 a 的中点的旋转, 旋转角等于 π, 由此推出下面的引理.

引理 20.1. 棋格 $\gamma_1(D)$ 和 $\gamma_2(D)$ 是邻接的当且仅当 $\gamma_2=\gamma_1\gamma(a)$.

棋格的序列 $D=D_0,D_1,\cdots,D_k$ 称为棋格链, 如果棋格 D_{i-1} 和 D_i 是邻接的, $i=1,2,\cdots,k$. 对棋格 D_i, 存在唯一的运动 $\gamma_i\in\varGamma$ 使得 $\gamma_iD=D_i$. 与之相联系就

有基本多边形 D 的边到 D_i 的边上的诱导映射；结果，棋格 D_i 的边也可以用多边形 $D_0 = D$ 的边表示.

在棋格链 $D = D_0, D_1, \cdots, D_k$（设 $D_i = \gamma_i D_0$）中，多边形 D_{i-1} 和 D_i 是邻接的，因此由引理 20.1 有 $\gamma_i = \gamma_{i-1} \gamma(a_i)$，其中 a_i 是 D 的某条边；依次连续地应用这个公式，我们得到 $\gamma_k = \gamma(a_1) \gamma(a_2) \cdots \gamma(a_k)$，其中 $a_1, a_2, \cdots, a_k$ 是 D 的边的某个有限序列. 因此，一个棋格链就对应了 D 的边的一个序列. 因为对每一个棋格 $\widehat{D}$ 都存在一个从 D 开始到 $\widehat{D}$ 结束的棋格链，这就证明了

定理 20.1. 群 Γ 由元 $\gamma(a)$ 生成，这里 a 取遍基本多边形的所有的边.

现在我们给出这个群中关系的几何描述. 设 $\gamma(a_1) \cdots \gamma(a_k) = e$；考察对应的链；于是它的最后一个元将是棋格 D 本身 —— 原来的基本多边形（图 65）. 因此，在群 Γ 中的这个关系对应于一个闭棋格链，它通常称为**循环**. 形如 $\gamma(a)\gamma(a') = e$ 的关系称为第 1 型基本关系. 这些关系生成链 D_0, D_1, D_0.

考察棋格 D 的某个顶点及所有包含这个顶点的棋格；于是这些棋格的序列形成一个循环（图 66）. 这种循环称为第 2 型基本循环，对应于它们的关系称为第 2 型基本关系. 可以证明这两种基本型关系已足以有效地决定整个群 Γ（我们不去证明它）.

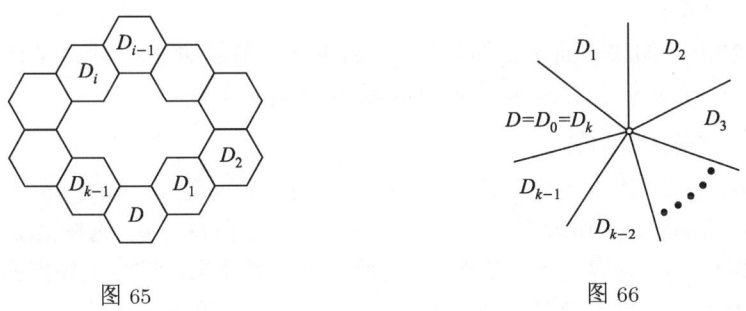

图 65　　　　　　　　　　图 66

定理 20.2. 第 1 型和第 2 型基本关系组成一个决定离散群 Γ 的生成元 $\gamma(a)$ 的群论中关系集，即每一个关系都是它们的群论推论.

我们完整地刻画了罗巴切夫斯基平面的任意的保持定向的离散运动群的结构（这样的群称为**富克斯群**）.

现在考察逆问题：如何根据给定的基本多边形（基本域）重建离散群 Γ. 设在罗巴切夫斯基平面上给定一个具有限条边但无无穷远顶点的凸多边形. 这意味着这个多边形可以是无界的，"向外延伸至无穷"（例如见图 67）. 因为绝对形（即边界圆周）的点不属于罗巴切夫斯基平面，所以当直线，如图 67 中直线 AB 那样，向外延伸至绝对形时，我们认为多边形不具有位于无穷远处的顶点. 另一方面，如果两条直线向外延伸至无穷且击中绝对形上同一个点（图 68），则我们说多边形具有无穷远顶点.

还可能在某个顶点处多边形的角等于 π.

图 67 图 68

设已给定这个多边形的边的一个对合置换: $a \mapsto a'$. 则对任意一条边 a 存在唯一的运动 $\gamma(a)$ 使得 $\gamma(a)a' = a, \gamma(a)D \bigcap D = a$. 再设下列两个条件成立: 1) $\gamma(a)\gamma(a') = e$, 2) 对多边形 D 中任意的一个顶点 A 存在这样的边的序列 $a_1, \cdots, a_k$ 使得 $\gamma(a_1)\gamma(a_2)\cdots\gamma(a_k) = e$ 且多边形序列

$$D, \gamma(a_1)D, \gamma(a_1)\gamma(a_2)D, \cdots, \gamma(a_1)\cdots\gamma(a_k)D$$

形成围绕这个顶点 A 的在下面的意义上的一个回路, 即它们全体都包含顶点 A 且这个链的每个元都与它前面一个元邻接; 此外, 它们不重叠并一起覆盖了顶点 A 的某个邻域. 对于适当的离散群的存在, 这些条件无疑是必要的, 其实还是充分的 (我们也略去其证明):

定理 20.3. 如果上面指出的条件 1), 2) 成立, 则运动 $\gamma(a)$ 生成罗巴切夫斯基平面的一个离散运动群, 这个群以区域 D 作为基本域.

考察一个最简单的例子.

例 20.1. 设 D 是一个多边形, 一般不具有顶点 (例如, 见图 69). 考察运动 $\gamma(a), \gamma(a')$, 它们满足 $\gamma(a)a' = a, \gamma(a)\gamma(a') = e, \gamma(a)D \bigcap D = a$. 这种运动一定存在: 对给定的直线 l, l', 总存在一个等距, 它交换 l 和 l' 且将取定的由 l 决定的一个半平面变换为由 l' 决定的一个半平面. 这个运动生成等距群的一个离散子群. 如果这个无顶点多边形不存在与自身对应的边, 则所得的这个离散子群显然是自由群. 另一方面, 如果存在一条边与自身对应 (如图 69 上所示), 则产生群的一个非平凡关系.

如果所有的边都与自身对应: 对任意边 $a, a' = a$, 则群由反射生成 ($\gamma(a)$ 是关于边 a 的反射). 这个群的元的阶数为 2.

现在考察基本多边形包含无穷远顶点的情形 (其余的顶点是有限的, 即有有限多个顶点). 设 D 是这样的一个有限多边形, $a \mapsto a'$ 是它的边的一个对合变换; $\gamma(a)$ 是罗巴切夫斯基平面的运动使得 $\gamma(a)a' = a; \gamma(a)D \bigcap D = a; \gamma(a)\gamma(a') = e$. 设 A 是 D 的任意一个顶点, 于是由图 70 可看出边的序列 $a_1, \cdots, a_q, \cdots$ 是如何得到的. 此外, 当然也产生一个顶点的序列, 因为顶点 A 在所指出的变换下会移动. 于是, 我们有两个序列: $a_1, a_2, \cdots$ 和 $A, A_1, A_2, \cdots$ (这里 A_1 是顶点 A 在映射 $\gamma(a_1)$ 下的像, 等等). 这两个序列称为顶点 A 生成的序列. 因为所考察的多边形是有限多边形 (即有有限多条边, 见上), 所以这两个序列包含有限多个元且它们都是周期的. 设 p 是边

§20. 罗巴切夫斯基平面的离散运动群

序列的周期中最小的一个; 于是, 数 p 也是顶点序列 $A, A_1, A_2, \cdots$ 的周期; 数 p 称为顶点 A 的周期.

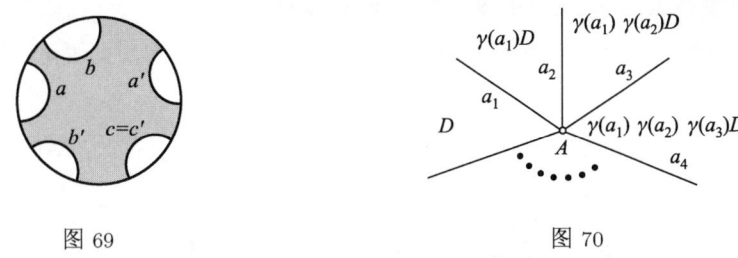

图 69   图 70

这两个序列可能延拓至另外的边, 因为它们是由群中元的作用生成的. 不过, 周期性当然是保持的.

设 p 是顶点 A 的周期. 这意味着, 顶点序列包含重合于 A 的顶点 A_p. 我们称顶点 $A_1, A_2, \cdots, A_{p-1}$ 组成一个 (由顶点 A 生成的) **顶点循环**. 当然, 这一切也可以对于无穷远顶点实施.

现在假定运动 $\gamma(a)$ 生成一个离散群以多边形 D 作为基本形. 设 A 是多边形的普通顶点 (即不是无穷远顶点); 于是, 环绕顶点 A 的棋格链必须是闭的, 因而存在自然数 m 使得 $[\gamma(a_1)\gamma(a_2)\cdots\gamma(a_p)]^m = e$. (周期 p 可能还不足以穷尽环绕顶点 A 的棋格, 因为顶点 A 在上述类型的运动下重回原来的位置并不能保证我们已穷尽所有邻接于顶点 A 的棋格.)

数 m 称为**顶点 A 的重数** (不要与顶点的周期混淆!). 此外, 为了环绕顶点 A 一次, 必须成立下面的条件: $\sum_{i=1}^{p}(\angle A_i) = \dfrac{2\pi}{m}$, 其中 $\angle A_i$ 是多边形在顶点 A_i 处的角的大小. 如果要求变换 $[\gamma(a_1)\gamma(a_2)\cdots\gamma(a_p)]^m$ 保持定向, 则从上面指出的关于角的关系式可推出关系 $[\gamma(a_1)\gamma(a_2)\cdots\gamma(a_p)]^m = e$. 容易验证对应于同一个链 (或反方向环绕顶点 A 得到的回路) 的其他顶点的这种关系都是等价的. 对于无穷远顶点, 根本没有环绕它的回路 (这是显然可见的), 于是, 也不存在这种关系. 但是成立

引理 20.2. 对于无穷远点, 变换 $\gamma(a_1)\gamma(a_2)\cdots\gamma(a_p)$ 是抛物运动, 即对应于这个 (线性分式) 变换的二阶实系数矩阵相似于矩阵 $\begin{pmatrix} 1 & 1 \\ 0 & 1 \end{pmatrix}$.

(回想一下 (见卷 1, §13.2), 在罗巴切夫斯基平面的克莱因模型中, 保持定向的运动是线性分式变换 $z \mapsto (az+b)/(cz+d)$, 其中 a, b, c, d 是实数且 $ad - bc = 1$.) 上面列举的使给定的多边形成为离散群的基本域的必要条件其实也是充分条件. 精确地说, 成立下面的

定理 20.4. 设给定一个有限多边形 D 及它的边的一个对合置换, 并设对每一条边 a 给定运动 $\gamma(a)$ 使得 $(\gamma(a)D) \bigcap D = a$. 再设对这个多边形的每个顶点 A 成立条件 $\sum_{i=1}^{p}(\angle A_i) = \dfrac{2\pi}{m}$ 且变换 $[\gamma(a_1)\cdots\gamma(a_p)]^m$ 保持定向 (回想一下, 由

此可推出关系 $[\gamma(a_1)\cdots\gamma(a_p)]^m = e$. 进一步假定对任意的无穷远顶点, 变换 $\gamma(a_1)\cdots\gamma(a_p)$ 是罗巴切夫斯基平面的抛物运动. 于是, 由所有的元 $\gamma(a)$ 生成的群是离散的且 D 是它的基本域 (基本多边形).

例 20.2. 由反射生成的群 (图 71, a)). 此时顶点 A 的周期等于 2, 它的重数等于 m.

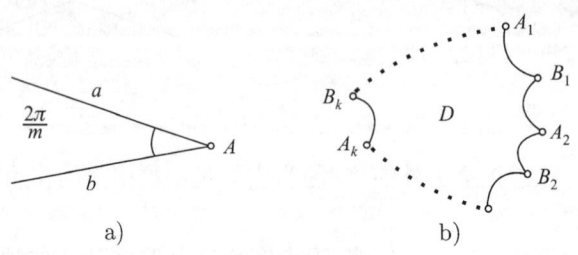

图 71

例 20.3. 由旋转生成的群 (图 71, b)). 设 $\angle A_s = \dfrac{2\pi}{m_s}$, m_s 为正整数; 设交于顶点 A_s 的边是等长的. 假定 $\sum_{i=1}^{k}(\angle B_i) = \dfrac{2\pi}{m}$. 设 γ_s 是围绕顶点 A_s 顺时针方向转动角为 $\dfrac{2\pi}{m_s}$ 的旋转. 则定理 20.4 的条件满足, 因此我们得到一个离散群. 这个群有关系如下: 对顶点 A_s 关系形为 $\gamma_s^{m_s} = e$; 对顶点 B_s 关系等价于 $(\gamma_1\gamma_2\cdots\gamma_k)^m = e$.

注意, 在欧几里得平面中, 这样的多边形为数不多, 因为成立关系式 $\sum_{i=1}^{k}\dfrac{1}{m_i} + \dfrac{1}{m} = k-1$, 由此导出 $k \leqslant 4$ (证明略去), 而在罗巴切夫斯基平面上这样的多边形 (从而这样的离散群) 却无限多.

例 20.4. 考察罗巴切夫斯基平面上的 $4k$ 边形, 如图 72, a) 所示. 假定它的所有角之和等于 2π 且对每个 i, 边 a_i 与边 a'_i 等长, 边 b_i 与边 b'_i 等长. 则有

命题 20.1. 由条件 $\alpha_i : a_i \to a'_i, \beta_i : b_i \to b'_i$ 唯一决定的罗巴切夫斯基平面上保持定向的运动 α_i, β_i 生成一个离散群, 它无不动点且满足关系

$$\alpha_1\beta_1\alpha_1^{-1}\beta_1^{-1}\cdots\alpha_k\beta_k\alpha_k^{-1}\beta_k^{-1} = e,$$

并以这个给定的多边形为基本多边形.

这个群同构于亏格为 k 的黎曼面, 即具 k 个柄的球面的基本群, 而这个多边形则给出了这个黎曼面的规范表示 (见习题 19.4). 由此及由离散群的自由作用给出的覆叠定义 (见 §18.4) 我们得到

推论 1 亏格 $g > 1$ 的闭定向曲面的万有覆叠 (具 g 个柄的球面 M_g^2) 是罗巴切夫斯基平面.

§20. 罗巴切夫斯基平面的离散运动群

习题 20.1. 证明: 如果在例 20.4 中用图 72, b) 替代图 72, a), 则得到同一个曲面.

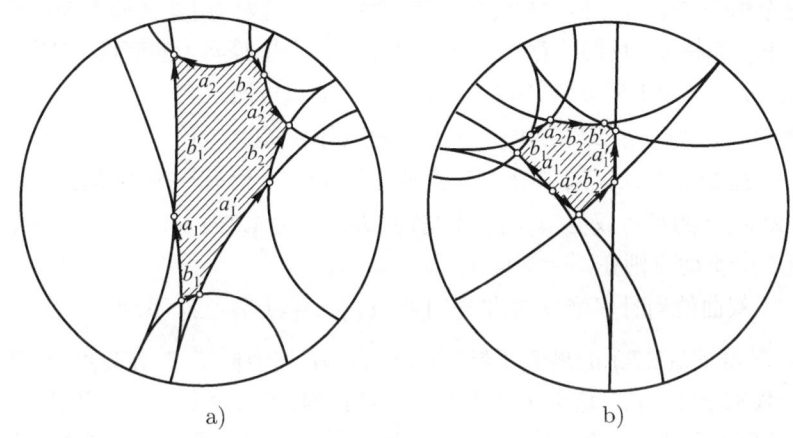

图 72

最后, 我们不加证明地叙述一个关于离散群的有限性定理.

定理 20.5. 罗巴切夫斯基平面的离散运动群的每一个具有有限面积的凸基本多边形仅有有限多条边 (如果有通向无穷远的边, 它们也只有有限多条).

现在我们转向考察所谓的默比乌斯群以及线性分式变换的分类.

我们从黎曼球面 $\mathbb{C}P^1 \cong \mathbb{C} \cup \{\infty\} \cong S^2$, 即扩充复平面上的线性分式变换着手. (具复系数的) 非退化的线性分式变换全体组成一个群, 有时候称它为默比乌斯群, 在文献中用 "Möb" 表示. 下面的同构是显然的: $\text{Möb} \cong SL(2,\mathbb{C})/\{\pm 1\}$ (矩阵 ± 1 由群 $SL(2,\mathbb{C})$ 的中心组成). 由若尔当规范形式的理论熟知, 群 $SL(2,\mathbb{C})$ 中的任意一个矩阵 σ 共轭于下列矩阵之一: 1) $\begin{pmatrix} \lambda & 1 \\ 0 & \lambda \end{pmatrix}$, 对应于变换 $z \mapsto z + \dfrac{1}{\lambda}$ ($\lambda = \pm 1$);

2) $\begin{pmatrix} \lambda & 0 \\ 0 & \mu \end{pmatrix}$ $\left(\mu = \dfrac{1}{\lambda}\right)$, 对应于变换 $z \mapsto cz$. 在第一个情形, 变换 σ 称为**抛物运动**; 在第二个情形, 如果 $|c| = 1$ 则称为**椭圆运动**, 如果 $c \in \mathbb{R}$ 且 $c > 0$ 则称为**双曲运动**; 在所有其余情形, 则一般统称为**斜驶变换**. 恒等变换不在这个分类中. 这些术语也适用于 (所指出形式的) 矩阵以及用这些矩阵表示的群 Möb 中的元. 如果选取变换 σ 的一个表示 (即某个矩阵) 使得 $\det \sigma = 1$, 则成立下面的

引理 20.3. 设 $\sigma \in SL(2,\mathbb{C}), \sigma \neq \pm 1$. 于是, 矩阵 σ 是:

1) 抛物的当且仅当 $\text{Tr } \sigma = \pm 2$;
2) 椭圆的当且仅当 $\text{Tr } \sigma \in \mathbb{R}$ 且 $|\text{Tr } \sigma| < 2$;
3) 双曲的当且仅当 $\text{Tr } \sigma \in \mathbb{R}, |\text{Tr } \sigma| > 2$;
4) 斜驶的当且仅当 $\text{Tr } \sigma \notin \mathbb{R}$.

这里 $\mathrm{Tr}\begin{pmatrix} a & b \\ c & d \end{pmatrix} = a + d$ 是通常的矩阵的迹.

由这个引理显然可见群 $SL(2,\mathbb{R})$ 不包含斜驶元. 我们用变换的不动点来给出群 $SL(2,\mathbb{R})$ 中元的特征. 我们注意到 $SL(2,\mathbb{R})$ 中不同于恒等元 1 的变换 (作为 $SL(2,\mathbb{C})$ 中元) 在扩充复平面上有 2 个不动点, 这两个不动点可能重合.

引理 20.4. 设 $\sigma \in SL(2,\mathbb{R}), \sigma \neq \pm 1$. 则矩阵 σ 是:

1) 抛物的当且仅当 σ 在扩充直线 $\mathbb{R} \cup \{\infty\}$ 上恰有一个不动点;

2) 椭圆的当且仅当 σ 在上半平面 $H = \{z \in \mathbb{C} | \mathrm{Im}\, z > 0\}$ 上有一个不动点而第二个不动点则在下半平面上;

3) 双曲的当且仅当 σ 在扩充直线 $\mathbb{R} \cup \{\infty\}$ 上有 2 个不动点.

设 Γ 是群 $SL(2,\mathbb{R})$ 的离散子群. 于是, $z \in H$ 称为群 Γ 的椭圆点, 如果存在变换 $\sigma \in \Gamma$ 使得 $\sigma(z) = z$, 这里 σ 是椭圆元. 类似地, 点 $z \in \mathbb{R} \cup \{\infty\}$ 称为群 Γ 的抛物点, 如果存在变换 $\tau \in \Gamma$ 使得 $\tau(z) = z$ 且 τ 是群的抛物元. 现在列举上面所指出的各类型变换的一些最简单的性质.

(1) 双曲型

a) 每一个通过一个双曲变换的两个不动点的圆周在此变换下变换为自身; 圆周被这两个不动点分成的两个部分中的每一个在此变换下也变换成自身.

b) 通过这个变换的不动点的圆周的内部变换为自身.

c) 每一个与通过不动点的圆周正交的圆周变换成另一个这样的圆周.

d) 不动点关于任何一个与通过不动点的圆周正交的圆周是共轭的. (点的共轭定义如下: 两个点 A, B 关于半径为 R 中心在点 O 的圆周是共轭的, 如果点 O, A, B 落在一条从点 O 出发的射线上且 $|OA| \cdot |OB| = R^2$) (这里点的共轭通常称为点的反演 —— 译者.)

在图 73 上显示了两系上述的圆周并指明图上表明的圆周系将平面分划成的这些区域的变换方式, 每一个画上细线的区域按箭头的方向转换成后面的 (没有细线的) 区域.

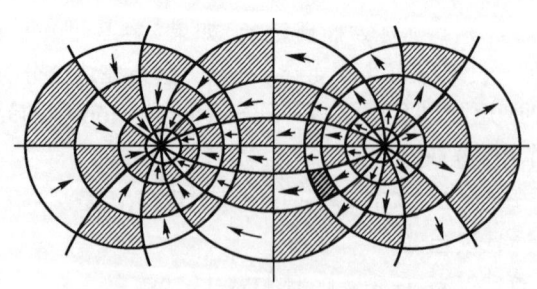

图 73

(2) 抛物型

a) 每一个通过抛物变换的不动点的圆周变换成与它相切于不动点的圆周.

b) 存在一个单参数圆周族, 它们在不动点处彼此相切且其中每一个圆周变换成本身.

c) 每一个保持不变的圆周的内部变换成自身.

在图 74 上指出平面在抛物变换下是如何变换的. 每一个画上细线的区域在抛物变换下按箭头的方向转换成后面的 (没有细线的) 区域.

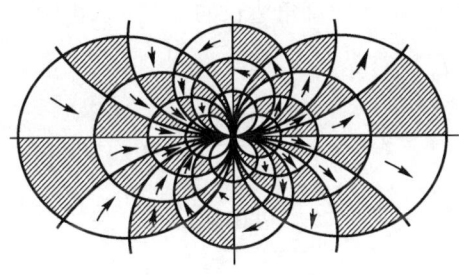

图 74

(3) 椭圆型

a) 连接椭圆变换的两个不动点的圆弧变换成连接不动点的圆弧.

b) 每一个与通过不动点的圆周正交的圆周变换成自身.

c) 每一个这样的圆周的内部变换成自身.

d) 两个不动点关于每一个与通过不动点的圆周正交的圆周是共轭的 (图 75).

在结束本节时我们将指出罗巴切夫斯基平面的离散运动群的一些具体例子, 它们的基本域为角度之和等于 2π 的 $4g$ 边形 (见前面的例 20.4). 我们取正 $4g$ 边形 (每个角为 $\dfrac{\pi}{2g}$) 作为这样的基本域, 它的中心取在, 例如, (庞加莱模型中) 单位圆周的圆心 (图 76). 我们将这个 $4g$ 边形的边成对地划分成组, 每两条对径边为一组. 设 $A_1,\cdots,A_{2g}$ 是罗巴切夫斯基平面的 "平移", 每一个将对径边组中两条边的位置交换 (见图 76). 每一个变换 A_{k+1} 由前一个变换 A_k 的 "平移" 方向旋转 $\pi - \dfrac{\pi}{2g}$ 角而得 (即借助于旋转 $\pi - \dfrac{\pi}{2g}$ 角的矩阵 B_g

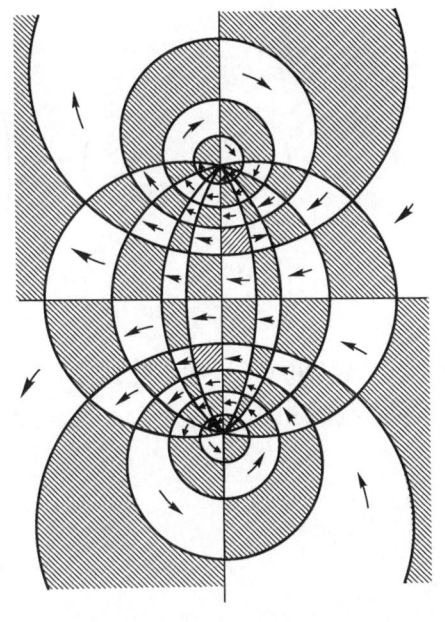

图 75

共轭而得). 这些变换 $A_1, \cdots, A_{2g}$ 满足关系
$A_1 \cdots A_{2g} A_1^{-1} \cdots A_{2g}^{-1} = e$ (试证之!).

容易得到变换 $A_1, \cdots, A_{2g}$ 在 $SL(2, \mathbb{R})$ 中的明确的矩阵表达式 (当然, 已经在上半平面上实现罗巴切夫斯基几何). 在庞加莱模型 (z 平面) 和克莱因模型 (w 平面的上半平面) 之间的变换 $z = (1+iw)/(1-iw)$ 下, 单位圆周的中心变换为点 i; 因此, 通过选取多边形使得它在克莱因模型中具有一条垂直于虚轴的边, 我们可以假定, 在这个实现中运动 A_1 将虚半轴变换成自身. 于是, 它的形式为 $w \mapsto \lambda w, \lambda = e^l$, 其中 l 是内角为 $\dfrac{\pi}{2}, \dfrac{\pi}{4g}, \dfrac{\pi}{4g}$ 的三角形的直角边长的 2 倍 (这由图 76 明显可见). 这条边长是容易计算的; 对于数 l, 我们有

$$l = 2 \ln \frac{\cos \beta + \sqrt{\cos 2\beta}}{\sin \beta}, \quad \beta = \frac{\pi}{4g}$$

(试证之!). 如所说, 矩阵 $A_2, \cdots, A_{2g}$ 可由矩阵 A_1 共轭而得:

$$A_k = B_g^{-k+1} A_1 B_g^{k-1},$$

其中 B_g 是围绕点 i 旋转 $\pi \dfrac{2g-1}{2g}$ 角的矩阵:

$$B_g = \begin{pmatrix} \cos \pi \dfrac{2g-1}{4g} & \sin \pi \dfrac{2g-1}{4g} \\ -\sin \pi \dfrac{2g-1}{4g} & \cos \pi \dfrac{2g-1}{4g} \end{pmatrix}.$$

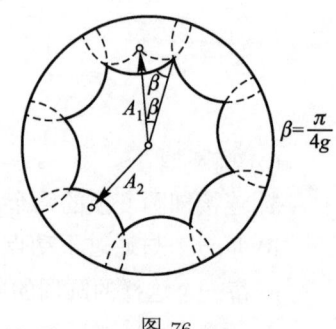

图 76

最后, 我们得到

$$A_k = \begin{pmatrix} \cos \alpha & \sin \alpha \\ -\sin \alpha & \cos \alpha \end{pmatrix}^{-k+1} \begin{pmatrix} \dfrac{\cos \beta + \sqrt{\cos 2\beta}}{\sin \beta} & 0 \\ 0 & \dfrac{\sin \beta}{\cos \beta + \sqrt{\cos 2\beta}} \end{pmatrix}$$
$$\begin{pmatrix} \cos \alpha & \sin \alpha \\ -\sin \alpha & \cos \alpha \end{pmatrix}^{k-1} \quad \alpha = \pi \dfrac{2g-1}{4g}, \quad k = 1, \cdots, 2g.$$

习题 20.2. 证明: 具生成元 $A_1, \cdots, A_{2g}$ 和关系 $A_1 \cdots A_{2g} A_1^{-1} \cdots A_{2g}^{-1} = 1$ 的群同构于具生成元 $a_1, b_1, \cdots, a_g, b_g$ 和关系 $a_1 b_1 a_1^{-1} b_1^{-1} \cdots a_g b_g a_g^{-1} b_g^{-1} = 1$ 的群.

第五章 同 伦 群

§21. 绝对同伦群和相对同伦群的定义. 例

1. 基本定义

我们即将定义的同伦群本身是流形或拓扑空间的最重要的不变量. 这将在以后的内容中明显可见. 一维同伦群按其定义重合于基本群 $\pi_1(M, x_0)$. 一般来说, 零维同伦群不存在: 线性连通空间 M 的连通分支组成的集 $\pi_0(M, x_0)$ 是同伦群的零维类似, 其中指定一个"平凡的"元, 即基点 x_0 所在的连通分支. 只有个别的情形, 集 $\pi_0(M, x_0)$ 才具有自然的群结构; 我们指出一些这种情形的例子.

A. 空间 M 是一个李群. 在这种情形, 单位元 $x_0 = 1$ 的连通分支, 记为 $M_0 \subset M$, 是一个正规子群: 商群 $M/M_0 = \pi_0(M, x_0)$ 具有自然的群结构.

例如: 1) 对于 $M = O(n)$, 则 $\pi_0(M, x_0) \simeq \mathbb{Z}_2$ (与行列式的符号相对应的两个连通分支); 2) 对于 $M = O(1, n)$, 则 $\pi_0(M, x_0) \simeq \mathbb{Z}_2 \oplus \mathbb{Z}_2$ (群按照行列式的符号以及保持或改变时间 t 的方向来划分连通分支, 见卷 1 §6.2).

B. M 是某个空间 N 的闭路空间 $\Omega(x_0, N)$; 这个空间 $\Omega(x_0, N)$ 由始点和终点均为点 x_0 的路径 γ 组成. 如同在 §15 (见定理 15.1) 证明的那样, 空间 M 的线性连通分支的集合 $\pi_0(M, e)$ (e 是单位元, 即常路径 $\gamma(t) \equiv x_0$) 与群 $\pi_1(N, x_0)$ 重合 (根据后者的定义).

现在我们将给出"高阶"同伦群 $\pi_i(M, x_0)$ 的定义. 考察具边界为球面 S^{i-1} 的圆盘 D^i 及映射 $f: D^i \to M$, f 将球面 S^{i-1} 映射为点 x_0.

定义 21.1. 圆盘 $D^i \to M$ 的映射的同伦类称为同伦群 $\pi_i(M, x_0)$ 的元, 其中所有的同伦中的映射都将边界 S^{i-1} 映射为点 x_0. 等价的方式即: $\pi_i(M, x_0)$ 的元

由球面 $S^i \to M$ 的映射的同伦类给定, 这种映射将球面上选定的点 $s_0 \in S^i$ 映射为点 x_0.

(可以说, 群 $\pi_i(M, x_0)$ 的元是 $S^i \to M$ 的将 s_0 映射为 x_0 的映射空间中的连通分支.)

同伦群中元的乘法定义如下: 考察赤道为 $S^{i-1} \subset S^i$ 的球面 S^i 和赤道 S^{i-1} 上的一点 s_0. 再考察球面到两个球面的束 $S_1^i \vee S_2^i$ 的标准映射 ψ: ψ 将赤道整个地映射为一点 s_0, 即映射为 S_1^i 与 S_2^i 粘合在一起的那个点 (仍记为) s_0 (图 77).

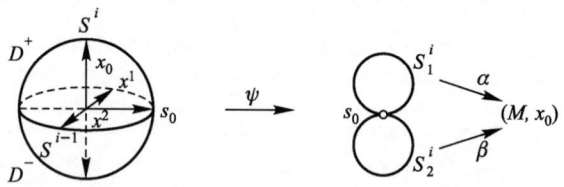

图 77

除赤道 S^{i-1} 外, 映射 ψ 是双方一一的且在所有的点保持定向. 如果给定映射 $\alpha: S_1^i \to M, \alpha(s_0) = x_0$, 和 $\beta: S_2^i \to M, \beta(s_0) = x_0$, 则我们定义积 $\alpha\beta$ 为 $S^i \to M$ 的一个映射, 它在上半球面 D^+ 上与 $\alpha \circ \psi$ 相同, 在下半球面 D^- 上与 $\beta \circ \psi$ 相同:

$$\alpha\beta(x) = \begin{cases} \alpha\psi(x), & x \in D^+, \\ \beta\psi(x), & x \in D^-. \end{cases}$$

显然, $\alpha\beta(s_0) = x_0$, 且两个分别同伦于 α 和 β 的映射的乘积同伦于 $\alpha\beta$ (这里的同伦都应将 s_0 映射为 x_0). 因此, 下面的定义是合理的: 积 $\alpha\beta$ 的同伦类称为 α 和 β 的同伦类在群 $\pi_i(M, x_0)$ 中的积.

定理 21.1. 上述同伦类的乘法运算使集 $\pi_i(M, x_0)$ 成为一个群, 且当 $i > 1$ 时是交换群.

证明 对 $i = 1$, 定理 21.1 即定理 17.1. 我们考察 $i > 1$ 的情形.

a) 交换性: $\alpha\beta$ 同伦于 $\beta\alpha$. 设在上半球面 $D^+(x^0 \geqslant 0)$ 上给定 α, 在下半球面 $D^-(x^0 \leqslant 0)$ 上给定 β; 我们假定球面 S^i 已嵌入到 $\mathbb{R}^{i+1}(x^0, \cdots, x^i)$ 中作为超曲面 $\sum_{j=0}^{i}(x^j)^2 = 1$. 设赤道上的点 s_0 的坐标为 $s_0 = (0, 1, 0, \cdots, 0)$. 考察球面 S^i 自身绕平面 (x^0, x^2) 的正交补的一族旋转 f_φ, 旋转角 $0 \leqslant \varphi \leqslant \pi$. 当 $\varphi = \pi$ 时这个变换交换 D^+ 与 D^- 的位置, 点 s_0 在所有的旋转下都不动. 这族映射定义了一个同伦 $F: I \times S^i \to M$ (其中 $I = [0, \pi]$): $F(\varphi, x) = \alpha\beta(f_\varphi(x))$, 它交换了 α 与 β 的位置. 因此, $\alpha\beta$ 同伦于 $\beta\alpha$.

b) 结合性: $(\alpha\beta)\gamma$ 同伦于 $\alpha(\beta\gamma)$. 设在上半球面 $D^+(x^0 \geqslant 0)$ 上给定 α, 而下半球面 $D^-(x^0 \leqslant 0)$ 被对半划分成 $D^- = D_1^- \bigcup D_2^-$: 在 D_1^- 上 $x^1 \leqslant 0$, 在 D_2^- 上 $x^1 \geqslant 0$.

设 β 作为圆盘 D_1^- 上的映射给定, γ 作为圆盘 D_2^- 上的映射给定. 我们以自然的方式定义从 S^i 到 3 个球面的球束的映射 ψ, 然后利用 α, β, γ 将 S^i 映射到 M (图 78). 容易看出, 这个从 S^i 到 M 的复合映射既属于 $\alpha(\beta\gamma)$ 的同伦类也属于 $(\alpha\beta)\gamma$ 的同伦类. 结合性得证.

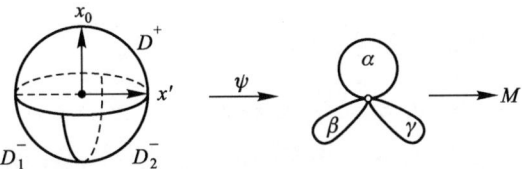

图 78

c) **逆元.** 设给定球面的映射 $\alpha : (S^i, s_0) \to (M, x_0)$, 它确定了元 $\alpha \in \pi_i(M, x_0)$; 我们将证明由公式

$$\overline{\alpha} : (x^0, x^1, \cdots, x^i) \mapsto \alpha(-x^0, x^1, \cdots, x^i)$$

定义的映射 $\overline{\alpha} : (S^i, s_0) \to (M, x_0)$ 定义了逆元 $-\alpha \in \pi_i(M, x_0)$. 考察我们熟悉的映射 $\psi : S^i \to S^i \vee S^i$, 它将赤道 $x^0 = 0$ 映射为点 s_0 (图 79). 我们假定映射 $\alpha\psi : D \to M$ 定义在上半球面 $D^+(x^0 \geqslant 0)$ 上, 而映射 $\overline{\alpha}\psi : D \to M$ 则作为下半球面 $D^-(x^0 \leqslant 0)$ 上的映射, 它由公式 $\overline{\alpha}\psi(x^0, x^1, \cdots, x^i) = \alpha\psi(-x^0, x^1, \cdots, x^i)$ 给定. 映射 $\alpha\psi$ 和 $\overline{\alpha}\psi$ 一起给出映射 $\alpha\overline{\alpha} = f : S^i \to M$, 它将点 $y = (x^0, \cdots, x^i)$ 和 $y^* = (-x^0, \cdots, x^i)$ 映射为同一个点, $f(y) = f(y^*)$. 结果, 映射 f 可表示为复合形式 $f = g_0\pi$, 其中 π 是投影, $\pi : S^i \to D^i, \pi(y) = \pi(y^*)$ (图 80), 而 $g = \alpha\psi : D^i \to M$ (D^+ 等同于 D^i). 因此, 映射 f 同伦于常值映射, 且点 s_0 可以在同伦时保持不动. 定理证毕. □

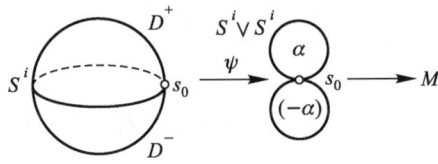

图 79

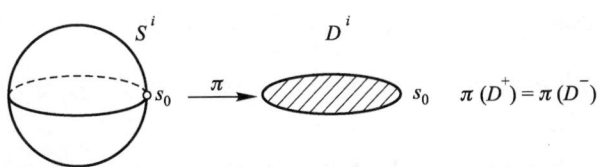

图 80

迄今为止，还只有很少的一些空间，它们的高阶同伦群是我们知道的：

a) $\pi_i(M, x_0) = 0$ (使用加法记号，因为当 $i > 1$ 时同伦群是交换群) 对任意的可缩流形或空间 M (例如，$M = \mathbb{R}^n, D^n$，树等);

b) $\pi_i(S^n) = 0$ (见 §17.5 的注) 对 $i < n, \pi_n(S^n) \simeq \mathbb{Z}$ (见 §13.3).

由同伦群的定义立即可得

命题 21.1. 对于直积 $M \times N$ 成立
$$\pi_i(M \times N) \simeq \pi_i(M) \times \pi_i(N).$$

证明 任何一个映射 $f: S^i \to M \times N$ 就是一个映射对：$f = (f_1, f_2)$，其中 $f_1: S^i \to M, f_2: S^i \to N$. 在 f 的同伦中，分量 f_1, f_2 独立地形变. 命题得证. □

于是，我们可以通过对已知其同伦群的那些例子作它们的直积来扩充新的例子.

2. 相对同伦群. 偶的正合序列

对于空间 M，它的一个子集 A 和一个点 $x_0 \in A$，可以定义相对同伦群 $\pi_i(M, A, x_0)$. 元 $a \in \pi_i(M, A, x_0)$ 可用圆盘的映射 $\alpha: D^i \to M$ 代表，这个映射将边界 S^{i-1} 映射到 A 中，将边界 S^{i-1} 上选定的点 s_0 映射为 x_0. 作为定义，$\pi_i(M, A, x_0)$ 中的元就是这种映射
$$\alpha: (D^i, S^{i-1}, s_0) \to (M, A, x_0)$$
的同伦类.

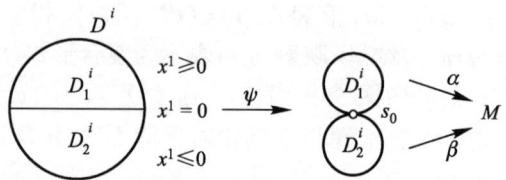

图 81

$\pi_i(M, A, x_0)$ 对于 $i \geqslant 1$ 都可定义且当 $i \geqslant 2$ 时是群. 当 $i \geqslant 3$ 时，群 $\pi_i(M, A, x_0)$ 是交换群.

当 $i \geqslant 2$ 时，$\pi_i(M, A, x_0)$ 的群结构的引入完全类似于绝对同伦群 $\pi_i(M, x_0)$. 于是，如果 $\alpha, \beta \in \pi_i(M, A, x_0)$，则积 $\alpha\beta$ 定义在圆盘 D^i 上 (图 81)，D^i 在 $\mathbb{R}^i$ 中表达为 $\sum_{j=1}^{i}(x^j)^2 \leqslant 1$. 考察映射 $\psi: D^i \to D_1^i \vee D_2^i$，它将圆盘 $D^{i-1}(x^1 = 0)$ 收缩于点 s_0. 在圆盘 D_1^i 上定义 α，在圆盘 D_2^i 上定义 β. 复合映射 $D^i \xrightarrow{\psi} D_1^i \vee D_2^i \to M$ 给出 $\alpha\beta$ (它确实代表了 $\pi_i(M, A, x_0)$ 的一个元).

当 $i = 1$ 时我们有映射的同伦类集 $\pi_1(M, A, x_0)$，它不具有群的运算. 当 $i = 2$ 时，边界 $\partial D^i = S^{i-1}$ 是一维的. 因此，相对群 $\pi_2(M, A, x_0)$ 可以是非交换的，就像

绝对群 $\pi_1(M,x_0)$ 一样. 当 $i \geqslant 3$ 时, 逐字逐句地重复定理 21.1 的证明就可得到群 $\pi_i(M,A,x_0)$ 的交换性. 当 $i \geqslant 2$ 时 $\pi_i(M,A,x_0)$ 是群的证明也完全类似于定理 21.1 的证明, 因此我们在这里不去证明它.

如果 $A = \{x_0\}$, 则相对群 $\pi_i(M,A,x_0)$ 就是 "绝对" 群 $\pi_i(M,x_0)$.

类似于基本群 π_1 的情形 (见 §17), 对流形 (空间) 间的连续映射

$$f : M \to N,$$
$$A \to B,$$
$$x_0 \mapsto y_0,$$

我们得到一个自然的同态 $[D^i \to M \xrightarrow{f} N]$

$$f_* : \pi_i(M,A,x_0) \to \pi_i(N,B,y_0).$$

这个同态关于 f 的同伦映射是不变的, 这种同伦应将 A 映射到 B 中且点 x_0 映射为 y_0.

每一个将球面 $\partial D^i = S^{i-1}$ 映射为点 x_0 的映射 $D^i \to M$ 是群 $\pi_i(M,x_0)$ 的一个元, 也是群 $\pi_i(M,A,x_0)$ 的一个元. 于是, 我们得到同态

$$j : \pi_i(M,x_0) \to \pi_i(M,A,x_0),$$

因为在同伦类 $\alpha \in \pi_i(M,x_0)$ 中的同伦映射可以视为 $\pi_i(M,A,x_0)$ 中的同伦类的同伦映射 (但反过来则不对!).

此外, 每一个代表元 $\alpha \in \pi_i(M,A,x_0)$ 的映射 $f : D^i \to M$ 确定了边界映射

$$f|_{\partial D^i} : S^{i-1} \to A,$$

它将 $s_0 \mapsto x_0$. 对于 f 在同伦类 $\alpha \in \pi_i(M,A,x_0)$ 的同伦映射, 边界映射则在 $\pi_{i-1}(A,x_0)$ 的同伦类中变化. 群 $\pi_i(M,A,x_0)$ 中的乘法在边界上生成群 $\pi_{i-1}(A,x_0)$ 中所定义的乘法. 于是就产生了 "边界同态"

$$\partial : \pi_i(M,A,x_0) \to \pi_{i-1}(A,x_0).$$

最后, 包含映射 $A \subset M$ 视为连续映射 $i : A \to M$ 就生成 "包含同态"

$$i_* : \pi_i(A,x_0) \to \pi_i(M,x_0).$$

我们记得, 群 G 的子群 $\operatorname{Ker} \varphi$ 称为群同态 $\varphi : G \to H$ 的核, 元 $\alpha \in \operatorname{Ker} \varphi$, 如果 $\varphi(\alpha) = 1$. 同态 φ 的像用 $\operatorname{Im} \varphi$ 表示, 则集 $\varphi(G) \subset H$.

定理 21.2. 同态 j, i_*, ∂ 具有 "正合性":

$$\mathrm{Ker}\, j = \mathrm{Im}\, i_*,$$
$$\mathrm{Ker}\, i_* = \mathrm{Im}\, \partial,$$
$$\mathrm{Ker}\, \partial = \mathrm{Im}\, j.$$

这个性质的另一种表达方法是通常所说的: 群同态的序列

$$\cdots \xrightarrow{\partial} \pi_i(A, x_0) \xrightarrow{i_*} \pi_i(M, x_0) \xrightarrow{j} \pi_i(M, A, x_0) \xrightarrow{\partial} \pi_{i-1}(A, x_0) \to \cdots$$

是正合的 (称为偶的正合同伦序列).

证明 a) $\mathrm{Ker}\, j = \mathrm{Im}\, i_*$. 事实上. 群 $\pi_i(M, x_0)$ 的每一个元可用映射 $\alpha: D^i \to M, \alpha(\partial D^i) = x_0$ 来代表. 如果这个元属于 $\mathrm{Ker}\, j$, 则存在映射 $\alpha = \alpha_0$ 的同伦 α_t ($0 \le t \le 1$), 在同伦过程中对所有的 $t, s_0 \mapsto x_0, \partial D^i \to A$, 而在终点的同伦可得 $\alpha_1(D^i) \subset A$. 这就是 $\mathrm{Ker}\, j$ 的定义. 同伦 α_t 定义了映射 $\partial D^i \times [0, 1] \to A$, 其中 $\alpha_0(\partial D^i) = x_0$. 因此, 映射族 $\alpha_t: \partial D^i \times [0, 1] \to A$ 给出了圆盘的一个映射 $D^i \to A$. 将这个映射与映射 $\alpha_1: D^i \to A$ 结合起来就可得到一个映射 $S^i \to A$, 它将 $s_0 \mapsto x_0$ 且代表了 $\mathrm{Im}\, i_*$ 中的一个元. 因为不难看出这个映射与 α 代表了 $\pi_i(M, x_0)$ 中同一个元, 所以 $\mathrm{Ker}\, j$ 包含于 $\mathrm{Im}\, i_*$ 中.

反之, 如果给定圆盘的映射 $f: D^i \to A, f(\partial D^i) = x_0$, 则在群 $\pi_i(M, A, x_0)$ 中这个映射 f 给出零元, 因为圆盘本身可以在 A 中收缩为点 x_0. 因此, $\mathrm{Im}\, i_* = \mathrm{Ker}\, j$.

b) $\mathrm{Ker}\, \partial = \mathrm{Im}\, j$. 如果 $\alpha \in \mathrm{Ker}\, \partial$, 则 α 由映射 $\alpha: D^i \to M$ 代表, α 将 $S^{i-1} \to A, s_0 \mapsto x_0$, 且边界映射 $\alpha: S^{i-1} \to A$ 同伦于零, 即存在同伦 $\alpha_t: S^{i-1} \to A$ 使得 $\alpha_0 = \alpha|_{S^{i-1}}, \alpha_t(s_0) = x_0, \alpha_1(S^{i-1}) = x_0$. 映射 $\alpha: D^i \to M$ 连同映射 $\{\alpha_t\}: S^{i-1} \times [0, 1] \to A$, 将 $S^{i-1} \times 1$ 映射为 x_0, 组成映射 $S^i \to M$, 在此映射下, 基点 $s_0 \in (S^{i-1}, 1)$ 映射为 x_0. 显然, 这个映射与 α 代表了 $\pi_i(M, A, x_0)$ 中同一个元. 于是, 核 $\mathrm{Ker}\, \partial$ 包含于像 $\mathrm{Im}\, j$ 中. 反向的包含是显然的, 因为在 $\mathrm{Im}\, j$ 中的圆盘的映射 $\alpha: D^i \to M$ 之下, 整个边界映射为一点, 这意味着 $\partial(\alpha) = 0$.

c) $\mathrm{Im}\, \partial = \mathrm{Ker}\, i_*$. 设 $\alpha \in \mathrm{Ker}\, i_* \subset \pi_i(A, x_0)$, α 由映射 $\alpha: S^i \to A, s_0 \mapsto x_0$ 代表. 于是, 由 $\mathrm{Ker}\, i_*$ 的定义, 有同伦 $\alpha_t: S^i \to M$ 满足 $\alpha_0 = \alpha, \alpha_t(s_0) = x_0$ 和 $\alpha_1(S^i) = x_0$. 这个同伦给出圆盘的一个映射 $D^{i+1} \to M$, 因为 $\alpha_1(S^i, 1) = x_0$. 在此映射下, 边界 $\partial D^{i+1} = S^i = (S^i, 0)$ 被映射 α_0 映射至 A 中而 s_0 映射为 x_0. 这样, 我们得到一个映射 $F: D^{i+1} \to M, S^i \to A, s_0 \mapsto x_0$. 于是, F 代表 $\pi_{i+1}(M, A, x_0)$ 的一个元, 而因为 $\alpha = \alpha_0 = \partial(F)$, 所以 $\mathrm{Ker}\, i_*$ 包含于像 $\mathrm{Im}\, \partial$ 中.

反之, 如果 $F \in \pi_{i+1}(M, A, x_0)$ 和 $\alpha = \partial F$, 则映射 $\alpha: S^i \to A$ (在 M 中) 同伦于映射为一点的映射, 且在同伦过程中 $s_0 \mapsto x_0$. 定理得证. □

例 21.1. 设 $M = D^n, A = \partial D^n = S^{n-1}$. 于是, $\pi_n(D^n, S^{n-1}, x_0) \simeq \mathbb{Z}$, 且当 $i < n$ 时, $\pi_i(D^n, S^{n-1}, x_0) = 0$.

证明 考察正合序列

$$\pi_n(D^n) \xrightarrow{j} \pi_n(D^n, S^{n-1}) \xrightarrow{\partial} \pi_{n-1}(S^{n-1}) \xrightarrow{i_*} \pi_{n-1}(D^{n-1}).$$

如果 $n > 1$, 则

$$\pi_n(D^n) = \pi_{n-1}(D^{n-1}) = 0,$$

因为球 D^n 是可缩的. 因此, $\operatorname{Im} j = 0, \operatorname{Im} i_* = 0$. 因为 $\operatorname{Im} j = \operatorname{Ker} \partial$, 所以 $\operatorname{Ker} \partial = 0$. 因此, 同态 $\partial : \pi_n(D^n, S^{n-1}) \to \pi_{n-1}(S^{n-1})$ 是单射 (是包含同态). 因为 $\operatorname{Im} \partial = \operatorname{Ker} i_* = \pi_{n-1}(S^{n-1})$, 同态 ∂ 实际上是 $\pi_n(D^n, S^{n-1})$ 与 $\pi_{n-1}(S^{n-1}) \simeq \mathbb{Z}$ (见 §13.3) 之间的一个同构. 第二个结论的证明留给读者. □

类似地, 如果 M 是可缩的, 则 $\pi_j(M) = 0$ ($j \geqslant 0$) 且当 $n \geqslant 1$ 时 $\pi_n(M, A) = \pi_{n-1}(A)$ (试证之!).

§22. 覆叠同伦. 覆叠空间的同伦群和闭路空间

1. 纤维化概念

设 X 和 Y 是两个拓扑空间, $f: X \to Y$ 是连续映射. 在 (下面的) 某些例子中 X 将是无限维的函数空间 —— 路径空间. 考察任意的光滑流形 (或空间) K 和两个映射

$$\varphi : K \to Y, \widetilde{\varphi} : K \to X;$$

如果 $f\widetilde{\varphi} = \varphi$, 则称 $\widetilde{\varphi}$ 覆叠 φ.

定义 22.1. 我们称映射 $f: X \to Y$ 是一个纤维化 (或塞尔纤维化), 如果对于到底空间 Y 的任意映射 $\varphi = \varphi_0$ 的任何同伦 $\Phi = \{\varphi_t\}: K \times I \to Y$ 都存在某个同伦 $\widetilde{\Phi} = \{\widetilde{\varphi}_t\} : K \times I \to X$ 覆叠 Φ, 即对一切的 $0 \leqslant t \leqslant 1$, $f\widetilde{\varphi}_t = \varphi_t$, 且在时刻 $t = 0$ 时映射 $\widetilde{\varphi}_0$ 重合于事先给定的满足条件 $f\widetilde{\varphi} = \varphi$ 的映射 $\widetilde{\varphi}$. 此外还要求覆叠同伦 $\widetilde{\varphi}_t$ 连同 φ_t 是 "稳定的", 即如果某个点 $k \in K$ 在同伦的某个区间 δ 上是不变的, $\varphi_t(k) = $ 常值, $t \in \delta$, 则也有 $\widetilde{\varphi}_t(k) = $ 常值, $t \in \delta$.

空间 Y 称为底空间, X 称为纤维 (化) 空间; 完全原像 $F_y = f^{-1}(y)$ 称为纤维, 映射 f 则称为射影.

实践中, 在所有具覆叠同伦性质的情形, 为了在 X 中覆叠底空间 Y 中点的活动, 需要引入明确的法则; 这种法则必须连续且保积地依赖于底空间 Y 中点的路径和在 X 中相应点的初始位置. 精确地说, 其意义如下:

(1) 对于底空间 Y 中的每一条连续路径 $\gamma(t) : I \to Y, 0 \leqslant t \leqslant 1$, 及 X 中满足 $f(x_0) = y_0 = \gamma(0)$ 的初始点 $x_0 \in X$, 唯一地伴随一条连续路径 $\widetilde{\gamma}(t, x_0) : I \to X$ 使得 $\widetilde{\gamma}(0, x_0) = x_0$ 且 $f\widetilde{\gamma}(t, x_0) = \gamma(t)$. 路径 $\widetilde{\gamma}(t, x_0)$ 应该连续地依赖于路径 $\gamma(t)$ 和初始点 x_0.

(2) 保积性: 底空间 Y 中路径 γ_1, γ_2 的乘积及初始点 $x_0 \in X$ 在覆盖之下应该对应于路径乘积 $\widetilde{\gamma}_1(t, x_0) \circ \widetilde{\gamma}_2(\tau, x_1), 0 \leqslant t \leqslant 1, 1 \leqslant \tau \leqslant 2$, 如果 $x_1 = \widetilde{\gamma}_1(1, x_0)$.

(3) 如果路径 γ 是常路径 (化约为点 y_0), 则路径 $\widetilde{\gamma}$ 也是常路径 (化约为点 x_0).

我们注意: 如果给定从 y_0 到 y_1 的路径 $\gamma(t)$, 则对所有的 $x \in f^{-1}(y_0)$, 路径 $\widetilde{\gamma}(t, x)$ 全体定义了纤维间的 "转移" 映射 $\widetilde{\gamma}: f^{-1}(y_0) \to f^{-1}(y_1)$, 且 $\widetilde{(\gamma_1 \circ \gamma_2)} = \widetilde{\gamma}_1 \circ \widetilde{\gamma}_2$, 而纤维 $F = f^{-1}(y_0)$ 到自身的映射 $\widetilde{\gamma} \circ \widetilde{\gamma}^{-1}$ 同伦于恒等映射 $1_F \sim \widetilde{\gamma} \circ \widetilde{\gamma}^{-1}: f^{-1}(y_0) \to f^{-1}(y_0)$.

习题 22.1. 证明: 纤维空间的纤维是彼此同伦等价的, 更进一步, 纤维间的转移映射是同伦等价.

定义 22.2. 满足前面列举的三个性质的覆盖同伦法则称为纤维化 $f: X \to Y$ 中的一个同伦联络.

例 22.1. 覆叠空间是纤维空间, 其中所有的纤维是离散的. 覆叠同伦性质及各点的纤维间的转移分别在 §18.1 和 §19.1 中研究过.

例 22.2. 考察光滑流形 (或拓扑空间) M 和点 $x_0 \in M$. 我们用 $X = E(x_0)$ 表示所有的从点 x_0 出发并结束于任意点 $\gamma(1) \in M$ 的路径 $\gamma(t), 0 \leqslant t \leqslant 1$, 所成的空间. (作为习题请读者利用 M 上的拓扑定义 $E(x_0)$ 上自然的拓扑.) 我们用 Y 表示流形 M 本身. 则有映射 $f: E(x_0) \to Y$, 定义为 $f(\gamma) = \gamma(1)$. 纤维 $f^{-1}(y)$ 是第 4 章 §17.1 中出现过的路径空间 $\Omega(x_0, y, M)$.

引理 22.1. 映射 $f: E(x_0) \to Y$ 是纤维化.

证明 只要对映射 f 建立同伦联络即可. 设给定 M 中的道路 $\gamma(t)$ ($1 \leqslant t \leqslant 2$), 它从 $y_0 = \gamma(1)$ 到 $y_1 = \gamma(2)$. 对 $t = 1$, 点 y_0 是 "覆叠". 这意味着给定一条从点 x_0 出发并在点 $y_0 = \gamma(1)$ 结束的路径 $\gamma_1(\tau), 0 \leqslant \tau \leqslant 1$. 路径 $\gamma(t)$ 在空间 $X = E(x_0)$ 中的覆盖则以显然的方式确定: 对任意的 $1 \leqslant t \leqslant 2$, 由公式

$$\widetilde{\gamma}_t(t') = \gamma_1(t'), \quad \text{当 } 0 \leqslant t' \leqslant 1,$$
$$\widetilde{\gamma}_t(t') = \gamma(t'), \quad \text{当 } 1 \leqslant t' \leqslant t$$

定义的路径 $\widetilde{\gamma}_t(t') \in \Omega(x_0, \gamma(t), M), 0 \leqslant t' \leqslant t$, 是空间 $E(x_0)$ 中的点 (图 82, 路径 $\widetilde{\gamma}_t(t')$ 用虚线表明). 对路径 $\widetilde{\gamma}_t(t')$ 可以引入新的参数 $t'' = \dfrac{t'}{t}$; 于是 $0 \leqslant t'' \leqslant 1$. $Y = M$ 中路径 $\gamma(t)$ 在空间 $E(x_0) = X$ 中的覆盖 $\widetilde{\gamma}_t$ 连续依赖于初始点 (即路径 $\gamma_1(\tau)$) 及底空间 $Y = M$ 中路径 $\gamma(t)$. 容易验证覆盖同伦的其余两个性质. 引理得证. □

2. 纤维化的正合序列

考察纤维化 $f: X \to Y$, 点 $y_0 \in Y$ 和纤维 $F = f^{-1}(y_0)$. 在纤维 F 中选取点 $f_0 \in F$. 于是, 同伦群 $\pi_i(X, f_0), \pi_i(F, f_0), \pi_i(X, F, f_0)$ 及 (关于偶 X, F 的) 正合序列

$$\cdots \to \pi_i(F) \xrightarrow{i_*} \pi_i(X) \xrightarrow{j} \pi_i(X, F) \xrightarrow{\partial} \pi_{i-1}(F) \to \cdots$$

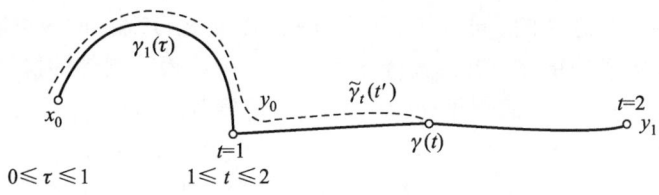

图 82

都已确定.

在映射 $f: X \to Y$ 之下, 纤维 $F = f^{-1}(y_0)$ 映射为一个点 y_0. 因此, 可定义同态

$$f_*: \pi_i(X, F, f_0) \to \pi_i(Y, y_0).$$

定理 22.1. 同态 f_* 是同构, $\pi_i(X, F, f_0) \simeq \pi_i(Y, y_0)$. 因此, 我们有 "纤维化正合序列"

$$\cdots \to \pi_i(F) \xrightarrow{i_*} \pi_i(X) \xrightarrow{f_* \circ j} \pi_i(Y) \xrightarrow{\partial} \pi_{i-1}(F) \to \cdots$$

证明 设 $\widehat{\alpha} \in \pi_i(X, F, f_0)$ 且 $f_*(\widehat{\alpha}) = 0$, 这里 $\widehat{\alpha}$ 由映射 $\alpha: D^i \to X, \partial D^i \to F, s_0 \mapsto f_0$ 代表. 我们用 β 表示映射 $f\alpha = \beta: D^i \to Y, \partial D^i \to y_0$. 因为 β 代表 $f_*(\widehat{\alpha})$, 而 $f_*(\widehat{\alpha})$ 是群 $\pi_i(Y, y_0)$ 中的单位元, 因此, 存在同伦 $\beta_t: D^i \to Y$ 满足 $\beta_t(\partial D^i) = y_0, \beta_0 = \beta$ 及 $\beta_1(D^i) = y_0$. 我们用同伦 $\alpha_t: D^i \to X$ 覆盖同伦 β_t 使得 $\alpha_0 = \alpha, \alpha_t(s_0) = f_0$. 于是, 对一切 $t, \alpha_t(\partial D^i) \subset F$ 且 $\alpha_1(D^i) \subset F$. 因此, α 代表群 $\pi_i(X, F)$ 的单位元, 于是, 同态 f_* 的核为零.

现在设给定元 $\widehat{\beta} \in \pi_i(Y, y_0)$. 我们要寻找 $\widehat{\alpha} \in \pi_i(X, F, f_0)$ 使得 $f_*(\widehat{\alpha}) = \widehat{\beta}$. 对任意的映射 $\beta: D^i \to Y, \beta(\partial D^i) = y_0$, 可以构造同伦 $\beta_t: D^i \to Y, 0 \leqslant t \leqslant 1$, 满足 $\beta_0 = \beta, \beta_t(s_0) = y_0$ 和 $\beta_1(D^i) = y_0$, 这是由于圆盘是可缩的 (这个同伦并未给出到群 $\pi_i(Y, y_0)$ 的同伦等价, 因为 $\beta_t(\partial D^i) \neq y_0$) (图 83). 映射 $\beta_1: D^i \to y_0$ 覆盖映射 $\alpha_1: D^i \to f_0$. 现在, 我们从映射 $\alpha_1: D^i \to f_0$ 开始覆盖整个同伦 $\alpha_t, 1 \geqslant t \geqslant 0$.

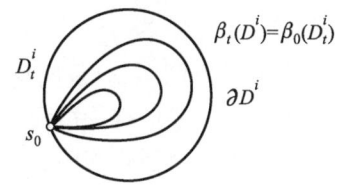

图 83

在同伦的终端, 我们得到映射 $\alpha_0: D^i \to X$, 它满足 $s_0 \mapsto f_0$ 且 $f\alpha_0 = \beta_0 = \beta$. 因为 $\beta(\partial D^i) = y_0$, 我们得到 $\alpha_0(\partial D^i)$ 落在纤维 F 中. 于是, 映射 α_0 给出一个元 $\alpha \in \pi_i(X, F, f_0)$ 满足 $f_*(\alpha) = \beta$. 定理得证. □

注 集合 $\pi_1(X, F, f_0)$ 可通过后面的同构 $\pi_1(X, F, f_0) \stackrel{f_*}{\simeq} \pi_1(Y, y_0)$ 引入群结构. 在正合序列的最后一段

$$\cdots \to \pi_1(F, f_0) \xrightarrow{i_*} \pi_1(X, f_0) \xrightarrow{f_* \circ j} \pi_1(Y, y_0) \xrightarrow{\partial} \pi_0(F)$$

中, X 和 Y 假定是连通的, 同态 $f_* \circ j : \pi_1(X, f_0) \to \pi_1(Y, y_0)$ 的像可能不是正规子群, 因此, 陪集所成的集 $\pi_0(F) \simeq \pi_1(Y, y_0)/f_*\pi_1(X, f_0)$ 没有自然的群结构.

在覆盖 $f : X \to Y$ 的纤维 $F = f^{-1}(y_0)$ 是离散的情形, 当 $i \geqslant 2$ 时, 如果任意连续映射 $D^i \to X$ 满足 $\partial D^i \to F, s_0 \mapsto f_0$, 则它实际上将 ∂D^i 映射为 f_0, 因而 $\pi_i(X, F, f_0) = \pi_i(X, f_0)$. 由所作的这个观察与上述定理可导出下面的命题.

推论 1 对于纤维 $F = f^{-1}(y_0)$ 是离散的覆盖, 我们有同构 $\pi_i(X, f_0) \simeq \pi_i(Y, y_0)$, $i \geqslant 2$. (在第 4 章 §19.2 中我们已研究过群 $\pi_1(X, f_0)$ 与 $\pi_1(Y, y_0)$ 之间的这种关系.)

推论 2 对于纤维为 $\Omega(x_0, y, M) = f^{-1}(y)$ 的路径的纤维化 $f : E(x_0) \to M$ 可得 $\pi_i(E(x_0)) = 0$,
$$\pi_i(\Omega(x_0, y, M)) \simeq \pi_{i+1}(M).$$

证明 利用同伦
$$\varphi_t : E(x_0) \to E(x_0),$$
$$\varphi_t(\gamma(\tau)) = \gamma_t(\tau),$$

其中 γ_t 是路径 γ 从 0 到 t 之间的一段 (参数为 $\tau' = \dfrac{\tau}{t}, 0 \leqslant \tau' \leqslant 1$), 空间 $E(x_0)$ 自身收缩为一点. 当 $t = 0$ 时, 我们得到路径 $\gamma_0(\tau) \equiv \gamma(0) = x_0$. 因此 $\varphi_0(E(x_0))$ 是 (空间 $E(x_0)$ 的) 一个点.

由 $E(x_0)$ 的可缩性导出 $\pi_i(E(x_0), x_0) = 0$, 对一切 $i \geqslant 0$. 在纤维化 $E(x_0) \to M$ 的正合序列中, 我们有

$$\pi_i(E(x_0)) \xrightarrow{f_*} \pi_i(M, y_0) \xrightarrow{\partial} \pi_{i-1}(\Omega(x_0, y, M)) \xrightarrow{i_*} \pi_{i-1}(E(x_0)).$$
$$\| \qquad\qquad\qquad\qquad\qquad\qquad\qquad\qquad\qquad\qquad\qquad \|$$
$$0 \qquad\qquad\qquad\qquad\qquad\qquad\qquad\qquad\qquad\qquad\qquad 0$$

由正合性导出同态 ∂ 是同构, 因为 $\operatorname{Im} f_* = \operatorname{Ker} \partial = 0$ 及 $\operatorname{Im} \partial = \operatorname{Ker} i_* = \pi_{i-1}(\Omega(x_0, y, M))$. 推论得证. □

由推论 1 及覆盖的例子 (见例 18.1—18.7) 可得: 当 $i \geqslant 2$ 时,

1) $\pi_i(S^1, s_0) \simeq \pi_i(\mathbb{R}^1, x_0) = 0$ (例 18.1);
2) $\pi_i(\mathbb{R}P^2, x_0) \simeq \pi_i(S^2, s_0)$, 特别有 $\pi_2(\mathbb{R}P^2) \simeq \mathbb{Z}$ (例 18.3);
3) $\pi_i(T^n, x_0) = 0$ (例 18.4);
4) $\pi_i(K^2, x_0) = 0$ (例 18.5);
5) $\pi_i(S^1 \vee S^1) = 0$ (例 18.7). 类似地, $\pi_i(S^1 \vee \cdots \vee S^1) = 0, i \geqslant 2$, 因为它们的万有覆盖是树, 从而是可缩的. 如果 U 是平面区域, $U = \mathbb{R}^2 \backslash \{a_1 \bigcup \cdots \bigcup a_k\}$, 其中 a_j 是点, 则 U 可收缩为圆周束 $S^1 \vee \cdots \vee S^1$, 因此 $\pi_i(U) = 0, i \geqslant 2$.

6) 由例 18.6 导出, 当 $i \geqslant 1$,
$$\pi_i(S^2 \vee S^1) \simeq \pi_i(\cdots \vee S^2 \vee S^2 \vee \cdots).$$

事实上, 它们的万有覆盖是一条在其整数点上附属着一个球面 S^2 的直线. 对区域 $V = \mathbb{R}^3 \setminus S^1$, 其中 S^1 不打结, $\pi_i(V)$ 也同构于 $\pi_i(S^2 \vee S^1)$, 因为 V 可收缩为 $S^2 \vee S^1$.

7) 对于所有的 (闭的或开的) 二维曲面, 除 $\mathbb{R}P^2$ 和 S^2 外, 万有覆盖 (拓扑上) 是 $\mathbb{R}^2$. 对于具 g 个柄的球面, 这个结论在 §20 中已给证明 (同样见习题 19.4). 因此, 对于所有的这类曲面, $\pi_i = 0, i \geqslant 2$.

3. 同伦群对基点的依赖性

现在我们研究同伦群 $\pi_i(M, x_0)$ 对基点 $x_0 \in M$ 的依赖性问题. 设 x_0 和 x_1 是 M 的两个点, $\gamma(t), 1 \leqslant t \leqslant 2$, 是从 $x_0 = \gamma(2)$ 到 $x_1 = \gamma(1)$ 的路径. 设元 $\alpha \in \pi_i(M, x_1)$ 由单位圆盘的映射 $\alpha: D_1^i \to M, s_0 \mapsto x_1$ 代表. 我们现在定义半径为 2 的圆盘上的映射 $\gamma^*(\alpha): D_2^i \to M$ (图 84). 区域 $1 \leqslant \sum_{j=1}^{i}(x_j)^2 \leqslant 4$ 可表示成 $S^{i-1} \times [1,2]$, 即球面 S^{i-1} 与单位区间 $[1,2]$ 的乘积. 如果对所有的 $y \in S^{i-1}, 1 \leqslant t \leqslant 2$, 令 $\widetilde{\gamma}(y,t) = \gamma(t)$, 我们就定义了一个映射 $\widetilde{\gamma}: S^{i-1} \times [1,2] \to M$. 映射 $\gamma^*(\alpha): D_2^i \to M$ 定义如下:

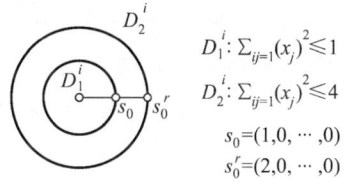

图 84

$$\gamma^*(\alpha) = \alpha, \text{ 在 } D_1^i \subset D_2^i \text{ 上},$$
$$\gamma^*(\alpha) = \widetilde{\gamma}, \text{ 在区域 } \left\{1 \leqslant \sum_{j=1}^{i} x_j^2 \leqslant 4\right\} = S^{i-1} \times [1,2] \text{ 上}.$$

我们有

定理 22.2. 1) 变换 $\alpha \mapsto \gamma^*(\alpha)$ 只依赖于从 x_0 到 x_1 的路径 γ 的同伦类, 且定义了一个同构

$$\gamma^*: \pi_i(M, x_1) \to \pi_i(M, x_0).$$

特别有, 对于单连通空间, 这个同构不依赖于路径 γ.

2) 对于闭路 $\gamma \in \pi_1(M, x_0)$, 对应 $\alpha \mapsto \gamma^*(\alpha)$ 通过上述的群同构定义了群 $\pi_1(M, x_0)$ 在 $\pi_i(M, x_0)$ 上的作用. 如果 $f: X \to M$ 是由 X 的同胚组成的自由作用的离散群 Γ 所决定的万有覆盖, 则 $\Gamma \simeq \pi_1(M, x_0)$ 且群 Γ 在 X 上的自由作用诱导了 Γ 在群 $\pi_i(X) \simeq \pi_i(M)$ 上的作用. 这个作用与基本群 $\pi_1(M, x_0)$ 在 $\pi_i(M, x_0)$ 上的作用作为 "算子群" 是相同的. 此外, 由于 X 的单连通性 ($\pi_1(X) = 1$), 群 $\pi_i(X, x)$ 不依赖于基点 x 的选取, 即对任意两点 $x', x'' \in X$, 同构 $\pi_i(X, x') \to \pi_i(X, x'')$ 与连接 x' 和 x'' 的路径 γ 的选取无关.

3) 球面的映射 $S^i \to M$ 的自由同伦类 (不要求 $s_0 \mapsto x_0$) 与 $\pi_1(M, x_0)$ 在 $\pi_i(M, x_0)$ 上的作用轨道之间有一个自然的双方一一对应. (如果 $\pi_1(M, x_0) = 1$, 则映射 $S^i \to M$ 的自由同伦类与 $\pi_i(M, x_0)$ 中的元相对应.)

1) 和 2) 的第一部分的证明完全类似于关于基本群 π_1 的定理 17.3 的证明, 而 3) 的证明就是定理 17.4 的证明 ($i=1$ 的情形与 $i>1$ 的情形没有区别). 本质上新的只是 2) 中涉及万有覆叠 $f: X \to M$ 和群 Γ 在 $\pi_i(X) \simeq \pi_i(M, x_0)$ 上的作用的那部分.

群 Γ 与群 $\pi_1(M, x_0)$ 重合 (同构) 在以前已经证明 —— 见定理 19.3. Γ 在 $\pi_i(X, x')$ 上的作用定义如下. 群 Γ 中元 g 在 X 上的作用 $g: X \to X$ 生成一个同构 $g^*: \pi_i(X, x') \to \pi_i(X, x'')$, 其中 $x'' = g(x')$. 另一方面, 存在典范同构 $\pi_i(X, x'') \to \pi_i(X, x')$, 它 (由于 X 的单连通性) 不依赖于连接这两个点的路径 (这里我们利用了本定理中的 1)). 进一步由于推论 1, 当 $i > 1$ 时存在同构 $f'_*: \pi_i(X, x') \to \pi_i(M, x_0)$, 其中 $f(x') = x_0$. 借助于这个同构, Γ 的作用转换到 $\pi_i(M, x_0)$ 上.

考察元 $\alpha \in \pi_i(X, x')$, 它由半径等于 1 的圆盘上的映射

$$\alpha: D_1^i \to X, \quad \partial D_1^i \to x'$$

代表. 像 $g(\alpha)$ 是映射

$$g(\alpha): D_1^i \to X; \partial D_1^i \to x'' = g(x').$$

考察半径为 2 的圆盘 D_2^i 和从 x' 到 x'' 的路径 γ. 我们如前一样构造映射 $\gamma^* g(\alpha): D_2^i \to X$ (见图 84), 它将元 $g^*\alpha$ 沿路径 γ 从点 x'' 转移到 x'. 映射 $\gamma^* g(\alpha)$ 在 M 中的射影按定义重合于 $g^*(\overline{\alpha}) \in \pi_i(M, x_0)$; 这里 $\overline{\alpha} \in \pi_i(M, x_0)$, 而 $x_0 = f(x') = f(x'')$ 且在射影 $f: X \to M$ 生成的同构 $\pi_i(X, x) = \pi_i(M, x_0)$ 之下, $\overline{\alpha}$ 对应于 α. 于是, 元 $g \in \Gamma$ 等同于 $\pi_1(M, x_0)$ 中的元, $\pi_1(M, x_0) = \Gamma$. 定理得证. □

例

22.1. 对于覆叠 $f: S^2 \to \mathbb{R}P^2$ 我们有 $\Gamma \simeq \pi_1(\mathbb{R}P^2) \simeq \mathbb{Z}_2$, 其中生成元是变换 $g: S^2 \to S^2, g(x) = -x$, 它改变定向. 因此, 元 g 在生成元为 $1 \in \mathbb{Z}$ 的群 $\pi_2(\mathbb{R}P^2) \simeq \pi_2(S^1) \simeq \mathbb{Z}$ 上的作用如下:

$$g^*(1) = -1.$$

我们注意到对于 $\mathbb{R}P^3 \simeq SO(3)$ 同样有 $\Gamma \simeq \pi_1 \simeq \mathbb{Z}_2$, 生成元为 g ($g^2 = 1$). 更进一步有 $\pi_3(\mathbb{R}P^3) \simeq \pi_3(S^3) \simeq \mathbb{Z}$, 而生成元为 $1 \in \mathbb{Z}$. 但是在这里 $g(1) = 1$ (试证之!).

22.2. 对于万有覆叠 $X \to S^2 \vee S^1$, 空间 X 是由一条直线 $\mathbb{R}^1, -\infty < t < +\infty$, 在其整数点 $t = n, n = 0, \pm 1, \pm 2, \cdots$, 上附属一个球面 S_n^2 构成的. 群 $\Gamma \simeq \mathbb{Z}$ 由生成元 g 生成, 其作用为:

$$g: t \mapsto t+1,$$
$$g: S_n^2 \to S_{n+1}^2, \quad n = 0, \pm 1, \pm 2, \cdots.$$

显然, 群 $\pi_2(X)$ 是无限多个 $\mathbb{Z}$ 的直和, 每一个 $\mathbb{Z}$ 的生成元为

$$a_n: S^2 \to S_n^2 \ (a_n \text{ 的度等于 } 1).$$

根据定义我们有

$$g(a_n) = a_{n+1}, \quad n = 0, \pm 1, \pm 2, \cdots.$$

因为 $\Gamma \simeq \pi_1(S^2 \vee S^1), \pi_2(X) \simeq \pi_2(S^2 \vee S^1)$, 我们有群 $\pi_2(S^2 \vee S^1)$ 中的典范元

$$a = \sum_{i \geqslant m}^{n} \lambda_i g^i(a_0),$$

其中 λ_i 是整数, $n \geqslant m$. 球束 $S^2 \vee S^1$ 同伦等价于区域 $U = \mathbb{R}^3 \backslash S^1$, 其中 S^1 不打结. 结果, 对 U 也成立类似的结论.

习题 22.2. 设 U 是 $\mathbb{R}^3$ 中的区域, 它由实心环面移去一个内点而得. 计算 $\pi_1(U), \pi_2(U)$ 及 π_1 在 π_2 上的作用.

4. 李群的情形

如果流形 M 是一个李群 (定义及基本性质见 §2.1 和 §3.1), 则我们有

定理 22.3. 群 $\pi_1(M)$ 是交换群, $\pi_1(M)$ 在所有的群 $\pi_i(M)$ 上的作用是平凡的.

证明 利用 M 的群结构, 两个任意的映射 $f, g : K \to M$ (K 是任意一个流形) 可以相乘: $fg(k) = f(k)g(k)$. 如果 f 和 g 满足 $f(k_0) = g(k_0) = 1$, 则乘积 fg 也满足 $fg(k_0) = 1$. 此外, 如果 f 同伦于 f', g 同伦于 g', 则 fg 同伦于 $f'g'$. 于是, 同伦类集 $[K, M]$ 构成一个群.

设 $K = S^1, f, g$ 代表 $\pi_1(M, 1)$ 的两个元; 我们将证明它们的乘积 $fg(x) = f(x)g(x)$ 代表 f 和 g (的同伦类) 在 π_1 中通常的乘积, 即李群中乘法运算给出的乘积与基本群 $\pi_1(M, 1)$ 中的乘积是相同的.

为证实这一点, 我们 (借助于同伦) 将这些映射形变为如下形式:

$$f(x) = 1, \quad \text{对一切 } x \in D^-,$$
$$g(x) = 1, \quad \text{对一切 } x \in D^+.$$

此时, S^1 由 $x^2 + y^2 = 1$ 给出, 半圆周 D^+ 由不等式 $y \geqslant 0$ 给出, 而 D^- 则由不等式 $y \leqslant 0$ 给出. 点 $s_0 \in S^1$ 坐标为 $(1, 0)$.

于是, 在选取所指出的代表元时, 群 $\pi_1(M, 1)$ 中的乘积 fg 就与映射 f 和 g 的群乘积重合, 即

$$fg(x) = f(x)g(x) = \begin{cases} g(x), & x \in D^-, \\ f(x), & x \in D^+. \end{cases}$$

同样明显地, 在选取这样的代表元时, $f(x)g(x) = g(x)f(x)$. 因此, 乘积与因子的次序无关, 即群 $\pi_1(M, 1)$ 是交换群.

现在我们从李群的角度引入等价的 π_1 在 π_i ($i > 1$) 上的作用.

考察半径为 2 的圆盘 $D_2^i = \left\{\sum_{j=1}^{i}(x^j)^2 \leqslant 4\right\}$ 和在它内部的半径为 1 的圆盘 $D_1^i = \left\{\sum_{j=1}^{i}(x^j)^2 \leqslant 1\right\}$. 环形区域 $1 \leqslant \sum(x^j)^2 \leqslant 4$ 可记为 $S^{i-1} \times I$. 考察两个从圆盘 D_2^i 到 M 的映射:

(1) 如果 $\gamma(t), 1 \leqslant t \leqslant 2$, 代表 $\pi_1(M, 1)$ 中的元, 则存在映射

$$S^{i-1} \times I \xrightarrow{\varphi} I \xrightarrow{\gamma} M, \quad \varphi(s, t) = t.$$

因为 $\gamma\varphi(s, 1) = 1 \in M$, 这个映射可以延拓成为圆盘上的映射 $\psi_\gamma : D_2^i \to M$, 只要令 $\psi_\gamma(D_1^i) = 1$. 映射 $\psi_\gamma : D_2^i \to M$ 将边界 ∂D_1^i 映射为点 $1 \in M$ 且可收缩形变为平凡映射, 在同伦过程中边界 ∂D_1^i 总是映射为点 1 (我们注意到像 $\psi_\gamma(x) \subset M$ 是一维的, 见图 85).

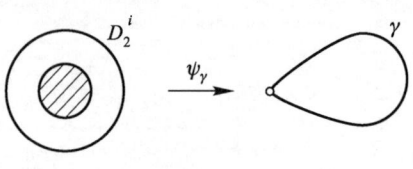

图 85

(2) 我们给定一个映射 $\alpha : D_1^i \to M, \alpha(\partial D_1^i) = 1$, 它代表圆盘 D_1^i 上 $\pi_i(M, 1)$ 中一个任意元 α. 如果令 $\widetilde{\alpha}(D_2^i \backslash D_1^i) = 1 = \psi_\gamma(D_1^i)$, 则我们就将 α 延拓成为映射 $\widetilde{\alpha} : D_2^i \to M$. 考察乘积 $\widetilde{\alpha}\psi_\gamma(x) = \widetilde{\alpha}(x)\psi_\gamma(x) = \psi_\gamma(x)\widetilde{\alpha}(x), x \in D_2^i$. 由其几何结构, 这个乘积代表 $\pi_i(M, 1)$ 的元 $\gamma * \alpha$, 因为 $\widetilde{\alpha}\psi_\gamma$ 与 α 在圆盘 D_1^i 上重合且它把环形区域投射为圆盘 D_1^i 外面的路径 γ. 但是, 如上指出的那样, 映射 $\psi_\gamma : D_2^i \to M$ 可形变收缩为一点 1 (图 85). 我们用 ψ_τ 记这个同伦, 其中 $\psi_0 = \psi_\gamma, \psi_1(x) = 1$ 且 $\psi_\tau(\partial D_2^i) = 1, 0 \leqslant \tau \leqslant 1$. 乘积 $\widetilde{\alpha}\psi_\tau(x) = \widetilde{\alpha}(x)\psi_\tau(x)$ 给出映射 $\gamma * \alpha$ 和 α 之间的一个同伦, 由此导出元 α 和 $\gamma * \alpha$ 在群 $\pi_i(M, 1)$ 中是相等的. 因此, 群 $\pi_1(M, 1)$ 在 $\pi_i(M, 1)$ 上的作用是平凡的. 定理得证. □

习题

22.3. 证明: 如果 M 是李群, 则群 $\pi_i(M)$ 中的乘法可以等价的方法由公式 $fg(x) = f(x)g(x)$ 给出.

22.4. 将定理 22.3 推广到 H 空间的情形; H 空间是一个拓扑空间, 它具有连续乘法 $\psi : H \times H \to H$ 且具有单位元 $1 \in H$ (即满足 $\psi(x, 1) = \psi(1, x) = x$ 的元).

实际上, 只要乘法具有 "同伦的" 单位元就足够了, 即只要由公式 $x \mapsto \psi(x, 1)$ 和 $x \mapsto \psi(1, x)$ 定义的两个 $H \to H$ 的映射都同伦于恒等映射就足够了. 例如, 闭路空间 $H = \Omega(x_0, M)$ 就是这样的空间 (试证之!). 更广一些, H 空间 $\Omega(x_0, M) = H$ 是所谓的 "H 广群":a) 乘法 $\psi : H \times H \to H, \psi(h, g) = hg$, 具有 "同伦逆" 元 $h^{-1} = \varphi(h)$ 使得将 h 映射为 hh^{-1} 的 $H \to H$ 的映射同伦于值为 1 的常值映射; b) 乘法 $\psi : H \times H \to H$ 是 "同伦结合的", 即分别由公式

$$(h_1, h_2, h_3) \mapsto \psi(\psi(h_1, h_2), h_3) = (h_1 h_2) h_3,$$

$$(h_1, h_2, h_3) \mapsto \psi(h_1, \psi(h_2, h_3)) = h_1(h_2 h_3)$$

定义的两个 $H \times H \times H \to H$ 的映射是同伦的. 在 $\Omega(x_0, M)$ 中 $h = \gamma(t)$ 的逆元是路径 $\gamma^{-1}(t)$, 而同伦结合性则可从下面的习题推得.

习题 22.5. 区间 $[0,1]$ 到自身的且保持端点不变的同胚 (即路径上参数的单调替换) 全体所成的集 (群) 是可缩的.

我们已经建立同构 (见前面的推论 2)

$$\pi_{i+1}(M, x_0) \simeq \pi_i(\Omega(x_0, M), e), \quad i > 1,$$

其中 e 表示常值路径 $\gamma(t) \equiv x_0$. $\Omega(x_0, M)$ 的连通分支所成的群 $\pi_0(\Omega(x_0, M)) = \pi_1(M, x_0)$ 通过变换

$$\alpha \mapsto \gamma^{-1}\alpha\gamma, \alpha \in \pi_j(\Omega, e),$$
$$\gamma \in \pi_0(\Omega) = \pi_1(M, x_0)$$

作用在群 $\pi_j(\Omega, e), \Omega = \Omega(x_0, M)$ 上.

习题 22.6. 证明: 群 $\pi_0(\Omega)$ 在 $\pi_j(\Omega, e)$ 上的作用 $\alpha \mapsto \gamma^{-1}\alpha\gamma$ 与以前定义的群 $\pi_1(M)$ 在 $\pi_{j+1}(M)$ 上的标准作用重合.

对于李群和具有同伦单位元的 H 空间, 由于上面证明的结果, 同伦群 π_i 对于基点的依赖性不是本质的, 因为沿着闭路的转移都是相同的. 这一点对任何单连通空间 M 也是对的. 在所有的这种情形, 球面的自由同伦类集 $[S^i, M]$ 与 $\pi_i(M)$ 存在一一对应, 并且无需明确地指明基点 (基点并不重要).

5. 怀特黑德乘法

在同伦群中还有一个有趣的运算 —— *怀特黑德乘法*.

我们考察球面的直积 $M = S^i \times S^j$ 和位于其中的球束 $A = S^i \vee S^j = (S^i \times s_0'') \bigcup (s_0' \times S^j)$, 其中 $s_0' \in S^i, s_0'' \in S^j$ 是球面 S^i, S^j 的基点. 直积 $S^i \times S^j$ 中的基点取为 $s_0 = (s_0', s_0'')$. 定义自然的映射

$$D^{i+j} = D^i \times D^j \xrightarrow{f} S^i \times S^j,$$

其中 f 是标准映射 $\alpha : D^i \to S^i, \partial D^i \to s_0'$ 和 $\beta : D^j \to S^j, \partial D^j \to s_0''$ 的直积, α 和 β 的度都等于 $+1$. 映射 α 和 β 分别代表了生成元 $\alpha \in \pi_i(S^i, s_0') \simeq \mathbb{Z}$ 和 $\beta \in \pi_j(S^j, s_0'') \simeq \mathbb{Z}$. 映射 f 将边界 $\partial D^{i+j} = \partial(D^i \times D^j) = (\partial D^i) \times D^j \bigcup D^i \times (\partial D^j)$ 映射至球束 $A = S^i \vee S^j \subset M = S^i \times S^j$ 中, 因为 $\alpha(\partial D^i) = s_0', \beta(\partial D^j) = s_0''$.

于是, 映射 f 代表群 $\pi_{i+j}(S^i \times S^j, S^i \vee S^j, s_0)$ 中一个元. 我们有 §21.2 中引入的同态 ∂:

$$\partial : \pi_{i+j}(S^i \times S^j, S^i \vee S^j, s_0) \to \pi_{i+j-1}(S^i \vee S^j, s_0).$$

利用群 $\pi_{i+j-1}(S^i \vee S^j, s_0)$ 中元 ∂f, 我们定义所谓的任意空间 X 的同伦群中的怀特黑德乘积: 元 $a \in \pi_i(X, x_0)$ 和 $b \in \pi_j(X, x_0)$ 的积是某个元 $[a, b] \in \pi_{i+j-1}(X, x_0)$, 其构造如下: 设 $a : (S^i, s_0') \to (X, x_0)$ 和 $b : (S^j, s_0'') \to (X, x_0)$ 是同伦群的同字母元的代表映射. 考察在点 $s_0 = (s_0', s_0'')$ 联结在一起的球束 $S^i \vee S^j$, 我们有映射 $a \vee b : S^i \vee S^j \to X$, 它将 s_0 映射为 x_0 (图 86). 元 ∂f (复合后) 定义了一个标准映射:

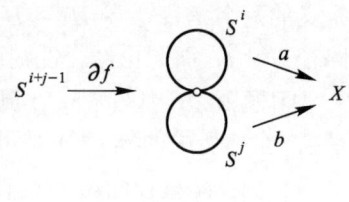

图 86

$$[a, b] : S^{i+j-1} \xrightarrow{\partial f} S^i \vee S^j \xrightarrow{a \vee b} X.$$

从而就构造了一个元 $[a, b] \in \pi_{i+j-1}(X, x_0)$.

$D^i \times D^j = D^{i+j}$ 中的由标架 (τ^i, τ^j) 确定的定向与在 $D^i \times D^j = D^j \times D^i$ 中由标架 (τ^j, τ^i) 确定的定向相差一个符号 $(-1)^{ij}$. 由此推得下面怀特黑德积的一个性质:

$$[a, b] = (-1)^{ij}[b, a].$$

我们将主要对 $i \geqslant 2, j \geqslant 2$ 的情形考察积 $[a, b]$, 此时群 π_i, π_j 是交换群, 因而群的运算可记成加法, 而怀特黑德积关于 a, b 是双线性的. 我们现在先研究两个特殊情形.

$i = 1, j = 1$ **的情形**: 积 $[a, b]$ 在群 $\pi_1(X, x_0)$ 中等于换位子 $[a, b] = aba^{-1}b^{-1}$ (证明!).

$i = 1, j \geqslant 2$ **的情形**: 积 $[a, b]$ 化为 $\pi_1(X, x_0)$ 在 $\pi_j(X, x_0)$ 上的作用:

$$[a, b] = a^*(b) - b,$$

其中 $a \in \pi_1, b \in \pi_j$ (证明!).

现在考察 $i, j \geqslant 2$ 的 (因而可以用加号描写的) 那些交换群. 我们将奇数指标和偶数指标的同伦群分别组成直和:

$$\Gamma_0 = \pi_3(X) + \pi_5(X) + \pi_7(X) + \cdots + \pi_{2q+1}(X) + \cdots,$$
$$\Gamma_1 = \pi_2(X) + \pi_4(X) + \pi_6(X) + \cdots + \pi_{2q}(X) + \cdots.$$

由怀特黑德积的定义 (这个运算可以显然地延拓到直和上) 我们有

$$[\Gamma_0, \Gamma_0] \subset \Gamma_0,$$
$$[\Gamma_0, \Gamma_1] \subset \Gamma_1,$$
$$[\Gamma_1, \Gamma_1] \subset \Gamma_0.$$

此外, 对 $a \in \Gamma_m, b \in \Gamma_n, m, n = 0, 1$, 换位子的法则是这样的:

$$[a, b] = (-1)^{(m+1)(n+1)}[b, a].$$

习题 22.7. 证明: 对 3 个元 $a \in \Gamma_m, b \in \Gamma_n, c \in \Gamma_p, m, n, p = 0, 1$, 我们有广义雅可比恒等式

$$(-1)^{(p+1)(m+1)}[[a,b],c] + (-1)^{(m+1)(n+1)}[[c,a],b] + (-1)^{(n+1)(p+1)}[[b,c],a] = 0.$$

具有类似性质的乘法的 $\mathbb{Z}_2$ 分次空间 $\Gamma_0 \oplus \Gamma_1$, 自从它们在量子物理中出现后, 在现代文献中称为 "李超代数". 在具体场合计算怀特黑德积可能是很困难的. 我们考察球面 S^{2n} $(n \geqslant 1)$ 和群 $\pi_{2n}(S^{2n}) \simeq \mathbb{Z}$, 它的生成元为 $a \in \pi_{2n}(S^{2n})$. 可以证明怀特黑德平方 $[a, a]$ 是群 $\pi_{4n-1}(S^{2n})$ 中的一个无限阶元 (对 $n = 1$ 的情形将在 §23 中说明). 对于奇数维球面 S^{2n-1}, 群 $\pi_{2n-1}(S^{2n-1}) \simeq \mathbb{Z}$ 的生成元 a 的怀特黑德平方的阶等于 2(或 0):

$$[a, a] = (-1)^{(2n-1)(2n-1)}[a, a] = -[a, a],$$
$$2[a, a] = 0, \quad 在群 \pi_{4n-3}(S^{2n-1}) \text{ 中}.$$

命题 22.1. 对于李群和具有单位元的 H 空间, 怀特黑德积是平凡的: $[a, b] = 0$, 对任意的 $a \in \pi_i(M), b \in \pi_j(M)$.

证明 如果数 i, j 中有一个 (比方说, i) 等于 1, 则命题由 $\pi_1(M)$ 的可交换性及 $\pi_1(M)$ 在所有的 $\pi_j(M)$ 上的作用的平凡性 (定理 22.3) 可得. 设 $i \geqslant 2, j \geqslant 2$, 并设元 a 和 b 分别由映射 $\alpha : D^i \to M, \partial D^i \to 1$ 和 $\beta : D^j \to M, \partial D^j \to 1$ 代表. 我们考察积

$$\alpha\beta : D^i \times D^j \to M,$$

其定义为 $\alpha\beta(x,y) = \alpha(x)\beta(y)$. 在边界 $\partial(D^i \times D^j) = S^{i+j-1}$ 上, 映射 $\alpha\beta$ 根据怀特黑德积的定义诱导了元 $[a, b] \in \pi_{i+j-1}(M)$. 因为映射 $\alpha\beta$ 同伦于映射 $D^{i+j} \to 1$, 映射 $[\alpha, \beta]$ 同伦于映射 $S^{i+j-1} \to 1$, 即在 $\pi_{i+j-1}(M)$ 中 $[a, b] = 0$. 命题得证. □

§23. 球面同伦群的若干结果. 装配流形. 霍普夫不变量

1. 装配流形和球面的同伦群

向量场奇点及与它有关的不变量的研究常常要用到球面 $S^n \to S^n$ 的映射的度, 即, 由于定理 13.3, 要用到基本群 $\pi_n(S^n)$, 它同构于 $\mathbb{Z}$ (见 §21.1). 如所证, 当 $i < n$ 时所有的群 $\pi_i(S^n)$ 是平凡的. 本节的目的是对 $k \geqslant 1$ 计算某些群 $\pi_{n+k}(S^n)$. 这些群也来自于与欧几里得空间 $\mathbb{R}^n$ 中非零向量场 n 的同伦分类有关的问题, 这里 n 满足条件 $n(x) \to n_0$, 当 $x \to \infty$ (见后面的 §25.5 和 §32). 如果补充要求 $|n| = 1$, 则我们得到连续映射

$$\mathbb{R}^n \cup \{\infty\} \to S^{n-1},$$

此时 $\infty \mapsto n_0 \in S^{n-1}$. 但是 $\mathbb{R}^n \cup \{\infty\} \cong S^n$. 因此, 我们又碰到计算群 $\pi_{n+1}(S^n)$ 的问题. 更一般地, 如果 $n(x)$ 表示成一个任意的向量值函数 $n(x) = (\xi^1(x), \cdots, \xi^m(x)) \neq$

$0, m \neq n$, 则如果假定 $|n| = 1$, 我们就得到 $S^n \to S^{m-1}$ 的映射. 于是, 问题又归结为计算群 $\pi_n(S^{m-1})$.

到目前为止, 我们已得的球面同伦群的结果只有 $\pi_i(S^1) = 0, i > 1; \pi_n(S^n) \simeq \mathbb{Z}$ 和 $\pi_i(S^n) = 0, i < n$. 我们在这里要指出一种研究同伦群的几何方法, 它立足于对正则点的完全原像的研究.

考察映射 $f : S^{n+k} \to S^n$; 我们将假定它是光滑的. 设点 $s_0 \in S^n$ 是 f 的正则点 (即 f 的正则值). 在球面 S^n 上选取点 s_0 的邻域中的一个局部坐标系, 即在这个邻域中给定 n 个函数 $\varphi_1, \cdots, \varphi_n$ 使得方程 $\varphi_1 = 0, \cdots, \varphi_n = 0$ 只在点 s_0 处成立且梯度向量 $\mathrm{grad}\, \varphi_i$ 在这个点是线性无关的. 由映射 f 在 s_0 处的正则性导出完全原像 $f^{-1}(s_0)$ 是一个 k 维的光滑闭流形

$$f^{-1}(s_0) = W^k \subset S^{n+k}.$$

更精确地, 在 W^k 的邻域中定义的函数 $\widetilde{\varphi}_i(x) = f^*\varphi_i(x) = \varphi_i(f(x))$ 通过方程

$$\widetilde{\varphi}_1 = 0, \cdots, \widetilde{\varphi}_n = 0$$

给出 W^k. 由 f 在 s_0 处的正则性导出: 在 $f^{-1}(s_0) = W^k$ 的所有点上, 梯度向量 $\mathrm{grad}\, \widetilde{\varphi}_i$ 是线性无关的且 (作为向量) 关于 $S^{n+k} \backslash \{\infty\} \cong \mathbb{R}^{n+k}$ 的欧几里得度量指向 W^k 的法向.

于是, 映射 $f : S^{n+k} \to S^n$ 就对应了偶 (W^k, τ^n), 其中 $W^k = f^{-1}(s_0), \tau^n$ 是一个在 $W^k \subset \mathbb{R}^{n+k} \cong S^{n+k} \backslash \{\infty\}$ 上给定的标架场且关于 $\mathbb{R}^{n+k}$ 的欧几里得度量指向 W^k 的法向, $\tau^n = (\mathrm{grad}\, \widetilde{\varphi}_1, \cdots, \mathrm{grad}\, \widetilde{\varphi}_n), \widetilde{\varphi}_i = f^*\varphi_i = \varphi_i(f(x))$.

定义 23.1. 由一个闭流形 $W^k \subset \mathbb{R}^{n+k}$ 与非退化的 n 维法标架场 τ^n 组成的偶 (W^k, τ^n) 称为一个 (无边界) 装配流形. 此时, 场 τ^n 本身称为一个装配.

因为在 $\mathbb{R}^{n+k}$ 中已有标准定向, 所以场 τ^n 决定了 W^k 的定向 (即如果 τ^k 是 W^k 的切向量标架, 则 (τ^k, τ^n) 应给出 $\mathbb{R}^{n+k}$ 中的标准定向).

考察光滑同伦 $F : S^{n+k} \times I \to S^n$, 它在点 $s_0 \in S^n$ 处是正则的且连接映射 $f_0, f_1 : S^{n+k} \to S^n$. 考察原像

$$V^{k+1} = F^{-1}(s_0);$$

这个原像位于 $S^{n+k} \times I$ 中, 且由方程 $\Phi_1 = 0, \cdots, \Phi_n = 0$ 给定, 其中 $\Phi_j = F^*\varphi_j = \varphi_j \circ F$. 梯度向量 $\mathrm{grad}\, \Phi_j$ 在 V^{k+1} 上是线性无关的. 我们得到偶 $(V^{k+1} \subset S^{n+k} \times I, \tau^n)$, 其中 $\tau^n = (\mathrm{grad}\, \Phi_1, \cdots, \mathrm{grad}\, \Phi_n)$ (关于 $\mathbb{R}^{n+k} \times I$ 的欧几里得度量) 是 V^{k+1} 的法标架场. 在边界 $t = 0, 1$ 处, 我们得到流形 $W_0^k = V^{k+1} \cap (S^{n+k} \times 0)$ 和 $W_1^k = V^{k+1} \cap (S^{n+k} \times 1)$, 它们具有诱导的 "装配" —— 将场 τ^n 限制于边界上得到的标架场. 流形 V^{k+1} 本身与 $S^{n+k} \times I$ 的边界 $(t = 0, 1)$ 不相切; 因此, 不失一般性, 可以假定流形 V^{k+1} 垂直地接近边界 $t = 0$ 和 $t = 1$, 即在 W_0^k 和 W_1^k 的每一点处存在

§23. 球面同伦群的若干结果. 装配流形. 霍普夫不变量

V^{k+1} 的一个切向量在该点与 $S^{n+k} \times I$ 的边界正交. 在 §13.1 中我们遇到过类似的情形, 在那里 k 等于零, 流形 W^k 则是点集 $\{x_1, \cdots, x_m\} = f^{-1}(s_0)$, 而装配 τ^n 则由原像点处的 "定向" 或者说一个符号给定. 流形 V^{k+1} 是一维流形, 其上的装配 τ^n 则由边界处延拓而成.

定义 23.2. 偶 $(V^{k+1} \subset S^{n+k} \times I, \tau^n)$ 称为一个带边界的装配流形, 如果 a) 流形 V^{k+1} 带边界, 它到 $S^{n+k} \times I$ 的嵌入使得它垂直地 (成 90° 角) 接近 $t = 0, 1$ 时的边界, b) τ^n 是一个非退化的 n 维法标架场.

因为在球面 S^n 中点 s_0 的一个坐标为 $\varphi_1, \cdots, \varphi_n$ 的小邻域的补可收缩为一点, 我们可以将这个补视为一个点. 对小的 $\varepsilon > 0$, 我们有: 由于场 τ^n 的存在, 流形 $W^k \subset S^{n+k}$ 的 ε 邻域 W_ε 微分同胚于 $W^k \times D^n_\varepsilon$, 其中 D^n_ε 是 W^k 在点 $x \in W^k$ 的法平面中半径为 ε 的圆盘, 由标架 $\tau^n(x)$ 中的向量生成. 类似地, 对小的 ε, 流形 $V^{k+1} \subset S^{n+k} \times I$ 的 ε 邻域 V_ε 微分同胚于 $V^{k+1} \times D^n_\varepsilon$. 考察 $S^{n+k} \cong \mathbb{R}^{n+k} \cup \{\infty\}$ 中两个闭装配流形 (W^k_1, τ^n_1) 和 (W^k_2, τ^n_2), 我们有

定义 23.3. 装配流形 $(W^k_j, \tau^n_j), j = 1, 2$, 称为等价的, 如果存在装配流形 $(V^{k+1}, \tau^n), V^{k+1} \subset S^{n+k} \times I$, 使得它在边界上恰是原有的两个流形:

$$W^k_1 = V^{k+1}|_{t=0}, \quad \tau^n_1 = \tau^n|_{t=0};$$
$$W^k_2 = V^{k+1}|_{t=1}, \quad \tau^n_2 = \tau^n|_{t=1}.$$

这个等价性的另一种说法是: 两个装配流形 (W^k_j, τ^n_j) 是等价的, 如果装配流形 (W^k, τ^n) 在上述的意义上等价于零 (即空流形), 其中 $W^k = W^k_1 \cup W^k_2$, 而 τ^n 在 W^k_1 上重合于 τ^n_1, 在 W^k_2 上则与 τ^n_2 只在第一个向量上方向相反.

成立下面简单的定理:

定理 23.1. 闭装配流形 $(W^k, \tau^n), W^k \subset \mathbb{R}^{n+k}$, 的等价类与群 $\pi_{n+k}(S^n)$ 的元之间存在自然的双方一一的对应.

证明 如所见, 在点 s_0 处正则的映射 $f: S^{n+k} \to S^n$ 定义了一个闭装配流形 (W^k, τ^n), 而两个这样的映射之间的一个同伦 $F: S^{n+k} \times I \to S^n$ 则生成装配流形的一个等价类. 反之, 一个闭装配流形 $(W^k, \tau^n), W^k \subset \mathbb{R}^{n+k}$, 确定了一个 $S^{n+k} \to S^n$ 的映射: 事实上, 流形 W^k 的 ε 邻域 W_ε 在充分小的 $\varepsilon > 0$ 时, 像前面指出的那样, 其形状为 (精确地说, 微分同胚于) 直积

$$W_\varepsilon \cong W^k \times D^n_\varepsilon.$$

射影 $W^k \times D^n_\varepsilon \to D^n_\varepsilon$ 自然地延拓成一个映射 $f: S^{n+k} \to S^n$, 如果我们假定球 D^n_ε 的整个边界在映射 f 之下映射为一点: $S^n = D^n_\varepsilon \cup$ (一点). 邻域 W_ε 在球面 S^{n+k} 中的整个补也映射为这个点.

类似地可构造映射 $F: S^{n+k} \times I \to S^n$, 如果已给定带边界装配流形 $(V^{k+1}, \tau^n) \subset S^{n+k} \times I$. 定理得证. □

实际上, 在 §13.3 中计算群 $\pi_n(S^n) \simeq \mathbb{Z}$ 时, 我们已经用到了装配流形的特殊情形 $(k = 0)$.

注 同伦群 $\pi_{n+k}(S^n)$ 中的加法可以解释为在 $\mathbb{R}^{n+k}$ 中取两个不相交 (彼此分离) 的装配流形的并 (试证之!).

现在我们证明闭装配流形的等价类的一个一般性质.

定理 23.2. 对任意的 $n \geqslant 1, k \geqslant 1$, 在每个等价类中都存在连通的闭装配流形 (当 $k = 0$ 时并不成立).

证明 考察不连通的装配流形 $(W^k, \tau^n) = (W_1^k, \tau_1^n) \cup (W_2^k, \tau_2^n), W^k \subset \mathbb{R}^{n+k} \subset S^{n+k}$. 我们证明这个装配流形等价于一个连通的装配流形. 考察一条自身不相交的光滑路径 (一维子流形) $\gamma(\tau), 0 \leqslant \tau \leqslant 1$, 它连接点 $x_0 \in W_1^k$ 和点 $x_1 \in W_2^k$. 我们要求路径 γ 沿着相应的标架场 $\tau_j^n = (m_{1j}, \cdots, m_{nj}), j = 1, 2$, 中的第一个向量 m_{1j} 的方向当 $\tau = 0$ 时垂直地接近 W_1^k, 而当 $\tau = 1$ 时则垂直地接近 W_2^k. 在路径 $\gamma(\tau)$ 的每一点, 我们给出垂直于 γ 的一个 k 维平面 $\mathbb{R}^k(\tau)$, 它在边界 $\tau = 0, 1$ 处与 $W_1^k(\tau = 0)$ 和 $W_2^k(\tau = 1)$ 的 k 维切平面重合 (图 87). 如果记 $\tau^n = (m_1, \cdots, m_n)(= \tau_j^n = (m_{1j}, \cdots, m_{nj})$ 在 W_j^k 上, $j = 1, 2$), 我们就将标架场 $\tau^{n-1} = (m_2, \cdots, m_n)$ 从边界 $\gamma(0), \gamma(1)$ 延拓至整条曲线 $\gamma(t)$ 上使得 γ 垂直于这些 k 维平面 $\mathbb{R}^k(\tau)$. 考察曲线 $\gamma(\tau)$ 沿 $\mathbb{R}^k(\tau)$ 的方向的一个小的 "k 维加厚" U_ε^{k+1} (见图 87). 在边界 $\tau = 0, 1$ 处, 这个加厚则是沿着 W_1^k, W_2^k 的切平面进行的. 此外, 我们也对 W_1^k 和 W_2^k 沿标架 τ^n ($= \tau_1^n$, 在 W_1^k 上, $= \tau_2^n$, 在 W_2^k 上) 的第一个向量 m_1 (即在 W_1^k 上沿 m_{11}, 在 W_2^k 上沿 m_{12}) 加厚成 V_1^{k+1}, V_2^{k+1} (见图 87). 并 $V^{k+1} = V_1^{k+1} \cup U_\varepsilon^{k+1} \cup V_2^{k+1}$ 是一个 $(k+1)$ 维流形, 边界为

$$\partial V^{k+1} = W_1^k \cup W_2^k \cup W_*^k,$$

其中 W_*^k 是连通的. 加厚可以这样进行使得流形 V^{k+1} 是光滑的 (没有尖角点), 即流形 W_*^k 是光滑的.

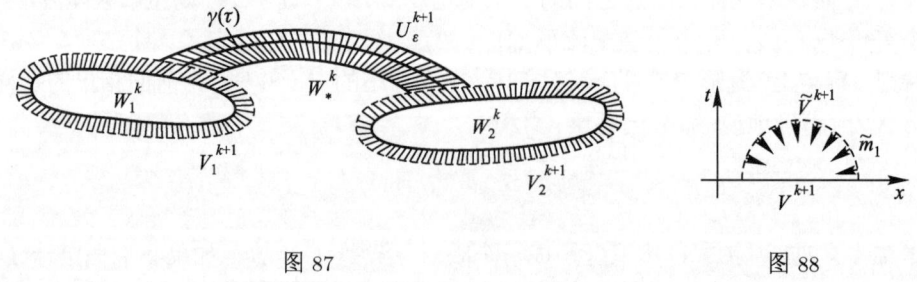

图 87 图 88

标架场 $\tau^{n-1} = (m_2, \cdots, m_n)$, 它正交于 W^k 和 γ, 可以延拓至 V^{k+1} 上成为 V^{k+1} 在 $\mathbb{R}^{n+k}$ 中的法标架场. 于是, 我们面临下面的这种局面: 已给定一个具边界流形 $V^{k+1} \subset \mathbb{R}^{n+k}$ 和它在 $\mathbb{R}^{n+k}$ 中的一个法标架场 τ^{n-1}. 在边界上还有标架

$\tau^n = (m_1, \tau^{n-1})$, 其中向量 m_1 是边界 ∂V^{k+1} 的内法向量, 与 V^{k+1} 相切. 于是, 边界 $(\partial V^{k+1}, \tau^n)$ 是 $\mathbb{R}^{n+k}$ 中的一个装配流形.

为完成证明我们需要下面的

引理 23.1. 在上述条件下, 装配流形 $(\partial V^{k+1}, \tau^n)$ 等价于零.

证明 考察 V^{k+1} 上的数值函数 $t(x)$, 其中在边界 ∂V^{k+1} 上, $t(x) = 0$; 在 V^{k+1} 内部, $1 > t(x) > 0$. 我们这样来构造这个函数使得函数 $t(x)$ 在积 $V^{k+1} \times I \subset S^{n+k} \times I$ 中的图 $(x, t(x))$ 是一个光滑流形 $\widetilde{V}^{k+1} \subset V^{k+1} \times I$, 它在 $t = 0$ 时垂直地接近边界 $\partial \widetilde{V}^{k+1}$ (图 88). 我们来构造在 $S^{n+k} \times I$ 中垂直于 $\widetilde{V}^{k+1}$ 的标架场 $\widetilde{\tau}^n$. 先平凡地将标架场 $\tau^{n-1} = (m_2, \cdots, m_n)$ 提升到 $\widetilde{V}^{k+1}$ 上: 将所有的向量 m_j $(j \geqslant 2)$ 从点 $x \in V^{k+1} \subset \mathbb{R}^{n+k} \times 0$ 平行移动到对应点 $\widetilde{x} \in \widetilde{V}^{k+1} \subset \mathbb{R}^{n+k} \times I$, 其中 $\widetilde{x} = (x, t(x))$. 这样就得到 $\widetilde{V}^{k+1}$ 上的标架场 $\widetilde{\tau}^{n-1} = (\widetilde{m}_2, \cdots, \widetilde{m}_n)$. 接着, 我们在图 $\widetilde{V}^{k+1} \subset V^{k+1} \times I$ 上构造向量场 $\widetilde{m}_1$. 流形 $V^{k+1} = V^{k+1} \times I$ 和 $\widetilde{V}^{k+1}$ 一起界定一个区域 $U \subset V^{k+1} \times I$. 我们作一个在 $V^{k+1} \times I$ 中垂直于 $\widetilde{V}^{k+1}$ 且指向区域 U 的内部的单位向量场 $\widetilde{m}_1$ 使得在 $t = 0$ 时在 $\partial \widetilde{V}^{k+1} = \partial V^{k+1} \times 0 = \partial V^{k+1}$ 的点上这个向量场与 V^{k+1} 沿边界 ∂V^{k+1} 的单位内法向量 m_1 重合. 于是, 这样所构造的带边界装配流形 $(\widetilde{V}^{k+1}, \widetilde{\tau}^n)$ 有边界 $(\partial \widetilde{V}^{k+1}, \widetilde{\tau}^n) = (\partial V^{k+1}, \tau^n) \subset \mathbb{R}^{n+k}$. 这个边界 $(\partial V^{k+1}, \tau^n)$ 本身作为装配流形等价于零, 因为整个带边界装配流形 $(\widetilde{V}^{k+1}, \widetilde{\tau}^n)$ 在积空间 $\mathbb{R}^{n+k} \times I$ 中与底 $t = 1$ 不相交. 引理证毕.

由引理 23.1 可推出定理, 因为 $\partial V^{k+1} = (W_1^k \cup W_2^k) \cup W_*^k$ 且具有对应的装配, 其中 W_*^k 是连通的. 定理得证. $\square$

2. 纬垂映射

在下面的内容中, 我们要使用有关正交群的同伦群的下列结果:

1) $\pi_1(SO(2)) \simeq \mathbb{Z}$, 因为 $SO(2) \cong S^1$;

2) $\pi_1(SO(3)) \simeq \mathbb{Z}_2$, 因为 $SO(3) \cong \mathbb{R}P^3$ (见 §2.2);

3) $\pi_1(SO(n)) \simeq \mathbb{Z}_2, n \geqslant 3$ (见第 6 章 §24.4);

4) 当 $i < n - 1$ 时, 包含同态 $\pi_i(SO(n)) \to \pi_i(SO(n+1))$ 是同构. 更一般地, 如果 M 是 (复) 维数 i 的任意流形, 则当 $i < n - 1$ 时, 由 $SO(n) \to SO(n+1)$ 诱导的映射 $[M, SO(n)] \to [M, SO(n+1)]$ 是一个双方一一对应. 当 $i = n - 1$ 时, 包含同态 $\pi_i(SO(n)) \to \pi_i(SO(n+1))$ 和映射 $[M, SO(n)] \to [M, SO(n+1)]$ 是满同态 ("到上" 的映射), 其中核 $\mathrm{Ker}(i_*)$ 当 n 为偶数时是无限阶的循环群. 当 $n = 2$ 时这个事实是显然的, 一般情形将在第 6 章中证明.

我们已经知道, k 维的紧光滑流形 M 到 $\mathbb{R}^{2k+q}$ 中的嵌入是 "不打结的", 其中 $q \geqslant 2$. 这意味着, 对于任何两个光滑嵌入 $f : M \to \mathbb{R}^{2k+q}, g : M \to \mathbb{R}^{2k+q}, q \geqslant 2$, 存在一族嵌入 ("同痕") $f_t : M \to \mathbb{R}^{2k+q}, 0 \leqslant t \leqslant 1$, 其中 $f_0 = f, f_1 = g$. 这一族嵌入可以视为一个柱体的光滑嵌入 $F : M \times I \to \mathbb{R}^{2k+q} \times I$ ("同痕过程"), 它由公式

$F(x,t) = (f_t(x), x)$ 定义. 因为 $M \times I$ 可收缩为 $M \times 0$, 我们得到任何一个装配, 即一个在 $\mathbb{R}^{2k+q}$ 中垂直于 M 的标架场 τ^{k+q}, 总可延拓成在 $\mathbb{R}^{2k+q} \times I$ 中垂直于 $M \times I$ 的标架场 $\tilde{\tau}^{k+q}$. 因此, 当 $q \geqslant 2$ 时, 嵌入 $M \subset \mathbb{R}^{2k+q}$ 的方式不是重要的: 所有的嵌入都可借助于同痕彼此转换.

因此, 装配流形 (M, τ^n), $M \subset \mathbb{R}^{n+k}$ (精确到等价性范围) 的分类问题归结为问题: 对给定的嵌入 $M \subset \mathbb{R}^{n+k}$ 存在多少个装配? 如果存在一个垂直的标架场 τ^n, 则任何具同一个定向的垂直标架场可以通过在每一点的一个旋转由 τ^n 得出. 于是, 装配的集由 $M \to SO(n)$ 的映射来刻画. 这种对应并不是双方一一的, 因为 $M \to SO(n)$ 的同伦的映射显然对应于等价的装配.

这一切容许我们说: 当 $n \geqslant k+2$ 时, 无论是嵌入 $M \subset \mathbb{R}^{n+k}$ 还是装配的同伦类 $M \to SO(n)$ 都与 n 无关. 为了给这个说法以精确的意义, 我们定义所谓的**纬垂同态** $E : \pi_{n+k}(S^n) \to \pi_{n+k+1}(S^{n+1})$. 纬垂同态的构造如下. 假定在 $\mathbb{R}^{n+k}$ 中已给定 k 维装配流形 (M, τ^n), 考察嵌入 $M \subset \mathbb{R}^{n+k} \subset \mathbb{R}^{n+k+1}$; 我们对标架场 τ^n 再添加一个在 $\mathbb{R}^{n+k+1}$ 中垂直于 $\mathbb{R}^{n+k}$ 的向量 m_0 并令 $E(M, \tau^n) = (M, (m_0, \tau^n))$. 鉴于在定理 23.1 揭示的自然的双方一一对应, 这个过程事实上给出一个映射 $E : \pi_{n+k}(S^n) \to \pi_{n+k+1}(S^{n+1})$. 对带边界装配流形可类似地定义 E. 由上面所述可推出, 当 $n \geqslant k+2$ 时, 这个同态是同构:

$$E : \pi_{n+k}(S^n) \xrightarrow{\cong} \pi_{n+k+1}(S^{n+1}), \quad n \geqslant k+2.$$

当 $n = k+1$ 时, 我们有

a) 任何 k 维闭流形 M 可以嵌入到 $\mathbb{R}^{2k+1}$ 中 (惠特尼定理, 见 §11.1);

b) 嵌入 $M \subset \mathbb{R}^{2k+1}$ 的装配的同伦类的个数不少于嵌入 $M \subset \mathbb{R}^{2k+1+q}, q > 0$, 的装配同伦类的个数 (试证之!).

由此导出, 纬垂同态

$$E : \pi_{2k+1}(S^{k+1}) \to \pi_{2k+2}(S^{k+2})$$

是满同态.

按照普通的说法, 纬垂映射 E 可以这样来定义: 设 S^{n+k} 是 S^{n+k+1} 中的赤道, S^n 则是 S^{n+1} 中的赤道; 我们将赤道之间的映射 $f : S^{n+k} \to S^n$ 以自然简单的方式沿上、下半球面上的经线延拓成映射 $Ef : S^{n+k+1} \to S^{n+1}$; 北极映射为北极, 而南极则映射为南极.

3. 群 $\pi_{n+1}(S^n)$ 的计算

我们将利用定理 23.1 和 23.2 来计算群 $\pi_{n+1}(S^n)$. 根据这些定理, 每一个元 $\alpha \in \pi_{n+1}(S^n)$ 可以用 $\mathbb{R}^{n+1}$ 中一个连通的一维装配流形, 即一个带有某个法标架场 τ^n 的圆周 $S^1 \subset \mathbb{R}^{n+1}$ 来代表.

§23. 球面同伦群的若干结果. 装配流形. 霍普夫不变量

A. $n > 2$ 的情形. 当 $n > 2$ 时,所有的嵌入 $S^1 \subset \mathbb{R}^{n+1}$ 是同痕的,因而我们可以假定 S^1 实际上落在平面 $\mathbb{R}^2 = (x^1, x^2)$ 中并由方程 $(x^1)^2 + (x^2)^2 = 1$ 给出. 在圆周 $S^1 \subset \mathbb{R}^2 \subset \mathbb{R}^{n+1}$ 中,我们有"平凡的"装配 $\tau_0^n = (m, e_3, e_4, \cdots, e_{n+1})$,其中 m 是 S^1 在 $\mathbb{R}^2$ 中的外法向量,e_j 是 $\mathbb{R}^{n+1}$ 中的基向量. 偶 (S^1, τ_0^n) 给出了群 $\pi_{n+1}(S^n)$ 的零元. 这个圆周的任何别的装配可以通过标架的旋转 $\tau_0^n \to A(x)\tau_0^n$ 得到,其中 $x \in S^1, A(x) \in SO(n)$. 于是,我们有映射 $x \mapsto A(x)$ (可以假定它是光滑的),

$$A : S^1 \to SO(n),$$

它代表了一个元 $[A] \in \pi_1(SO(n))$. 当 $n > 2$ 时,我们有 $\pi_1(SO(n)) \simeq \mathbb{Z}_2$. 由此导出圆周 S^1 上共有两个同伦装配类. 因此,当 $n > 2$ 时,群 $\pi_{n+1}(S^n)$ 包含的元的个数不大于 2. 事实上,S^1 上装配的等价类与基本群 $\pi_1(SO(n))$ 的元之间的对应是双方一一的.

习题 23.1. 证明: 具有非平凡装配 τ_1^n 的装配圆周 (S^1, τ_1^n) 不等价于具平凡装配的圆周 S^1.

由这个习题和上面所做的论证可以推出结论: $\pi_{n+1}(S^n) \simeq \mathbb{Z}_2$.

B. $n = 2$ 的情形. 此时嵌入 $S^1 \subset \mathbb{R}^3$ 的方式似乎有着先天的重要性,因为存在各种结. 我们只考察嵌入 $S^1 \subset \mathbb{R}^2 \subset \mathbb{R}^3$,并像上面一样,具有平凡装配 τ_0^2. 实际上,可以证明所有的装配圆周都等价于不打结的装配圆周. 我们不去证明这个事实而简单地限于考察标准嵌入 $S^1 \subset \mathbb{R}^2 \subset \mathbb{R}^3$. 在上面精确定义的平凡装配给出群 $\pi_3(S^2)$ 中的零元. 别的装配 τ^2 由在每一点 $x \in S^1$ 的标架 τ_0^2 经旋转 A 而得:

$$A : S^1 \to SO(2) \cong S^1.$$

因为 $\pi_1(SO(2)) \simeq \mathbb{Z}$,我们有无限多个装配类 $[A] \in \pi_1(SO(2))$,用整数编号为 $\tau_{(m)}^2$,$m \in \mathbb{Z}$. 像上面一样,可以证明所有的装配流形 $(S^1, \tau_{(m)}^2)$ 彼此不等价. $\pi_3(S^2)$ 中的加法运算在这些数上成立

$$(S^1, \tau_{(m)}^2) + (S^1, \tau_{(q)}^2) \text{ 等价于 } (S^1, \tau_{(m+q)}^2).$$

于是,群 $\pi_3(S^2)$ 是无限群 (第 6 章中将略为不同地证明 $\pi_3(S^2) \simeq \mathbb{Z}$).

光滑映射 $f : S^3 \to S^2$ 的霍普夫不变量 $H(f)$ 定义如下: 如果 $y_0, y_1 \in S^2$ 是正则点且 $M = f^{-1}(y_0), M_1 = f^{-1}(y_1)$,则 $H(f) = \{M_0, M_1\}$ 是一个整数 (即 §15.4 中定义的原像的环绕系数). 试证: $H(S^1, \tau_{(m)}^2) = m$.

习题

23.2. 证明: $H(f)$ 是同伦不变量; 对塞尔纤维化 $f : S^3 \to S^2$ 求 $H(f)$; 并证明 $H([a, a])$ 是偶数 (见 §22.5).

23.3. 对 $\pi_{4n-1}(S^{2n})$ 中的元定义类似的霍普夫不变量并构造这些群的具有非平凡不变量的元.

23.4. 设 ω 是球面 S^2 的满足 $\int_{S^2} \omega = 1$ 的体积元,并设 $f: S^3 \to S^2$ 是光滑映射.则球面 S^3 上的形式 $f^*(\omega)$ 是正合的,即存在 1- 形式 ω_1 使得 $f^*(\omega) = d\omega_1$ (试证之!). 证明数 $\int_{S^3} f^*(\omega) \wedge \omega_1$ 是整数且等于霍普夫不变量 $H(f)$.

4. 群 $\pi_{n+2}(S^n)$

在第 6 章中将证明 $\pi_4(S^2) \simeq \pi_4(S^3) \simeq \mathbb{Z}_2$, 实际上 $\pi_5(S^3)$ 也同构于 $\mathbb{Z}_2$. 我们这里讲述对 "稳定的" 情形 $n > 3$ 计算群 $\pi_{n+2}(S^n)$ 的方法.

由于定理 23.2, 元 $\alpha \in \pi_{n+2}(S^n)$ 可以用连通的装配曲面 $(M, \tau^n) \subset \mathbb{R}^{n+2}$ 代表, 这里 $n+2 \geqslant 6$. 因此, 嵌入 $M \subset \mathbb{R}^{n+2}$ 是不打结的. 众所周知, 定向曲面 M 就是具 g 个柄的球面 (见 [1]). 因此, 不论选取怎样的嵌入, 我们总可假定 $M \subset \mathbb{R}^3 \subset \mathbb{R}^{n+2}$, 这里在 $\mathbb{R}^3$ 上 $x^4 = \cdots = x^{n+2} = 0$. 存在平凡装配 $\tau_0^n = (m_1, e_4, \cdots, e_{n+2})$, 其中 m_1 是 $M \in \mathbb{R}^3$ 的单位法向量, e_j 是 $\mathbb{R}^{n+2}$ 中坐标轴的单位基向量. 由引理 23.1, 偶 (M, τ_0^n) 代表了群 $\pi_{n+2}(S^n)$ 中的零元, 因为场 $(e_4, \cdots, e_{n+2}) = \tau_0^{n-1}$ 可以延拓到 $\mathbb{R}^3$ 中一个由曲面 $M \subset \mathbb{R}^3$ 界定的区域 V 上.

设给定曲面 $M \subset \mathbb{R}^3 \subset \mathbb{R}^{n+2}$ 的一个非平凡装配 τ^n. 关于基 τ_0^n, 这个装配形如

$$\tau^n = A(x)\tau_0^n,$$
$$A: M \to SO(n).$$

我们考察群 $\pi_1(M)$. 设元 $\alpha \in \pi_1(M)$ 由一个光滑嵌入的 (自身不相交的) 定向圆周 $S^1 \subset M$ 代表, n_1 是 S^1 在 M 中法向量场使得速度向量 τ 与 n_1 一起给出 M 中的定向标架 (τ, n_1).

对于代表元 $\alpha \in \pi_1(M)$ 的这个嵌入圆周 $S^1 \subset M$, 我们如下定义一个函数 $\Phi(\alpha) \in \mathbb{Z}_2$, 称为阿尔夫函数: 将装配 τ^n 限制于 $S^1 \subset M$ 上并考察装配流形 $(S^1, \tau^{n+1}) \subset \mathbb{R}^{n+2}$, 这里 $\tau^{n+1} = (n_1, \tau^n)$, 场 n_1 如上定义. 装配流形 (S^1, τ^{n+1}) 由定理 23.1 唯一地对应于 $\pi_{n+2}(S^{n+1})$ 中一个元. 我们定义 $\Phi(\alpha) \in \mathbb{Z}_2$ 为这个元在同构 $\pi_{n+2}(S^{n+1}) \simeq \mathbb{Z}_2$ 之下的像.

习题

23.5. 考察 $\alpha, \beta \in \pi_1(M^2)$. 设积 $\alpha\beta \in \pi_1(M^2)$ 由圆周 $S^1 \subset M^2$ 代表. 于是, 成立公式

$$\Phi(\alpha\beta) = \Phi(\alpha) + \Phi(\beta) + \alpha \circ \beta \text{ (模 2)},$$

其中 $\alpha \circ \beta$ 代表 α 和 β 的圆周的相交指数 (见 §15.1).

23.6. 设 $\alpha_1, \cdots, \alpha_g, \beta_1, \cdots, \beta_g$ 是 (具 g 个柄的球面) M_g^2 上的一族圆周, 它们代表群 $\pi_1(M_g^2)$ 的生成元, 满足关系 $\alpha_1\beta_1\alpha_1^{-1}\beta_1^{-1} \cdots \alpha_g\beta_g\alpha_g^{-1}\beta_g^{-1} = 1$. (我们注意, 相交指数形如 $\alpha_i \circ \beta_j = \delta_{ij}, \alpha_i \circ \alpha_j = 0, \beta_i \circ \beta_j = 0$.) 证明: 和 $\Phi(M_g^2, \tau) = \sum_{i=1}^{g} \Phi(\alpha_i)\Phi(\beta_i)$

不依赖于曲面 M_g^2 上圆周 α_i, β_i 的选取. 证明: 等式 $\Phi(M_g^2, \tau) = 0$ 是存在圆周 $\alpha_1, \cdots, \alpha_g, \beta_1, \cdots, \beta_g$ 满足 $\Phi(\alpha_1) = \Phi(\alpha_2) = \cdots = \Phi(\alpha_g) = 0$ 的充要条件.

如果 α 是 $\pi_1(M)$ 中满足 $\Phi(\alpha) = 0$ 的非平凡元, 则莫尔斯割补术可以将曲面 $M = M_g^2$ 改变成减少 1 个柄的曲面 (即存在等价的亏格较小的装配曲面). 割补是沿着圆周 $\alpha \subset M$ 进行的; 为了在割补中存在亏格为 $g - 1$ 的具装配 τ_*^n 且等价于原来的装配曲面的曲面 M_*, 条件 $\Phi(\alpha) = 0$ 是必要和充分的. 实际上, 我们考察 "加厚" 圆周的映射 $\varphi : S^1 \times (-\varepsilon, \varepsilon) \to M$, 其中 $\varphi(\partial D^2 \times 0) = \alpha \in M$, 而线段 $x \times (-\varepsilon, \varepsilon)$ 的像则是在 M 中 α 的长度为 2ε 的法向测地线段.

考察三维光滑带边界流形

$$W = (M \times I) \bigcup_\varphi (D^2(-\varepsilon, \varepsilon)),$$

这里两片的粘合由映射 φ 实现:

$$\varphi : \partial D^2 \times (-\varepsilon, \varepsilon) \to M \times 1.$$

显然, $\partial W = (M \times 0) \cup M_*$ 且曲面 M_* 的亏格等于 $g - 1$.

现在将 W 嵌入到 $\mathbb{R}^{n+2} \times [0, 1]$ 使得 W 正交地接近边界 $\mathbb{R}^{n+2} \times 0$ 和 $\mathbb{R}^{n+2} \times 1$, 此外, $W \cap (\mathbb{R}^{n+2} \times 0) = M, W \cap (\mathbb{R}^{n+2} \times 1) = M_*$. 于是, 原来的装配曲面 (M, τ^n) 与具某个装配的 M_* 的等价性的证明化为下面的习题.

习题 23.7. $M \subset \mathbb{R}^{n+2}$ 上的装配 τ^* 能延拓到 $W \subset \mathbb{R}^{n+2} \times [0, 1]$ 上当且仅当 $\Phi(\alpha) = 0$.

最后, 我们注意到, 对于球面 $S^2 \subset \mathbb{R}^{n+2}$, 任何装配都给出群 $\pi_{n+2}(S^n)$ 的零元, 因为 $\pi_2(SO(n)) = 0$ (见 §24.4). 于是, 任何装配都同伦于平凡装配 τ_0^n.

如果曲面的亏格 $g \geqslant 2$, 则满足 $\Phi(\alpha) = 0$ 的 α 必定存在 (这来自于习题 23.5 所述的结果). 因此, 作为割补的结果, 我们或者得到给出零元的装配球面 (S^2, τ_0^n), 或者得到具非平凡装配 τ^n 的装配环面 $T^2 \subset \mathbb{R}^3 \subset \mathbb{R}^{n+2}$ (因为对于基元 $\alpha, \beta \in \pi_1(T^2) = \mathbb{Z} \oplus \mathbb{Z}$, 我们将有 $\Phi(\alpha) = \Phi(\beta) = 1, \alpha \circ \beta = 1$). 可以证明具这种装配的环面实际上存在, 但我们不去构造它.

于是, $\pi_{n+2}(S^n) \simeq \mathbb{Z}_2$. 3 维和 4 维流形理论的进一步发展提供了使用这种方法计算群 $\pi_{n+3}(S^n)$ 的可能性.

我们再指出某些由复杂的代数方法得到的事实.

a) 所有的群 $\pi_{n+k}(S^n)$ 是具有有限多个生成元的交换群; 所有的群 $\pi_{n+k}(S^n)$, 除了 $k = 0$ 和 $n = 2l, k = 2l - 1$ 的情形, 都是有限群; 群 $\pi_{4l-1}(S^{2l})$ 同构于群 $\mathbb{Z}$ 和有限群的和.

b) 下表列出当 $k \leqslant 15$ 时的"稳定"群 $\varGamma_k = \pi_{n+k}(S^n), n > k+1$.

0	$\mathbb{Z}$	8	$\mathbb{Z}_2 \oplus \mathbb{Z}_2$
1	$\mathbb{Z}_2$	9	$\mathbb{Z}_2 \oplus \mathbb{Z}_2 \oplus \mathbb{Z}_2$
2	$\mathbb{Z}_2$	10	$\mathbb{Z}_2$
3	$\mathbb{Z}_{24}$	11	$\mathbb{Z}_{504}$
4	0	12	0
5	0	13	$\mathbb{Z}_3$
6	$\mathbb{Z}_2$	14	$\mathbb{Z}_2 \oplus \mathbb{Z}_2$
7	$\mathbb{Z}_{240}$	15	$\mathbb{Z}_{480} \oplus \mathbb{Z}_2$

第六章 光滑纤维丛

§24. 纤维丛的同伦理论

1. 光滑纤维丛的概念

一个光滑纤维丛是一个复合对象, 包括:

a) 丛空间 —— 光滑流形 E;

b) 底空间 —— 光滑流形 M;

c) 射影 —— 光滑映射 $p: E \to M$, 它的微分在每一点都有极大秩 $n = \dim M$;

d) 纤维 —— 光滑流形 F;

e) 结构群 —— 纤维 F 上的光滑变换群 G;

f) 纤维丛的结构: 底空间 M 被一组区域 $U_\alpha \subset M$ 覆盖, 在 U_α 的完全原像中由满足 $p\varphi_\alpha(y,x) = x, x \in U_\alpha, y \in F$ 的微分同胚 $\varphi_\alpha: F \times U_\alpha \to p^{-1}(U_\alpha)$ 引入直积的坐标. (区域 U_α 称为纤维丛的坐标邻域.) 变换 $\lambda_{\alpha\beta} = \varphi_\beta^{-1}\varphi_\alpha : F \times U_{\alpha\beta} \to F \times U_{\alpha\beta}$, 其中 $U_{\alpha\beta} = U_\alpha \cap U_\beta$, 称为纤维丛的转移函数 (粘合函数). 转移函数可以记成 $\lambda_{\alpha\beta}(y,x) = (T^{\alpha\beta}(x)y, x)$. 并要求: 对任意的 α, β 和 x, 变换 $T^{\alpha\beta}(x): F \to F$ 由群 G 中元完成. 于是, 转移函数 $\lambda_{\alpha\beta}$ 决定了一个从 $U_{\alpha\beta}$ 到群 G 的光滑映射:

$$T^{\alpha\beta} : U_{\alpha\beta} \to G, \quad x \mapsto T^{\alpha\beta}(x).$$

由 $T^{\alpha\beta}(x)$ 的定义, 我们得到

$$T^{\alpha\beta} = (T^{\beta\alpha})^{-1}, \quad T^{\alpha\beta}T^{\beta\gamma}T^{\gamma\alpha} = 1 \tag{1}$$

(后面的等式在 3 个区域的交 $U_\alpha \cap U_\beta \cap U_\gamma = U_{\alpha\beta\gamma}$ 上成立). 所有这一切一起刻画了光滑纤维丛的结构.

最简单的纤维丛例子是两个流形的直积到第一个因子的射影且结构群为平凡群. 这种纤维丛称为平凡丛.

在纤维丛中特别重要的是主丛和向量丛.

主丛是这样定义的: 纤维 F 重合于结构群 G, 群 G 在纤维 $F \equiv G$ 上的作用即右平移 $R_g : G \to G, R_g(x) = xg$. 成立下面的

定理 24.1. 主丛可通过群 G 在流形 E 上的光滑自由左作用得到, 其中群 G 的轨道与底空间 M 的点成自然的双方一一的对应.

注 回想一下, 光滑地依赖于两个变元 (g, y) 的作用 $(g, y) \mapsto g(y)$ $(y \in E, g \in G)$ 称为 G 在 E 上的光滑左作用. 此时还要求: 1) 轨道是彼此一致邻近的; 2) 在每一点 $y_0 \in E$ 存在充分小的光滑的 n 维 $(n = \dim M)$ 圆盘 D_ε^n, 它与 G 的轨道不相切并与所有邻近的轨道相交且每一条只交于一个点 (图 89). 作用称为**自由的**, 如果对每个 $y \in E$ 成立 $g(y) = y$, 则 $g = 1$.

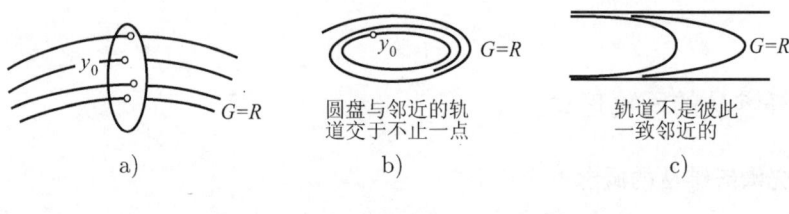

图 89

以前 (见第 4 章) 我们只考察过这种情形: 群 G 是离散群, E 和 M 是同为 n 维的流形, 而群 G 的轨道是离散点集. 显然, 前面的补充条件在这里是成立的, 因为每个点 $y_0 \in E$ 存在邻域 D_ε^n, 它不包含同一个轨道上别的点并且在每一条充分邻近的轨道上只取出一个点.

定理 24.1 的证明 我们利用这个事实: 右作用与左作用可交换: $R_{g_1}L_{g_2}(y) = L_{g_2}R_{g_1}(y) = g_2 y g_1$. 对每一个坐标邻域 U_x, 我们用公式

$$L_{g_1}(g, x) = (g_1 g, x)$$

定义 G 在 $G \times U_\alpha$ 上的 (左) 作用. 微分同胚 $\varphi_\alpha : G \times U_\alpha \to p^{-1}(U_\alpha)$ (见纤维丛结构的定义) 将这个作用带到区域 $p^{-1}(U_\alpha)$ 中. 我们在交 $U_{\alpha\beta} = U_\alpha \cap U_\beta$ 上来验证这个定义的合理性. 严格地说, 在区域 $p^{-1}(U_{\alpha\beta})$ 上我们有左移动的两个定义:

$$p^{-1}(U_{\alpha\beta}) \xrightarrow{\varphi_\alpha^{-1}} G \times U_{\alpha\beta} \xrightarrow{L_{g_1}} G \times U_{\alpha\beta} \xrightarrow{\varphi_\alpha} p^{-1}(U_{\alpha\beta}),$$

$$p^{-1}(U_{\alpha\beta}) \xrightarrow{\varphi_\beta^{-1}} G \times U_{\alpha\beta} \xrightarrow{L_{g_1}} G \times U_{\alpha\beta} \xrightarrow{\varphi_\beta} p^{-1}(U_{\alpha\beta}).$$

必须证明对任何点 $y \in p^{-1}(U_{\alpha\beta})$,

$$\varphi_\alpha L_{g_1} \varphi_\alpha^{-1}(y) = \varphi_\beta L_{g_1} \varphi_\beta^{-1}(y).$$

两边同时作用 φ_β^{-1}, 我们将它变换成

$$\lambda_{\alpha\beta} L_{g_1} \varphi_\alpha^{-1}(y) = L_{g_1} \varphi_\beta^{-1}(y).$$

但是后面这个等式可从右平移与左平移的可交换性推出: $L_{g_1}\lambda_{\alpha\beta} = \lambda_{\alpha\beta}L_{g_1}$ 和 $\lambda_{\alpha\beta}\varphi_\alpha^{-1} = \varphi_\beta^{-1}$. 于是, 在每个区域 $p^{-1}(U_\alpha)$ 中定义了 G 的左作用, 它们是相容的. 显然, 这个作用是自由的. 定理得证. □

于是, 所有的主丛可由群 G 在流形 E 上的自由作用得到.

具任意纤维 F 的纤维丛结构本质上只由 "转移函数" $\lambda_{\alpha\beta}$, 或者说, 由满足简单条件 (1) 的映射 $T^{\alpha\beta}: U_{\alpha\beta} \to G$ 决定. 于是, 纤维并不重要: 如果给定群 G 作为别的纤维 F' 的光滑变换群的表示, 那么就可以由任何的具结构群 G 和纤维 F 的纤维丛构造出纤维为 F' 的纤维丛, 只要仍取相同的转移函数 $T^{\alpha\beta}: U_{\alpha\beta} \to G$, 不过这时 G 表示为 F' 的变换. 这样所得的纤维丛称为原纤维丛的伴随丛. 特别, 总可将转移函数表示为群 G 本身的右平移并构造一个原纤维丛的伴随主丛. 我们得到结论:

任何纤维丛总可作为某个主丛的伴随丛得到. 因此, 纤维丛的分类问题归结为主丛的分类问题.

重要的若干类例子.

(1) 覆盖 (空间) 这里纤维 F 是离散的 (点集), 群 G 是覆盖的单值群. 在覆盖情形下的主丛称为正则覆盖; 它们由离散群 $G = \sigma(\pi_i(M))$ 在丛空间上的作用决定. 覆盖的例子见第 4 章 §18 和 §19.

(2) 向量丛 (见 §7.1) 向量丛是一类重要的纤维丛, 它的纤维 F 是 $\mathbb{R}^n$, 群 G 作为群 $GL(n,\mathbb{R})$ 的子群作用在 F 上. 自然地可区分出: 正交向量丛 $(G \subset O(n))$, 复向量丛 $(F = \mathbb{C}^n, G \subset GL(n,\mathbb{C}))$, 特别有酉向量丛 $(G \subset U(n))$.

(3) 与切丛有关的纤维丛 如果 M 是光滑的 n 维流形, 则自然地可定义 n 标架丛 $p: E \to M$, 其中流形 E 的点是由点 $x \in M$ 和点 x 处的非退化的 n 切标架 τ^n 组成的偶 (x, τ^n). 这里纤维 F 及结构群 G 重合 (从而是一个主丛), 且 $G = GL(n,\mathbb{R})$. 群 $GL(n,\mathbb{R})$ 的作用以自然的方式确定: 如果 $A \in GL(n,\mathbb{R}), (x, \tau^n) \in E$, 则

$$A(x, \tau^n) = (x, A(\tau^n)).$$

如果在流形上已给定黎曼度量 (g_{ij}), 则可区分出正交标架类; 从而自然有结构群为 $O(n)$ 的主丛 $E_O \to M$. 如果流形是可定向的, 则可以引入定向标架类. 从而有结构群为 $SO(n)$ 的主标架丛 $E_{SO} \to M$. 如果 M 是复 n 维流形, 则可定义复标架和结构群为 $GL(n,\mathbb{C})$ 的纤维丛 $E_\mathbb{C} \to M$, 而如果 M 上已给定埃尔米特度量, 则可定义结构群为 $U(n)$ 的纤维丛 $E_U \to M$. 所有这些纤维丛都是不同类型的切丛的主丛.

在第 1 章 §7.1 中描述的其他的与切丛有关的流形也是纤维丛, 它们是上面列举的主丛的伴随丛. 其中熟知的具有下列的纤维:

a) $F = \mathbb{R}^n$;

b) $F = S^{n-1}$ (单位向量或射线);

c) $F = \mathbb{R}P^{n-1}$ (直线或方向);

d) $F = V_{n,k}$ ($\mathbb{R}^n$ 中的正交 k 标架);

e) $F = \Lambda^k(\mathbb{R}^n)^*$ (反称 k 形式);

f) $F = \mathbb{R}^n \otimes \cdots \otimes \mathbb{R}^n \otimes (\mathbb{R}^n)^* \otimes \cdots \otimes (\mathbb{R}^n)^*$ (张量).

(4) **齐性空间** 对于李群 G 和它的一个子群 H 可以定义 (见 §5) 右陪集类组成的齐性空间

$$M = G/H.$$

我们有射影 $p: G \to M$ 及纤维 $H \subset G$, 其中子群 H 自由地左作用在群 G 上

$$g \mapsto hg \ (g \in G, h \in H).$$

群 H 的轨道是右陪集也就是底空间的点. 于是, 齐性空间是主丛的底空间. 在第 4 章中我们已经考察过一系列齐性空间的例子.

(5) **子流形的法丛** 设 n 维流形 M 光滑嵌入于一个具黎曼度量的 $(n+k)$ 维流形 (例如欧几里得空间). 法 (向量) 丛的点是由 $x \in M$ 和 M 在点 x 处的法向量 τ 组成的偶 (x, τ). 群 G 是 $O(k)$, 纤维 F 则是 $\mathbb{R}^k$.

在某些情形中, 纤维为 F 的光滑纤维丛 $p: E \to M$ 的结构群不起实质性作用. 在这种情形, "转移函数" $\lambda_{\alpha\beta}$ 可以取为任意的 $F \to F$ 的微分同胚. 此时我们说纤维丛的结构群是纤维 F 到自身的所有光滑变换 (微分同胚) 组成的群. 这个群记为 diff F. 它有一个保持定向的微分同胚组成的子群 diff$^+ F$.

可以自然地定义一个纤维丛到另一个纤维丛的映射. 设 $(E, M, p: E \to M, F, G)$ 和 $(E', M', p': E' \to M', F, G)$ 是两个具有同一个结构群 G 和同一个纤维 F 的纤维丛.

定义 24.1. 丛空间的映射 $\tilde{f}: E \to E'$ 称为一个 (纤维) 丛映射, 如果它保持纤维丛的结构, 即如果:

a) 映射 $\tilde{f}$ 保持纤维, 即 $p'\tilde{f} = fp$, 其中 $f: M \to M'$ 是底空间之间的某个映射 (映射 f 由这个要求唯一决定);

b) 在每一个纤维上, 映射 $\tilde{f}_F: F \to F$ 是一个属于结构群 G 的变换. 精确地说, 其意义如下: 在坐标邻域 $U_\alpha \subset M$ 上已给定微分同胚 $\varphi_\alpha: F \times U_\alpha \to p^{-1}(U_\alpha) \subset E$, 而在坐标邻域 $U'_{\beta'} \subset M'$ 上已给定微分同胚 $\varphi'_\beta: F \times U'_{\beta'} \to p'^{-1}(U'_{\beta'})$. 因此, 在区域 $W_{\alpha\beta'} = U_\alpha \cap f^{-1}(U'_{\beta'})$ 上我们有映射

$$F \times W_{\alpha\beta'} \xrightarrow{\varphi_\alpha} p^{-1}(U_\alpha) \xrightarrow{\tilde{f}} p'^{-1}(U'_{\beta'}) \xrightarrow{(\varphi'_{\beta'})^{-1}} F \times U'_{\beta'},$$

它对每个点 $x \in W_{\alpha\beta'}$ 按规则: $(y, x) \mapsto (T_y, f(x))$ 作用, 其中 $T = T_x$ 是纤维 F 的某个变换. 条件 b) 则断定这个变换 T (在前面记为 $\tilde{f}_F$) 应属于结构群 G.

定义 24.2. 两个具有公共底空间 $M' = M$ 的纤维丛之间的一个映射称为一个等价的 (纤维) 丛映射, 如果所诱导的底空间的映射是恒等映射.

在后面, 我们将考察纤维丛关于这个等价性关系的分类问题, 特别是某些特殊情形 (例如, 底空间是球面). 我们将证明所有的底空间为圆盘 D^n (或 $\mathbb{R}^n$) 的纤维丛都是等价于平凡丛的直积.

2. 联络

我们现在引入纤维丛的联络的概念. 设丛空间为 E, 底空间为 M, 射影为 $p: E \to M$, 纤维为 F 以及结构群为 G. 我们首先弃用结构群 (这等价于我们将假定纤维丛的结构群是纤维 F 的所有微分同胚所成的群而不是 G).

直观上, 具联络的纤维丛可以这样来表示: 给定一族空间 $\{F_x\}$, 它们依赖于其值取遍底空间 M 中点的参数 x; 所有的纤维的并 $E = \bigcup_x F_x$ 代表 "丛空间" 本身. 底空间 M 中的每一条路径 $\gamma(t), a \leqslant t \leqslant b$, 给出纤维 F 沿 γ 从始点到终点的 "平行移动", 即映射 (微分同胚)

$$\varphi_\gamma : F_{x_0} \to F_{x_1}, \quad x_0 = \gamma(a), x_1 = \gamma(b).$$

自然地要求:

1) φ_γ 连续依赖于路径 γ;

2) $\varphi_{\gamma_1 \gamma_2} = \varphi_{\gamma_1} \varphi_{\gamma_2}; \varphi_{\gamma^{-1}} = (\varphi_\gamma)^{-1}$; 如果路径 γ 是常路径, 则映射 φ_γ 是恒等映射;

3) φ_α 与路径的参数化无关.

我们现在叙述给出这族变换 φ (联络) 的方法.

定义 24.3. 如下的一个分布称为 (无群 G 的) 一般型联络: 这个分布在空间 E 的每一点 y 处指定一个光滑依赖于点 $y \in E$ 的且与过点 y 的纤维横截的 n 维 ($n = \dim M$) 切方向 (即在射影 $p : E \to M$ 诱导的切空间映射之下, 该切方向在底空间 M 上的射影非退化). 这个切方向称为联络的水平方向. E 中的一条光滑曲线 $\tilde{\gamma} = \tilde{\gamma}(t)$ 称为水平曲线, 如果它的切向量对一切 t 都属于点 $\tilde{\gamma}(t)$ 处的水平方向.

引理 24.1. 任何光滑纤维丛都具有一般型联络.

证明 我们假设在空间 E 上给定黎曼度量 (g_{ij}), 由于第 2 章的定理它总是存在的. 在每个点 $y \in E$ 处与纤维正交的 n 维方向就构成联络. 引理得证. □

引理 24.2. 如果在具紧纤维 F 的纤维丛 (E, M, p, F) 中给定一个一般型联络, 则对底空间 M 中任何一条光滑曲线段 $\gamma(t), 0 \leqslant t \leqslant 1$ 和满足 $p(y_0) = \gamma(0)$ 的任意一点 $y_0 \in E$, 只存在一条 E 中的水平曲线 $\tilde{\gamma}(t)$ 覆盖 $\gamma(t)$, 即使得 $p\tilde{\gamma}(t) = \gamma(t), \tilde{\gamma}(0) = y_0$.

证明 我们考察曲线 $\gamma(t)$ 的一段短的可以假定其自身不相交的光滑曲线段 δ. 在曲线段 δ 上, 完全原像 $p^{-1}(\delta)$ 本身可代表一个光滑纤维丛, 纤维为 F, 底空间为 δ, 丛空间为 $E_\delta \equiv p^{-1}(\delta)$. 纤维丛 E 中联络的水平方向在 δ 上的纤维丛 E_δ 中生成 (或者区分出) 一个一维的水平方向. 考察这个水平方向在空间 $E_\delta = p^{-1}(\delta)$ 中的积分曲线. 所有的这些积分曲线都是水平曲线. 引理的结论可从给定初始点的积分曲线的存在性和唯一性推出; 剩下要做的只是将上面的论证逐个地 (有限次) 应用到覆盖曲线 γ 的曲线段 (在这里纤维的紧性是本质的, 因为否则有可能积分曲线会无限次游弋).

注 对于非紧的纤维, 引理 24.2 可以是不对的. 在构造一般型联络时必须十分当心才能使水平曲线不会无限次游弋. 对于将结构群 G 考虑进去的微分几何的联络 (见下面 §25.1), 这个引理是成立的.

于是, 设给定一个具一般型联络和紧纤维的光滑纤维丛 (或者虽然纤维 F 非紧, 但满足条件, 使得对于这个联络引理 24.2 对底流形 M 中任何分段光滑曲线 $\gamma(t)$ 成立), 则由于引理 24.2, 对于任意分段光滑路径 $\gamma(t), a \leqslant t \leqslant b$ 可定义一个从点 $x_0 = \gamma(a)$ 上的纤维到点 $x_1 = \gamma(b)$ 上的纤维的映射:

$$\varphi_\gamma : F_{x_0} \to F_{x_1}$$

(因为水平曲线光滑依赖于起点; 见引理 24.2 的证明; 对每一点 $y_0 \in F_{x_0}, \varphi_\gamma(y_0) = \tilde\gamma(b)$ 是一个光滑映射). 显然, 映射 φ_γ 与路径 γ 的参数无关且

$$\varphi_{\gamma_1 \gamma_2} = \varphi_{\gamma_1} \varphi_{\gamma_2}, \quad \varphi_{\gamma^{-1}} = (\varphi_\gamma)^{-1}.$$

这个映射称为联络生成的纤维的平行移动. 相比较而言, 对应于每一条路径 γ 指定一个纤维到纤维的满足上面所列性质的变换 φ_γ 则称为一个抽象联络. 特别有, 每一条始点和终点为同一点 x_0 的路径 γ 就定义了 H 空间 $\Omega(x_0, M)$ (见 §22.4) 到群 $G = \text{diff } F$ 的一个同态:

$$\varphi : \Omega(x_0, M) \to G = \text{diff } F,$$
$$\gamma \mapsto \varphi_\gamma : F \to F.$$

群 G 中的像 $\varphi(\Omega)$ 称为所给联络的**完整群** (又称和乐群), 它是单值群概念的推广.

定义 24.4. 对具结构群 G 的纤维丛, 如果丛空间 E 中的一族水平方向使得所有的平行移动 φ_γ 都属于结构群 G, 则这族水平方向称为 G **联络** (或与群 G 相容的联络).

(纤维丛的 G 联络的存在性将在本章 §25 中证明, 见引理 25.2.)

在实践中, 具联络的纤维丛的结构群通常就是它的完整群. 下一节中将给出 G 联络的整体构造和微分几何学的刻画.

3. 借助于纤维丛计算同伦群

定理 24.2. 任何具紧纤维的光滑纤维丛关于任意流形 K 及 K 到底流形 M 和丛空间 E 的分段光滑映射和同伦具有覆叠同伦性质.

证明 设分段光滑同伦 $F: K \times I \to M$ 在 $t = 0$ 时被映射 $\widetilde{f}_0: K \times 0 \to E$ 覆叠, 即 $p\widetilde{f}_0 = F|_{k \times 0} = f_0$. 由引理 24.1, 可以在纤维丛中给定一个一般型联络. 根据引理 24.2, 这个联络对每一条 (由点在底流形 M 的运动产生的) 分段光滑路径 γ 可通过确定的方式用 E 中的道路覆叠, 而覆叠道路连续地依赖于路径 γ 和覆叠的起点. 由此, 定理从引理 24.1 和 24.2 推得. □

推论 1 同伦群 $\pi_j(E, F, y_0)$ 与 $\pi_j(M, x_0)$ 是同构的, 其中 $x_0 = p(y_0)$, 且序列

$$\cdots \to \pi_j(F) \xrightarrow{i_*} \pi_j(E) \xrightarrow{j} \pi_j(E, F) \xrightarrow{\partial} \pi_{j-1}(F) \to \cdots$$

$$p_* \searrow \quad \| \wr$$

$$\pi_j(M)$$

是正合的.

由 §22 中命题, 推论可从定理 24.2 推出.

注 我们给出同态 $\partial: \pi_n(M) \to \pi_{n-1}(F)$ 的另一种不使用相对同伦群的构造方法. 设 $f: D^n \to M$ 是将圆盘 D^n 的边界 S^{n-1} 映射为一点 x_0 的映射, 它代表一个元 $\alpha \in \pi_n(M, x_0)$. 我们将圆盘边界上一固定点 a_0 和边界 S^{n-1} 的另一个任意点 a 用弦 $[a_0, a]$ 连接起来. 于是 $f[a_0, a]$ 是 M 中起点与终点均为点 x_0 的一条闭道. 我们将这条闭道提升到丛空间中使得它以点 y_0 为起点, 这里 $p(y_0) = x_0$. 这条提升道路的终点将是纤维 $F = p^{-1}(x_0)$ 中的某个点 b. 令 $\widehat{f}(a) = b$, 我们得到映射 $\widehat{f}: S^{n-1} \to F$.

习题 24.1. 证明: 所构造的映射 $\widehat{f}: S^{n-1} \to F$ 的同伦类重合于 $\partial \alpha$, 其中 ∂ 是前面在纤维丛正合序列中定义的边缘同态.

特别从边缘同态的定义中导出: 对于平凡丛, 同态 ∂ 是零同态 (试证之!).

现在我们应用纤维丛正合序列来计算某些同伦群. 我们记得在第 5 章中 (见 §22), 已从这种正合序列中提取了关于覆叠空间和闭路空间的同伦群的一些信息.

例 24.1. 考察简单的主丛:

a) $\mathbb{R}P^3 \cong SO(3) \xrightarrow{p} S^2$ (纤维 $SO(2) \cong S^1$);

b) $S^3 \cong SU(2) \xrightarrow{p} S^2$ (纤维 S^1).

主丛 a) 本身是球面 S^2 上的单位切丛; 它也可解释为具齐性底流形的主丛 $SO(3) \to SO(3)/SO(2) \cong S^2$ (见习题 24.1). 类似地, 纤维丛 b) 可描述为纤维丛 $SU(2) \to SU(2)/U(1) \cong S^2$, 其中 $U(1)$ 在 $SU(2)$ 中等同于对角阵子群. 纤维丛 b) 称为霍普夫纤维化(或霍普夫丛). 回想一下 (见 §22), 当 $j > 1$ 时 $\pi_j(\mathbb{R}P^3)$ 和 $\pi_j(S^3)$ 是同一个群, 结果, 从同伦群的角度看, 纤维丛 a) 和 b) 给出的信息是相同的. 考察纤维丛 b),

并考虑到等式 (见 §21):
$$\begin{cases} \pi_n(S^n) \simeq \mathbb{Z}, \text{ 当 } n \geqslant 1, \\ \pi_j(S^1) = 0, \text{ 当 } j > 1. \end{cases}$$

我们写出纤维丛 b) 的正合同伦序列:
$$\cdots \to \pi_j(S^1) \xrightarrow{i_*} \pi_j(S^3) \xrightarrow{p_*} \pi_j(S^2) \xrightarrow{\partial} \pi_{j-1}(S^1) \xrightarrow{i_*} \cdots$$

因为当 $j > 2$ 时, $\pi_j(S^1) = \pi_{j-1}(S^1) = 0$, 所以有正合序列
$$0 \to \pi_j(S^3) \xrightarrow{p_*} \pi_j(S^2) \to 0 \quad (j > 2),$$

和 $\pi_j(S^3) \simeq \pi_j(S^2)$, 对一切的 $j > 2$. 特别有 $\pi_3(S^3) \simeq \mathbb{Z} \simeq \pi_3(S^2)$.

例 24.2. 广义霍普夫丛
$$p: S^{2n+1} \to \mathbb{C}P^n \text{ (纤维 } F = S^1),$$

它的定义如下: 我们用复方程 $\sum_{j=0}^{n} |z_j|^2 = 1$ 在 $\mathbb{R}^{2n+2} (= \mathbb{C}^{n+1})$ 中给出球面 S^{2n+1}. 群 S^1 在这个球面上的作用形式为
$$z \mapsto e^{i\varphi} z \ (z = (z_0, \cdots, z_n) \in S^{2n+1}, e^{i\varphi} \in S^1).$$

根据 $\mathbb{C}P^n$ 的定义, 这个作用的轨道组成 $\mathbb{C}P^n$. 如我们所知,
$$\pi_1(S^1) \simeq \pi_{2n+1}(S^{2n+1}) \simeq \mathbb{Z},$$
$$\pi_j(S^1) = 0, \text{ 当 } j > 1, \text{ 以及 } \pi_q(S^{2n+1}) = 0, \text{ 当 } q < 2n + 1.$$

从纤维丛正合序列可得
$$\pi_2(\mathbb{C}P^n) \simeq \mathbb{Z}, \pi_j(\mathbb{C}P^n) \simeq \pi_j(S^{2n+1}), \text{ 当 } j > 2.$$

特别有 $\pi_{2n+1}(\mathbb{C}P^n) \simeq \mathbb{Z}$ (试证之!).

例 24.3. n 维球面 S^n 的切 $n-$ 标架丛. 这是一个主丛

a) $SO(n+1) \to SO(n+1)/SO(n) \cong S^n$ (纤维为 $SO(n)$), 底流形是齐性空间).
我们还考虑相伴的 $k-$ 标架丛.

b) $V_{n+1,k+1} \to S^n$ (纤维为 $V_{n,k}$).
回想一下, $V_{n,k}$ 是 n 维空间中的正交 $k-$ 标架组成的流形, $V_{n+1,k+1} \cong SO(n+1)/SO(n-k+1)$. 当 $k = 1$ 时, 我们得到纤维丛 $V_{n,2} \to S^n$, 它的纤维为 $V_{n,1} \cong S^{n-1}$, 是一个单位切向量丛.

我们先考察纤维丛 a) 的同伦序列:
$$\cdots \to \pi_{j+1}(S^n) \xrightarrow{\partial} \pi_j(SO(n)) \xrightarrow{i_*} \pi_j(SO(n+1)) \xrightarrow{p_*} \pi_j(S^n) \to \cdots$$

当 $j < n-1$ 时, (利用 $\pi_i(S^m) = 0$, 当 $i < m$, 见 §21.1.) 我们得到 $\pi_j(SO(n)) \simeq \pi_j(SO(n+1))$.

另一方面, 当 $j = n-1$ 时成立

$$\pi_n(S^n) \xrightarrow{\partial} \pi_{n-1}(SO(n)) \xrightarrow{i_*} \pi_{n-1}(SO(n+1)) \xrightarrow{p_*} \pi_{n-1}(S^n).$$
$$\wr\| \qquad\qquad\qquad\qquad\qquad\qquad\qquad\qquad \|$$
$$\mathbb{Z} \qquad\qquad\qquad\qquad\qquad\qquad\qquad\qquad 0$$

由此可得, 当 $j = n-1$ 时同态 i_* 是满同态 (即"到上的"映射), 并有循环核 $\partial(\pi_n(S^n))$. 如果球面 S^n 的切丛是平凡丛, 例如当 $n = 3$ 时就是这种情形 (因为 S^3 可以赋予群结构而成为一个李群), 则同态 ∂ 也是平凡的. 因此, 拓扑上 $SO(4) = SO(3) \times S^3$ 且 $\pi_j(SO(4)) \simeq \pi_j(S^3) \oplus \pi_j(SO(3))$.

我们将使用定理 24.2 来证明下面的命题, 在 §23 中曾用到过这个命题.

命题 24.1. 设 M 是维数 q 的流形. 如果 $q < n$, 则每一个 $M \to SO(n+1)$ 的映射都同伦于一个 $M \to SO(n) \subset SO(n+1)$ 的映射; 如果 $q < n-1$, 则包含映射 $SO(n) \to SO(n+1)$ 决定了一个双方一一的对应.

$$[M^q, SO(n)] \leftrightarrow [M^q, SO(n+1)].$$

证明 设 $q < n$. 考察映射 $\widetilde{f}: M \to SO(n+1)$. 于是, 射影 $f = p\widetilde{f}: M \to S^n$ 可收缩为一点, 也即存在同伦 $\widetilde{F} = \{f_t\}$ ($\widetilde{f}_0 = \widetilde{f}$) 将映射 $\widetilde{f}$ 形变为映射 $\widetilde{f}_1: M \to SO(n) = p^{-1}(s_0)$. 命题的第一部分得证.

设 $q < n-1$, 并设 $\widetilde{f}_0, \widetilde{f}_1: M \to SO(n)$ 是两个在 $SO(n+1)$ 中同伦的映射, 其同伦为 $\widetilde{F}: M \times I \to SO(n+1)$. 射影 $F = p\widetilde{F}: M \times I \to S^n$ 将边界 $(M \times 0) \cup (M \times 1)$ 映射为一点 $s_0 \in S^n$. 考察映射 $p\widetilde{F} = F = \Phi_0$ 在底流形 S^n 中到常值为 s_0 的映射的一个同伦 Φ_t, 且在这个同伦过程中两个底柱 $M \times 0$ 和 $M \times 1$ 保持不动 (即都映射为点 s_0). 这样的同伦是存在的, 因为 $M \times I$ 的维数 $q+1 < n$. $SO(n+1)$ 中的覆叠同伦 $\widetilde{\Phi}_t$ 当 $t = 1$ 时给出 $\widetilde{f}_0$ 和 $\widetilde{f}_1$ 在纤维 $SO(n) = p^{-1}(s_0)$ 中的同伦. 由此及命题的第一部分就可导出所寻求的双方一一对应. 命题得证. □

现在我们考察纤维为 $V_{n,k}$ 的纤维丛 b), 先研究 $k = 1$ 的情形:

$$p: V_{n+1,2} \to S^n \text{ (纤维 } V_{n,1} \cong S^{n+1}\text{)}.$$

纤维丛 b) 的正合序列形如

$$\cdots \xrightarrow{p_*} \pi_j(S^n) \xrightarrow{\partial} \pi_{j-1}(S^{n-1}) \to \pi_{j-1}(V_{n+1,2}) \to \pi_{j-1}(S^n) \to \cdots$$

因为当 $j \leqslant n-1$ 时 $\pi_{j-1}(S^{n-1}) = 0 = \pi_{j-1}(S^n)$, 我们得到

$$\pi_j(V_{n+1,2}) = 0, \text{ 当 } j < n-1,$$
$$\pi_{n-1}(V_{n+1,2}) \text{ 是循环群}.$$

如果 $j = n$, 则 $\pi_j(S^n) \simeq \pi_{j-1}(S^{n-1}) \simeq \mathbb{Z}, \pi_{j-1}(S^n) = 0$, 且我们有正合序列

$$\pi_n(S^n) \xrightarrow{\partial} \pi_{n-1}(S^{n-1}) \to \pi_{n-1}(V_{n+1,2}) \to 0.$$
$$\qquad\quad \shortparallel \qquad\qquad \shortparallel$$
$$\qquad\quad \mathbb{Z} \qquad\qquad \mathbb{Z}$$

我们来找同态 ∂. 为此, 考察球面 S^n 上的一个恰有一个奇点 s_0 的切向量场 ξ (根据 §15 的结果, 这个奇点的指标当 n 为偶数时等于 2, 而当 n 为奇数时等于零). 这个向量场定义了一个映射 $\widetilde{f} : S^n \backslash \{s_0\} \cong D^n \to V_{n+1,2}$, 它由公式 $\widetilde{f}(\tau) = (\tau, \frac{\xi}{|\xi|})$ 给定, 其中 τ 是 $\mathbb{R}^{n+1}$ 中的单位向量. 显然, 映射 $p\widetilde{f} = f : D^n \to S^n$ 的度等于 $+1$, 且 $f(\partial D^n) = s_0$. 请读者证明: $\widetilde{f}$ 的闭包在边界上的限制映射 $f : \partial D^n \to V_{n,1} \cong S^{n-1}$ 的度等于向量场 ξ 在奇点处的指标. 由同态 ∂ 的上述直接的构造, 我们得到同态 ∂ 是恒等同态乘上一个整数, 这个整数等于向量场 ξ 在点 s_0 处的指标. 由此导出:

$$\pi_{n-1}(S^{n-1})/\partial \pi_n(S^n) \simeq \begin{cases} \mathbb{Z}, & \text{如果 } n \text{ 是奇数,} \\ \mathbb{Z}_2, & \text{如果 } n \text{ 是偶数.} \end{cases}$$

最后就成立

$$\pi_{n-1}(V_{n+1,2}) \simeq \begin{cases} \mathbb{Z}, & \text{如果 } n \text{ 是奇数,} \\ \mathbb{Z}_2, & \text{如果 } n \text{ 是偶数;} \end{cases}$$
$$\pi_j(V_{n+1,2}) = 0 \quad \text{当 } j < n-1.$$

相继地考察纤维丛

$$p : V_{n+1,k+1} \to S^n \text{ (纤维为 } V_{n,k}\text{)},$$

由正合序列可得

$$\pi_j(V_{n+1,k+1}) = 0 \quad \text{当 } j < n-k,$$
$$\pi_{n-k}(V_{n+1,k+1}) \text{ 是循环群 (试证之!).}$$

类似地对酉群和辛群考察球面上的纤维丛:

$$U(n) \to S^{2n-1} \text{ (纤维为 } U(n-1)\text{)},$$
$$Sp(n) \to S^{4n-1} \text{ (纤维为 } Sp(n-1)\text{)}.$$

(这里如 §5.2 中注意到的那样, 球面 S^{2n-1} 可以实现为齐性空间 $U(n)/U(n-1)$.) 由第一个纤维丛容易推得

$$\pi_j(U(n)) \simeq \pi_j(U(n-1)) \quad \text{当 } j < 2n-2,$$

而由第二个纤维丛的正合序列则可得

$$\pi_j(Sp(n)) \simeq \pi_j(Sp(n-1)) \quad \text{当 } j < 4n-2.$$

因此, 群 $\pi_j(SO(n))$, 当 $j < n-1$ 时, 群 $\pi_j(U(n))$, 当 $j < 2n-2$ 时以及 $\pi_j(Sp(n))$, 当 $j < 4n-2$ 时均与 n 无关; 它们分别记为 $\pi_j(SO), \pi_j(U)$ 以及 $\pi_j(Sp)$ 并称为稳定同伦群.

例 24.4. 现在考察具 g 个柄的可定向曲面上的单位切丛:

$$p: E \to M_g^2 \text{ (纤维为 } S^1\text{)}.$$

流形 E 的点可表示为 (x, τ), 其中 $x \in M_g^2$, τ 是点 x 处的单位切向量. 当 $g = 0$ 时, 我们知道 $E \simeq SO(3)$. 当 $g = 1$ 时, 我们有 $E \cong S^1 \times M_g^2 = S^1 \times T^2 = T^3$. 因此, 我们考察非平凡的 $g \geqslant 2$ 的情形. 此时我们的纤维丛的正合序列形如

$$\cdots \to \pi_i(S^1) \xrightarrow{i_*} \pi_i(E) \xrightarrow{p_*} \pi_i(M_g^2) \xrightarrow{\partial} \pi_{i-1}(S^1) \to \cdots$$

如果 $i > 1$, 则 $\pi_i(S^1) = \pi_i(M_g^2) = 0$, 这是因为 S^1 和 M_g^2 的万有覆叠是可缩空间. 因此, 当 $i > 1$ 时, $\pi_i(E) = 0$. 当 $i = 1$ 时有正合序列

$$\begin{array}{c} 0 \to \pi_1(S^1) \xrightarrow{i_*} \pi_1(E) \xrightarrow{p_*} \pi_1(M_g^2) \to 0. \\ \| \\ \mathbb{Z} \end{array} \qquad (2)$$

我们用 τ 表示群 $\pi_1(S^1)$ 的自然生成元, 而用 $a_1, \cdots, a_g, b_1, \cdots, b_g$ 表示群 $\pi_1(M_g^2)$ 的典范生成元; 后者满足关系

$$a_1 b_1 a_1^{-1} b_1^{-1} \cdots a_g b_g a_g^{-1} b_g^{-1} = 1.$$

路径 a_j, b_j 形成曲面 M_g^2 的 "典范切割"; 这种切割的结果将曲面转化为一个 $4g$ 边形 Q_{4g} (图 90, 参见图 61,76). 令 $i_*(\tau) = \widetilde{\tau} \in \pi_1(E)$ 并在 $\pi_1(E)$ 中选取元 $\overline{a}_1, \cdots, \overline{a}_g, \overline{b}_1, \cdots, \overline{b}_g$ 满足 $p_*(\overline{a}_j) = a_j, p_*(\overline{b}_j) = b_j$. 因为序列 (2) 是正合的, 所以群 $i_*(\pi_1(S^1))$ 是 $\pi_1(E)$ 中的正规除子. 群 $\pi_1(E)$ 由生成元 $\overline{\tau}, \overline{a}_j, \overline{b}_j$ 生成, 它们满足关系:

1) $\overline{a}_j \overline{\tau} \overline{a}_j^{-1} = \overline{\tau}^{\alpha_j}$;
2) $\overline{b}_j \overline{\tau} \overline{b}_j^{-1} = \overline{\tau}^{\beta_j}$;
3) $\overline{a}_1 \overline{b}_1 \overline{a}_1^{-1} \overline{b}_1^{-1} \cdots \overline{a}_g \overline{b}_g \overline{a}_g^{-1} \overline{b}_g^{-1} = \overline{\tau}^\gamma$.

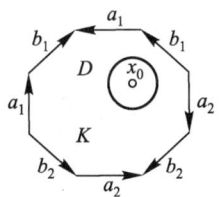

图 90

(我们下面证明 $\alpha_j = \beta_j = 1, \gamma = 2 - 2g$.) 事实上, 关系 1) 和 2) 可由 $i_*(\pi_1(S^1))$ 是正规除子推得. 关系 3) 则由

$$p_*(\overline{a}_1 \overline{b}_1 \overline{a}_1^{-1} \overline{b}_1^{-1} \cdots \overline{a}_g \overline{b}_g \overline{a}_g^{-1} \overline{b}_g^{-1}) = 1$$

推得.

现在来证明所有的 α_j 和 β_j 都等于 1, 事实上, 由 §17.2, 内自同构 $\bar{\tau} \mapsto \bar{a}_j \bar{\tau} \bar{a}_j^{-1}$ 是通过 (代表 $\pi_1(E)$ 中元 $\bar{\tau}$ 的) 纤维 S^1 沿路径 $a_j = p(\bar{a}_j)$ 在底空间 M_g^2 中的平移来实现的. 由于曲面 M_g^2 的可定向性, 我们这样得到的纤维 S^1 到自身上的微分同胚是保持定向的, 因此所有的 α_j 都等于 1, 类似地, 所有的 β_j 也等于 1.

再来证明 $\gamma = 2 - 2g$. (在 M_g^2 上) 我们给定一个只有一个零点 x_0 的向量场 ξ, x_0 不位于任何路径 a_j 和 b_j 上. 令 $n(x) = \dfrac{\xi}{|\xi|}$, 当 $x \neq x_0$. 在曲面 M_g^2 上挖去一个中心为 x_0 的小圆盘 D (图 90). 向量场 n 定义了一个映射 $K = Q_{4g} - D \cong S^1 \times I \to E$, $x \mapsto (x, n(x))$, 这个映射给出了积路径与圆盘 D 的边界 ∂D 的像之间的一个同伦:

$$\bar{a}_1 \bar{b}_1 \bar{a}_1^{-1} \bar{b}_1^{-1} \cdots \bar{a}_g \bar{b}_g \bar{a}_g^{-1} \bar{b}_g^{-1} \sim n|_{\partial D} \sim \bar{\tau}^\gamma.$$

这里路径 $\bar{a}_j, \bar{b}_j \in \pi_1(E)$ 由路径 a_j, b_j 通过向量场 n 在空间 E 中的提升决定. 由此导出, γ 等于边界 ∂D 的由向量场 $n|_{\partial D}$ 给出的高斯映射的度, 它按照定义 (§14.4) 就是奇点 x_0 的指标. 根据霍普夫定理, 这个指标等于 $2 - 2g$; 由此可得 $\gamma = 2 - 2g$.

例 24.5. 我们来考察一个特例 —— 霍普夫四元数纤维丛. 在 $\mathbb{R}^{4n+4}$ 中引入 $(n+1)$ 维的四元数空间 $\mathbb{H}^{n+1}$ 的结构, 四元数坐标为 $q_0, \cdots, q_n$. 在这个坐标系中, 球面 S^{4n+3} 由方程 $\sum\limits_{\alpha=0}^{n} |q_\alpha|^2 = 1$ 给定. 单位四元数 $q, |q| = 1$ 组成的群 $SU(2) = Sp(1) \cong S^3$ 在这个球面上的 (左) 作用为:

$$q(q_0, \cdots, q_n) = (qq_0, \cdots, qq_n).$$

作为定义, 商空间 $S^{4n+3}/SU(2)$ 就是四元数射影空间 $\mathbb{H}P^n$ (见习题 2.6). 我们得到群 $SU(2)$ 的主丛和射影

$$S^{4n+3} \to S^{4n+3}/SU(2) \cong \mathbb{H}P^n.$$

当 $n = 1$ 时, 我们有 $\mathbb{H}P^1 \cong S^4$ (试证之!). 而我们的纤维丛成为 "霍普夫四元数纤维丛"

$$S^7 \to S^4 \text{ (纤维为 } S^3).$$

这个纤维丛的正合序列可分割成下列形式的片段

$$0 \to \pi_i(S^7) \to \pi_i(S^4) \to \pi_{i-1}(S^3) \to 0$$

(同态 $\pi_i(S^3) \to \pi_i(S^7)$ 是平凡的, 因为纤维 S^3 到 S^7 中的嵌入同伦于常值映射). 结果, $\pi_7(S^4)$ 是无限群.

4. 纤维丛的分类

我们首先考察格拉斯曼流形 $G_{n,k}$ 及其类似流形上的主丛 (见 §5.2):

a) $V_{n,k} \to G_{n,k}$ (纤维为 $O(k)$), 这里 $G_{n,k}$ 是 $\mathbb{R}^n$ 中过原点的 k 维平面所成的流形, 射影是通过将 $V_{n,k}$ 和 $G_{n,k}$ 分别实现为齐性空间 $O(n)/O(n-k)$ 和 $O(n)/(O(k) \times O(n-k))$ 来给出的;

b) $V_{n,k} \to \widehat{G}_{n,k}$ (纤维为 $SO(k)$), 这里 $\widehat{G}_{n,k}$ 是 $\mathbb{R}^n$ 中过坐标原点的 k 维定向平面所成的流形 (流形 $\widehat{G}_{n,k}$ 是 $G_{n,k}$ 的二重覆叠);

c) $V_{n,k}^{\mathbb{C}} \to G_{n,k}^{\mathbb{C}}$ (纤维为 $U(k)$), 这里 $G_{n,k}^{\mathbb{C}}$ 是 $\mathbb{C}^n$ 中过坐标原点的 k 维平面所成的流形, $V_{n,k}^{\mathbb{C}}$ 是 $\mathbb{C}^n$ 中的酉 k 标架所成的流形;

d) $V_{n,k}^{\mathbb{H}} \to G_{n,k}^{\mathbb{H}}$ (纤维为 $Sp(n)$), 这里 $G_{n,k}^{\mathbb{H}}$ 是 $\mathbb{H}^n$ 中过坐标原点的 k 维四元数平面所成的流形, $V_{n,k}^{\mathbb{H}}$ 是四元数正交 k 标架所成的流形.

由例 24.3 的结果, 我们有

$$\begin{aligned} \pi_j(V_{n,k}) &= 0 \quad \text{当 } j < n-k, \\ \pi_j(V_{n,k}^{\mathbb{C}}) &= 0 \quad \text{当 } j < 2(n-k), \\ \pi_j(V_{n,k}^{\mathbb{H}}) &= 0 \quad \text{当 } j < 4(n-k). \end{aligned} \qquad (3)$$

设 k 固定而 $n \to \infty$ (空间变成无穷维). 如果 $n = \infty$, 则由 (3) 导出对于 $V_{\infty,k}, V_{\infty,k}^{\mathbb{C}}$ 和 $V_{\infty,k}^{\mathbb{H}}$, 所有的同伦群等于零 (试证明这些空间是可缩的).

定义 24.5. 具结构群 G 的主丛 $E \to B_G$ (这里容许 "无穷维流形") 称为群 G 的**万有丛**, 如果 E 是可缩的 (或等价地, 所有的群 $\pi_j(E)$ 等于零).(可以证明群 G 的万有丛总存在, 它的底流形除一个同伦等价外是唯一决定的.) 如果 $\pi_j(E) = 0$, 当 $j \leqslant n+1$, 则此纤维丛称为 G 的 n **万有丛**.

这个概念的重要性由分类定理确立 (我们将介绍这个定理而不加证明): 具给定底流形 M 和结构群 G 的纤维丛的等价类集合重合于底流形 M 到 G 的万有丛的底流形 B_G 的映射同伦等价类集合 $[M, B_G]$. (如果 $\dim M < n$, 则可用 G 的 n 方有丛的底流形代替 B_G.)

事实上, 具结构群 G 和底 M 的每一个主丛可通过一个映射 $f: M \to B_G$ 作为诱导丛而得到. 我们来定义这个重要的概念. 设给定纤维为 F 和结构群为 G 的纤维丛 $p: E \to M$ 以及映射 $f: M' \to M$. 我们来构造一个具同样纤维 F 和结构群 G 的纤维丛 $p': E' \to M'$, 它称为纤维丛 $p: E \to M$ 对应于映射 f 的**诱导丛**. 我们假定纤维丛 $p: E \to M$ 的结构由覆盖 $M = \bigcup_\alpha U_\alpha$ 和转移函数 $\lambda_{\alpha\beta}: F \times U_{\alpha\beta} \to F \times U_{\alpha\beta}, U_{\alpha\beta} = U_\alpha \cap U_\beta$, 给出. (对应于映射 $f: M' \to M$ 的) 具纤维 F 和结构群 G 的诱导丛如下定义:$U'_\alpha = f^{-1}(U_\alpha)$; 转移函数 $\lambda'_{\alpha\beta}: F \times U'_{\alpha\beta} \to F \times U'_{\alpha\beta}$ 由公式

$$\lambda'_{\alpha\beta}(y,x) = (T'^{\alpha\beta}(x)y, x), \ y \in F,$$
$$T'^{\alpha\beta}(x) = T^{\alpha\beta}(f(x))$$

定义 (即区域 $U'_\alpha \subset M'$ 和函数 $\lambda'_{\alpha\beta}$ 被定义为纤维丛 $p: E \to M$ 的结构中对应部分的完全原像). 这个新的纤维丛 $p': E' \to M'$ 和它到原有纤维丛的映射 $E' \to E$ 覆叠底流形上所给定的映射 $f: M' \to M$.

现在转向分类定理. 球面 S^q 上 (具结构群 G) 的纤维丛的分类问题归结为决定集 $[S^q, B_G]$ (这里 B_G 是 G 的万有丛的底流形) 或者说归结为决定同伦群 $\pi_q(B_G)$; 对于 $G = O(k), SO(k), U(k), Sp(k)$, 我们有 $B_G = G_{\infty,k}, \widehat{G}_{\infty,k}, G^{\mathbb{C}}_{\infty,k}, G^{\mathbb{H}}_{\infty,k}$, 且

$$\pi_j(G_{\infty,k}) \simeq \pi_j(G_{n,k}) \quad \text{当 } j < n-k,$$
$$\pi_j(\widehat{G}_{\infty,k}) \simeq \pi_j(\widehat{G}_{n,k}) \quad \text{当 } j < n-k,$$
$$\pi_j(G^{\mathbb{C}}_{\infty,k}) \simeq \pi_j(G^{\mathbb{C}}_{n,k}) \quad \text{当 } j < 2(n-k),$$
$$\pi_j(G^{\mathbb{H}}_{\infty,k}) \simeq \pi_j(G^{\mathbb{H}}_{n,k}) \quad \text{当 } j < 4(n-k).$$

习题 24.2. 利用万有丛的正合序列证明: 一般地有同构 $\pi_j(G) \simeq \pi_{j+1}(B_G)$, 特别有:

$$\pi_j(SO(k)) \simeq \pi_{j+1}(\widehat{G}_{\infty,k}),$$
$$\pi_j(U(k)) \simeq \pi_{j+1}(G^{\mathbb{C}}_{\infty,k}),$$
$$\pi_j(Sp(k)) \simeq \pi_{j+1}(G^{\mathbb{H}}_{\infty,k}).$$

最后, 我们考察一些简单的例子.

例 24.6. $G = O(1) \simeq \mathbb{Z}_2$;

$$B_G = \lim_{n \to \infty}(S^n/\mathbb{Z}_2) = \lim_{n \to \infty}\mathbb{R}P^n = \mathbb{R}P^\infty.$$

我们有 $\pi_1(\mathbb{R}P^\infty) \simeq \mathbb{Z}_2$ 以及 $\pi_j(\mathbb{R}P^\infty) = 0$, 当 $j > 1$.

例 24.7. $G = \mathbb{Z}_m$ (m 阶的循环群);

$$B_G = \lim_{n \to \infty} S^{2n+1}/\mathbb{Z}_m = \lim_{n \to \infty} L^{2n+1}_{(m)} = L^\infty_{(m)},$$

这里 S^{2n+1} 在 $\mathbb{C}^{n+1}$ 中由方程 $\sum_{\alpha=0}^n |z_\alpha|^2 = 1$ 给定; 生成元 $a \in \mathbb{Z}_m$ 按公式

$$a(z_0, \cdots, z_n) = (e^{2\pi i/m} z_0, \cdots, e^{2\pi i/m} z_n) \quad (a^m = 1)$$

作用在 S^{2n+1} 上. (商空间 $L^{2n+1}_{(m)} = S^{2n+1}/\mathbb{Z}_m$ 称为透镜空间.) 一般地, 对于离散群 G, 由覆叠空间理论可知, 当 $j > 1$ 时, 同伦群 $\pi_j(B_G)$ 是平凡群.

例 24.8. $G = U(1) \simeq SO(2) \cong S^1$;

$$B_G = \lim_{n \to \infty} S^{2n+1}/S^1 = \lim_{n \to \infty} \mathbb{C}P^n = \mathbb{C}P^\infty.$$

这里球面由方程 $\sum_{\alpha=0}^{n}|z_\alpha|^2=1$ 给定, 而圆周 S^1 的作用如下:

$$(z_0,\cdots,z_n)\mapsto(e^{i\varphi}z_0,\cdots,e^{i\varphi}z_n).$$

因为 $\pi_1(S^1)\simeq\mathbb{Z},\pi_j(S^1)=0$, 当 $j>1$, 所以有

$$\pi_j(\mathbb{C}P^\infty)=\pi_j(B_G)=0 \quad \text{当 } i>t=2,$$
$$\pi_2(\mathbb{C}P^\infty)\simeq\mathbb{Z}$$

(见前例 24.2).

例 24.9. $G=SU(2)\simeq Sp(1)\cong S^3$;

$$B_G=\lim_{n\to\infty}S^{4n+3}/S^3=\lim_{n\to\infty}\mathbb{H}P^n=\mathbb{H}P^\infty.$$

在这个情形, 球面 S^{4n+3} 在四元数空间 $\mathbb{H}^{n+1}$ 中实现. 群 $S^3\cong Sp(1)$ 的作用形如

$$(q_0,\cdots,q_n)\mapsto(qq_0,\cdots,qq_n),$$

其中 q 是单位四元数. 这个纤维丛的万有性质可从当 $i<4n+3$ 时同伦群 $\pi_i(S^{4n+3})$ 是平凡群推出.

球面 S^n 上的 G 丛的分类可以不使用万有丛而得到. 然而, 如果上面介绍的分类过程对于更一般的纤维丛 $(E,M,F$ 为拓扑空间, G 为拓扑群) 也适用的话, 我们现在就可以假定 G 是纤维 F 的一个李变换群. 对主丛分类就足以对所有具别的纤维的伴随丛进行分类. 我们先来描述圆盘上的主 G 丛.

引理 24.3. 圆盘 D^n 上的任何具李结构群的主丛是平凡丛.

证明 设 $p:E\to D^n$ 是主 G 丛. 在这个纤维中, 我们固定一个 G 联络, 即对每一条从点 x_0 到点 x_1 $(x_0,x_1\in D^n)$ 的路径 γ, 我们给定一个纤维间的变换 $\varphi_\gamma:F_{x_0}\to F_{x_1}, F_{x_0}\cong F_{x_1}\cong G$. 所有变换 φ_γ 都属于结构群 G. (结构群为李群时这种联络的存在性将在后面一节中证明.)

在圆盘中, 中心 $x_0\in D^n$ 和任意点 $x\in D^n$ 之间存在唯一的一条线段 $\gamma_x=[x_0,x]$. 令

$$\Phi(x,y)=\varphi_{\gamma_x}(y),$$

我们就构造了一个映射 $\Phi:D^n\times F_{x_0}\to E$. 按照结构群的作用, 这个映射在 E 中就引入了直积 $E=D^n\times G$ 的坐标. 引理得证. □

考察球面 S^n 上的主 G 丛, 射影为 $p:E\to S^n$. 球面 S^n 是两个圆盘 D^n_+ 和 D^n_- 的并, 它们的交是赤道: $D^n_+\cap D^n_-=S^{n-1}$. 分别在 D^n_+ 和 D^n_- 上引入直积坐标, 我们就得到具两个坐标区域 $U_1=D^n_+$ 和 $U_2=D^n_-$ 的 "纤维丛结构" $(p^{-1}(D^n_+),p^{-1}(D^n_-)$

是相应的纤维丛空间), 此外 $U_{12} = U_1 \cap U_2 = S^{n-1}$. 转移函数 λ_{12} 定义在 $U_{12} = S^{n-1}$ 上且它本身代表一个映射

$$T^{12}: S^{n-1} \to G,$$
$$\lambda_{12}(y, x) = (T^{12}(x)y, x), x \in U_{12}, y \in F.$$

成立下面的

引理 24.4. 如果用同伦的映射替换映射 $T^{12}: S^{n-1} \to G$, 则纤维丛的等价类不变.

证明 我们将这个同伦视为映射

$$T: S^{n-1} \times [-\varepsilon, \varepsilon] \to G,$$

且 T 在 $S^{n-1} \times \{-\varepsilon\}$ 上的限制等于 T^{12}. 我们如下构造 3 个 G 丛: 将半球面, 即圆盘 D_-^n 和 D_+^n 分别在赤道的上方和下方延拓距离 ε 成为圆盘 $D_{\varepsilon,-}^n \supset D_+^n$ 和 $D_{\varepsilon,+}^n \supset D_-^n$. 交 $D_{\varepsilon,+}^n \cap D_{\varepsilon,-}^n$ 恰是柱 $S^{n-1} \times [-\varepsilon, \varepsilon]$. 如果选取 $D_{\varepsilon,+}^n$ 和 $D_{\varepsilon,-}^n$ 作为坐标邻域, 以及映射 T 作为转移函数, 则我们就构造了一个新的纤维丛 (其射影与原来的两个的射影相同). 这个纤维丛与原来的两个是等价的. 引理得证. □

于是, S^n 上的 G 丛由群 $\pi_{n-1}(G)$ 的元决定. 我们列出当 $G = SO(k), U(k)$ 和 $n = 1, 2, 3, 4$ 时这些群的值.

$$\pi_i(U(1)) \simeq \pi_i(SO(2)) \simeq \begin{cases} \mathbb{Z} & \text{当 } i = 1, \\ 0 & \text{当 } i > 1; \end{cases}$$

$$\pi_i(SO(3)) \simeq \begin{cases} \mathbb{Z}_2 & \text{当 } i = 1, \\ 0 & \text{当 } i = 2, \\ \mathbb{Z} & \text{当 } i = 3; \end{cases}$$

$$\pi_i(SO(4)) \simeq \pi_i(SO(3)) \oplus \pi_i(S^3) \simeq \begin{cases} \mathbb{Z}_2 & \text{当 } i = 1, \\ 0 & \text{当 } i = 2, \\ \mathbb{Z} \oplus \mathbb{Z} & \text{当 } i = 3; \end{cases}$$

$$\pi_i(SO(q)) \simeq \begin{cases} \mathbb{Z}_2 & \text{当 } i = 1, \\ 0 & \text{当 } i = 2, \ (q \geqslant 5) \\ \mathbb{Z} & \text{当 } i = 3; \end{cases}$$

由于拓扑上 $U(q) \cong S^1 \times SU(q)$,

$$\pi_i(U(q)) \simeq \pi_i(S^1) \oplus \pi_i(SU(q));$$

$$\pi_i(SU(q)) \simeq \begin{cases} 0, & i = 1, \\ 0, & i = 2, (q \geqslant 2) \\ \mathbb{Z}, & i = 3. \end{cases}$$

这张列表中的某些同构曾在前面证明过, 其余的则只引用而不加证明. 这张列表使我们能对维数 $n \leqslant 4$ 的球面 S^n 上的纤维丛进行分类.

5. 向量丛和向量丛的运算

我们将详细地研究向量丛, 即纤维为实或复向量空间, 而结构群为线性群, 正交群或酉群的纤维丛. 纤维丛 $p: E \to M$ 的结构本质上是由交 $U_{\alpha\beta} = U_\alpha \cap U_\beta$ 上的转移函数 $\lambda_{\alpha\beta}$ 所决定的, 即由映射 $T^{\alpha\beta}: U_{\alpha\beta} \to G$ 所决定, 它们要满足 $T^{\alpha\beta} = (T^{\beta\alpha})^{-1}$ 且在交 $U_{\alpha\beta\gamma} = U_\alpha \cap U_\beta \cap U_\gamma$ 上 $T^{\alpha\beta} T^{\beta\gamma} T^{\gamma\alpha} = 1$ (公式 (1)). 因此, 对纤维丛可以实施的运算应该保持这些关系. 例如, 取结构群 G 的一个实的或复的表示 $\rho: G \to GL(n,\mathbb{R})$ 或 $GL(n,\mathbb{C})$ (可能是正交表示或酉表示), 更一般可取结构群 G 的一个任意同态 $\rho: G \to G'$, 并用转移函数 $\rho(T^{\alpha\beta}) = \rho \circ T^{\alpha\beta}$ 替换转移函数 $T^{\alpha\beta}$, 就是这样的一种运算. 其结果是我们得到一个新的纤维丛, 称为原来的纤维丛的 ρ 表示. 如果原来的纤维丛记为字母 η, 则这个新的纤维丛记为 $\rho(\eta)$. 另一个例子是: 对两个纤维分别为 $\mathbb{R}^m$ 和 $\mathbb{R}^n$ 的纤维丛 (设为 η_1, η_2) 可以组成它们的直和 $\eta = \eta_1 \oplus \eta_2$, 它的群为 $G_1 \times G_2$, 纤维为 $\mathbb{R}^{m+n} = \mathbb{R}^m \oplus \mathbb{R}^n$, 还可以组成张量积 $\eta = \eta_1 \otimes \eta_2$, 它的纤维为 $\mathbb{R}^{mn} = \mathbb{R}^m \otimes \mathbb{R}^n$, 群仍为 $G_1 \times G_2$ (在复向量丛的情形也有类似的运算).

一般来说, 对应于线性空间可以实施的运算, 纤维丛中也可以定自然的运算. 我们来提一下这些运算.

(1) 实 (或复) 向量丛 η 的行列式 $\det \eta$, 这是 1 维的纤维丛 (即它的纤维是 1 维的), 在区域 $U_{\alpha\beta} \subset M$ 上, 转移函数为 $\det T^{\alpha\beta}: x \mapsto \det (T^{\alpha\beta}(x))$.

(2) 对偶丛 η^*, 它的纤维是原纤维上的线性形式组成的对偶空间.

(3) (复向量丛 η 的) 复共轭丛 $\overline{\eta}$, 转移函数为 $\overline{T}^{\alpha\beta}$.

(4) 实向量丛 η 的复化 $c(\eta)$ 和复向量丛 η_1 的实化 $r(\eta_1)$. 此时, 如同向量空间中对应的运算一样, $cr(\eta_1) = \eta_1 \oplus \overline{\eta}_1, rc(\eta) = \eta \oplus \eta$ (试证之!).

(5) 向量丛 η 的张量积 $\eta \otimes \cdots \otimes \eta$ 和它的外积 $\Lambda^k \eta$ (张量积的反对称部分), 以及对称积 $S^k \eta$ (张量积的对称部分) (见卷 1 §18.1).

定义 24.6. 纤维丛 $p: E \to M$ 的截面是指这样的一个映射 $\psi: M \to E$, 它满足 $p\psi(x) = x$, 对任意点 $x \in M$. 因此, 截面就是 M 上的函数 (或场) $\psi(x)$, 它在点 $x \in M$ 取值于 x 处的纤维 F_x. 平凡纤维丛的一个截面就是通常的 ("标量") 函数, 或者说底流形到纤维的映射.

设 τ 是某个流形 M 的切丛. 于是, 纤维丛 τ 的一个截面就是 M 上的一个向量场; 对偶丛 τ^* 的一个截面就是 M 上的一个余向量场; 一个 (k,l) 型张量是纤维丛

$$\underbrace{\tau \otimes \cdots \otimes \tau}_{\text{上指标}} \otimes \underbrace{\tau^* \otimes \cdots \otimes \tau^*}_{\text{下指标}}$$

的一个截面. 特别有, 按这个观点, 一般的一个 $(0,k)$ 型张量就是纤维丛 $\otimes^k \tau^*$ 的一个截面, 流形上的一个 k 次微分形式就是纤维丛 $\Lambda^k \tau^*$ 的一个截面. 向量上的一个 2

次形式, 比方说度量 (g_{ij}), 就是纤维丛 $S^2\tau^*$ 的一个截面. 如果流形 M 是 n 维的, 则纤维丛 $\Lambda^n\tau^*$ 与 τ 的行列式重合, 这个纤维丛的平凡性等价于 M 的可定向性 (试证之!).

在复解析底流形上的纤维丛 (特别是向量丛) 中, 特别要提到的是复解析纤维丛, 它的转移函数是复解析函数. 例如, 复流形的切丛以及对它施行上面介绍的那些自然运算后所得的纤维丛都是复解析纤维丛. 应该指出, 类似地可以引入复代数簇上, 特别是 $\mathbb{C}P^n$ 中的紧子簇上的代数纤维丛. 在 $\mathbb{C}P^n$ 上有重要的 1 维霍普夫代数纤维丛 η, 在前面 (例 24.2) 我们从拓扑上研究过它而未引进解析结构, 它的群为 $U(1) \simeq SO(2) \cong S^1$, 纤维为 S^1. 解析上, 我们应该将这个纤维丛 η 视为以非零复数关于乘法所成的群 $\mathbb{C}^*$ 为结构群的纤维丛 (所有的 1 维复纤维丛都如此). $\mathbb{C}P^n$ 上的纤维丛 η 也可按 $\mathbb{C}P^n$ 的定义得到: $E = \{(z_0, \cdots, z_n)\} \xrightarrow{p} \mathbb{C}P^n$, 这里 $E = \mathbb{C}^{n+1}\setminus\{0\}$, 纤维 $F = \mathbb{C}^*$.

一个复流形上的 1 维解析纤维丛关于张量乘法构成一个交换群 (1 维纤维丛的等价类集称为 "皮卡群"). 这个群 (更精确地, 它的单位元的连通分支) 是一个复环面.

我们用 $\tau(M)$ 表示复流形 M 的 (复向量) 切丛. 设 η 是 $\mathbb{C}P^n$ 上的霍普夫纤维丛.

习题

24.3. 证明: $\tau(\mathbb{C}P^n) \oplus 1 = \underbrace{\eta \oplus \cdots \oplus \eta}_{n+1}$, 其中 1 表示 $\mathbb{C}P^n$ 上的 1 维 (复) 平凡丛.

24.4. 证明: $\Lambda^n\tau(\mathbb{C}P^n) = \det \tau(\mathbb{C}P^n) = \eta^{n+1}$ (等号表示等价性).

对 $\mathbb{R}P^n$ 上的 1 维实纤维丛 $\eta_\mathbb{R}$, 结构群为 $\mathbb{Z}_2 \simeq O(1)$, 可以提类似的但更简单的问题. (纤维丛空间 $\eta_\mathbb{R}$ 可以像复的情形一样定义, 它称为 "广义 (无界) 默比乌斯带"; 它微分同胚于移去一点的 $\mathbb{R}P^{n+1}$.)

24.5. 证明: 对任意的 1 维复纤维丛 ξ, $\xi^* = \xi^{-1}$.

6. 亚纯函数

紧复流形上亚纯函数 (例如, 射影代数簇 $M \subset \mathbb{C}P^q$ 上的代数函数) 的水平曲线族构成一类有趣的 "具奇性的纤维丛". 作为定义, 一个亚纯函数就是一个复解析映射 $f: M \to \mathbb{C}P^1 \cong \mathbb{C} \cup \{\infty\}$. 这样的定义等价于通常函数论中亚纯函数的定义, 即定义为在 M 上除位于 $f^{-1}(\infty)$ 上的若干个点 (极点) 外是复解析的函数. 在任意一个坐标为 $z_\alpha^1, \cdots, z_\alpha^n$ 的坐标邻域 $U_\alpha \subset M$ 中 (这里 n 是 M 的复维数), 函数 $w = f(z)$ 可记成 $f(z_\alpha^1, \cdots, z_\alpha^n)$ 且可定义切空间上的诱导映射 df (见 §1.2, 那里 df 用 f_* 表示). 完全原像 $f^{-1}(f(z_0))$ 称为奇异纤维, 这里点 $z_0 = (z_{\alpha_0}^1, \cdots, z_{\alpha_0}^n)$ 满足 $df|_{z=z_0} = 0$ (见 §10.2). 其余的纤维 $F_a = \{z | f(z) = a\}$ 是 M 的非奇异子流形.

M 的紧性和 f 的解析性隐含着如果 f 不是常值函数, 则它只有有限个奇点, 比方说, $z_1, \cdots, z_m$. 于是, 这些点的像 (假定它们都是不相同的) $w_1 = f(z_1), \cdots, w_m = f(z_m)$ 是函数 f 的奇异值. 记

$$U_f = [S^2 \cong \mathbb{C}P^1 \cong \mathbb{C} \cup \{\infty\}] \setminus \{w_1, \cdots, w_m\}.$$

在平面区域 $U_f \subset \mathbb{R}^2$ 上可定义纤维为 $F \cong F_w = f^{-1}(w), w \in U_f$, 的光滑纤维丛. 我们可取群 $\pi_1(U_f)$ 作为结构群, 它由路径 $a_1, \cdots, a_m$ 生成 (图 91). 路径 a_j 给出纤维的非奇异 (单值) 映射 $\varphi_{a_j} : F \to F$.

我们来考察 (典范的) 非退化奇点 $z_1, \cdots, z_m$ 的情形, 即 $df|_{z_j} = 0$ 且二次型 $d^2 f|_{z_j}$ 是非退化的. 此时, 在点 z_j 的小邻域 U_j 中纤维的拓扑结构可用函数的二阶部分 $f - f(z_j) = \Delta f$ 来刻画. 在点 z_j 的邻域中存

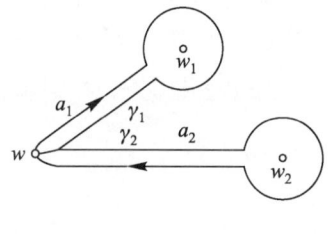

图 91

在一个局部坐标系 $z^1, \cdots, z^n$ (可将点 z_j 取为坐标原点, 略去指标 j), 在这个坐标系中函数 Δf 形如

$$\Delta f(z) = \sum_{\alpha=1}^{n} (z^\alpha)^2 + O(|z|^3)$$

(二次型 $d^2 f|_{z_j}$ 可借助线性变换变成对角型). 在点 z_j 的充分小邻域 $N_\varepsilon(z_j) = \{z | |z| < \varepsilon\}$ 中, 就纤维的拓扑而言, 项 $O(|z|^3)$ 可以忽略,

$$\Delta f(z) \approx \sum_{\alpha=1}^{n} (z^\alpha)^2 = q(z).$$

方程 $q(z) = 0$ 给出奇异纤维 (圆锥), 当 $\delta \neq 0$ 时, 方程 $q(z) = \delta$ 给出原点 z_j 的 ε 邻域 (即取 δ 为正数 ε) 中邻近纤维. 方程 $q(z) = \delta$ 给出一个 "二次曲面"

$$K_\delta = \left\{ \sum_{\alpha=1}^{n} (z^\alpha)^2 = \delta \right\} \cap N_\varepsilon(z_j).$$

对于实的 $\delta > 0$, 这个流形 K_δ 包含着球面 $S_\delta^{n-1} \subset K_\delta$,

$$S_\delta^{n-1} = \left\{ \sum_{\alpha=1}^{n} (x^\alpha)^2 = \delta, y^1 = \cdots = y^n = 0, z^\alpha = x^\alpha + i y^\alpha \right\}.$$

如果 $\delta = |\delta| e^{i\varphi}$, 则在 K_δ 中球面 S_δ^{n-1} 的方程所取形式为 $\widetilde{y}^\alpha = 0$, 这里 $\alpha = 1, \cdots, n$, 且

$$z^\alpha e^{-i\varphi/2} = \widetilde{z}^\alpha = \widetilde{x}^\alpha + i\widetilde{y}^\alpha,$$
$$\sum_{\alpha=1}^{n} (z^\alpha)^2 = \delta = |\delta| e^{i\varphi}.$$

在第三种新坐标 $\tilde{z}^\alpha$ 中, 二次曲面 K_δ 由方程 $\sum(\tilde{z}^\alpha)^2 = |\delta|$ 给出.

因此, 我们有包含映射

$$S_\delta^{n-1} \subset K_\delta,$$

这里 K_δ 是奇异纤维 K_0 附近的非奇异纤维. 我们指出, 所有的球面 S_δ^{n-1} 都落在点 $z=0$ 的小邻域中, 这由它的方程可知.

习题 24.6. 证明: K_δ 微分同胚于球面的由元 (s,τ) 组成的切丛, 其中 $s \in S^{n-1}$, τ 是点 s 处 S^{n-1} 的任意切向量.

如果 δ 趋向于零, 则非奇异纤维 K_δ "坍缩" 到奇异纤维 K_0 上, 这可用映射

$$\varphi_\delta : K_\delta \to K_0$$

来表达. 在这个映射下, 球面 S_δ^{n-1} 映射为一点 (这个球面 "消没" 于奇异纤维上). 因此, 球面 S_δ^{n-1} 称为这个奇点的消没闭链.

我们研究单值性变换 $K_\delta \to K_\delta$. 当沿底流形中一条路径 $\gamma_j(t) = \delta e^{it}, 0 \leqslant t \leqslant 2\pi$, 绕行奇异纤维时, 纤维 $K_{\delta e^{it}}$ 在 $0 \leqslant t \leqslant 2\pi$ 中形变. 当 $t = 2\pi$ 时我们就得到 "单值性映射" $\sigma : K_\delta \to K_\delta$.

对 $n = 2$, 我们来计算这个单值性映射. 先对 ($\mathbb{C}P^1 \times \mathbb{C}P^1$ 上的) 纯二次函数

$$w = f(z) = (z^1)^2 + (z^2)^2 = u^2 + v^2, u = z^1, v = z^2.$$

来做. 二次曲面 K_δ 由方程 $u^2 + v^2 = \delta = |\delta|e^{i\varphi}$ 给出; 球面 S_δ^1 是圆周 $I_m\,\tilde{u} = \operatorname{Im} \tilde{v} = 0$, 其中 $\tilde{u} = ue^{-i\varphi/2}, \tilde{v} = ve^{-i\varphi/2}$. 非奇异纤维 K_δ 微分同胚于柱 $K_\delta \cong S_\delta^1 \times \mathbb{R}^1$.

闭路映射 $K_{|\delta|} \to K_{|\delta|e^{it}}$, 假定从实的 $\delta > 0$ ($\delta = |\delta|$) 开始, 可以按通常的方法通过路径 $\gamma(t) = |\delta|e^{it}, 0 \leqslant t \leqslant 2\pi$, 的提升给出:

$$u \to ue^{it/2}, \quad v \to ve^{it/2}. \tag{4}$$

当 t 从 0 变化到 2π 时, 在终端我们得到映射 $K_{|\delta|} \to K_{|\delta|}$:

$$u \to e^{i\pi} = -u, v \to ve^{i\pi} = -v. \tag{5}$$

我们的任务是构造这样的一族闭路映射 $K_{|\delta|} \to K_{|\delta|e^{it}}$, 使得它在消没闭链 S_δ^1 的一个小邻域中与 (4) 相同而在 $S_\delta^1 \subset K_\delta$ 的某个大一些 (但仍然是小的) 邻域外处处是 "恒等" 映射. 这里 "恒等" 意义如下: 退化映射 $\varphi : K_\delta \to K_0$ (见前) 在消没闭链外面是双方一一的并且, 对一切 (小的) δ, 它是这些流形 $K_\delta \backslash S_\delta^1$ 之间的典范微分同胚. 所有的闭路映射 $K_{|\delta|} \to K_{|\delta|e^{it}}$ 在小邻域 $U_\delta \supset S_\delta^1$ 外面应该与相应的不同的 $K_\delta \backslash S_\delta^1$ 之间的典范微分同胚相同而在再小一些的邻域 V_δ 内部与 (4) 相同, 这里 $K_\delta \supset U_\delta \supset V_\delta \supset S_\delta^1$.

即这样的一族 (在消没闭链外面是"恒等的") 闭路映射对于将二次曲面的局部结果应用于对任意的映射 $f: M \to \mathbb{C}P^1$ 计算非奇异纤维 $F = F_w$ 的同调群 $H_1(F_w) = \pi_1(F_w)/[\pi_1, \pi_1]$ 上的单值性变换是必需的, 其中 M 是一个 2 维紧复流形.

纤维 K_0 由方程 $u^2 + v^2 = 0$ 即 $u = \pm iv$ 确定. 由此易见 $K_0 \backslash \{0\}$ 由两片组成:

$$K \backslash \{0\} \cong (S^1 \times \mathbb{R}^+)_1 \cup (S^1 \times \mathbb{R}^+)_2;$$

在这两片中, 我们引入坐标

$$\begin{aligned} \rho > 0, (\rho, \theta)_1 : u = \rho e^{i\theta}, v = iu \text{ (第一片)}, \\ \rho > 0, (\rho, \theta)_2 : u = \rho e^{i\theta}, v = -iu \text{ (第二片)}. \end{aligned} \tag{6}$$

对小的不等于零的 δ, $K_\delta \backslash S_\delta^1$ 有同样的形式:

$$K_\delta \backslash S_\delta^1 \cong (S^1 \times \mathbb{R}^+)_1 \cup (S^1 \times \mathbb{R}^+)_2;$$

退化映射 $\varphi: K_\delta \to K_0$ 诱导微分同胚

$$K_\delta \backslash S_\delta^1 \cong K_0 \backslash \{0\},$$

它将坐标 $(\rho, \theta)_1$ 和 $(\rho, \theta)_2$ 带到 $(K_\delta \backslash S_\delta^1)$ 上. (两片上的) 角坐标 θ 将从纤维 K_δ 与 3 维超平面 $\text{Im } u = 0$ 的交线上起算. 于是, 在 K_δ 的两片上有坐标 (θ, ρ), 其中 $\rho \geqslant 0$ ($\rho = 0$ 对应于消没闭链). 纤维 K_δ 上的水平曲线 ($\rho =$ 常数) 可以视为群作用的轨道

$$\begin{aligned} u &\to i\cos\theta + v\sin\theta = ue^{-i\theta} \\ v &\to -u\sin\theta + v\cos\theta = ve^{i\theta}, \end{aligned} \tag{7}$$

此外, 消没闭链 S_δ^1 是纤维 K_δ 上长度最短的轨道. 这个作用在纤维 K_0 上化为 $u \to ue^{i\theta}$ (在第一片上), $u \to ue^{-i\theta}$ (在第二片上). (两片上的) 纤维 K_δ 上的坐标 ρ 可用从点 $(u, v) \in K_\delta$ 到消没闭链 $S_\delta^1 \subset K_\delta$ 的距离来定义.

引理 24.5. 对任意的 $\varepsilon > 0$, 可以构造闭路映射 $K_{|\delta|} \to K_{|\delta|e^{it}}$ 使得:

1) 这些映射当 $\rho > 2\varepsilon$ 时是"恒等的";
2) 这些映射当 $\rho < \varepsilon$ 时形式为 (4);
3) 当 $t = 2\pi$ 时最终的单值性变换 $\sigma: K_{|\delta|} \to K_{|\delta|}$ 在两片上形式为

$$\sigma: (\rho, \theta) \to (\rho, \theta + \theta(\rho)),$$

这里函数 $\theta(\rho)$ 的图形如图 92 所示, 即当 $\rho \leqslant \varepsilon$ 时, $\theta = \pi$; 当 $\rho \geqslant 2\varepsilon$ 时, (在第一片和第二片上分别为) $\theta = 0, 2\pi$; 柱面上的曲线 $(\rho^*, \theta(\rho^*))$ 在 $-2\varepsilon \leqslant \rho^* \leqslant \varepsilon$ 中绕柱面一次, 其中, 在第一片上 $\rho^* = \rho$ 而在第二片上 $\rho^* = -\rho$.

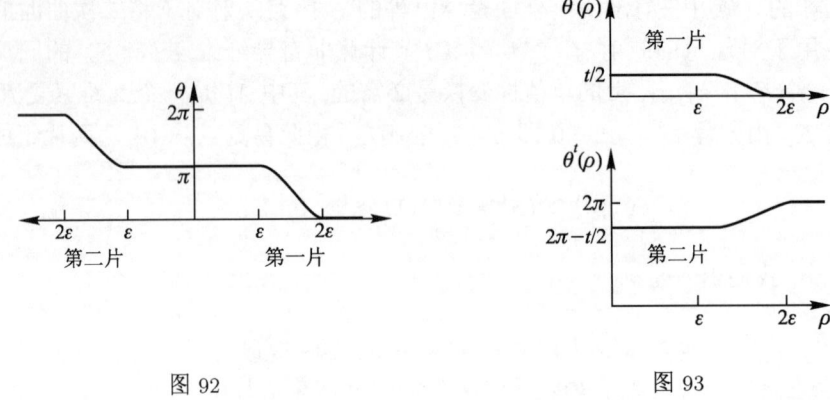

图 92　　　　　　　　图 93

证明 对小的 t, 考察曲面 K_δ 的两片上的变换 (4). 由公式 (4) 立即看出, 当 t 稍稍偏离零时, 闭路变换中的坐标 θ 在不同的片上开始朝相反的方向转动:

$$\theta \to \theta + \frac{t}{2} \text{ (在第一片上)},$$
$$\theta \to \theta - \frac{t}{2} \text{ (在第二片上)}.$$

这可通过比较公式 (4) 与引进坐标 θ 的方式 (即限制映射 $K_\delta \to K_0$) 得出, 这里 θ 的方向在第一片与第二片上是不同的, 同时在两片上角的增量 $t/2$ 都采用 (+) 号. 如果在第一片上 θ 从 0 起算而在第二片上 θ 从 2π 起算, 然后将这个形变与 "恒等" 映射在 $\rho \geqslant 2\varepsilon$ 时在两片上拼接起来, 结果在 $t = 2\pi$ 时我们又得到相同的角. 我们用下式

$$(\rho, \theta) \to (\rho, \theta + \theta^t(\rho)),$$

对 $0 \leqslant t \leqslant 2\pi$ 定义映射 $K_{|\delta|} \to K_{|\delta|e^{it}}$, 这里 $\theta^t(\rho)$ 的图如图 93 所示. 这个映射在球面 $S_\delta^1 (\rho = 0)$ 上的连续性来自于下面的事实: 我们的坐标 ρ, θ 在不同的片上指向球面 $S_\delta^1 \subset K_\delta$ 上角 θ 的彼此相反的方向. 引理证毕. □

7. 皮卡 – 莱夫谢茨公式

现在我们考察整体问题. 设有复解析映射 $f: M \to \mathbb{C}P^1 \cong S^2$, 这里 M 是一个复 2 维的紧流形, f 具有非退化的奇点 $z_1, \cdots, z_m, \in M, z_j$ 相应的奇异值为 $w_j = f(z_j)$. 考察非奇异点 $w \in S^2$ 上的典范纤维

$$F = F_w = f^{-1}(w) \subset M.$$

我们引入路径 a_j (见图 91) 和"消没闭链"

$$q_j \in H_1(F_w) = \pi_1/[\pi_1, \pi_1],$$

q_j 可由对应于奇点 z_j 的消没闭链 S_δ^1 沿路径 γ_j 对小的 δ 从点 $w_j - \delta$ 到点 w 转换到非奇异点 w 上的纤维而得到.

定理 24.3. 对于由路径 $a_j = \gamma_j^{-1}\alpha_j\gamma_j$ ($\alpha_j(t) = \delta e^{it}$ 是环绕 w_j 的闭路径) 决定的单值变换 $\varphi_{a_j} : F_w \to F_w$ 在同调群上的作用成立下面的 "皮卡 – 莱夫谢茨公式":

$$(\varphi_{a_j})_* : H_1(F_w) \to H_1(F_w),$$
$$(\varphi_{a_j})_*(p) = p + (p \circ q_j)q_j.$$

这里 p 是任意的闭链 (即 $H_1(F_w)$ 中元),q_j 是奇点 z_j 的消没闭链,$p \circ q_j$ 是这些闭链 (即代表这些闭链的圆周到 F_w 中的任意处于一般位置的映射) 的相交指数. 由此, 变换 $(\varphi_{a_j})_*$ 保持相交指数: 对任意的 $p_1, p_2 \in H_1(F_w)$,

$$p_1 \circ p_2 = [(\varphi_{a_j})_* p_1] \circ [(\varphi_{a_j})_* p_2].$$

证明 考察点 w_j 附近的纤维 $F_{w_j-\delta}$ 中的闭链 $\tilde{p}$, 它在奇点 $z_j \in F_{w_j-\delta}$ 附近与消没闭链 q_j 横截相交, 这里的拓扑形态由二阶部分 $(d^2f)_\varepsilon \approx \Delta f$ 确定. 根据引理 24.5, 由于沿环绕 w_j 的半径为 δ 的小圆周 a_j 绕行的结果, 我们有关于同调类的公式:

$$[S_\delta^1] \to [S_\delta^1],$$
$$[\tilde{p}] \to \tilde{p} + (\tilde{p} \circ S_\delta^1)[S_\delta^1],$$

因为在闭链 $\tilde{p}$ 和闭链 S_δ^1 横截相交的每一点的邻域中, 闭链 $\tilde{p}$ 在绕行后改变的结果是增添一个同调于 S_δ^1 的闭链, 其符号和这个交点进入指数 $\tilde{p} \circ S_\delta^1$ 的符号 (+1 或 −1) 相同. 我们也注意到 $S_\delta^1 \circ S_\delta^1 = 0$. 将所有的闭链从纤维 $F_{w_j-\delta}$ 沿路径 γ_j 转移到纤维 F_w 就得到皮卡 – 莱夫谢茨公式.

现在证明在绕行 a_j 时 $p_1 \circ p_2 = (\varphi_* p_1) \circ (\varphi_* p_2)$. 我们有

$$\varphi_* p_1 = p_1 + (p_1 \circ q_j)q_j,$$
$$\varphi_* p_2 = p_2 + (p_2 \circ q_j)q_j,$$
$$(p_1 + (p_1 \circ q_j)q_j) \circ (p_2 + (p_2 \circ q_j)q_j)$$
$$= p_1 \circ p_2 + (p_1 \circ q_j)(q_j \circ p_2) + (p_1 \circ q_j)(p_2 \circ q_j) + (p_1 \circ q_j)(p_2 \circ q_j)(q_j \circ q_j).$$

由于等式 $p \circ q = -q \circ p$ (反称性, 见 §15.1), 最后的表达式等于 $p_1 \circ p_2$. 定理得证. □

习题 24.7. 对维数 > 2 找出类似的皮卡 – 莱夫谢茨公式. n 为偶数与奇数的情形截然不同, 为什么?

我们来考察例子. 设 $M = \mathbb{C}P^2$ ($= \mathbb{C}^2 \cup \mathbb{C}P_\infty^1$, 这里 $\mathbb{C}P_\infty^1$ 是 $\mathbb{C}P^2$ 中 "在无穷远处" 的 1 维复射影直线), 我们的函数则是变量 z_1, z_2 的 n 次多项式:

$$P_n(z_1, z_2) : \mathbb{C}^2 \to \mathbb{C}.$$

像通常那样, 使用齐次坐标 (u_0, u_1, u_2), 其中 $z_1 = u_1/u_0, z_2 = u_2/u_0$, 纤维为水平曲面 $P_n(z_1, z_2) = $ 常数的纤维丛可以延拓至整个 $\mathbb{C}P^2$ 上 (底为 $\mathbb{C}P^1$).

习题 24.8. 对超椭圆情形 $P_1(z_1,z_2) = z_1^2 - Q_n(z_2)$ 找出所有的奇异纤维和单值变换.

在这个情形 (即超椭圆情形), 非奇异纤维是亏格 g 的曲面, 这里 $n = 2g+1$ 或 $n = 2g+2$ (见 §2). 如我们所知, 非奇异纤维 (亏格 g 的曲面) 的基本群由生成元 $a_1, b_1, \cdots, a_g, b_g$ 和关系

$$a_1 b_1 a_1^{-1} b_1^{-1} \cdots a_g b_g a_g^{-1} b_g^{-1} = 1$$

给出. 群 $H_1 = \pi_1/[\pi_1,\pi_1]$ 可以看成一个 $2g$ 维的格, 由向量 $[a_1],[b_1],\cdots[a_g],[b_g]$ 生成, 相交指数为

$$[a_i] \circ [b_j] = \delta_{ij}, [a_i] \circ [a_j] = [b_i] \circ [b_j] = 0.$$

由此及皮卡 – 莱夫谢茨公式可得单值变换在这个格的向量上的作用是平移.

§25. 纤维丛的微分几何学

1. 主丛上的 G 联络

在本书的第 1 卷的第 6 章中, 我们实质上已经开始了对纤维丛的联络和曲率的局部研究. 为了转向研究在纤维丛非平凡且底空间是流形而不是欧几里得空间中区域时的联络和曲率及其拓扑不变量, 我们将在本章中展开这些概念的不变量系.

定义 25.1. 具丛空间 E, 底空间 M, 群 G 和射影 $p: E \to M$ 的主丛上的一个联络 (G 联络) 是指空间 E 中一族光滑的关于群 G 在空间 E 上的左作用不变的 n 维 "水平" 方向 ($n = \dim M$).

下面我们将证明由 G 联络定义的平行移动变换属于群 G. 因此, 这个定义与定义 24.4 相符.

我们回想一下定理 24.1, 这个定理说每一个主丛由群 G 在 E 上的左自由作用决定. 像引理 24.1 中那样, 给出联络的最简单的微分几何方法利用了空间 E 上的左不变度量 (g_{ij}) (即使得 G 在 E 上的左作用是运动的度量). 如果这种度量存在 (见 §8.3, 那里对紧李群 G 证明了这种度量的存在性), 则 G 联络可通过将正交于纤维的 n 维平面作为水平方向来定义.

适用于定义曲率及联络的其他应用的另一种方法是通过普法夫型方程, 即一组微分形式 (或一个向量值的微分形式给出水平方向场). 我们将详细地说明这个方法. 将卷 1 习题 24.13 中介绍的定义加以推广, 我们对李群 G 的李代数 $\mathfrak{g}$ 中的每一个元 τ 按下面方式定义群 G 上的一个右不变切向量场 ξ_τ:

$$\xi_\tau(g) = -(R_g)_* \tau, \quad g \in G,$$

这里 $R_g : y \mapsto yg, y \in G$, 是 g 的右乘. 每一个这样的向量场在 G 的右作用诱导的切空间中的映射下保持不变 (反之, 每一个在这个意义下右不变的向量场必定形如 ξ_τ,

对某个 $\tau \in \mathfrak{g}$). 事实上, 映射 $\xi_\tau \mapsto \tau$ 是李代数之间的同构, 其中一方是以换位运算作为李代数运算的右不变向量场, 另一方则是群 G 的李代数. 由于这个原因, 我们可以将群 G 的李代数等同于 G 上的右不变向量场所成的李代数.

使用这个模型, 我们定义 G 上一个取值于李代数 $\mathfrak{g}$ 的典范 1- 形式 ω_0 (严格说是一组 1- 形式). 这个形式在点 $y \in G$ 处的切向量 $\xi(y)$ 上的值是李代数的一个元 ξ, $\omega_0(y, \xi(y)) = \xi$, 它是一个右不变向量场, 可视为 $\mathfrak{g}$ 的元. 可以将形式 ω_0 简写为 $(dg)g^{-1}$, 其中 dg 表示典范切向量 $\xi(g)$ (ξ 是任意右不变向量场, $g \in G$), 而右乘 g^{-1} 将 $\xi(g)$ 移动到群的单位元处, 给出 $\xi(1) \in \mathfrak{g}$.

形式 ω_0 具有这样的性质:

a) $\omega_0(y, \xi(y)) \neq 0$, 如果 $\xi \neq 0$ (这是显然的);

b) $d\omega_0(y, \xi_1(y), \xi_2(y)) = -\dfrac{1}{2} \omega_0(y, [\xi_1, \xi_2](y)) = -[\omega_0(y, \xi_1(y)), \omega_0(y, \xi_2(y))] = -[\xi_1, \xi_2]$ (见卷 1 定理 25.4).

群 G 在自身上的左移动 $y \mapsto gy$ (y 和 g 都属于群 G) 将右不变向量场 ξ 转换成右不变向量场 $\eta = g_*\xi$, 记为 $\operatorname{Ad}(g)\xi$. 如果 G 是矩阵李群, 则切空间的诱导映射将点 $y(0) = 1$ 处的切向量 $\xi(1) = y'(0)$ (这里 $y(t)$ 是 ξ 的积分曲线) 映射为点 g 处的切向量 $gy'(0)$ (通常的矩阵乘积). 将这个向量移动回到单位元处我们就得到向量 $g\xi(1)g^{-1}$; 由此可见右不变向量场 $\operatorname{Ad}(g)\xi = g_*\xi$ 由 $g\xi(1)g^{-1}$ 决定, 就像 ξ 完全由 $\xi(1) = y'(0)$ 决定一样. 于是, 在李群和李代数的矩阵表示中, 变换 $\operatorname{Ad}(g)$ 就以内自同构 $\xi \mapsto g\xi g^{-1}$ 出现; 记法 $\omega_0 = -(dg)g^{-1}$ 适合于矩阵记法中的字面表达. 在群的左移动 $y \mapsto gy$ 中, 形式 ω_0 满足

$$(g^*\omega_0)(y, \xi(y)) = \operatorname{Ad}(g)\omega_0(gy, (g_*\xi)y).$$

定义 25.2. 空间 E 中一个取值于群 G 的李代数 $\mathfrak{g}$ 的形式 ω, 如果满足下面的两个性质:

1) 规范性: ω 在纤维 G 上的限制是 $\omega_0 = -(dg)g^{-1}$,

2) 不变性: 在群 G 对 E 的左移动下成立等式

$$g^*\omega = \operatorname{Ad}(g)\omega = g\omega g^{-1}, \tag{1}$$

则称为具群 G 的主丛 $p: E \to M$ 上的一个微分几何的 G 联络.

引理 25.1. a) 方程 $\omega = 0$ 给出一族 G 不变的水平方向, 它们决定了定义 25.1 意义上的一个联络; b) 反之, 如果给定一族 G 不变的水平方向, 则可以构造满足性质 1), 2) 的一个形式 ω 使得这个水平方向族由方程 $\omega = 0$ 给出.

证明 a) 因为 ω 在纤维 G 上的限制恰为形式 ω_0, 如上面指出的那样, 它在 G 的非零切向量上不等于零, 所以, 对每一点 $y \in E$, 关于在点 $y \in E$ 与 E 相切的未知向量 τ 的方程 $\omega(y, \tau) = 0$ 定义了一个横截于纤维的平面, 且形式 ω 的零空间的维

数等于. 底空间的维数 n. 于是, 方程 $\omega = 0$ 实际上定义了 E 上一族 n 维的水平方向. 平面场 $\omega = 0$ 的 G 不变性直接由定义 25.2 中的性质 2) 推出.

b) 反之, 设给定一族 n 维的 G 不变水平方向. 我们将构造形式 ω, 它在每一点 $y \in E$ 代表从 (点 y 处的) 切空间 $T_y E$ 到群 G 的李代数的一个线性映射并满足条件 1) 和 2). 结构群 G 以右移动 $R_g : y \mapsto yg$ 方式作用于纤维上. 按定义, 纤维 $F = G$ 上的形式 ω_0 关于右移动是不变的:

$$R_y^* \omega_0 = \omega_0.$$

因此, 在任意点 $x \in M$ 的纤维 F_x 上 $(F_x = p^{-1}(x) \cong G)$, 形式 ω_0 是不变地定义的 (不依赖于具直积结构的局部坐标邻域的选取). 在纤维 F_x 的每一点 y 处, 形式 ω_0 决定从纤维的切空间 $T_y F$ 到李代数 $\mathfrak{g}$ 的一个同构

$$\omega_0 : T_y F \to \mathfrak{g}.$$

取定了水平方向 $\mathbb{R}_y^n \subset T_y E$ 就给出了直和分解

$$T_y E = \mathbb{R}_y^n \oplus T_y F$$

及射影

$$\pi : T_y E \to T_y F, \pi(\mathbb{R}_y^n) = 0.$$

考察复合映射

$$T_y E \xrightarrow{\pi} T_y F \xrightarrow{\omega_0} \mathfrak{g}.$$

这个复合映射 $\omega_0 \pi$ 就是形式 ω. 它在纤维 F 上的限制按定义就是 ω_0. 左移动 $g : E \to E$ 保持射影 $\pi, g^*(\pi \omega_0) = \pi(g^* \omega_0)$, 这是由于水平方向族 $\{\mathbb{R}_y^n\}$ 的左不变性, 而在形式 ω_0 的值域上左移动按公式 (1) 作用. 引理得证. □

引理 25.2. 任何主丛上总存在 (定义 25.2 的意义上的) 微分几何 G 联络.

证明 任意主丛 $p : E \to M$ 的结构由邻域系 U_α, 这里 $\bigcup_\alpha U_\alpha = M$, 以及微分同胚 $\varphi_\alpha : G \times U_\alpha \to p^{-1}(U_\alpha)$ 给定 (见定义 24.1). 如有必要, 我们选取更细的覆盖使得在 M 上存在单位分解 $\{\psi_\alpha\}, \psi_\alpha : M \to \mathbb{R}$, 其中 $0 \leqslant \psi_\alpha \leqslant 1$, 在 U_α 外部 $\psi_\alpha \equiv 0$ 且对任意点 $y \in M, \sum_\alpha \psi_\alpha(y) \equiv 1$ (这种分解的存在性的充分条件见定理 8.1 后的注). 在直积 $G \times U_\alpha \overset{\varphi_\alpha}{\cong} p^{-1}(U_\alpha)$ 中我们任意给定一个 G 联络 ω_α (例如, 在每一点 $\varphi_\alpha(g, x)$ 处取 $\varphi_\alpha(g \times U_\alpha)$ 的切空间作为水平方向). 为了构造整个 E 上的 G 联络, 只要令

$$\omega = \sum_\alpha (p^* \psi_\alpha) \omega_\alpha$$

就可以了. 这里函数 $p^* \psi_\alpha : E \to \mathbb{R}$ 形如 $(p^* \psi_\alpha)(y) = \psi_\alpha(p(y)), y \in E$, 即底空间 M 上的 ψ_α 的 "提升". 因此, 在 $p^{-1}(U_\alpha)$ 外部 $p^* \psi_\alpha \equiv 0$, 而形式 $p^* \psi_\alpha(y) \omega_\alpha$ 就延

拓至整个流形 E 上, 它在 $p^{-1}(U_\alpha)$ 的外部恒等于零. 这个形式限制在纤维上形如 $p^*\psi_\alpha(y)\omega_0$, 因为函数 $p^*\psi_\alpha(y)$ 沿着纤维是常数 (它是 G 不变的). 从而形式 ω 在任意纤维 F_x 上的限制给出

$$\sum_\alpha \psi_\alpha(x)\omega_0 = \omega_0.$$

定义 25.2 中的不变性性质直接由每一个 ω_α 的不变性导出. 引理得证. □

习题 25.1. 证明: 一个纤维丛的联络所成的集合是线性连通的.

局部上 (即在坐标为 $x_\alpha^1, \cdots, x_\alpha^n$ 的坐标邻域 U_α 上), 在平凡主丛 $E_\alpha = p^{-1}(U_\alpha) \stackrel{\varphi_\alpha}{\cong} F \times U_\alpha (F = G)$ 上, 一个联络可通过底 U_α 上的取值于群 G 的李代数 $\mathfrak{g}$ 的一个 1-形式 A 来给出, 形式 $A = A_\mu dx_\alpha^\mu$ 与形式 $\omega|_{E_\alpha}$ 在映射 φ_α 给出的坐标 $y = (g, x)$ 中有这样的关系:

$$\omega(g, x) = \omega_0(g) + gA_\mu(x)g^{-1}dx_\alpha^\mu, \qquad (2)$$

其中 ω_0 是 G 上取值于 $\mathfrak{g}$ 的典范形式.

这也可以不变方式表达如下: E_α 上的直积结构决定一对 "坐标" 映射

$$U_\alpha \stackrel{p}{\longleftarrow} E_\alpha \stackrel{q}{\longrightarrow} G = F.$$

点 $y \in E_\alpha$ 的 "坐标" 就是 $(q(y), p(y))$. 公式 (2) 可写成

$$\omega|_{E_\alpha} = q^*(\omega_0) + qAq^{-1}$$

或

$$\omega(y) = \omega_0(q(y)) + q(y)A(p(y))q^{-1}(y), y \in E_\alpha.$$

我们希望得到在不同的 U_α 的重叠部分上截面替换时 1- 形式 A 的变换规则. 区域 U_α 上的 E_α 的每一个截面,

$$\psi: U_\alpha \to E_\alpha, \quad p\psi = 1,$$

给出主丛 E_α 的一个直积坐标系: 对每一点 x, 我们将点 $\psi(x)(\in F_x)$ 视为 G 的元, 取作 F_x 上的坐标原点; 对纤维 F_x 的任意点 y 给予坐标 (g, x), 其中 $g\psi(x) = y$ (特别, $\psi(x)$ 的坐标为 $(1, x)$). 映射 $q: E_\alpha \to G$ 则由下式给出:

$$q(y) = g \in G, \quad \text{其中} \quad g\psi(x) = y.$$

于是, 不同的截面 ψ_1 和 ψ_2 就给出 E_α 中不同的直积坐标系, 它们在每一点 $x \in U_\alpha$ 相差群 G 的一个变换, $\psi_1(x) = g(x)\psi_2(x)$.

在两个区域 U_α, U_β 的重叠部分 $U_{\alpha\beta}$ 上, 由映射 $g(x) : U_{\alpha\beta} \to G$ 给出的左移动产生截面之间的替换 $\psi_1 \to \psi_2$. 形式 ω 在区域 $E_{\alpha\beta} = p^{-1}(U_\alpha \bigcap U_\beta)$ 中可以用两种

方式表示:

$$g_1 = q_1(x), \quad \omega = q_1^*(\omega_0) + q_1 A_\mu^{(1)} q_1^{-1} dx^\mu,$$
$$g_2 = q_2(x), \quad \omega = q_2^*(\omega_0) + q_2 A_\mu^{(2)} q_2^{-1} dx^\mu,$$

其中 $q_1 : E_{\alpha\beta} \to G$ 和 $q_2 : E_{\alpha\beta} \to G$ 相差一个变换 $g : U_{\alpha\beta} \to G$ (映射 q_i 由截面 ψ_i 定义). 由形式 ω 的这两个表达式相等可得系数 A_μ 的变换规则 ("规范变换" 见卷 1 §41.1):

$$A_\mu^{(1)}(x) = g(x) A_\mu^{(2)} g^{-1}(x) - \frac{\partial g(x)}{\partial x^\mu} g^{-1}(x). \tag{3}$$

这个公式定义了 "联络的粘合"; 如果能取到另一个截面使得 $A_\mu^{(2)} \equiv 0$, 则就得到 $A_\mu^{(1)}(x) = -\dfrac{\partial g(x)}{\partial x^\mu} g^{-1}(x)$. 这时, 这个联络称为 "平凡联络".

定理 25.1. 主丛 $p : E \to M$ 上由形式 ω 给定的 G 联络定义了纤维沿底 M 中任意分段光滑曲线 γ 的平行移动, 且这种平行移动可由群 G 的右移动给出.

证明 设曲线 γ 形如 $x = x(t), a \leqslant t \leqslant b$. 我们将寻找丛空间中一条水平曲线 $\tilde{\gamma}$, 它覆叠 γ 且以纤维 $p^{-1}(x(a)) \cong G$ 中给定点 g_0 为起点. 我们只要考察这样的情形就可以了, 即曲线 γ 整个地位于一个坐标邻域 U_α 中的情形, 其中 $p^{-1}(U_\alpha) \cong G \times U_\alpha$ (一般情形时需要利用转移函数 $\lambda_{\alpha\beta}$). 在局部直积坐标系 (g, x) 中, $g \in G, x \in U_\alpha$, 丛空间中曲线 $\tilde{\gamma}$ 应该形如 $(g(t), x(t))$, 其中 $g(t)$ 是需决定的未知函数. 由 $\tilde{\gamma}$ 的水平性条件 (即切向量 $(\dot{g}(t), \dot{x}(t))$ 的水平性) 和引理 25.1 我们将有

$$\omega(\dot{g}(t), \dot{x}(t)) = -\dot{g}(t) g^{-1}(t) + \dot{x}^\mu(t) g(t) A_\mu(x(t)) g^{-1}(t) = 0.$$

如果用 $B(t)$ 表示取值于李代数 $\mathfrak{g}$ 的函数, $B(t) = \dot{x}^\mu(t) A_\mu(x(t))$, 我们得到关于未知函数 $g(t)$ 的一个线性微分方程

$$\dot{g} - gB = 0.$$

这个方程具初始条件 $g(a) = g_0 \in G$ 的解对一切 $t \in [a, b]$ 存在且唯一. 于是, 平行移动对所有的 t 有定义. 我们再证明这种纤维的平行移动由群的右移动给出; 这个事实可立即由下面的引理导出.

引理 25.3. 方程 $\dot{g} - gB = 0$ $(B(t) \in \mathfrak{g})$ 具初始条件 $g(a) = g_0 \in G$ 的解为 $g(t) = g_0 f(t)$, 其中函数 $f(t) : [a, b] \to G$ 不依赖于 g_0.

证明 如果函数 B 与 t 无关: $B(t) =$ 常值 $\in \mathfrak{g}$, 则引理是显然成立的. 事实上, 此时方程 $\dot{g} = gB$ 的解形如 $g(t) = g_0 \exp((t-a)B)$, 其中 $\exp : \mathfrak{g} \to G$ 是李代数 $\mathfrak{g}$ 到群 G 的指数映射.

在 $B(t)$ 不是常值的情形, 我们将区间 $[a, t]$ 分成 N 个小区间 $a = t_0 < t_1 < \cdots <$

$t_N = t$. 精确到 $0(t_i - t_{i-1})$, 我们将有

$$g(t_1) = g_0 + g_0(t_1 - t_0)B(t_0) = g(t_0)\exp((t_1 - t_0)B(t_0)),$$
$$\cdots\cdots\cdots\cdots$$
$$g(t_N) = g(t_{N-1})\exp((t_N - t_{N-1})B(t_{N-1})).$$

由此推出 $g(t) = g_0 f(t)$, 其中

$$f(t) = \lim_{|t_i - t_{i-1}| \to 0} \exp((t_N - t_{N-1})B(t_{N-1})) \cdots \exp((t_1 - t_0)B(t_0)).$$

每一个因子属于群 G, 因此积也属于群 G. 引理成立, 因而定理得证. □

推论 1 对于 G 联络, (关于 (唯一的) 水平覆叠曲线的存在性的) 引理 24.2 成立而无需假定纤维的紧性.

对于 G 联络, 也可定义完整群 (见 §19.1). 这个群是将 $\Omega(x_0, M)$ 中的路径与纤维的变换对应起来的一个同态的像, 并由群 G 的右移动 (可能不是所有的右移动) 组成.

2. 伴随丛中的 G 联络. 例

我们现在使用不变 (即与坐标无关的) 方式讨论伴随丛上的联络. 假定群 G 作为变换群作用在流形 F (即纤维) 上, 进一步设 $p_F : E_F \to M$ 是联络形式为 ω 的主丛 $p : E \to M$ 的伴随丛. 我们将给出空间 E_F 上的取值于纤维 F 的切向量空间的伴随联络形式 ω_F, 它的构造如下: 设给定点 $y \in F$ 和该点处的切向量 τ. 我们定义纤维 F 上的一个形式 ω_F^0, 令它在向量 τ 上的值 $\omega_F^0(y, \tau)$ 等于 τ. 所求的形式 ω_F 在每条纤维 F 上的限制必须等于 ω_F^0. 由此推出, 在具直积坐标 $(y, x), y \in F, x \in U_\alpha, x = p_F(y)$ 的每个区域 $p_F^{-1}(U_\alpha) \stackrel{\varphi_\alpha}{\cong} F \times U_\alpha$ 中, 形式 ω_F 必定形如

$$\omega_F(y,x)(\eta) = \omega_F^0(y)(\eta_y) + A(y,x)(\eta_x), \tag{4}$$

其中形式 A 是待定的, 而 η 是 $p_F^{-1}(U_\alpha) \subset E_F$ 在点 (y, x) 的任意切向量, 它在 F 和 U_α 的切空间中的分量分别为 η_y 和 η_x ($\eta = \eta_x + \eta_y$). 使用 U_α 上的坐标 x_α 时, 形式 A 可记为 $A = A_\mu(y, x)dx_\alpha^\mu$.

还需要定义分量 $A_\mu(y, x)$. 我们首先注意到群 G 的每一个元 g 决定了纤维的一个变换 $g : F \to F$. 由于这个变换, 群 G 的李代数 $\mathfrak{g}$ 的每一个元就决定了纤维 F 上的一个向量场 —— 即标量函数的一个微分算子 (方向微分). 如果 $g(t)$ 是 G 的单参数子群, $g(0) = 1$ (F 的恒等变换), 则元 $\left.\dfrac{d}{dt}g(t)\right|_{t=0} \in \mathfrak{g}$ 给出 F 上的一个向量场 ξ, 其定义为

$$\xi(y) = \left.\frac{d}{dt}(g(t)(y))\right|_{t=0}, \quad y \in F.$$

换言之, $\mathfrak{g}$ 的每一个元, 可视为 F 的一个无穷小变换, 在 F 上给出一个切向量场.

我们将点 $y \in E_F$ 处纤维的如下切向量取为 $A_\mu(y,x)$: 李代数 $\mathfrak{g}$ 中等同于 $A_\mu(x)$ 的元决定了纤维 F 上的一个向量场 ξ; 向量场 ξ 在点 $y \in F$ 的值 —— 纤维的切向量就取为

$$A_\mu(y,x) = \xi(y), \quad p_F(y) = x.$$

按定义, 形式 dx_α^μ 在与纤维相切的任意向量 τ 上的值等于零. 因此, 形式 ω_F 在纤维 F 上的限制就是 ω_F^0.

方程 $\omega_F = 0$ 给出伴随丛在点 $x \in E_F$ 处的 "水平方向" $\mathbb{R}_x^n$. 公式 (4) 以不变方式定义了形式 ω_F.

如果纤维 F 是向量空间 $\mathbb{R}^m$ 且群 G 线性地作用于 F 上, 则李代数 $\mathfrak{g}$ 的元 ξ 可视为线性向量场 (或矩阵 $A_\xi : \mathbb{R}^m \to \mathbb{R}^m$). 设 $\eta^1, \cdots, \eta^m$ 是纤维 $\mathbb{R}^m$ 中的坐标. 如果 $A_\xi = (a_i^j)$, 则场 $\xi(\eta)$ 等于

$$\xi^j = a_i^j \eta^i.$$

场 $A_\mu(\cdot, x)$ (值为 $A_\mu(\eta, x), \eta \in \mathbb{R}^m$) 具有矩阵形式:

$$A_\mu(\cdot, x) = (A_\mu(\cdot, x)_j^i) = (a_{j\mu}^i(x)) \text{ —— } \mathbb{R}^m \text{ 中的矩阵}.$$

于是, 在纤维为 $\mathbb{R}^m$ 的向量丛中, 联络 (局部地) 由依赖于 x 和 μ 的矩阵给出:

$$(A_\mu(\cdot, x))_j^i = a_{j\mu}^i(x), i,j = 1, \cdots, m, \mu = 1, \cdots, n = \dim M,$$

或由矩阵值的形式 $a_{j\mu}^i dx^\mu$ 给出.

如果纤维丛本身是流形 M 的切丛 (纤维为 $\mathbb{R}^n, m = n$), 则可以提及挠率 (见卷 1 §41):

$$a_{j\mu}^i - a_{\mu j}^i = T_{\mu j}^i = -T_{j\mu}^i \quad (M \text{ 中张量}),$$

以及称联络是对称的, 如果 $T_{\mu j}^i \equiv 0$.

对于这样的联络, 纤维沿底空间中路径 $\gamma(t)$ 的平行移动是线性变换 (见卷 1, 定理 29.1). 使用区域 $U_\alpha \subset M$ 的局部坐标 $x_\alpha^1, \cdots, x_\alpha^n$, 可定义向量丛截面的共变微分:

$$\nabla_\mu \psi^i(x) = \frac{\partial \psi^i(x)}{\partial x^\mu} + a_{j\mu}^i(x) \psi^j(x), \tag{5}$$

以及底空间中沿方向 $\delta = (\delta^1, \cdots, \delta^n)$ 的方向导数: $\nabla_\delta = \delta^\mu \nabla_\mu$. 算子 ∇_μ 和 ∇_ν 之间的非交换性导出曲率 $\Omega_{\nu\mu} = [\nabla_\nu, \nabla_\mu]$.

对于光滑曲线 $\gamma(t), 0 \leqslant t \leqslant 1$, 纤维沿此路径从点 $\gamma(0)$ 到点 $\gamma(1)$ 的平行移动线性算子也称为 "编时指数算子" 并记为

$$T \exp \left\{ \int_0^1 \left(\frac{d}{dt} - \nabla_{\dot{\gamma}(t)} \right) dt \right\}. \tag{6}$$

在这里, $T[A_1(t)A_2(t')\cdots]$ 表示所谓的两个 (或更多的) 彼此不可交换的依赖于时间 t 的算子的编时积:

$$T[A_1(t)A_2(t')] = \begin{cases} A_1(t)A_2(t'), & \text{当 } t > t', \\ A_2(t')A_1(t), & \text{当 } t < t'. \end{cases} \tag{7}$$

如果用点 $0 = t_0 < t_1 < t_2 < \cdots < t_N = 1$ 将曲线 $\gamma(t)$ 分成一些小曲线段, 则对函数 $A(t)$ 的运算定义如下, 即令

$$T\exp\left\{\int_0^1 A(t)dt\right\} = \lim_{\substack{N\to\infty \\ |t_i-t_{i-1}|\to 0}} T\{\exp((t_1-t_0)A(t_0))\} \times$$
$$\exp((t_2-t_1)A(t_1))\cdots\exp((t_N-t_{N-1})A(t_{N-1}))\}. \tag{8}$$

如果令 $A(t) = \dfrac{d}{dt} - \nabla_{\dot\gamma(t)}$, 则我们得到沿曲线 $\gamma(t)$ 的平行移动算子.

习题

25.2. 证明对连续依赖于 t 的线性算子 $A(t)$ 的级数展开式:

$$T\exp\left\{\int_0^1 A(t)dt\right\} = 1 + \int_0^1 A(t)dt + \frac{1}{2}\int_0^1\int_0^1 T(A(t_1)A(t_2))dt_1dt_2 + \cdots +$$
$$\frac{1}{n!}\int_0^1\cdots\int_0^1 T(A(t_1)\cdots A(t_n))dt_1\cdots dt_n + \cdots. \tag{9}$$

25.3. 证明: 表达式 $T\exp\int_0^1 A(\tau)d\tau = B(t)$ 满足方程

$$\frac{dB}{dt} = [A(t), B(t)], \tag{10}$$

而向量 $\eta(t) = B(t)\eta_0$ 满足方程

$$\frac{d\eta(t)}{dt} = A(t)\eta(t). \tag{11}$$

回想一下, 平行移动由下列方程定义:

$$\nabla_{\dot\gamma(t)}\eta(t) = 0, \quad \eta(0) = \eta_0 \tag{12}$$

或

$$\frac{d\eta^i(t)}{dt} + a^i_{j\mu}\dot x^\mu(t)\eta^j(t) = 0,$$

其中 $\gamma(t) = (x^1(t),\cdots,x^n(t))$. 在这种情形, 我们有

$$A(t) = \frac{d}{dt} - \nabla_{\dot\gamma(t)} = -a^i_{j\mu}(t)\dot x^\mu(t). \tag{13}$$

现在由习题 25.3 导出, (6) 事实上就是平行移动算子.

最简单的一个情形是交换群 $G = U(1) \simeq SO(2) \cong S^1$, 其 1 维李代数 $\mathfrak{g} = \mathbb{R}^1$. 在这种情形, 我们有 $\omega_0 = -\frac{1}{2\pi}d\varphi$, 其中 φ $(0 \leqslant \varphi < 2\pi)$ 是群 $S^1 = \{g|g = e^{i\varphi}, 0 \leqslant \varphi < 2\pi\}$ 上的坐标. 局部地给定的形式 $gA_\mu g^{-1}dx^\mu$ 就等于 $A_\mu dx^\mu$, 因而对应的 G 联络 ω 形如

$$\omega = \omega_0 + gA_\mu g^{-1}dx^\mu = -\frac{1}{2\pi}d\varphi + A_\mu dx^\mu. \tag{14}$$

当然, 如同一般情形, 这个联络形式在群 G 在 E 上的作用下是不变的:

$$g^*\omega = \omega = \mathrm{Ad}(g)\omega = g\omega g^{-1}, \tag{15}$$

而方程 $\omega = 0$ (由于现在 ω 是一个标量形式, 它只是一个普法夫方程) 定义了 E 中一张横截于纤维的超平面.

显然, 规范变换是梯度型的:

$$A_\mu \to A_\mu - \frac{\partial g(x)}{\partial x^\mu}g^{-1} = A_\mu - \frac{\partial \varphi}{\partial x^\mu}. \tag{16}$$

当群 G 表示为 $U(1)$ 时, 在复标量场 (即纤维为 $\mathbb{C}^1$ 的 1 维纤维丛的截面) 上的共变微分运算的形式为 (见卷 1 §41)

$$\nabla_\mu = \frac{\partial}{\partial x^\mu} + iA_\mu(x), \tag{17}$$

其中 $A_\mu(x)$ 是实标量函数. 如同一般情形中那样, ∇_μ 和 ∇_ν 的换位子称为 "曲率".

3. 曲率

考察一个纤维为 $\mathbb{C}^1$ 的复解析纤维丛, 其结构群为 $G = \mathbb{C}^*$; 底空间为 n 维复流形 M, M 的复局部坐标邻域为 $U_\alpha(z_\alpha^1, \cdots, z_\alpha^n)$. 纤维丛的结构由 $U_{\alpha\beta} = U_\alpha \bigcap U_\beta$ 上的取值于 $G = \mathbb{C}^*$ 的转移函数

$$T^{\alpha\beta}(z_\alpha^1, \cdots, z_\alpha^n) \neq 0 \tag{18}$$

给定且这些函数 $T^{\alpha\beta}$ 是解析的. 考察对数函数 (可能不是单值地定义的)

$$a_{\alpha\beta} = \ln T^{\alpha\beta}(z^1, \cdots, z^n)(+2\pi im). \tag{19}$$

下面我们假定区域 $U_{\alpha\beta}$ 是单连通的, 即 $\pi_1(U_{\alpha\beta}) = 0$. 此时可选取对数函数的单值分支

$$a_{\alpha\beta} = \ln T^{\alpha\beta}(z).$$

在 3 个区域的交 $U_{\alpha\beta\gamma} = U_\alpha \bigcap U_\beta \bigcap U_\gamma$ 上, 我们有 $T^{\alpha\beta}T^{\beta\gamma}T^{\gamma\alpha} = 1$ (见 §24.1) 或

$$a_{\alpha\beta} + a_{\beta\gamma} + a_{\gamma\alpha} = 2\pi i n_{\alpha\beta\gamma}, \tag{20}$$

其中 $n_{\alpha\beta\gamma}$ 是整数. 显然, 确定这个整数时无需关于函数 $T^{\alpha\beta}(z)$ 的解析性假定. 稍后我们将指出如何利用这一族 $\{n_{\alpha\beta\gamma}\}$ (称为上链), 其中 $\alpha\beta\gamma$ 取遍非空交 $U_{\alpha\beta\gamma}$ 的 3 个指标, 来构造纤维丛的拓扑不变量. 如果底 M 的复维数等于 1, 则这个拓扑不变量是这样定义的: 我们将这些区域 U_α 编号成序列 $U_1, U_2, \cdots$, 并假定任何 4 个区域都无公共交 ($U_{\alpha_1} \cap U_{\alpha_2} \cap U_{\alpha_3} \cap U_{\alpha_4}$ 是空集). 考察和

$$n = \sum_{\alpha<\beta<\gamma} n_{\alpha\beta\gamma}. \tag{21}$$

习题 25.4. 证明: 上述的数 n 模去 2 的余数与纤维丛的结构的选取无关 (从而是一个 "拓扑量"). 对 $\mathbb{C}P^1$ 上的霍普夫丛 η 及它的幂 η^n 求出这个余数.

现在转向结构群为 $\mathbb{C}^* \cong S^1 \times \mathbb{R}^+$ 的复解析纤维丛. $\mathbb{C}^*$ 的李代数是交换代数并与 $\mathbb{C}^1$ 重合. 在群 $G = \mathbb{C}^*$ 上有复坐标 $w, |w| > 0$, 和复值形式 $\omega_0 = -d\ln w$. 在此解析纤维丛中, 联络形式 (局部地在区域 U_α 中) 可写成形如

$$\omega = \omega_0 + A_\mu^{(\alpha)} dz_\alpha^\mu + B_\mu^{(\alpha)} d\bar{z}_\alpha^\mu. \tag{22}$$

我们要求联络形式局部地具有下列形式:

$$\omega = \omega_0 + d'f_\alpha = \omega_0 + \frac{\partial f_\alpha}{\partial z_j} dz^j, \tag{23}$$

其中 f_α 是某个复值函数 (算子 d', d'' 的定义, $d = d' + d''$ 见卷 1 §27.1), 即

$$B_\mu(z) \equiv 0, \quad A_\mu^{(\alpha)}(z) = \frac{\partial f_\alpha}{\partial z_\alpha^\mu}. \tag{24}$$

在交 $U_{\alpha\beta}$ 中, 差 $d'f_\alpha - d'f_\beta$ 等于 (见 (3)):

$$d'f_\alpha - d'f_\beta = (dT^{\alpha\beta})(T^{\alpha\beta})^{-1},$$

其中 $d = d' + d''$ 是全微分. 如果交 $U_{\alpha\beta}$ 是单连通的, 则 $\ln T^{\alpha\beta}(z)$ 是单值函数. 利用等式 $(dT^{\alpha\beta})(T^{\alpha\beta})^{-1} = d(\ln T^{\alpha\beta})$, 我们就将上式转换成 "梯度" 型:

$$d'f_\alpha - d'f_\beta = d(\ln T^{\alpha\beta}) = da_{\alpha\beta}, \tag{25}$$

其中, 像以前一样, $a_{\alpha\beta} = \ln T^{\alpha\beta}$. 于是, 为用公式 (22) 定义 G 联络, 我们只要选取到满足 (25) 的 (一般说, 不一定要解析的) 函数 f_α 就足够了 (当然要假定它们存在).

注意, 由函数 $T^{\alpha\beta}$ (因而函数 $a_{\alpha\beta}$) 的解析性可得 $d''a_{\alpha\beta} = 0$. 因此, 形式 $\Omega = d'd''f_\alpha$ 在流形 M 上唯一地确定 (与 α 无关):

$$d'd''f_\alpha - d'd''f_\beta = -d''(d' + d'')a_{\alpha\beta} \equiv 0 \tag{26}$$

(因为 $(d')^2 = (d'')^2 = (d' + d'')^2 = 0$ 及 $d'd'' = -d''d'$). 形式 Ω 称为联络的曲率.

局部地, 我们有
$$\Omega = \sum_{i,j} \frac{\partial^2 f_\alpha}{\partial z_\alpha^i \partial \bar{z}_\alpha^j} dz_\alpha^i \wedge d\bar{z}_\alpha^j.$$

对于 2 维的情形 ($n = 1$, 复 1 维), 曲率形式在区域 U_α 中形如
$$\Omega = \frac{\partial^2 f_\alpha}{\partial z_\alpha \partial \bar{z}_\alpha} dz_\alpha \wedge \bar{z}_\alpha. \tag{27}$$

此外, 我们注意到 $\frac{\partial^2}{\partial z \partial \bar{z}} = \nabla$ 是一个实算子 (拉普拉斯算子), $dz \wedge d\bar{z} = -2i dx \wedge dy$. 因此, 对 $n = 1$, 形式 Ω 的实部和虚部两者都是合理定义的闭形式. 在后面我们将明白 $\operatorname{Re} \Omega = d(\Omega_1)$, 其中 Ω_1 是某个 (实) 形式. 因此, 由一般斯托克斯公式 (§8.2) 可得
$$\int_M \operatorname{Re} \Omega = 0.$$

我们还注意到: 如果函数 f_α 是解析的, 则 $\Omega \equiv 0$.

对于底 M 是实流形, 结构群为 $G = U(1) \cong S^1$ 且纤维为 $\mathbb{C}^1$ 的纤维丛, 其结构由 $U_{\alpha\beta}$ 中的转移函数 $T^{\alpha\beta}(x) = e^{i\varphi_{\alpha\beta}(x)}$ 定义. 在单个区域中的联络由 $1-$ 形式 ω_α 给出, 这些形式在区域 U_α, U_β 的交上的差形如
$$\omega_\alpha - \omega_\beta = dq_{\alpha\beta}(x),$$
其中 $q_{\alpha\beta}(x) = i\varphi_{\alpha\beta}(x) = \ln T^{\alpha\beta}(x)$. 曲率 Ω 由公式
$$2\pi i \Omega = d\omega_\alpha \text{ (在区域 } U_\alpha \text{ 中)}$$
定义 (这里 $2\pi i$ 只是一个适当的正规化因子). 显然, 在区域 $U_{\alpha\beta}$ 中
$$d\omega_\alpha - d\omega_\beta = ddq_{\alpha\beta} \equiv 0.$$
于是, 形式 Ω 在整个底 M 上是合理定义的.

对于具结构群 S^1 的纤维丛, 曲率形式 Ω 可以不变方式定义如下: 设纤维丛 $p : E \to M$ 的丛空间 E 上的联络形式为 ω.

定义 25.3. $p^*\Omega = \frac{1}{2\pi i} d\omega$.

为验证这个定义的正确性及它与以前定义的曲率的等价性, 只要注意到下列事实就可以了: 局部上 (在区域 U_α 中) $\omega = \omega_0 + p^*\omega_\alpha$, 其中 $\omega_0 = -\frac{1}{2\pi} d\varphi$. 形式 $d\omega$ 形如
$$d\omega = dp^*\omega_\alpha = p^*(2\pi i \Omega). \tag{28}$$

现在转向一般的实或复纤维丛中曲率的定义并研究其性质.

当存在联络时, 点 $y \in E$ 的切空间 $T_y E$ 可分解为 $T_y E = T_y F \oplus \mathbb{R}_y^n$, 其中 $\mathbb{R}_y^n$ 是联络的水平方向. 我们还有由联络中产生的射影 H:

$$H : T_y E \to \mathbb{R}_y^n, \quad H(T_y F) = 0.$$

定义 25.4. 如果 $\tau_1, \cdots, \tau_q$ 是 E 的任意切向量且 $H\tau_1, \cdots, H\tau_q$ 是它们在 $\mathbb{R}_y^n$ 中的像, 则形式 $H\omega_q$,

$$H\omega_q(\tau_1, \cdots, \tau_q) = \omega_q(H\tau_1, \cdots, H\tau_q) \tag{29}$$

称为 $q-$ 形式 ω_q 的水平部分.

由定义显然可见, 如果向量 τ_j 中有一个与纤维相切 (即是 "垂直的" 向量), 则 $H\omega_q(\tau_1, \cdots, \tau_q) = 0$. 特别有, 形如 $H\omega_q$ 的形式在纤维上的限制等于零.

定义 25.5. 表达式

$$\Omega_E = H d\omega, \tag{30}$$

其中 ω 是联络形式, 称为纤维丛空间 E 中的曲率形式.

定理 25.2. 成立 "结构方程"

$$d\omega + [\omega, \omega] = H d\omega = \Omega_E \tag{31}$$

(换位子 $[\omega, \omega]$ 的定义见后面). 对于群 G 的元在空间 E 的作用成立等式

$$g^* \Omega_E = \mathrm{Ad}(g) \Omega_E = g \Omega_E g^{-1}. \tag{32}$$

注 形式 ω 和 Ω_E 取值于李代数 $\mathfrak{g}$, 而 $\mathfrak{g}$ 中有换位运算, 且 $[\xi, \eta] = -[\eta, \xi]$. 对于取值于任意的具双线性乘法的代数中的形式可以定义这些形式的乘法 (在我们的情形, 就是取值于李代数 $\mathfrak{g}$ 的形式的 "换位子" 运算), 其规定如下:

$$\alpha(p,q)[\omega_p, \omega_q](\tau_1, \cdots, \tau_{p+q}) = \sum_\sigma \mathrm{sgn}\, \sigma [\omega_p(\tau_{i_1}, \cdots, \tau_{i_p}), \omega_q(\tau_{j_1}, \cdots, \tau_{j_q})], \tag{33}$$

其中 $\tau_1, \cdots, \tau_{p+q}$ 是空间 (在我们的情形 E) 在任意点处的切向量, σ 是指标的置换

$$\sigma = \begin{pmatrix} 1 & 2 & \cdots & p & p+1 & \cdots & p+q \\ i_1 & i_2 & \cdots & i_p & j_1 & \cdots & j_q \end{pmatrix},$$

而 $\alpha(p,q) = \dfrac{(p+q)!}{p! q!}$ —— $p+q$ 个元中取 p 个元的组合数.

对于 1- 形式 ($p = q = 1$), 换位子运算的定义形如

$$[\omega, \widehat{\omega}](\tau_1, \tau_2) = \frac{1}{2}([\omega(\tau_1), \widehat{\omega}(\tau_2)] - [\omega(\tau_2), \widehat{\omega}(\tau_1)]). \tag{34}$$

如果 $\omega = \hat\omega$, 则

$$[\omega,\omega](\tau_1,\tau_2) = \frac{1}{2}([\omega(\tau_1),\omega(\tau_2)] - [\omega(\tau_2),\omega(\tau_1)]) = [\omega(\tau_1),\omega(\tau_2)]. \tag{35}$$

定理的证明 我们在定义了局部坐标系的区域 $E_\alpha = p^{-1}(U_\alpha)$ 中验证定理, 在这个区域中联络形式可表达为

$$\omega = \omega_0 + gA_\mu(x_\alpha)g^{-1}dx_\alpha^\mu = \omega_0 + gAg^{-1}, \tag{36}$$

其中 $A = A_\mu dx^\mu, \omega_0 = -(dg)g^{-1}$. 为便于计算, 我们在 $p^{-1}(U_\alpha)$ 中取定直积结构 $G \times U_\alpha$ 并在 U_α 的切空间中取定基 (∂_μ), 其中 $\partial_\mu = \dfrac{\partial}{\partial x^\mu}$. 在点 $(1,x)$ 处 E_α 的典范切向量将表达为 $(\xi^\mu A_\mu, \eta^\mu \partial_\mu)$, 其中已选取这些向量 A_μ 作为 G 在 1 处的切空间的基 (像通常那样, A_μ 可解释为群 G 的李代数中元). 对点 $(1,x) \in G \times U_\alpha$ 处的算子 H, 我们有 $H\partial_\mu = \partial_\mu + A_\mu, He = 0$, 其中 e 是纤维的切向量. 对于形式 ω_0, 按定义我们有 $\omega_0(A_\mu) = -A_\mu$. 进一步还有 $H\,dx^\mu = dx^\mu, H\,\omega_0(\partial_\mu) = \omega_0(H\partial_\mu) = \omega_0(A_\mu) = -A_\mu$. 因此, $H\,A = A, H\,\omega_0 = -A = -A_\mu dx^\mu$ (在点 $(1,x)$ 处);

$$d\omega_0 = -d(dgg^{-1}) = dgg^{-1}dgg^{-1} = [\omega_0, \omega_0];$$
$$d\omega = d\omega_0 + (dgg^{-1})(gAg^{-1}) - (gAg^{-1})(dgg^{-1}) + g(dA)g^{-1}$$
$$= [\omega_0, \omega_0] - [\omega_0, g^{-1}Ag] + [g^{-1}Ag, \omega_0] + g(dA)g^{-1}.$$

由此可得 (当 $g = 1$)

$$H\,d\omega = [H\,\omega_0, H\,\omega_0] - [H\,\omega_0, H\,A] + [H\,A, H\,\omega_0] + H(dA) = [A,A] + dA. \tag{37}$$

当 $g \neq 1$ 时, 根据 $H\,d\omega$ 的不变性 $g^*(H\,d\omega) = Ad(g)H\,d\omega$ (算子 H 和 d 都保持这个性质), 可重建 $H\,d\omega$. 最终, 对所有的 g 我们有

$$H\,d\omega = \Omega_E = g(dA + [A,A])g^{-1}. \tag{38}$$

对于形式 $d\omega$ 可得

$$d\omega = \Omega_E - g^{-1}[A,A]g - [\omega_0, \omega_0] - 2[\omega_0, g^{-1}Ag] = \Omega_E - [\omega, \omega].$$

定理得证 □

局部地, 在底 M 的坐标邻域 U_α 中, 形式 Ω_E 可以 "下拉" 到底空间中:

$$\Omega = DA = dA + [A,A] = \Omega_{\mu\nu}dx^\mu \wedge dx^\nu$$
$$= \left(\frac{\partial A_\nu}{\partial x^\mu} - \frac{\partial A_\mu}{\partial x^\nu} + [A_\mu, A_\nu]\right)dx^\mu dx^\nu. \tag{39}$$

显然, 形式 Ω 的系数 $\Omega_{\mu\nu}$ 是微分算子的换位子 (见 §25.2): $\Omega_{\mu\nu} = [\nabla_\mu, \nabla_\nu]$. 在规范变换 $g(x)$ 下,

$$\Omega \to g\Omega g^{-1}. \tag{40}$$

对曲率形式 $\Omega_E = H\,d\omega = d\omega + [\omega,\omega]$ 可以完全同样地计算 $d\Omega_E$ 和 $H\,d\Omega_E$. 我们可得 "比安基恒等式" (像上面一样验证它)

$$d\Omega_E = 2[\omega, \Omega_E],$$
$$H\,d\Omega_E = 0.$$

对于底 M 的区域 U_α 中的形式 Ω, 直接的计算表明

$$D\Omega = d\Omega + [A, \Omega] = 0 \tag{41}$$

(试证之!).

4. 示性类. 构造

对于具交换结构群 $G = U(1) \cong S^1$ 或 $G = \mathbb{C}^*$ 的 1 维复纤维丛, 由于对交换李代数成立 $[A, \Omega] = 0$, 从比安基恒等式可推出曲率形式 Ω 是闭形式. 此外, 还是 $g\Omega g^{-1} \equiv \Omega$, 从而形式 Ω 是底 M 上合理定义的 (即规范不变的) 闭形式. 在这种纤维丛空间 E 中, 形式 $p^*\Omega = \Omega_E$ 是正合形式: $\Omega_E = d\omega$. 在底 M 中, 形式 Ω 可能不是正合的 (稍后将再讨论这一点). 我们现用同一个纤维丛 $p: E \to M$ 中另一个联络 $\overline{\omega}$ 替换联络 ω.

引理 25.4. 具结构群 $G = U(1) \cong S^1$ 或 $G = \mathbb{C}^*$ 的纤维丛中对应于不同的联络 ω 和 $\overline{\omega}$ 的曲率形式 Ω 和 $\overline{\Omega}$ 之差是一个正合形式,

$$\Omega - \overline{\Omega} = du.$$

证明 按定义成立 $p^*\Omega = \Omega_E = d\omega$ 和 $p^*\overline{\Omega} = \overline{\Omega}_E = d\overline{\omega}$. 在区域 U_α 中, 差 $\omega - \overline{\omega}$ 可表达为

$$\omega - \overline{\omega} = (\omega_0 + A_\mu dx^\mu) - (\omega_0 + \overline{A}_\mu dx^\mu) = (A_\mu - \overline{A}_\mu)dx^\mu.$$

于是, 形式 $\omega - \overline{\omega}$ 可表达为 p^*u, 其中 u 是 M 上的形式, 从而 $\Omega - \overline{\Omega} = du$. 引理得证. □

设在底 M 中存在一个 2 维的闭定向子流形 $P \subset M$. 由引理推出

推论 2 积分 $\int_P \Omega$ 和 $\int_P \overline{\Omega}$ 相等; 从而, 量 $\int_P \Omega$ 与纤维丛 $p: E \to M$ 中联络的选取无关, 是一个 "拓扑 (不变) 量".

证明 $\int_P (\Omega - \overline{\Omega}) = \int_P du = \int_{\partial P} u = 0$, 因为 P 无边界. □

我们现在考察任意的矩阵群 G 以及在坐标为 $\{x_\alpha\}$ 的区域 U_α 中的局部曲率形式 Ω. 在规范变换下,
$$\Omega \to g(x)\Omega g(x)^{-1}.$$
考察标量值形式 $\text{Tr}\,\Omega$. 显然有
$$\text{Tr}\,\Omega = \text{Tr}(g\Omega g^{-1}).$$
结果, 形式 $\text{Tr}\,\Omega$ 不变地定义在整个底 M 上.

由比安基恒等式 (41) 可得
$$d\Omega = -[A, \Omega].$$
由此推出形式 $\text{Tr}\,\Omega$ 是闭的:
$$d\text{Tr}\,\Omega = \text{Tr}(d\Omega) = -\text{Tr}[A, \Omega] = 0,$$
因为两个矩阵的换位子的迹永远等于零.

如果在对应的结构方程 (31) 中用另一个联络 $\overline{\omega}$ 替代联络 ω, 我们就有
$$d(\omega - \overline{\omega}) = d\omega - d\overline{\omega} = \Omega_E - \Omega_{\overline{E}} - [\omega, \omega] + [\overline{\omega}, \overline{\omega}].$$
过渡到取迹 $\text{Tr}\,\omega, \text{Tr}\,\overline{\omega}, \text{Tr}\,\Omega_E, \text{Tr}\,\overline{\Omega}_E$, 并利用等式 $\text{Tr}[\omega, \omega] = 0$, 我们可得
$$d(\text{Tr}\,\omega - \text{Tr}\,\overline{\omega}) = \text{Tr}\,\Omega_E - \text{Tr}\,\overline{\Omega}_E = p^*(\text{Tr}\,\Omega - \text{Tr}\,\overline{\Omega})$$
(取迹运算与运算 d 及 p^* 可交换). 局部地还有 $\text{Tr}\,\omega = \text{Tr}\,\omega_0 + \text{Tr}(p^*A), \text{Tr}\,\overline{\omega} = \text{Tr}\,\omega_0 + \text{Tr}(p^*\overline{A})$. 最终可得
$$\text{Tr}\,\Omega - \text{Tr}\,\overline{\Omega} = du \quad (\text{在底 } M \text{ 中}).$$
由此导出形式 $\text{Tr}\,\Omega$ 在流形 M 的 2 维闭定向子流形上的积分是一个 (与纤维丛的联络无关的) "拓扑量".

现在局部地在底空间区域 Ω 中将形式 Ω 表达为矩阵值的微分 2– 形式
$$\Omega = \Omega_{\mu\nu}dx^\mu \wedge dx^\nu = (q^i_j)_{\mu\nu}dx^\mu \wedge dx^\nu, \tag{42}$$
而联络则为矩阵值的 1– 形式
$$A = A_\mu dx^\mu = (a^i_j)_\mu dx^\mu. \tag{43}$$
(我们常将局部形式 A 称为 "联络", 这意指它定义了 "真正的" 已经假定存在的联络 ω. 在这些形式之间有着这样的关系:
$$\Omega_{\mu\nu} = \frac{\partial A_\nu}{\partial x^\mu} - \frac{\partial A_\mu}{\partial x^\nu} + [A_\mu, A_\nu]. \tag{44}$$

我们已经定义过形式的积, 在那里作为定义, 系数的乘法取为换位运算. 在这里我们再定义矩阵值的形式关于通常的系数矩阵乘法的积 (比较类似的定义 (33))

$$\alpha(p,q)(\omega_p \wedge \omega_q)(\tau_1, \cdots, \tau_{p+q}) = \sum_{\substack{i_1 < \cdots < i_p \\ j_1 < \cdots < j_q}} \mathrm{sgn}\ \sigma \omega_p(\tau_{i_1}, \cdots, \tau_{i_p})\omega_q(\tau_{j_1}, \cdots, \tau_{j_q}), \quad (45)$$

其中 $\sigma = \begin{pmatrix} 1 & \cdots & p & p+1 & \cdots & p+q \\ i_1 & \cdots & i_p & j_1 & \cdots & j_q \end{pmatrix}$ 是置换, $\alpha(p,q) = \dfrac{(p+q)!}{p!q!}$. 这种乘法满足结合律, 但不是反交换的 (即一般情形下, $\omega_p \wedge \omega_q \neq (-1)^{pq}\omega_q \wedge \omega_p$). 这样的 "外积" 可以定义 "示性类":

$$c_i = \mathrm{Tr}(\Omega \wedge \cdots \wedge \Omega) = \mathrm{Tr}\ \Omega^i, \quad i \geq 1 \tag{46}$$

这些形式 c_i 在整个底 M 上是合理定义的, 因为在规范变换下

$$\Omega \to g\Omega g^{-1}, \quad \Omega^i \to g\Omega^i g^{-1}, \quad \mathrm{Tr}\ \Omega^i = c_i \to c_i.$$

由于比安基恒等式, 这些形式 c_i 是闭形式

$$d\ \mathrm{Tr}\ \Omega^i = \mathrm{Tr}\ d\Omega^i = \sum_{j=1}^{i} \mathrm{Tr}(\Omega^{j-1} \wedge (d\Omega) \wedge \Omega^{i-j}) = 0,$$

因为 $d\Omega = -[A, \Omega]$ 及 $\mathrm{Tr}(\Omega^{j-1}[A,\Omega]\Omega^{i-j}) = 0$ (试对 $i = 2$ 证明这个等式!)

当用另一个联络 $\overline{\omega}$ 替代联络 ω 时, 形式 c_i 相差一个正合形式 du_i, $\mathrm{Tr}\ \Omega^i - \mathrm{Tr}\ \overline{\Omega}^i = du_i$, 其中

$$p^* u_i = \sum_{j=1}^{i} (-1)^j \mathrm{Tr}(\Omega^{j-1} \wedge (A - \overline{A}) \wedge \Omega^{i-j})$$

(试证之!). 因此, 在流形 M 的 $2i$ 维闭定向子流形 P 上的积分 $\int_P c_i$ 是拓扑量.

对于群 $G = SO(2n)$, 我们再引入底流形 M 上的一个 $2n$ 次形式 x_n

$$\beta(n)x_n = \sum_{\substack{i_1 < i_2 \\ i_3 < i_4 \\ \cdots \\ i_{2n-1} < i_{2n}}} x[\Omega(\tau_{i_1}, \tau_{i_2}), \cdots, \Omega(\tau_{i_{2n-1}}, \tau_{i_{2n}})], \tag{47}$$

其中 $\sigma = \begin{pmatrix} 1 & 2 & \cdots & 2n \\ i_1 & i_2 & \cdots & i_{2n} \end{pmatrix}$ 是置换, $\beta(n)$ 是一个数值系数, 它将在后面根据正规性要求决定, $\chi[L^{(1)}, \cdots, L^{(n)}]$ 是关于 n 个反称矩阵 $L^{(1)} = (l_{ij}^{(1)}), \cdots, L^{(n)} = (l_{ij}^{(n)})$ 的多线性形式, 构造如下: 如果 $l^{(k)} = l_{ij}^{(k)} du^i \wedge du^j$ 是坐标为 $u_1, \cdots, u_n$ 的空间 $\mathbb{R}^{2n}$ 中的一个 2 次形式, 则

$$l^{(1)} \wedge \cdots \wedge l^{(n)} = \chi[L^{(1)}, \cdots, L^{(n)}] du_1 \wedge \cdots \wedge du_{2n}.$$

(这类似于所谓的 "普法夫式".)

如果 $n = 1$, 则 $\chi(L)$ 就是群 $SO(2)$ 的李代数与直线 $\mathbb{R}^1$ 的同构; $G = SO(2)$ 时的形式 χ_1 已经在上面引入过 $(G = U(1) \simeq SO(2) \cong S^1)$. 对 $n = 2$, 我们有

$$\beta(2)\chi_2 = \frac{1}{4!} \varepsilon^{i_1 i_2 i_3 i_4} \Omega(\tau_{i_1}, \tau_{i_2}) \wedge \Omega(\tau_{i_3}, \tau_{i_4}). \tag{48}$$

习题

25.5. 证明: χ_n 是具结构群 $G = SO(2n)$ 的纤维丛的底空间上的闭形式. 如果底 M 是度量为 g_{ij} 的 $2n$ 维黎曼流形, 纤维丛是具与度量相容的对称联络的切丛, 则

$$(n = 1)\chi_1 = Rd\sigma = R\sqrt{g}du \wedge dv, \quad g = \det(g_{ij});$$
$$(\text{一般情形}) \quad \beta(n)\chi_n = \varepsilon^{i_1 \cdots i_{2n}} \Omega_{i_1 i_2} \wedge \cdots \wedge \Omega_{i_{2n-1} i_{2n}}, \tag{49}$$

其中 $\Omega_{ij} = \sum_{k<l} R_{ijkl} dx^k \wedge dx^l$, R_{ijkl} 是黎曼曲率张量, R 是标量曲率.

25.6. 证明: 对于具结构群 $SO(n)$ 的纤维丛, 所有的形式 $c_{2i+1} = \text{Tr}(\Omega^{2i+1})$ 是整体 (即在整个底流形上) 正合的, 因而未给出拓扑量 $(i < n)$. (对所有的群 $SO(n)$ 和 $SU(n)$, 形式 c_1 是平凡的, 因为 $\text{Tr}\,\Omega \equiv 0$ (李代数由迹为零的矩阵组成).)

对于 $n = 2$ 和群 $SO(4)$, 唯一的非平凡示性类是 $c_2 = \text{Tr}(\Omega^2)$ 和 χ_2. 对于 4 维的具度量 g_{ij} 的黎曼流形, 设其联络是与度量相容的对称联络, 则我们有

$$c_2 = -R^{ij}_{\lambda\kappa} R_{ij\nu\mu} dx^\lambda dx^\kappa \wedge dx^\nu \wedge dx^\mu;$$
$$\chi_2 = \frac{1}{4!} \varepsilon^{i_1 i_2 i_3 i_4} R_{i_1 i_2 \nu \mu} R_{i_3 i_4 \lambda\kappa} dx^\nu \wedge dx^\mu \wedge dx^\lambda \wedge dx^\kappa. \tag{50}$$

积分 $\int_M c_2$ 和 $\int_M \chi_2$ 是 M 上度量 (g_{ij}) 的函数, 具有恒等于零的变分导数 (即在度量作小改变时它保持不变). (见卷 1, §42 及其习题 —— 译者.)

对于群 $SO(n)$ 和 $U(n)$, 我们已经列举了最重要的示性类. 对于群 $Sp(n)$ 还可以引进类似的示性类 b_j, 它们是底流形上的 $2j$ 次形式, 这里 $Sp(n)$ 及其李代数实现为四元数酉阵和反埃尔米特阵, 此时它们中非平凡的只有 b_{2i} (试证之!). 但是, 这些示性类并不太重要.

现在我们将指出一般的示性类的构造方法 (所谓示性类即底流形上的闭形式, 它们在联络改变时只相差一个正合形式, 结果它们在闭子流形上的积分成为拓扑量). 考察李群 G 的李代数 $\mathfrak{g}$ 及群 G 在 $\mathfrak{g}$ 上的内自同构 $\text{Ad}\,g$:

$$\text{Ad}\,g : l \mapsto glg^{-1}, \; l \in \mathfrak{g} \; (G \text{ 实现为矩阵群}).$$

定义 25.6. 李代数 $\mathfrak{g}$ 上的一个数值对称多线性形式 $\psi[l_1, \cdots, l_m], l_i \in \mathfrak{g}$, 称为 Ad 不变的, 如果它在 $\mathfrak{g}$ 的 $\text{Ad}\,g$ $(g \in G)$ 型变换下是不变的:

$$\psi[gl_1 g^{-1}, \cdots, gl_m g^{-1}] = \psi[l_1, \cdots, l_m]. \tag{51}$$

§25. 纤维丛的微分几何学

每一个 Ad 不变形式 ψ 定义了一个示性类 c_ψ. 由 Ad 不变形式 ψ 构造示性类的方法如下: 如果 Ω 是底流形 M 上的 (局部) 曲率形式, 则我们置

$$c_\psi(\tau_1,\cdots,\tau_m) = c_\psi(\Omega) = \sum_{\substack{i_1<i_2 \\ \cdots \\ i_{2m-1}<i_{2m}}} \operatorname{sgn}\sigma\psi[\Omega(\tau_{i_1},\tau_{i_2}),\cdots,\Omega(\tau_{i_{2m-1}},\tau_{i_{2m}})], \quad (52)$$

其中 $\sigma=\begin{pmatrix}1\cdots 2m\\ i_1\cdots i_{2m}\end{pmatrix}$ 是置换. 由 ψ 的 Ad 不变性导出 $c_\psi(\Omega)$ 是底流形 M 上合理定义的数值形式.

习题 25.7. 证明: 形式 $c_\psi(\Omega)$ 是闭形式且在同一个纤维丛的联络改变时只相差一个正合形式 (即它关于闭子流形的积分是一个拓扑量).

这个一般的构造与我们前面考察过的特殊例子之间的关系是不难看出的. 比方说, 在 $G=SO(2n)$ 的情形, 如果在 (52) 中令 $\psi=\chi$ (χ 的 Ad 不变性的证明是习题 25.5 的一部分), 则我们得到 (除一个常数外) 欧拉示性类 χ_n 的定义; 如果对每个 $q\geqslant 1$ 选取 $\psi=\psi_q$, 这里

$$\psi_q(l_1,\cdots,l_q) = \sum_{i_1<\cdots<i_q}\operatorname{Tr}(l_{i_1},\cdots,l_{i_q}), \quad (53)$$

则我们得到 (也除一个常数外) 示性类 c_q.

例 25.1. 设 G 是交换群 T^n (或 $\mathbb{R}^n$). 于是 $\mathfrak{g}=\mathbb{R}^n$, 作用 Ad g 是平凡的. 因此, 任意的对称多线性形式 $\psi[l_1,\cdots,l_m]$ 定义了一个示性类 c_ψ. 对每一个 m, 所有的形如 $c_\psi(\Omega)$ 的示性类所成的集关于下面的运算构成一个代数: 对每一对 $c_\psi(\Omega), c_{\widehat{\psi}}(\Omega)$, 指定类 $c_{\psi+\widehat{\psi}}(\Omega)$ 和 $c_{\psi\widehat{\psi}}(\Omega)$, 其中 $(\psi\widehat{\psi})[l_1,\cdots,l_m]=\psi[l_1,\cdots,l_m]\widehat{\psi}[l_1,\cdots,l_m], \psi+\widehat{\psi}$ 有类似的表达式. 于是, 所有的 $c_\psi(\Omega)$ 型的示性类全体是一个具 n 个生成元的对称多项式代数, 这 n 个生成元分别对应于初等形式 $\psi_j(l)=\langle l,e_j\rangle$, 其中 $e_1,\cdots,e_n$ 是李代数 $\mathfrak{g}=\mathbb{R}^n$ 关于欧几里得度量的标准基.

我们用 $t_i(\Omega)$ 表示示性类 $c_{\psi_j}(\Omega)$. 它是纤维丛底流形上的一个 2 次形式. 任何一个示性类 $c_\psi(\Omega)$ 可表示为

$$\sum \alpha_{i_1\cdots,i_q}t_{i_1}^{n_1}\cdots t_{i_q}^{n_q} = c_\psi(\Omega), \quad (54)$$

其中 $n_1+\cdots+n_q=m$.

例 25.2. 设 $G=U(n)$. 此时李代数 $\mathfrak{g}$ 由反埃尔米特矩阵组成. $\mathfrak{g}$ 上的任何对称的 Ad 不变形式 $\psi(l_1,\cdots,l_m)$ 可以限制于嘉当子代数上 (嘉当子代数即 $\mathfrak{g}$ 的极大交换子代数 $\mathfrak{h}$). 对于群 $U(n)$, 可取对角反埃尔米特矩阵 (即对角元为纯虚数的对角矩阵) 所成的代数为 $\mathfrak{h}$. 可以证明 Ad 不变形式 ψ 在嘉当子代数上的限制完全决定了这个形式本身. 这个事实我们不加证明.

我们研究形式 c_k 在嘉当子代数上的限制. 在嘉当子代数上取基 $l_1^0, \cdots, l_n^0 \in \mathfrak{h}$. G 中那些使得形如 $l \mapsto glg^{-1}$ 的自同构保持嘉当子代数 $\mathfrak{h} \subset \mathfrak{g}$ 不变的元 g 组成一个有限群, 称为群 G 的外尔群. 对于 $G = U(n), \mathfrak{h}$ 中的基可由只有一个非零元 $(l_j^0)_{jj} = i$ 的对角矩阵组成. 这种情形中的外尔群是基 l_j^0 的全体置换所成的群 S_n (试证之!). 如果令 $t_j(l_k^0) = \delta_{jk}$, 我们可将线性形式 t_j 视为对偶空间 $\mathfrak{g}^*$ 中的基. 于是, 对称的 Ad 不变形式 ψ 在嘉当子代数 $\mathfrak{h} \subset \mathfrak{g}$ 中的限制可表示为变量 $t_1, \cdots, t_n$ 的对称多项式. 可以取下面的

$$\psi_k^{(U)} = t_1^k + \cdots + t_n^k \tag{55}$$

作为对称多项式的基. 示性类 $c_{\psi_k^{(U)}}$ 与前面定义的示性类 c_k 重合. (例如, 显然 $\psi_1^{(U)} = t_1 + \cdots + t_k$ 是 $\mathfrak{h}$ 中的迹算子, 而对所有的 $l, m \in \mathfrak{h}, \psi_2^{(U)}(l, m) = t_1(l)t_1(m) + \cdots + t_n(l)t_n(m) = \text{Tr}(lm)$.) 公式 (53) 表明示性类可从嘉当子代数延拓到整个李代数上.

例 25.3. 设 $G = SO(2n)$. 李代数 $\mathfrak{g}$ 由反称矩阵组成. 嘉当子代数 $\mathfrak{h} \subset \mathfrak{g}$ 由平面 $\mathbb{R}_{12}, \mathbb{R}_{34}, \cdots, \mathbb{R}_{2n-1,2n}$ 中的 "无穷小旋转" 生成, 其中下标表明 $\mathbb{R}^{2n}$ 中的基向量偶. 于是, 基 $l_1^0, \cdots, l_n^0$ 是这样的:

$$l_j^0 = \begin{pmatrix} \ddots & & & 0 \\ & 0 & 1 & \\ & -1 & 0 & \\ 0 & & & \ddots \end{pmatrix},$$

其中这个矩阵唯一的一对非零元是

$$(l_j^0)_{2j-1,2j} = 1, \quad (l_j^0)_{2j,2j-1} = -1.$$

形如 $l \mapsto glg^{-1}$ $(g \in G)$ 的自同构 $\mathfrak{h} \to \mathfrak{h}$ 的外尔群由下列变换生成 (试证之!):

a) 向量 $l_1^0, \cdots, l_n^0$ 所有的置换;

b) 每一对 l_j^0 决定的同时改变符号的变换, 即对每一对 $i, k, i \neq k$, 决定一个变换:

$$l_i^0 \mapsto -l_i^0, \; l_k^0 \mapsto -l_k^0, \; \text{当} \; j \neq i, k \; \text{时}, \; l_j^0 \mapsto l_j^0.$$

我们再用 t_j 表示 $\mathfrak{g}^*$ 中的线性形式: $(t_j, l_k^0) = \delta_{jk}$. 则在 $\mathfrak{h}$ 上我们有下面的关于外尔群不变的多项式基:

$$\begin{aligned} \psi_q^{(SO)} &= t_1^{2q} + \cdots + t_n^{2q}, q < n, \\ \overline{\psi}_n^{(SO)} &= t_1 \cdots t_n. \end{aligned} \tag{56}$$

示性类 $c_{\psi_q^{(SO)}}$ 恰为 c_{2q}, 而示性类 $c_{\overline{\psi}_q^{(SO)}}$ 则等于 χ_n. 于是, 上面指出的那些形式可以从嘉当子代数延拓至整个李代数上.

例 25.4. 设 $G = SO(2n+1)$. 李代数 $\mathfrak{g}$ 也是由反称矩阵组成. 嘉当子代数 $H \subset \mathfrak{g}$ 由平面 $\mathbb{R}_{12}, \mathbb{R}_{34}, \cdots, \mathbb{R}_{2n-1,2n}$ 中的"无穷小旋转"生成,并重合于 $SO(2n+1)$ 的子群 $SO(2n)$ 的嘉当子代数,甚至重合于 $U(n) \subset SO(2n)$ 的嘉当子代数,虽然外尔群要大一些 (严格地说, 例 25.1 中的交换群具有的嘉当子代数也与它重合,此时 $H = \mathfrak{g}$, 而外尔群是平凡群). 我们又有基 $l_1^0, \cdots, l_n^0 \in H$ 和形式 t_j, 其中 $t_j(l_k^0) = \delta_{jk}$. $SO(2n+1)$ 的外尔群, 除了 $SO(2n)$ 已有的元外, 还包括颠倒每一个平面旋转方向的变换. 每一个这样的倒向诱导 t 空间中的一个变换: $t_i \mapsto -t_i, t_j \mapsto t_j, j \neq i$. 因此, 在我们需要的形式 ψ 中要添加一个形如

$$\psi_q^{(SO)} = t_1^{2q} + \cdots + t_n^{2q} \tag{57}$$

的初等多项式基, 形式 ψ_q 给出示性类

$$c_{\psi_q^{(SO)}} = c_{2q} \quad (G = SO(2n+1)). \tag{58}$$

于是, 在这个例子中, 嘉当子代数上所有关于外尔群不变的对称形式均可延拓至整个李代数上作为 Ad 不变形式.

5. 示性类. 枚举

对于群 $G = SO(n), U(n)$, 可以证明不再可能构造别的示性类. 更精确地说, 任何别的"自然的"和"共变的"构造, 如果它能对每一个具联络的纤维丛附加底流形上一个闭形式使得这个闭形式在闭链 (即底流形的闭定向子流形) 上的积分是一个拓扑量 (即在这个纤维丛的联络改变时不变的量), 则这种构造必等价于上面所指出的示性类 c_i, χ_n 或它们在微分形式代数中的某个多项式. (作为定义, 两个闭形式 a 和 b ($da = da = 0$) 的 (上同调) 等价性意指形式 $a - b$ 是正合形式: $a = b + du$. 此时, 这两个形式在外围流形的任何闭链 (即闭定向子流形) P 上的积分相等: $\int_P a = \int_P b$.)

我们现在将阐明术语"自然和共变的构造". 在 §24 中我们定义了具有同一个纤维和同一个结构群的纤维丛之间的 (纤维) 丛映射的概念 (即这种映射 $\tilde{f}: E \to E'$, 它与射影可交换, 即 $fp = p'\tilde{f}$, 其中 $f: M \to M'$ 是底流形之间的映射, 且它在每条纤维上诱导了属于结构群 G 的微分同胚). 我们也定义了"诱导丛"的概念 (见 §24.4): 如果给定纤维丛 $p': E' \to M'$ 和映射 $f: M \to M'$, 则可以构造纤维丛 $p: E \to M$ 及丛映射 $\tilde{f}: E \to E'$. 此外, 还提及 (但未证明): 任何一个底为 M, 结构群为 G 的纤维丛 (例如一个主丛) 都是由底流形到万有主丛 $p_G: E_G \to B_G$ 的底流形 B_G 的某个映射 $M \to B_G$ 诱导的, 这个映射除一个同伦外是唯一的. 万有主丛的丛空间 E_G 是可缩空间. 对于群 $G = O(n), SO(n), U(n)$, 万有主丛和 N 万有主丛也已构造, 对任意的 N, 它们的底流形都是光滑流形:

$$B_G = \widehat{G}_{N,n} \quad \text{对于 } SO(n), \quad N \to \infty,$$
$$B_G = G_{N,n}^{\mathbb{C}} \quad \text{对于 } U(n), \quad N \to \infty,$$
$$B_G = \mathbb{C}P^N \quad \text{对于 } U(1) = SO(2), \quad N \to \infty,$$
$$B_G = \mathbb{H}P^N \quad \text{对于 } SU(2) = Sp(1), \quad N \to \infty.$$

设已给定丛映射 $\tilde{f}: E \to E'$, 它由底映射 $f: M \to M'$ 如上产生, 并设纤维丛 E' 已给定联络形式 ω'. 将映射 $\tilde{f}^*$ 作用于 ω', 我们得到 E 上的形式 $\omega = \tilde{f}^*\omega'$, 它同样是一个联络形式. 算子 d 和 H 与映射 $\tilde{f}^*$ 可交换. 因此, 曲率形式 Ω_E 也是共变的:
$$\tilde{f}^*(\Omega'_E) = \Omega_E \quad (\Omega'_E = Hd\omega', \Omega_E = Hd\omega).$$
所有的示性类 c_i, χ_n 和一般的示性类 (见前) 都是自然地和共变地构造起来的, 结果就成立等式 (函子性)
$$f^*c'_\psi = c_\psi, \tag{59}$$
其中 c'_ψ 和 c_ψ 分别是纤维丛 E' 和 E 的由形式 ω' 和 ω 构造的示性类. 此外, 这些形式 c'_ψ 和 c_ψ 是闭形式且除一个形如 du 的正合形式加项外与纤维丛 E' 和 E 中联络的选取无关.

定义 25.7. 我们称纤维丛的底流形上一个闭形式 c 的构造为一个**拓扑示性类**, 如果它具有下列性质:

1) 这个构造在任何结构群为 G 的主丛 (底是任何流形!) 上可定义.
2) 在丛映射 $\tilde{f}: E \to E'$ 下必须成立等式

$$f^*c' = c + du \quad (du \text{ 为某个正合形式}).$$

(于是, 如果将两个只差一个正合形式的形式看作为等价的, 则将 c 视为一个形式的等价类时, 要求 2) 就意味着 c 是一个共变的构造.)

拓扑示性类似乎很少.

对于流形 M 可用下列方式定义 "上同调群" $H^q(M; \mathbb{R})$: 元 $a \in H^q(M; \mathbb{R})$ 可用一个实 q 次闭形式 $\tilde{a}(d\tilde{a} = 0)$ 表示, $\tilde{a}$ 的选取可相差一个正合形式 du (即 $\tilde{a}$ 与 $\tilde{a} + du$ 是等价的). 通常的形式的加法诱导了这些等价类 a 上的加法运算. 群 $H^q(M; \mathbb{R})$ 是交换群 (且当 $q > \dim M$ 时, $H^q(M; \mathbb{R}) = 0$). 直和 $H^*(M; \mathbb{R}) = \sum_q H^q(M; \mathbb{R})$ 关于闭形式的外积构成一个结合代数 (细节见 [3]).

定理 25.3. 万有 G 丛的底 B_G 的上同调群 $H^q(B_G; \mathbb{R})$ 中的每一个元 c 对所有的 G 丛定义了一个拓扑示性类. 逆命题也成立.

证明 如果示性类 c 在前面定义 25.7 的意义上由所有的 G 丛的底流形上的一个 q 次形式给出, 则元 c 属于群 $H^q(B_G; \mathbb{R})$, 它就是底为 B_G 的万有 G 丛中的那个示性类. 反之, 设给定元 (上同调类) $c \in H^q(B_G; \mathbb{R})$. 对任意的底流形 M, 任意一个底为 M 且结构群为 G 的光滑纤维丛 η 都是由某个光滑映射 $f: M \to B_G$ (除一个同伦外) 唯一地诱导而成的. 我们令

$$c(\eta) = f^*(c).$$

因为 $df^* = f^*d$, 形式 $c(\eta)$ 是闭的并定义了 $H^q(M; \mathbb{R})$ 中的一个元. 两个同伦的映射 f_1, f_2 对应于等价的闭形式 $f_1^*(c), f_2^*(c), c_1(\eta) - c_2(\eta) = du$. 定理得证. □

空间 B_G 的上同调群的一些例子

例 25.5. 设群 G 是离散群.

a) $G = \mathbb{Z}; B_G = S^1, H^1(B_G;\mathbb{R}) = \mathbb{R}$, 当 $q > 1$ 时, $H^q(B_G) = 0$.

b) $G = \mathbb{Z}_m, m$ 是有限数; B_G 是透镜空间 (见例 24.7),

$$H^q(B_G;\mathbb{R}) = 0, \quad 对一切 \ q.$$

(可以证明: 对任意有限群 G, 当 $q > 1$ 时 $H^q(B_G;\mathbb{R}) = 0$)

c) $G = \mathbb{Z} \oplus \cdots \oplus \mathbb{Z}$ (n 个加项); $B_G = T^n$ (n 维环面), $H^*(B_G;\mathbb{R})$ 是 n 个 1 维生成元的外代数.

d) $G = \pi_1(M_g^2); B_G = M_g^2$ (亏格 g 的曲面); $H^*(B_G;\mathbb{R})$ 有 1 维生成元 $a_1, b_1, \cdots, a_g, b_g$ 及关系 $a_1 \wedge b_1 = \cdots = a_g \wedge b_g$ 和 $a_i \wedge b_j = 0 \ (i \neq j), a_k \wedge a_l = b_k \wedge b_l = 0$.

e) G 是 p 个生成元的自由群; B_G 是平面 $\mathbb{R}^2$ 上挖去 p 个点的一个区域,

$$H^q(B_G;\mathbb{R}) = 0 \ \text{当} \ q > 1, \ H^1(B_G;\mathbb{R}) = \mathbb{R}^p.$$

例 25.6. 群 G 是交换群, $G = \mathbb{R}^k \times T^m$. 对群 $G = \mathbb{R}^k$ 我们有 B_G 是一个点 (或是一个可缩空间). 对 $G = T^1 = S^1 = U(1) \simeq SO(2)$, 我们有 $B_G = \mathbb{C}P^\infty$. 对 $G = \mathbb{R}^k \times T^m = \mathbb{R}^k \times S^1 \times \cdots \times S^1$, 空间 B_G 形如

$$B_G \cong \underbrace{B_{S^1} \times \cdots \times B_{S^1}}_{m} = \underbrace{\mathbb{C}P^\infty \times \cdots \times \mathbb{C}P^\infty}_{m}.$$

上同调代数 $H^*(B_G;\mathbb{R})$ 是 m 个生成元 $t_1, \cdots, t_m \in H^2(B_G;\mathbb{R})$ 的多项式代数.

例 25.7. $G = U(n); H^*(B_G;\mathbb{R})$ 是 n 个生成元 $c_i \in H^{2i}(B_G;\mathbb{R}), i = 1,\cdots,n$ 的多项式代数. 对 $G = SU(n)$, 代数 $H^*(B_G;\mathbb{R})$ 是 $n-1$ 个生成元 $c_2, c_3, \cdots, c_n, c_i \in H^{2i}(B_G;\mathbb{R})$, 的多项式代数.

例 25.8. $G = SO(2n); H^*(B_G;\mathbb{R})$ 是 $n-1$ 个生成元 $C_{2i} \in H^{4i}(B_G;\mathbb{R}), i = 1, \cdots, n-1$ 和一个生成元 $\chi_n \in H^{2n}(B_G;\mathbb{R})$ 的多项式代数.

例 25.9. $G = SO(2n+1); H^*(B_G;\mathbb{R})$ 是 n 个生成元 $c_{2i} \in H^{4i}(B_G;\mathbb{R}), i = 1, \cdots, n$ 的多项式代数.

于是, 所有的基本的群 G 的示性类在上面都已构造.

对于非紧李群, 拓扑示性类 (作为底流形的上同调类) 的分类问题归结为对于极大紧子群 $K \subset G$ 这些示性类的分类问题. 这是下面命题的推论 (我们只介绍这个命题而不加证明): 底 B_K 和 B_G 是同伦等价的, $H^*(B_K;\mathbb{R}) \simeq H^*(B_G;\mathbb{R})$. 因此由定理 25.3, 它们的拓扑示性类相同. 如果李群 G 是半单的 (见 §3.1), 则它的李代数 $\mathfrak{g}$ 的复化 $\mathfrak{g}_\mathbb{C}$ 等同于某个紧群 G' 的李代数 $\mathfrak{g}'$ 的复化 $\mathfrak{g}'_\mathbb{C}$, 称为复李代数 $\mathfrak{g}'_\mathbb{C} = \mathfrak{g}_\mathbb{C}$ 的紧实型. 因此, 从联络来构造示性类, 例如, 通过前面指出的对曲率形式 Ω 所作的初等运算来构造示性类, 其结果无论是对 G 还是对 G' 都是完全相同的. 对于 G 和 G'

我们 (局部地) 得到完全相同的闭形式和关于联络的变分导数为零的泛函. 但是, 这些表达式常常是 "拓扑平凡的", 即常常是给出一个 du 型的正合形式. 例如, 对于 $G = \mathbb{R}^k$ 和 $G' = T^k$, 这些闭形式在局部上都是相同的, 但对于 $G = \mathbb{R}^k$, 这些示性类在闭链上的积分都恒等于零. 类似地, 对于 $G = SO(p,q)$, 这一切在形式上与对于 $G' = SO(p+q)$ 所得到的是完全相同的, 但是我们能得到的非平凡的在闭链上的积分只有对极大交换子群 $SO(p) \times SO(q) \subset SO(p,q)$ 才行.

如果我们考察 (p,q) 型的伪黎曼流形 M 的切丛, 其中 $p+q = n = \dim M$, 则我们可以像对 (具正定度量的) 黎曼流形一样用局部表达式构造出相同的示性类. 这些形式在 M 中相应维数的闭链 (即闭定向子流形) 上的积分的变分导数也等于零. 但是, 这些示性类中有许多在拓扑上恒等于零. 即它们在任何闭链上的积分恒等于零. 作为例子, 我们指出, 非奇异洛伦兹群 $SO(3,1) = G$ 的李代数复等价于群 $SO(4) = G'$ 和群 $\hat{G}' = SU(2) \times SU(2)$ 的李代数. 对于 $\hat{G}' = SU(2) \times SU(2)$ 和 $G' = SO(4)$ 我们有两个维数 4 的示性类:

$$c_2 \in H^4(B_{G'}; \mathbb{R}), \quad \chi_2 \in H^4(B_{G'}; \mathbb{R}).$$

对于 $G = SO(3,1)$, 它的极大紧子群为 $SO(3) \subset SO(3,1)$, 我们只有一个拓扑示性类

$$c_2 \in H^4(B_G; \mathbb{R})$$

(但按前面应有两个微分几何的示性类).

利用万有丛的方法可以证明示性类的重要性质: 在示性类中可以取到这样的基使得它们在闭链 (即任意 G 丛的底流形的闭定向子流形) 上的所有积分都是整数.

这个事实可从下面的结论推出: 在底为 B_G 的万有丛的代数 $H^*(B_G; \mathbb{R})$ 中可以取到完全基 $d_1, \cdots, d_k$ 使得它们在 B_G 的闭链上的所有积分都是整数.

设 M 是任意 G 丛, P 是 q 维闭定向流形, $\varphi : P \to M$ 是光滑映射 ((P, φ) 称为一个 "奇异闭链"). M 上的纤维丛由映射 $f : M \to B_G$ 从万有丛诱导而得. 于是, 我们在 B_G 中有各种维数的闭链:

$$(P, f\varphi), f\varphi : P \xrightarrow{\varphi} M \xrightarrow{f} B_G,$$

和形式 $d'_s = f^*(d_s)$ —— 底 M 中的示性类. 进一步, 如果 d'_s 的维数等于 $q = \dim P$, 则我们有: d'_s 在流形 M 中的闭链 (P, φ) 上的积分等于

$$\int_{(P,\varphi)} d'_s = \int_P \varphi^*(d'_s) = \int_{(P,\varphi)} f^*(d_s) = \int_P \varphi^* f^*(d_s) = \int_{(P,f\varphi)} d_s$$

—— 对 B_G 中的闭链 $(P, f\varphi)$, 这是一个整数.

例 25.10. 考察群 $G = \mathbb{R}^1$ 和 $G' = SO(2) \simeq U(1)$. 这两种情形的纤维丛的曲率形式是标量 2- 形式 $\Omega = \Omega_{\mu\nu} dx^\mu \wedge dx^\nu$. 自然有这样的问题: 什么情形下, 一个闭

2- 形式是某个 G 丛或 G' 丛的曲率形式? (在物理学中这意味着整体地引入一个向量势的可能性, 这是量子化必须的.) 对于 G 和 G' 的回答是不同的. 充要条件是这样的 (我们对充分性不加证明):

a) 对于群 $G = \mathbb{R}^1$, 充要条件为: 对任何 2 维闭链 P 应成立 $\int_P \Omega = 0$; 等价的条件: 对某个 1- 形式 A, 在底 M 上处处成立 $\Omega = dA$.

b) 对于群 $G' = SO(2) = U(1)$, 充要条件为: Ω 经正规化后在所有的 2 维闭链 P 上的积分都是整数: $\int_P \Omega$ 是整数; 向量势 A (以前的记号是 ω) 可以整体地在 M 上方作为丛空间 E 中的形式给出, $dA = \Omega_E$.

在物理学中, 形式 Ω 可以表示电磁场强度 $F_{\mu\nu} = \Omega_{\mu\nu}$, 其中, 由于麦克斯韦方程, $d(F_{\mu\nu}dx^\mu \wedge dx^\nu) = 0$ (见卷 1, §25.2). 形式 $\Omega = F$ 给定于闵可夫斯基空间 $\mathbb{R}^4_{3,1}$ 的一个区域 U 中. 如果在物理实现中, 电动力学是 "紧" 的 (即群是 $SO(2)$ 而不是 $\mathbb{R}^1$), 则如狄拉克指出的那样, "磁单极" 是可能的. 在磁场不依赖于时间的情形, 我们有, 例如, 区域 $U \subset \mathbb{R}^3$, 其中 $U = \mathbb{R}^3 \setminus \{x_0\}$ (设 $x_0 = 0$). 形式 $\Omega = F_{\mu\nu}dx^\mu \wedge dx^\nu (\mu, \nu = 1, 2, 3)$ 是区域 U 中一个磁场的场强, 这个磁场在点 O 处有奇性. 考察球面 $S^2_\rho \subset U$, 它由方程 $\sum_{\mu=1}^{3}(x^\mu - x_0^\mu)^2 = \rho^2 > 0$ 给定. 由于条件 b), 我们必须有

$$\int_{S^2_\rho} \Omega = n \text{ (整数)}.$$

于是, 通过球面的磁场流量可以是整数值, 但不必须等于零, 这并不与向量势的存在 (以及按照规范场的量子化理论的一般原理将磁场量子化) 矛盾. 可能在点 $x_0, x_1, \cdots, x_n \in \mathbb{R}^3$ 处有若干个磁单极. 这样, 在区域 $\mathbb{R}^3 \setminus \{x_0 \bigcup \cdots \bigcup x_n\}$ 中就有一组独立的闭链.

例 25.11. 考察球面 S^k 上的具不同的结构群 G 的纤维丛, 它们可以由群 $\pi_{k-1}(G)$ 中元定义 (见 §24.4).

a) $k = 1, G = O(n), SO(n), U(n)$. 由于群 $SO(n), U(n)$ 的连通性, S^1 上的所有以它们为结构群的纤维丛都是平凡的. 因为 $\pi_0(O(n)) \simeq \mathbb{Z}^2$, 所以存在结构群为 $G = O(n)$ 的非平凡纤维丛. 我们以后在广义相对论的齐性模型中会遇到底为 1 维流形 (底 $\mathbb{R}^1$) 的纤维丛中的联络, 但是在那里不存在曲率理论.

b) $k = 2$. 对于 $G = SO(2)$, 我们有许多纤维丛, 它们可以由整数 $m \in \pi_1(SO(2)) \simeq \mathbb{Z}$ 定义. 它们就是霍普夫丛 η (纤维为 $\mathbb{C}^1$) 以及它的张量幂 η^m (见 §24.5). 数 m 可以这样来确定:

$$m = \int_{S^2} \Omega,$$

其中, Ω 是曲率形式. 另一种说法: 我们将 S^2 上的纤维丛实现为 $\mathbb{C}^1 \simeq S^1 \setminus \{\infty\}$ 上的直积 (由于引理 24.3, $S^2 \setminus \{\infty\}$ 上的任意纤维丛都是平凡的). 其联络为 $A = A_\mu dx^\mu =$

$A_z dz + A_{\bar z} d\bar z$ 且我们还要求当 $|x| \to \infty$ 时

$$A_\mu \to -\frac{\partial g(x)}{\partial x^\mu} g^{-1}$$

(即当 $|x| \to \infty$ 时, 联络趋向于平凡联络). 对于 $G = SO(2) \simeq U(1)$, 我们有 $g = e^{i\varphi}$, $\frac{\partial g}{\partial x^\mu} g^{-1} = i\frac{\partial \varphi}{\partial x^\mu}$. 函数 $\varphi(x)$ 只能当 $|x| \to \infty$ 时渐近地定义; 它在射线 $\frac{x}{|x|}$ 的集 (相当于圆周 S^1) 上由下式定义:

$$g: S^1 \to S^1, \quad x \mapsto e^{i\varphi(x)} \quad (|x| \text{ 大}).$$

这个映射的度等于 m.

c) $k = 3$; 因为对于我们遇到的李群 G (和所有的李群) 都有 $\pi_2(G) = 0$, 所以 S^3 上的所有纤维丛拓扑上都是平凡的. 任何零曲率的联络可表示为

$$A_\mu = -\frac{\partial g(x)}{\partial x^\mu} g^{-1}(x).$$

我们得到映射

$$g(x): S^3 \to G.$$

这个映射的同伦类是群 $\pi_3(G)$ 中的元, 它刻画了零曲率的联络 A 的同伦类. 回想一下: $\pi_3(SO(2)) = 0, \pi_3(SO(3)) \simeq \pi_3(SU(2)) \simeq \pi_3(SU(n)) \simeq \pi_3(SO(m)) \simeq \mathbb{Z}, n \geqslant 3, m \geqslant 5; \pi_3(SO(4)) \simeq \mathbb{Z} \oplus \mathbb{Z}$.

d) $k = 4$. 这时有许多不同的 S^4 上的纤维丛和大量的拓扑不变量. 由于 $S^4 \setminus \{\infty\} \cong \mathbb{R}^4$, S^4 上的纤维丛可由 $\mathbb{R}^4$ 上的联络 A_μ 给出, 其中 $\mathbb{R}^4$ 上的纤维丛是平凡的, A_μ 满足边界条件

$$A_\mu(x) \to \frac{\partial g(x)}{\partial x^\mu} g^{-1}(x) \text{ 当} |x| \to \infty.$$

函数 $g(x)$ 给出射线 $\frac{x}{|x|}$ 形成的球面 S^3 到 G 中的一个映射:

$$g: S^3 \to G.$$

这个映射的同伦类是拓扑不变量, 即 $\pi_3(G)$ 中的元.

特别有趣的情形是 $G = SU(2), SO(4)$ 和 $SO(3)$. 对于 $G = SO(4)$, 我们有两个整数值的示性类:

$$c_2 = \int_{\mathbb{R}^4} \text{Tr}(F_{\mu\nu} F_{\lambda\kappa} dx^\mu \wedge dx^\nu \wedge dx^\lambda \wedge dx^\kappa);$$

$$\chi_2 = \int_{\mathbb{R}^4} \text{Tr}(F_{\mu\nu} * F_{\lambda\kappa} dx^\mu \wedge dx^\nu \wedge dx^\lambda \wedge dx^\kappa, \tag{60}$$

其中 $F_{\mu\nu} = \dfrac{\partial A_\nu}{\partial x^\mu} - \dfrac{\partial A_\mu}{\partial x^\nu} + [A_\mu, A_\nu]$, 而对于 $G = SU(2)$ 和 $G = SO(3)$ 就只有一个. (算子 * 的定义见卷 1, §19.3.)

习题 25.8. 证明: 对于 $G = SO(4)$, 当 $\chi_2 = 1$ 而 c_2 任意时, S^4 上的纤维为 S^3 的纤维丛的丛空间 E 等价于球面 S^7 (这种纤维丛对于 $G = SU(2)$ 是主丛, 而对于 $G = SO(4)$ 则是伴随丛).

注 如米尔诺所指出的那样, 这些纤维丛 (即那些 $c_2, \chi_2 = 1$ 的纤维丛) 的丛空间 E 有一部分虽同胚于球面 S^7 但与 S^7 不是微分同胚的.

§26. 纽结和链环. 辫

1. 纽结群

基本群的一个重要应用是 3 维空间中的纽结理论和链环理论. 考察 $\mathbb{R}^3$ 中一条光滑闭曲线 $\gamma(t), 0 \leqslant t \leqslant 2\pi, \gamma(0) = \gamma(2\pi)$, 它自身不相关且有非零速度向量 $\dot\gamma$. 这条曲线可能是在 $\mathbb{R}^3$ 中打结的曲线 (图 94).

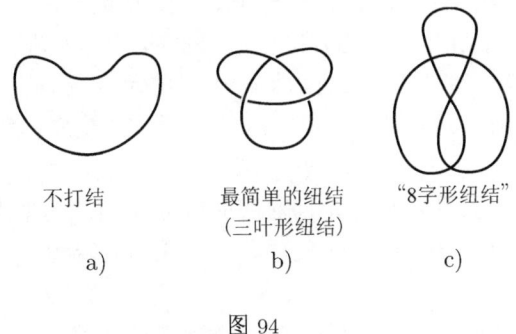

不打结　　最简单的纽结　　"8字形纽结"
　　　　　　(三叶形纽结)
 a)　　　　　　b)　　　　　　c)

图 94

纽结的一个同痕是指纽结在空间中的一个运动, 这个运动是通过空间到自身的恒等映射的一个 (由微分同胚组成的)① 形变而得到的. 纽结 γ 称为非平凡的, 如果不存在同痕使它成为平凡纽结 $\tilde\gamma : \{z = 0, x^2 + y^2 = 1\}$. 可以很方便的假定纽结 γ 位于 $S^3 \supset \mathbb{R}^3$ 中. $\mathbb{R}^3$ 中增添点 ∞ 对纽结及它的同痕毫无改变 (这些同痕在 S^3 中 "缝制" 成一个 2 维曲面, 不失一般性可以假定它们保持某一点不动). 对小的 $\varepsilon > 0$, 考察纽结 γ 的 ε 邻域 U_ε. 边界 ∂U_ε 是球面 T^2, 且 $U_\varepsilon \cong D^2_\varepsilon \times S^1$, 其中 D^2_ε 是半径 ε 与 γ 垂直的圆盘. 在 S^3 中移去区域 U_ε 的内部, 剩下的是一个带边界流形 $V_\gamma \subset S^3$, 边界 $\partial V_\gamma = \partial U_\varepsilon$ 正是环面 T^2. 显然 V_γ 同伦等价于开区域 $S^3 \setminus \gamma = W_\gamma$.

定理 26.1. 基本群 $\pi_1(W_\gamma) = \pi_1(V_\gamma)$ 称为 γ 的纽结群.

---

① 通常, 圆周到空间中的一个嵌入 (由光滑嵌入组成) 的形变称为 (该圆周在空间中定义的) 纽结的同痕. 但是可以证明这样的圆周的形变总能延拓成整个空间的一个形变.

纽结群 $\pi_1(W_\gamma) = \pi_1(V_\gamma)$ 显然的性质:

1) 如果纽结 γ 是平凡的, 则 $\pi_1(W_\gamma) \simeq \mathbb{Z}$; 这是由于区域 $V_\gamma \subset S^3$ 或 $W_\gamma \subset S^3$ 当 $\gamma = \{z = 0, x^2 + y^2 = 1\}$ 时可形变收缩于圆周 S^1 (见 §17.5).

2) 由区域 V_γ 和 W_γ 的定义, 在纽结的同痕中, 群 $\pi_1(V_\gamma) = \pi_1(W_\gamma)$ (以及这些区域的拓扑在微分同胚范围内) 是不变的. 于是, 等式 $\pi_1(W_\gamma) \simeq \mathbb{Z}$ 是纽结为平凡的必要条件. (注意, 这个条件也是充分的, 不过这是一个相当难的定理.)

计算群 $\pi_1(W_\gamma)$ 的算法是这样的: 将纽结沿方向 d 投影到平面 $\mathbb{R}^2$ (或 "屏幕") 上 (图 95). 对于一般位置的方向 d, 可以假定在屏幕 $\mathbb{R}^2$ 上的射影 $\tilde{\gamma}$ 的所有自交点都是二重的且交角不等于零. 在屏幕上显现的是一个具有若干条边和若干个顶点的平面定向图 $\tilde{\gamma}$, 在每一个顶点处有 4 条边通过. 对屏幕上的这条曲线 $\tilde{\gamma}$, (除定向外) 在每个顶点处必须标明哪两条分支是 "上面的" (取 + 号) 和

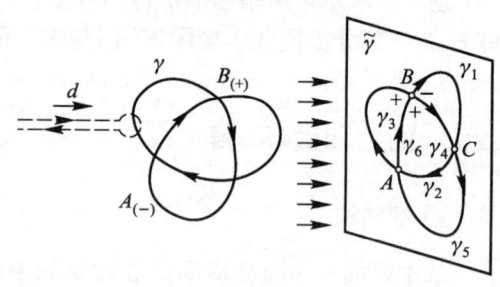

图 95

哪两条是 "下面的" (取 $-$ 号). 在计算 $\pi_1(W_\gamma)$ 时, 基点取在 $\infty \in S^3$. $\pi_1(W_\gamma)$ 中的代表闭道将是沿垂直于屏幕 $\mathbb{R}^2$ 的方向 d (在图 95 中是从左面) 趋近纽结. 我们将边编号且对屏幕 $\mathbb{R}^2$ 上的每一条边附加一个生成元 $a_j \in \pi_1(W_\gamma)$ (例如, 在图 95 上, 我们在屏幕上有顶点 A、B、C 和按曲线 γ 经过的次序标明的边 $[B_{(-)}C_{(+)}] = \gamma_1, [C_{(+)}A_{(-)}] = \gamma_2, [A_{(-)}B_{(+)}] = \gamma_3, [B_{(+)}C_{(-)}] = \gamma_4, [C_{(-)}A_{(+)}] = \gamma_5, [A_{(+)}B_{(-)}] = \gamma_6$. 设闭路 a_j 从 ∞ 出发沿方向 d 走向对应的编号 j 的边的中点并绕过它返回, 参见图 95 上对应于边 $[A_{(-)}B_{(+)}] = \gamma_3$ 的闭路 a_3. 我们就得到 $\pi_1(W_\gamma)$ 中的一个生成元 a_j.

这些生成元之间的关系产生如下: 每一个顶点有 4 条边 $\gamma_{j_1}, \gamma_{j_2}, \gamma_{j_3}, \gamma_{j_4}$ 通过. 根据我们依曲线 γ 经过的次序所作的编号, 在顶点处我们有 $j_2 = j_1 + 1, j_4 = j_3 + 1$, 其中数对 (j_1, j_2) 和 (j_3, j_4) 由相接边的编号组成. 设两条边 (j_1, j_2) 在 (j_3, j_4) 的 "上面", 即曲线 γ 的对应于这对分支的曲线段沿方面 d 位于更左面一些 (见图 95), 则我们有

$$a_{j_1} = a_{j_2} = a_{j_1+1}. \tag{1}$$

试证明对于第 2 对 $(j_3, j_4 = j_3 + 1)$ 有

$$a_{j_4} = a_{j_3+1} = a_{j_1}^{-1} a_{j_3} a_{j_1}. \tag{2}$$

(应该记住生成元 a_j 的定义可以相差一个替换 $a_j \to a_j^{-1}$, 而关系 (2) 的形式并不改变.)

习题 26.1. 证明: 所有的对每一个顶点所得的关系 (1),(2) 生成纽结群的一切关系

由关系 (1),(2) 明显可见交换群 $H_1(W_\gamma)$ 总同构于 $\mathbb{Z}$:

例 26.1. 对三叶形纽结

$$a = a_3 = a_4, a_1 = a_3^{-1} a_6 a_3 \quad (\text{顶点 } B),$$
$$b = a_1 = a_2, a_5 = a_1^{-1} a_4 a_1 \quad (\text{顶点 } C),$$
$$c = a_5 = a_6, a_3 = a_5^{-1} a_2 a_5 \quad (\text{顶点 } A),$$
$$\text{或 } b = a^{-1} ca, c = b^{-1} ab, a = c^{-1} bc.$$

习题 26.2. 证明: 在三叶形纽结群中可以选取生成元 α, β 满足唯一的关系 $\alpha^2 = \beta^3$.

2. 亚历山大多项式

纽结群常常显得很复杂. 这里关于纽结群定义的亚历山大多项式是比较粗糙的不变量, 但是却可以容易地区分各种纽结. 设纽结群由标准的生成元 $a_1, \cdots, a_n$ (见前面) 和 (1),(2) 型的关系 $r_i(a_1, \cdots, a_n) = 1$ $(i = 1, \cdots, m)$ 给定. 我们按照下面的微分法则定义纽结群中元的 "微分算子" $\dfrac{\partial}{\partial a_i}$:

$$\frac{\partial a_j}{\partial a_i} = \delta_{ij}, \frac{\partial a_i^{-1}}{\partial a_i} = -a_i^{-1}, \frac{\partial}{\partial a_i}(bc) = \frac{\partial b}{\partial a_i} + b \frac{\partial c}{\partial a_i}.$$

我们注意到任意元的导数是群中元的整系数组合 (即所谓的纽结群的群环的元).

我们构造一个 $m \times n$ 矩阵 $\left(\dfrac{\partial r_i}{\partial a_j}\right)$. 在这个矩阵中将生成元 a_j 的幂用形式变量 t 按照规则 $a_j^k \to t^k$ 替换, 我们就得到一个 $m \times n$ 矩阵, 它的元是 t 和 t^{-1} 的整系数多项式. 这个矩阵的所有 $(n-1)$ 阶余子式的最大公因子 $\Delta(t)$ 就称为亚历山大多项式. 这个多项式除了一个 $\pm t^k$ 的因子外是确定的, 这里 k 是任意整数.

习题

26.3. 证明: 如果两个纽结群是同构的, 则对应的亚历山大多项式 $\Delta(t), \Delta'(t)$ (除一个因子 $\pm t^k, k$ 是任意整数外) 或者是相同的, 或者满足关系 $\Delta'(t) = \Delta(t^{-1})$.

26.4. 证明: 对于三叶形纽结, 亚历山大多项式 $\Delta(t) = 1 - t + t^2$.

26.5. 对图 94 c) 所示的纽结计算亚历山大多项式, 并证明: 这个纽结与三叶形纽结不等价.

3. 与纽结相关的纤维丛

如我们已经看到的那样, $H_1(W_\gamma) \simeq \mathbb{Z}$. 因此, 嵌入 $\partial V_\gamma \cong T^2 \to V_\gamma \sim W_\gamma$ (这里

$\sim$ 代表同伦等价) 生成同态

$$H_1(\partial V_\gamma) \simeq H_1(T^2) \simeq \mathbb{Z} \oplus \mathbb{Z} \to \mathbb{Z} \simeq H_1(W_\gamma).$$

由于这个同态, 环面 $T^2 \cong \partial V_\gamma$ 上的一个生成元 $\overline{\gamma}$ 在纽结 γ 的补 V_γ 中是零同调的. 这个生成元 $\overline{\gamma}$ 可以用曲线 γ 上的 (长度 $\varepsilon > 0$) 的法向量场的末端表示. 考察光滑映射 $\varphi: T^2 \to S^1$, 在此映射下 $\varphi^{-1}(s_0) = \overline{\gamma} \subset T^2, s_0$ 是 φ 的正则值. 设映射 φ 在环面的另一个生成元 (视为 $S^1 \to S^1$ 的映射, 见 §13.1) 的度等于 1. 如果可能, 我们将映射 φ 延拓到整个纽结 γ 的补 V_γ 上. 于是, 我们得到映射

$$\widetilde{\varphi}: V_\gamma \to S^1, \widetilde{\varphi}|_{\partial V_\gamma} = \varphi.$$

正则值 s_0 的完全原像 $\widetilde{\varphi}^{-1}(s_0)$ 是一个 2 维曲面 P, 边界 $\partial P = \widetilde{\gamma}$ 在 T^2 上. 收缩这个邻域 (即令 ε 趋近于零), 我们发现纽结 γ 本身就界定了 $\mathbb{R}^3$ (或 S^3) 中一张曲面 P.

习题 26.6. 证明: 映射 $\varphi: T^2 \to S^1$ 总可延拓成 $\widetilde{\varphi}$. 在证明时利用下面的事实: 曲线 $\widetilde{\gamma}$ 在 $H_1(V_\gamma) \simeq \mathbb{Z}$ 中是零同调的; 当 $i > 1$ 时 $\pi_i(S^1) = 0$. 将 V_γ 划分成 "胞腔复形" 并先将映射延拓到 1 维骨架 (这是平凡的), 然后从 1 维骨架延拓到 2 维骨架 (这需要作些分析), 最后延拓到 3 维骨架 (这里要利用 $\pi_2(S^1) = 0$).

定义 26.1. $\mathbb{R}^3$ (或 S^3) 中以 γ 为边界的不自交的光滑曲面 P 所具有的最小亏格称为纽结 γ 的**亏格**.

在许多最简单的纽结例子中, 可以发现具边界 $\partial V_\gamma \cong T^2$ 的补空间 V_γ 是圆周上的一个纤维丛

$$p: V_\gamma \to S^1,$$

并且, 在边界 T^2 上, 这个纤维丛转换成一个平凡丛 $\varphi: T^2 \to S^1$, 纤维为 S^1 —— 与纽结垂直的平面上环绕纽结一次的一个小圆周. 拓扑可以这样来描述这幅景像: 给定光滑纤维丛 $p: V \to S^1$, 纤维 P 是一张亏格 $g \geqslant 0$ 边界为 S^1 的曲面 (图 96); 在边界上, 这个纤维丛是平凡的: $\partial V \cong T^2 = S^1 \times S^1 \to S^1$. 考察具同一个边界的实心环 $D^2 \times S^1 : \partial(D^2 \times S^1) = S^1 \times S^1 = T^2$.

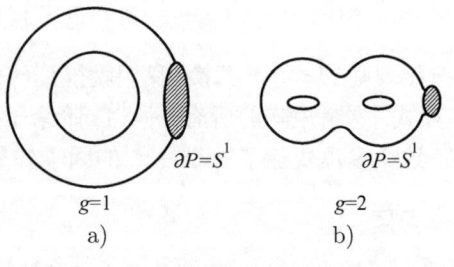

图 96

沿公共边界 $\partial V = \partial D^2 \times S^1$ 粘合流形 V 和 $(D^2 \times S^1)$ 就产生一个 3 维闭流形 M. 如果 $M \cong S^3$, 则 $V = V_\gamma$ 是纽结 γ 的补, 这里纽结 γ 作为曲线 $0 \times S^1$ 位于区域 $D^2 \times S^1$ 中.

最简单的例子:

a) 如果 $g = 0, V = S^1 \times D^2, P = D^2$, 则曲线 γ 不打结.

b) 设 $g = 1$ (见图 96, a)). 流形 V 是由曲面 P 与区间 $[0,1]$ 的直积将上下底

按照 $(x,0) = (h(x),1)$ 粘合而得的. 我们假定粘合映射 (同胚) $h: P \to P$ 使得在群 $H_1(P \bigcup D^2) \simeq H_1(T^2) \simeq \mathbb{Z} \oplus \mathbb{Z}$ 上诱导了变换 $a \mapsto ma + nb, b \mapsto la + kb, mk - nl = 1$ ($a, b \in H_1(T^2)$ 是生成元). 在边界上, 我们得到直积 $\partial V \cong S^1 \times S^1$.

习题 26.7. 计算群 $\pi_1(V)$ 和 $\pi_1(V \bigcup (D^2 \times S^1))$. 选取粘合映射以得到球面 S^3 和纽结 $\gamma \subset S^3$. 用这种方法对 $m = 2, n = 3$ 构造三叶形纽结.

我们考察一个有趣的例子: 设在 $\mathbb{C}^2$ 中给定一个多项式: $f(z, w) = z^m + w^n$, 其中 m 和 n 是互质的. 考察球面 $S^3_\delta = \{|z|^2 + |w|^2 = \delta > 0\}$. 方程组

$$\begin{aligned} z^m + w^n &= 0, \\ |z^2| + |w|^2 &= \delta > 0 \end{aligned} \quad (3)$$

给出一条曲线 $\gamma \subset S^3_\delta$.

习题 26.8. 证明: 对于互质的 m, n, 曲线 (3) 是连通的 (纽结).

考察纽结 $\gamma \subset S^3_\delta$ 的补 (记为 W_γ). 按下面的方式:

$$p(z, w) = \frac{f(z, w)}{|f(z, w)|}, \quad f(z, w) \neq 0 \quad (4)$$

构造纤维丛

$$p: S^3_\delta \backslash \gamma \to S^1.$$

习题

26.9. 证明: 映射 (4) 的秩处处等于 1 且实际上是底为 S^1 的一个纤维丛. 计算纤维的亏格.

26.10. 证明: 公式 (3) 给出了一个 "环面纽结" $\gamma \subset T^2 \subset S^3_\delta$, 其中纽结 γ 是环面 T^2 上一条自身不相交的曲线 (图 97), 它在同调群 $H_1(T^2) = \mathbb{Z} \oplus \mathbb{Z}$ 中决定元 $ma + nb$ (a, b 是生成元).

26.11. 证明: 图 94, c) 中的纽结不是环面纽结.

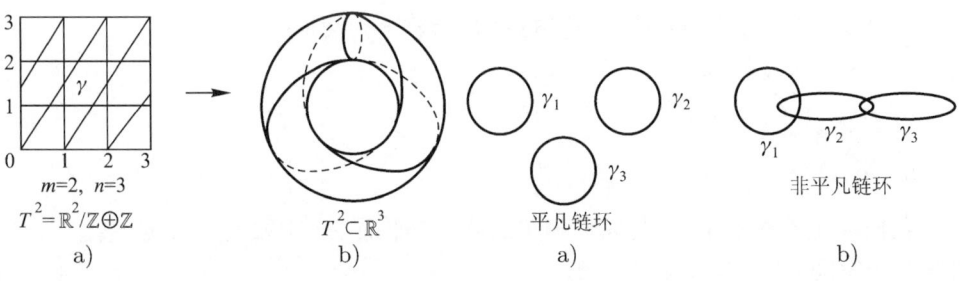

图 97　　　　图 98

4. 链环

我们现在转向 $\mathbb{R}^3$ 和 S^3 中的链环 (又称连接). 设给定一族圆周 $\gamma_1, \cdots, \gamma_k \subset S^3$, 它们两两不相交, 自身不相交且有非零切向量. 图 98, a) 上显示的是平凡链环, 图 98, b) 上的则是非平凡链环.

链环 $(\gamma_1, \cdots, \gamma_k)$ 的自然不变量是**链环群**, 即基本群 $\pi_1(S^3 \setminus (\gamma_1 \bigcup \cdots \bigcup \gamma_k))$. 计算链环群的算法与纽结群的算法是相同的: 必须将链环投影到 "屏幕" 上, 并像在前面 §26.1 中对纽结那样, 指明生成元和关系.

习题 26.12. 对图 99 上显示的情形 a),b),c) ($k=2$) 计算链环群.

我们知道链环的一个不变量, 它就是环绕系数 $\{\gamma_i, \gamma_j\}$ (见 §15.4) 组成的矩阵, 但是, 即使对于 $k=2$ 它也是不足的不变量. 在图 99, c) 上显示的例子中, $k=2, \{\gamma_1, \gamma_2\} = 0$, 且两条曲线各自都是不打结的, 但是要 "摘开" 它们是不可能的. 这一点被链环群所证明.

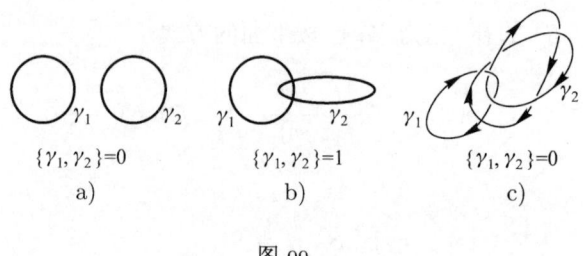

图 99

链环的一个有趣的例子由下面的方程给出 (f 是多项式):

$$f(z,w) = 0, |z|^2 + |w|^2 = \delta > 0. \tag{5}$$

习题

26.13. 设 $f(z,w) = z^m + w^n$ (这里 m, n 可是互质的也可以不是互质的). 求这个链环的连通分支个数.

26.14. 证明: 像纽结那样, 由公式 (4) 定义的映射 $S^3 \setminus (\gamma_1 \bigcup \cdots \bigcup \gamma_k) \to S^1$ 是一个纤维丛. 计算纤维的亏格. 找出链环群. 考察下列情形:

a) $f(z,w) = z^3 + w^6$;
b) $f(z,w) = z^2 w + w^4$.

5. 辫

我们现在考察 "辫" 及与它们相关的群. 在平面 $\mathbb{R}^2$ 上取定 n 个点 $P_1, \cdots, P_n$ 并考察积空间 $\mathbb{R}^n \times I$, 其中 $I = [0,1]$.

定义 26.2. 一个 (n) 辫是指 $\mathbb{R}^2 \times I$ 中如下的一组 (n 条) 光滑曲线 $\gamma_1, \cdots, \gamma_n$: 它们自身不相交且两两不相交, 每一条都有非零切向量 ($\dot\gamma_j \neq 0$) 且对一切 t 都

横截于纤维 $\mathbb{R}^2 \times t$, 当 $t = 0, 1$ 时必须成立

$$\gamma_j(0), = (P_j, 0), \quad j = 1, \cdots, n,$$
$$\gamma_j(1), = (P_{\sigma(j)}, 1), \quad j = 1, \cdots, n,$$

其中 σ 是指标 $1, \cdots, n$ 的一个置换 (图 100). 一个辫称为纯辫, 如果 σ 是恒等置换,$\sigma(j) = j$. 辫关于同痕的等价类构成一个群, 称为辫群: 辫 K_1, K_2 的乘积通过将辫 K_1 的下底与 K_2 的上底连接而得 (图 101,b)). 一个辫的逆辫仍是这个辫但是每条边关于 t 的走向相反. 单位辫形如图 101, a) 中所示.

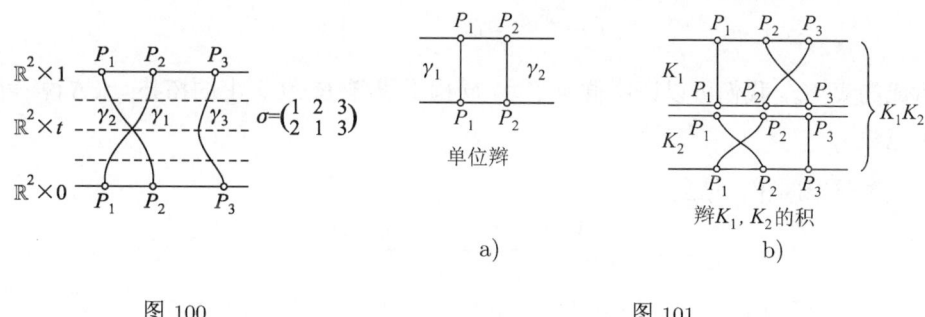

图 100   图 101

我们有辫群 B_n 到置换群 S_n 的一个同态:

$$K \mapsto \sigma(K).$$

这个同态的核 (即满足 $\sigma(K) = 1$ 的辫 K) 就是纯辫.

辫群的生成元集 $\beta_i (i = 1, \cdots, n-1)$ 对应于置换群 S_n 中的对换元 $\sigma_i = \begin{pmatrix} \cdots & i & i+1 & \cdots \\ \cdots & i+1 & i & \cdots \end{pmatrix}$ (图 102). 辫群中的关系是这样的 (试证之!):

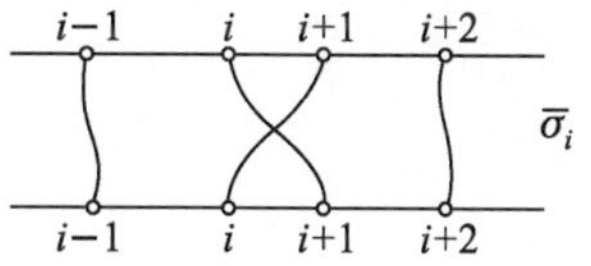

图 102

$$\begin{aligned} \beta_i \beta_{i+1} \beta_i &= \beta_{i+1} \beta_i \beta_{i+1}, i = 1, \cdots, n-2, \\ \beta_i \beta_j &= \beta_j \beta_i \text{ 当 } |i-j| > 1, i, j = 1, \cdots, n-1. \end{aligned} \quad (6)$$

习题 26.15. 证明: β_i 是生成元, 而 (6) 是完全关系集.

下面介绍有趣的闭辫. 它可以描述如下: 考察实心环 $D^2 \times S^1 \subset \mathbb{R}^3$ 和由 $D^2 \times S^1$ 中若干条自身不相交且两两不相交的闭曲线

$$\{\gamma_1, \cdots, \gamma_k\} \subset D^2 \times S^1 \subset \mathbb{R}^3$$

组成的纽结和链环. 我们要求所有曲线 $\gamma_1, \cdots, \gamma_k$ 的切向量不是零向量且不是任何圆盘 $D^2 \times t, 0 \leqslant t \leqslant 2\pi$ 的切方向. 我们来研究区域 $D^2 \times S^1$ 中的这些 "横截" 纽结和链环 (即闭辫).

习题 26.16. 证明: 每一个上述形式的纽结或链环定义了某个辫群中元的共轭类. 再证明: 这种纽结和链环在 $D^2 \times S^1$ 中的横截同痕等价类恰恰与辫群的共轭类一一对应.

注 可以证明: $\mathbb{R}^3$ 中的任何一个纽结或链环通过同痕可转化为一个 $D^2 \times S^1$ 中的横截纽结或链环. 但是, 这对于 $\mathbb{R}^3$ 中的纽结和链环的分类并无多大用处, 因为一个纽结可以转化成多个不同的闭辫.

辫群还有另一种有趣的解释. 考察所有的 (最高次项系数为 1 的) 具有 n 个不同根 $z_1, \cdots, z_n$ 的 n 次复多项式

$$f = z^n + a_1 z^{n-1} + \cdots + a_n$$

所成的集 U_n. 我们可以证明群 $\pi_1(U_n)$ 同构于辫群 B_n. (U_n 上的拓扑, 比方说, 可以用范数 $|f| = \sum\limits_{i=1}^{n} |a_i|$ 来给出.)

考察空间 V_n, 这里

$$V_n = \underbrace{\mathbb{R}^2 \times \cdots \times \mathbb{R}^2}_{n} \setminus \Delta,$$

而 Δ 由 n 元组 $(z_1, \cdots, z_n)$ 组成, 其中对某一对 $(i,j), z_i = z_j$.

习题

26.17. 证明: 群 $\pi_1(V_n)$ 同构于某个辫群的纯辫子群.

26.18. 证明: 空间 $V_n/S_n (\cong U_n)$ 的基本群同构于辫群 B_n. 这里 S_n 是按规则 $(z_1, \cdots, z_n) \overset{\sigma}{\mapsto} (z_{\sigma(1)}, \cdots, z_{\sigma(n)}), \sigma \in S^n$ 作用在 V_n 上的 n 阶置换群.

第七章　动力系统的某些例子和流形的叶状结构

§27. 动力系统定性理论的最简单的一些概念. 2 维流形

1. 基本定义

定义 27.1. 流形 M 上的一个光滑向量场 ξ 称为一个*动力系统* (或称为一个*自治动力系统*).

局部上, 一个动力系统可用一个常微分方程组

$$\dot{x}^\alpha = \xi^\alpha(x^1, \cdots, x^n) \tag{1}$$

来描述. 积分轨道就是方程组 (1) 的解或者是指这样的曲线 $\gamma(t) = \{x^\alpha(t)\} : \gamma(t)$ 的速度向量 $\dot{\gamma}(t)$ 在每个时刻 t 等于 $\xi(\gamma(t))$. 根据形如 (1) 的常微分方程组解的存在性和唯一性定理, 对于光滑向量场 ξ, 积分轨道局部地在一个有限的时间区间上存在且唯一. 在非紧 (开) 流形上可能发生轨道 $\gamma(t)$ 在有限时间内 "趋向无穷", 因此, 轨道仅仅在 t 的有限区间上存在. 在 (紧) 闭流形上每一条轨道关于 t 可以无限延拓且对任何的 $t(-\infty < t < \infty)$ 存在.

向量场 ξ 定义了函数关于方向 ξ 的微分算子 (见卷 1, §17.2)

$$f \to \partial_\xi f = \xi^\alpha \frac{\partial f}{\partial x^\alpha}.$$

这个算子的指数映射 (见卷 1, §24.3)

$$\widehat{S}_t = \exp(t\partial_\xi) = \sum_{k \geqslant 0} \frac{1}{k!} t^k (\partial_\xi)^k \tag{2}$$

定义了函数沿向量场 ξ 的积分轨道的移动, 即对每一点 $x \in M$

$$\widehat{S}_t(f(x)) = f(S_t(x)), \tag{3}$$

其中 $S_t(x) = \gamma(t), \dot{\gamma} = \xi$ 和 $\gamma(0) = x$. 回想一下, M 上的向量场 ξ, η 的换位子是指向量场 $[\xi, \eta]$, 它局部地由下列公式定义 (见卷 1, §23.3):

$$[\xi, \eta]^\alpha = \xi^\gamma \frac{\partial \eta^\alpha}{\partial x^\gamma} - \eta^\gamma \frac{\partial \xi^\alpha}{\partial x^\gamma},$$

或

$$\partial_{[\xi,\eta]} = [\partial_\xi, \partial_\eta]. \tag{4}$$

我们引入某些一般的概念.

定义 27.2. 1) 序列 $\{\gamma(t_i)\}$, 其中 $t_i \to \pm\infty$, 的所有极限点组成的集称为积分轨道 $\gamma(t)$ 的极限集 $\omega^\pm(\gamma)$. 并 $\omega^+(\gamma) \bigcup \omega^-(\gamma)$ 称为 γ 的 ω 极限集, 记为 $\omega(\gamma)$.

2) 动力系统 (1) 的一个正 (负) 不变集 (流形) 是这样的子集 (子流形) $N \subset M$ 使得对任意点 $x \in N$, 满足 $\gamma(0) = x$ 的轨道 $\gamma(t)$ 当 $t \geqslant 0 (t \leqslant 0)$ 时必位于 N 中 (即对于 $t \geqslant 0 (t \leqslant 0), S_t(x) \subset N$).

特别有趣的是 N 对 $t \geqslant 0$ 和 $t \leqslant 0$ 都是不变集的情形, 这时 N 称为动力系统在 M 中的不变集或不变子流形.

3) 闭不变集 $N \subset M$ 称为极小集, 如果在 N 的内部没有更小的闭不变集. (极小集的例子有 a) 向量场 ξ 的奇点 x_0, 这里 $\xi(x_0) = 0$; b) 向量场 ξ 的周期轨道. 我们在后面将遇到更复杂的极小集例子.)

4) 我们说轨道 $\gamma(t)$ 被集 $N \subset M$ 俘获, 如果对某个 t_0, 当 $t \geqslant t_0$ 时 $\gamma(t)$ 都位于 N 中.

5) 超曲面 $P \subset M$ 称为横截于动力系统, 如果向量场 ξ 处处与 P 不相切. 超曲面 P 称为闭横截的, 如果它还是流形 M 的闭子空间.

在后者的情形有两种可能性. a) 闭横截的 P 将 M 分成两个区域: $W_1 \bigcup W_2 = M, W_1 \bigcap W_2 = P$; 此时 W_1 和 W_2 中的一个俘获向量场 ξ 所有的轨道, 而另一个则俘获向量场 $-\xi$ 的所有轨道 (试证之!). b) 闭横截的 P 并未将 M 分成两个区域. 这里我们特别选出一种情形: 此时, 所有从任意点 $x \in P$ 出发的轨道经过有限时间 $t(x)$ 后都回到 P 并与 P 相交. 显然, 这个相交的时间函数 $t(x)$ 光滑地依赖于 $x \in P$; 结果, 可以定义光滑映射 $\psi: P \to P, \psi(x) = \gamma(t(x)), \gamma(0) = x$.

习题 27.1. 证明: 整个流形 M 微分同胚于所指出的商流形

$$M \cong P \wedge I(0,1)/(x,0) \sim (\psi(x), 1).$$

证明: 流形 M 微分同胚于底为圆周 S^1 且纤维为 P 的纤维丛.

除动力系统外, 构造由方向场 $\xi(x) \sim -\xi(x)$ 给出的所谓 "1 维叶状结构" 也是非常有用的. 当然, 局部地 (在非奇点 $\xi(x_0) \neq 0$ 的一个邻域中)1 维叶状结构可描述为形式 (1), 但是, 应该注意到两种情形: 第一, 对任意的标量函数 $f \neq 0$, 系统 $\dot{x} = \xi(x)$ 与系统 $\dot{x} = f(x)\xi(x)$ 决定了同一个叶状结构 (与 $f(x)$ 的乘积对应于转换成新的 "时间" 参数: $t = t(\tau), \dfrac{dt(\tau)}{d\tau} = f(x(t(\tau)))$; 第二, 并不总是可以在整体上记成形式 (1) 的; 因此 1 维叶状结构甚至并不能正确地引入时间方向 (图 103). 考虑 "1 维叶状结构" 的动机也可能是各不相同的. 例如, 在液晶理论中, 方向场 $\xi \sim -\xi$ 是某个决定介质的光学性质的秩为 2 的轴对称张量 (在给定点的) 对称轴. 在 (1) 的右边是代数函数的动力系统理论中, 为了研究轨道远离坐标原点时的性状, 必须对空间 $\mathbb{R}^n$ "添补" 一个无穷远点, 从而将它转变为 $\mathbb{R}P^n$; 动力系统作为光滑方向场可延拓至 $\mathbb{R}P^n$ 上, 但是失去时间方向. 在 $n = 2$ 的情形 (2 维流形), 1 维叶状结构由 1− 形式给出. 局部地在坐标为 x, y 的区域 $U \subset M^2$ 中, 我们有

$$\omega = P(x,y)dx + Q(x,y)dy = 0. \tag{5}$$

如果 P 或 $Q \neq 0$, 则点 (x, y) 非奇点. 设 $P(x, y)$ 和 $Q(x, y)$ 是 m 次多项式, 则我们作通常的射影替换

$$x = \frac{u_1}{u_0}, \quad y = \frac{u_2}{u_0}. \tag{6}$$

我们得到齐次坐标表达的 1− 形式

$$\begin{aligned} \Omega = u_0^{m+2}\omega = u_0^{m+2} P\left(\frac{u_1}{u_0}, \frac{u_2}{u_0}\right)(u_0 du_1 - u_1 du_0) + \\ u_0^{m+2} Q\left(\frac{u_1}{u_0}, \frac{u_2}{u_0}\right)(u_0 du_2 - u_2 du_0). \end{aligned} \tag{7}$$

方程 $\Omega = 0$ 给出整个流形 $\mathbb{R}P^2$ 上的叶状结构.

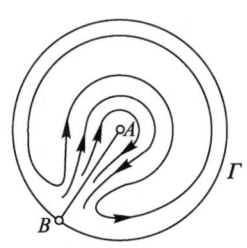
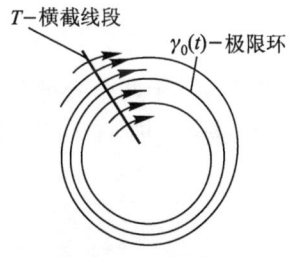

图 103　中心是奇点 A, 边界上的奇点 B 是鞍点. 线段 BA 上无时间方向

图 104　庞加莱函数 $\tau \to f(\tau), \tau \in T$ 由这样的轨道 $\gamma(t)$ 定义: $\gamma(0) = \tau \in T, \gamma(t) = f(\tau) \in T$. 并且在 $\gamma(0)$ 与 $\gamma(t)$ 之间的这一段轨道与 T 不相交. $\tau = 0$ 为极限环 γ_0 的点

习题 27.2. 证明: (由 $u_0 = 0$ 给出的) 无穷远直线 $\mathbb{R}P^1 \subset \mathbb{R}P^2$ 是 1 维叶状结构 $\Omega = 0$ 的积分轨道, 并证明: 叶状结构 $\Omega = 0$ 无法引入时间方向. 研究当 $m = 2$ 时叶状结构 $\Omega = 0$ 在无穷远处的奇点.

定义 27.3. 2 维流形上的动力系统或叶状结构的周期积分轨道称为**极限环**, 如果在该轨道充分小的邻域中不存在别的周期解.

在这种情形不难看出在极限环附近积分轨道的图像如图 104 所示.

在 §14.5 中考察过平面 $\mathbb{R}^2$ 上这样的动力系统的极限环, 它横截 $\Gamma = \partial D^2$ 进入闭圆盘 D^2 (见庞加莱 – 本迪克松定理). 事实上, 这个定理与球面 S^2 上的叶状结构有关, 其中北极是源点 (图 105). 球面上的一般位置的向量场必定有一个源点或涡点; 见 §15. 这是关于向量场指标之和的定理 15.3 的推论. 事实上, 这是唯一的一个有效的保证存在极限环的定理. $\mathbb{R}^2$ 上 (1) 的右边为多项式 (甚至是二次多项式) 时的动力系统 (或作为 $\mathbb{R}P^2$ 上的叶状结构) 有多少个极限环仍是未知的. 在各种不同的情形找出它们就成为非平凡

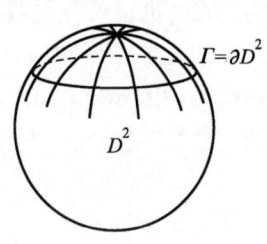

图 105

的问题. 一个特殊的 (退化的) 情形就是平面 $\mathbb{R}^2$ 上的散度为零的动力系统 (或向量场 $\xi = (\xi^1, \xi^2)$, 它满足 $\dfrac{\partial \xi^\alpha}{\partial x^\alpha} = 0$). 在这种情形, 变换 S_t 保持区域的面积不变 (见卷 1, §23). 这些动力系统是具有 1 个自由度的哈密顿系统; 因此, 它们有能量积分且是完全可积的 (见 §28 和卷 1 例 23.2).

2. 环面上的动力系统

由于关于向量场奇点指标和的定理 (见定理 15.3), 环面 T^2 是唯一的具有处处不等于零的向量场的闭定向曲面. 例如, 对具有周期系数的微分方程的定性研究问题就导致环面上这种类型的系统: 设给定方程

$$\dot{x} = f(x, t), \tag{8}$$

其中右边的函数关于两个变量都是周期的, 即 $f(x+1, t) = f(x, t) = f(x, t+1)$. 方程 (8), 使用坐标 x (模 1), t (模 1), 定义了环面 T^2 上形如

$$\dot{x} = f(x, t), \quad \dot{t} = 1 \tag{9}$$

的动力系统. 方程组 (9) 具有由方程 $t = t_0$ 给出的闭横截 $S^1 \subset T^2$. 横截 S^1 并没有将 T^2 分成两片. 由于方程 (9), 每一条轨道 $\gamma(t) = (x(t), t)$ 经过时间 $t(x) = 1$ 后又回到横截 S^1. 于是, 我们得到映射 (度为 1 的同胚)

$$\psi : S^1 \to S^1, \tag{10}$$

其中, $\psi(x) = \gamma(t_0+1), \gamma(t_0) = (x, t_0) \in S^1 \subset T^2$. 对每一个映射 $\psi : S^1 \to S^1$, 我们定义一个同胚 $\widetilde{\psi} : \mathbb{R} \to \mathbb{R} : \widetilde{\psi}(x) \equiv \psi(x)$ (模 1) 和 $\widetilde{\psi}(x+1) = \widetilde{\psi}(x) + \deg \psi = \widetilde{\psi}(x) + 1$. 数值函数 $y = \widetilde{\psi}(x)$ 的图如图 106 所示. 可以假定 $\widetilde{\psi}(0) > 0$. 设 $\widetilde{\psi}_n(x) = \underbrace{\widetilde{\psi}(\widetilde{\psi}(\cdots \psi(x)\cdots))}_{n \text{次}}, n > 0$, 及 $\widetilde{\psi}_{-n} = (\widetilde{\psi}_n)^{-1}$ (逆映射). 考察表达式

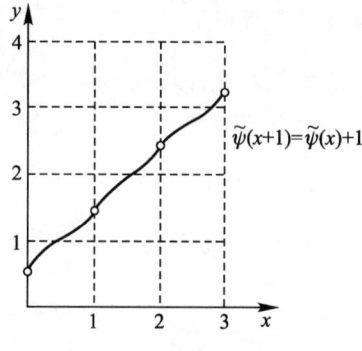

图 106

$$\frac{\widetilde{\psi}_n(x) - x}{n} \qquad (11)$$

(这里, 分子等于点 x 经 n 次应用微分同胚 ψ 后转过的角). 成立下面的命题.

引理 27.1. a) 当 $n \to \infty$ 时, 量 $\dfrac{\widetilde{\psi}_n(x) - x}{n}$ 存在极限且此极限与点 x 无关.

b) 这个极限称为映射 ψ 的 "卷绕数" 并具有以下性质: 卷绕数为有理数当且仅当 ψ 具有周期点, 即这种点 x_0 使得对某个数 n 成立 $\psi^n(x_0) = x_0$ (或者等价地, 对某个整数 m 成立 $\widetilde{\psi}_n(x_0) = x_0 + m$).

证明 a) 设 $\alpha_n(x) = \widetilde{\psi}_n(x) - x$ 是当应用 n 次微分同胚 ψ 时点 x 所转过的角, 则对任意的 $x_1, x_2 \in \mathbb{R}$, 我们有不等式

$$|\alpha_n(x_1) - \alpha_n(x_2)| < 1; \qquad (12)$$

当 $|x_1 - x_2| < 1$ 时, 这个不等式是显然的, 而在一般情形时必须利用函数 $\alpha_n(x)$ 的周期性.

设整数 m_n 使得下面的不等式成立

$$m_n \leqslant \alpha_n(0) < m_n + 1 \qquad (13)$$

(即 m_n 是数 $\alpha_n(0)$ 的整数部分). 于是, 对任意的 x, 由 (12) 和 (13) 可推出 $|\alpha_n(x) - m_n| < 2$, 即 $\left|\dfrac{\alpha_n(x)}{n} - \dfrac{m_n}{n}\right| < \dfrac{2}{n}$. 由直接的替代可得

$$\alpha_{nk}(x) = \alpha_n(x) + \alpha_n(\widetilde{\psi}_n(x)) + \alpha_n(\widetilde{\psi}_{2n}(x)) + \cdots + \alpha_n(\widetilde{\psi}_{n(k-1)}(x)),$$

即 $\dfrac{\alpha_{nk}(x)}{nk}$ 是 k 个量 $\dfrac{\alpha_n(\widetilde{\psi}_i(x))}{n}, i = 0, \cdots, k-1$ 的算术平均值 (假定 $\widetilde{\psi}_0(x) = x$). 因此, 成立不等式

$$\left|\dfrac{\alpha_{nk}(x)}{nk} - \dfrac{m_n}{n}\right| < \dfrac{2}{n}.$$

于是, 对一切 k, $\dfrac{\alpha_{nk}(x)}{nk}$ 属于区间 $\left[\dfrac{m_n - 2}{n}, \dfrac{m_n + 2}{n}\right]$. 由 $\dfrac{\alpha_{nk}(x)}{nk}$ 关于 n 和 k 的对

称性可得所有 $\left[\dfrac{m_n-2}{n}, \dfrac{m_n+2}{n}\right]$ 型的区间两两相交. 因为当 $n\to\infty$ 时这些区间的长度趋于零, 所以它们唯一的公共点就是卷绕数 α. 命题 a) 得证.

b) 设存在周期点 x_0; 如果 $\psi^n(x_0)=x_0$, 则 $\widetilde{\psi}_n(x_0)=x_0+m$. 由此 $\psi^{nk}(x_0)=x_0, \widetilde{\psi}_{nk}(x_0)=x_0+km, \dfrac{1}{nk}\left(\widetilde{\psi}_{nk}(x_0)-x_0\right)=\dfrac{mk}{nk}=\dfrac{m}{n}$. 令 $k\to\infty$, 我们得到 $\alpha=\dfrac{m}{n}$.

反之, 设卷绕数 $\alpha=\dfrac{m}{n}$ 为有理数. 于是, 函数 $\widetilde{\psi}_n$ 形如

$$\widetilde{\psi}_n(x)=x+m+O(1)=x+m+\Delta(x). \tag{14}$$

如果对一切 $x, \Delta(x)>0$, 则由于 S^1 的紧性, 成立更强的不等式 $\Delta(x)\geqslant \Delta_0>0$. 于是, $\widetilde{\psi}_n(x)\geqslant x+m+\Delta_0$, 因而对 $k>0$,

$$\widetilde{\psi}_{nk}(x)\geqslant x+km+k\Delta_0. \tag{15}$$

对于卷绕数我们有

$$\dfrac{\alpha_{nk}(x)}{nk}=\dfrac{\widetilde{\psi}_{nk}(x)-x}{nk}\geqslant \dfrac{m}{n}+\dfrac{\Delta_0}{n}. \tag{16}$$

令 $k\to\infty$, 我们就得到 $\alpha\geqslant \dfrac{m}{n}+\dfrac{\Delta_0}{n}>\dfrac{m}{n}$, 这与原来的假定 $\alpha=\dfrac{m}{n}$ 矛盾. 类似的论证表明对所有 x 不可能成立不等式 $\Delta(x)<0$. 于是, 存在某个点 x_0 使得函数 $\Delta(x)$ 在该点两旁异号. 这个点就是周期点. 引理得证. □

映射 ψ 的周期点为我们给出方程 (9) 的一个周期解. 因此, 根据引理 27.1, 方程 (9) 的周期解的存在等价于映射 ψ 的卷绕数为有理数. 现在再考察卷绕数 α 是无理数的情形, 此时方程 (9) 的周期解不存在. 我们首先证明一个可由上述引理直接推出的命题.

推论 1 如果卷绕数 α 是无理数, 则对任意点 x 和任意的 N, 点 $x, \psi(x), \psi^2(x), \cdots, \psi^N(x)$ 在圆周上的次序与旋转 α 角时的次序相同.

证明 由引理中 b) 的证明显然可见 $\widetilde{\psi}_n(x)>x+m$ 当且仅当 $\alpha>\dfrac{m}{n}$ (或等价地, 当且仅当对任意点 $x, x+n\alpha>x+m$). 这表明对应 $x+n\alpha$ (模 1) $\leftrightarrow \psi^n(x), n=0,1,\cdots,N$ 保持次序. 推论得证. □

在下面的引理中, 集 $\omega^\pm(x)$ 定义为圆周 S^1 上序列 $\psi^n(x)$ 当 $n\to\pm\infty$ 时的极限点集. 显然, 集 $\omega^\pm(x)$ 与交 $\omega^\pm(x)\bigcap S^1$ 重合, 其中 S^1 是相应于 $t=t_0$ 的圆周, γ 是环面 T^2 上系统 (9) 的当 $t=t_0$ 时通过点 x 的轨道.

引理 27.2. 如果卷绕数是有理数, 则对圆周 S^1 的任意点 x, 极限集 $\omega^+(x)$ 和 $\omega^-(x)$ 重合且关于变换 ψ 是不变的; 它们与点 $x\in S^1$ 无关.

证明 我们首先证明集 $\omega^\pm(x)$ 关于 $\psi^{\pm 1}$ 是不变的. 如果 $y\in\omega^\pm(x)$, 则存在整数序列 $n_1, n_2, \cdots$ 使得 $n_k\to\pm\infty$ 及 $\psi^{n_k}(x)\to y$. 于是, 点列 $\psi^{\pm 1}(\psi^{n_k}(x))=\psi^{n_k\pm 1}(x)$ 收敛于点 $\psi^\pm(y)$. 因此 $\psi^\pm(y)\in\omega^\pm(x)$.

作为辅助, 我们证明这个事实: 如果点 $\psi^n(x)$ 和 $\psi^m(x)(m\neq n)$ 将圆周分成弧 a 和 $\bar{a}$ (图 107), 则轨道的每一半 $\{\psi^q(y)|q\geqslant 0\}$ 和 $\{\psi^q(y)|q\leqslant 0\}$ 都包含弧 a 和 $\bar{a}$ 上的点. 我们对半轨道 $\{\psi^q(y)|q\geqslant 0\}$ 来证明这一点. 为此, 不妨假定 $m>n, y\in\bar{a}$. 我们考察弧 $a, \psi^{n-m}(a),\cdots,\psi^{s(n-m)}(a)(s>0)$. 显然, 这些弧的端点彼此邻接 (见图 107) 且组成圆周上的一个单调点列, 所指出的这些弧覆盖了整个圆周. 事实上, 如果不是这样, 则这些弧的端点, 即形如 $\psi^{s(n-m)}\psi^n(x)$ 的点, $s=0,1,\cdots$ 将组成一个单调和有界的, 因而收敛的点列. 这个点列的极限将是变换 ψ^{n-m} 的不动点, 这与卷绕数是无理数及引理 27.1 矛盾. 于是, 存在这样的 $s>0$ 使得弧 $\psi^{s(n-m)}(a)$ 包含点 $y: y\in\psi^{s(n-m)}(a)$, 因此 $\psi^{s(m-n)}(y)\in a$. (对于 $q\leqslant 0$, 证明是相同的, 只需用 $m-n$ 替代 $n-m$.)

我们现在考察这两个半轨道 $\{\psi^q(x)|q\geqslant 0\}$ 和 $\{\psi^q(y)|q\leqslant 0\}$. 我们将证明对任意两个点 $x,y\in S^1, \omega^+(x)\subset\omega^-(y)$. 反方向的包含关系及因此而得的等式 $\omega^+(x)=\omega^-(y)$ 可以类似地证明. 设点 $x_0\in\omega^+(x)$. 我们有序列 $q_k\to\infty$ 使得 $\psi^{q_k}(x)\to x_0$. 在每一条弧 $a_k=[\psi^{q_k}(x),\psi^{q_{k+1}}(x)]$ 上存在半轨道 $\{\psi^q(y)|q\leqslant 0\}$ 的点. 设这些点为 $\psi^{s_k}(y)\in a_k=[\psi^{q_k}(x),\psi^{q_{k+1}}(x)]$. 显然, 弧 a_k 的长度当 $k\to\infty$ 时趋于零, 且点列 $\psi^{s_k}(y)$ 收敛于点 x_0. 这样就证明了包含关系 $\omega^+(x)\subset\omega^-(y)$, 完成了引理的证明. □

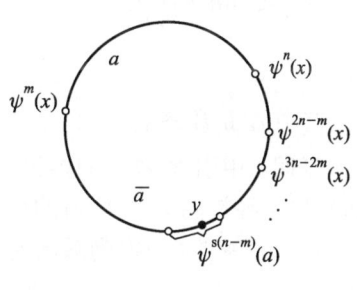

图 107

在进一步深入之前, 我们回想一般拓扑中的某些定义. 拓扑空间 T 中点 y 称为集 $X\subset T$ 的极限点, 如果任意包含 y 的开集总包含 X 中不同于 y 的点; 如果集 X 包含它的所有极限点, 则 X 称为闭集; 一个集称为完满集, 如果它重合于自己的极限点集. 完满集不包含孤立点; 最后, 一个集称为疏集 (无处稠密集), 如果它的任意点都不存在属于它的开邻域.

定理 27.1. 如果卷绕数是无理数, 则圆周 S^1 的任意点的极限集 $\omega(x)=\omega(y)$ 或者是整个圆周, 或者是一个完满的闭疏集 (即一个康托尔集).

证明 由定义可知极限集 $\omega(x)=\omega^\pm(x)$ 是闭集 (见前). 我们证明这个集是完满的. 设 $x_0\in\omega(x)$. 由引理 27.2, 所有的点 $\psi^q(x_0)$ 属于 $\omega(x)$. 由同一个引理, $\omega^+(x_0)=\omega(x_0)=\omega(x)$. 因此, 存在序列 $q_k\to\infty$ 使得 $\psi^{q_k}(x_0)\to x_0$. 由引理 27.1, 此时还应有 $\psi^{q_k}(x_0)\neq x_0$. 于是, x_0 是集 $\omega(x)$ 的极限点, 即集 $\omega(x)$ 是完满的.

圆周 S^1 上的这种完满集是怎样的集? 或者 $\omega(x)=S^1$ (这是处处稠密集的情形), 或者 $\omega(x)$ 并不包含 S^1 的所有点. 如果集 $\omega(x)$ 填满 S^1 上的一段短弧 b, 则对任意点 $x_0\in b$, 由于 $\omega(x_0)=\omega(x)$, 可以找到更短的弧 $a\subset b$ 使得它的两个端点为 x_0 和 $\psi^m(x_0)$, 其中 m 是某个整数. 于是, 变换 ψ^m 具有这种性质: 弧 $a,\psi^m(a),\cdots,\psi^{sm}(a),\cdots$ 的端点彼此邻接. 因此, 如同引理 27.2 的证明中那样, 弧的

并 $a\bigcup\psi^m(a)\bigcup\cdots\bigcup\psi^{sm}(a)\bigcup\cdots$ 覆盖圆周 S^1, 即 $\omega(x)=S^1$. 这样, 或者 $\omega(x)=S^1$, 或者 $\omega(x)$ 不包含 S^1 的任何一段 (开) 弧, 即 $\omega(x)$ 是一个疏集. 定理证毕. □

注 可以构造 C^1 光滑映射 $\psi:S^1\to S^1$ 和环面上形如 (9) 的动力系统 $\dot x = f(x,t)$ 的例子使得它的极限集 $\omega(x)$ 是一个康托儿集. 但是, 对于 C^2 光滑映射 (例如对于解析函数 $f(x,t)$, 特别是对于三角多项式) 我们有当茹瓦定理: 如果卷绕数是无理数, 则极限集 $\omega(x)$ 重合于整个圆周 S^1 (即系统的轨道全体在环面 T^2 上处处稠密).

尽管有这个结果, 但是在维数 $\geqslant 3$ 时, 即使当非平凡动力系统的右边部分是代数函数时, 轨道的极限集中仍可能出现康托儿集.

定理 27.2. 如果极限集 $\omega(x)$ 是整个圆周 (即系统 (9) 的轨道处处稠密), 则映射 $\psi:S^1\to S^1$ 拓扑等价于一个旋转. 这表明存在同胚 $h:S^1\to S^1$ (一般来说, h 不是光滑的) 使得

$$h\psi h^{-1}(x)=x+\alpha,\quad x\in S^1, \tag{17}$$

其中 α 是卷绕数 (α 是无理数).

证明 由引理 27.1 的推论, 点 $x_n=\psi^n(x)$ 在圆周上分布的次序与点 $n\alpha$ (模 1) (即轨道上经旋转 α 角所得的点) 的分布次序相同. 由假设条件, 这些点 x_n 在圆周上是处处稠密的. 为得到圆周的将 ψ 转换成旋转的同胚 h, 必须将由

$$h(x_n)=n\alpha \quad (\text{模 } 1)$$

定义的将点 x_n 变换成旋转轨道的对应点的映射作连续延拓. 不难验证这个同胚满足 (17). 定理得证. □

注 a) 即使对于解析的或任意光滑的 ψ, 我们构造的实现了映射 $\psi:S^1\to S^1$ 的 "线性化" 的同胚 h 也只是连续的. h 的光滑性研究不是一件容易的事情.

b) 到目前为止, 我们研究的是环面上的动力系统, 它的极小集可能是整个环面. 对于亏格 $g>1$ 的曲面, 下列结果是已知的: 对于 C^2 光滑的向量场, 动力系统的极小集只可能是单个奇点或周期解. 这个定理推广了前面的注中提到的当茹瓦定理. 对于 C^1 光滑的系统, 容易构造极小集为康托儿集的例子.

§28. 流形上的哈密顿系统. 刘维尔定理. 例

1. 余切丛上的哈密顿系统

流形上的变分问题的提法完全与欧几里得空间中相同: 设在流形 M 上给定一个拉格朗日函数, 即一个标量函数 $L(x,v)$, 其中 x 是流形 M 的点, v 是 M 在该点处的切向量. 在带有某些限制条件的光滑曲线上的作用量

$$S=\int_{\gamma(t)}L(x,\dot x)dt,\quad x=\gamma(t),\quad v=\dot\gamma=\dot x$$

的极值问题化约为欧拉 – 拉格朗日方程. 它局部上可写成 M 上的一个二阶方程:

$$\dot{p}_\alpha \equiv \frac{d}{dt}\left(\frac{\partial L}{\partial v}\right) = \frac{\partial L}{\partial x^\alpha}. \tag{1}$$

在方程 $p_\alpha = \frac{\partial L}{\partial v^\alpha}(x,v)$ 可以唯一地解出为 $v^\alpha = v^\alpha(x,p)$ 时, 应用非奇异勒让德变换 (见卷 1, §33.1) 可得等价的哈密顿系统

$$\dot{p}_\alpha = -\frac{\partial H}{\partial x^\alpha}, \quad \dot{x}^\alpha = \frac{\partial H}{\partial p_\alpha}. \tag{2}$$

哈密顿系统 (2) 表示了 $2n$ 维的余切丛空间 $T^*(M)$ 上的一个动力系统, 余切丛 $T^*(M)$ 中的点用 (x,p) 表示, 其中 p 是点 $x \in M$ 处的余向量. (在卷 1 §33, §34 中, 我们称 $T^*(M)$ 为相空间.)

微分形式 $\Omega = \sum_\alpha dx^\alpha \wedge dp_\alpha$ 是闭形式 (甚至是正合的, $\Omega = d\omega$, 其中 $\omega = p_\alpha dx^\alpha$), 定义于整个 $T^*(M)$ 上且非退化. 这意味着形式 $\Omega^n = \Omega \wedge \cdots \wedge \Omega$ (n 次, $n = \dim M$) 与体积元成比例, 比例系数不等于零. 形式 Ω 定义了向量的一个 (反称非退化的) 标量积

$$\langle \xi, \eta \rangle = -\langle \eta, \xi \rangle = J_{ab}\xi^a\eta^b, \tag{3}$$

其中 $a,b = 1, \cdots, 2n, \Omega = J_{ab}dy^a \wedge dy^b, T^*(M)$ 上的坐标 $y^1, \cdots, y^{2n}$ 定义为 $y^\alpha = x^\alpha, y^{n+\alpha} = p_\alpha, \alpha = 1, \cdots, n$. 哈密顿方程 (2) 可写成 "反称梯度" 型

$$\dot{y}^a = J^{ab}\frac{\partial H}{\partial y^b}, J^{ab}J_{bc} = \delta^a_c. \tag{4}$$

相空间 $T^*(M)$ 上的函数 f, g 的泊松括号 $\{f,g\}$ 是它们的 "梯度" 的标量积:

$$\{f,g\} = J^{ab}\frac{\partial f}{\partial y^a}\frac{\partial g}{\partial y^b} = \langle \nabla f, \nabla g \rangle. \tag{5}$$

由于形式 Ω 是闭的, 泊松括号在 $T^*(M)$ 的函数空间 (视为线性空间) 中引入了李代数结构. 此外, 函数 $\{f,g\}$ 的 "梯度" 等于函数 f 和 g 的 "梯度" 的换位子 (差一个符号):

$$f \to \nabla f = \left(J^{ab}\frac{\partial f}{\partial y^b}\right), g \to \nabla g = \left(J^{ab}\frac{\partial g}{\partial y^b}\right),$$
$$\{f,g\} \to \nabla\{f,g\} = -[\nabla f, \nabla g]. \tag{6}$$

在卷 1, §33, §34 中已经在局部上证明了所有这些结果. 它们可自动地转移到流形上, 因为它们可用局部恒等式表示.

2. 流形上的哈密顿系统. 例

在考察流形上的哈密顿系统时应记住两种情形:

(1) 如果 $\omega = H_a dy^a$ 是任意的一个闭 1- 形式, 则系统 $\dot{y} = J^{ab}H_b$ 定义了一个规范的变换群 S_t, 因为局部上闭形式 ω 是某个函数的微分; 然而整体上形式 ω 可能不是一个单值函数的微分.

(2) 哈密顿系统不仅出现于像 $T^*(M)$ 那样的流形上, 并且其中与闭形式 Ω 类似的形式也不必是正合形式.

更一般的流形 —— 相空间也是重要的, 相空间上定义了光滑函数的泊松括号. 设 $y^a, a = 1, \cdots, N$, 是流形 Y (相空间) 上的局部坐标. 函数 $f(y)$ 和 $g(y)$ 的泊松括号由一个反称张量场 $J^{ab}(y) = -J^{ba}(y)$ 按公式 (5) 给出. 这个运算具有明显的双线性和反称性性质; 也容易验证 "莱布尼茨恒等式"

$$\{fg, h\} = g\{f, h\} + f\{g, h\}. \tag{7}$$

还要求成立雅可比恒等式

$$\{f, \{g, h\}\} + \{h, \{f, g\}\} + \{g, \{h, f\}\} = 0. \tag{8}$$

相空间上的哈密顿系统按定义其形式如 (4); 其中 $J^{ab} = J^{ab}(y)$ 是一个张量, 它给出泊松括号, 而 $H = H(y)$ 是任意函数, 称为哈密顿函数. 对应于系统 (4) 的向量场 $\nabla H = \left(J^{ab} \dfrac{\partial H}{\partial y^b} \right)$ 称为哈密顿 (向量) 场. 哈密顿场的换位子与泊松括号由关系式 (6) 相联系 (试证之!).

在上面考察的重要例子余切丛中, 括号 J^{ab} 是非退化的 (即 $\det(J^{ab}) \neq 0$) 且有典范 (不变的) 形式: $\{x^\alpha, x^\beta\} = \{p_\alpha, p_\beta\} = 0, \{x^\alpha, p_\beta\} = \delta^\alpha_\beta$.

更一般的具有非退化泊松括号的相空间可以如下描述. 设 $N = 2n$, 泊松括号 J^{ab} 非退化, 即 $\det(J^{ab}) \neq 0$; 我们用 J_{ab} 表示它的逆矩阵. 对任意的函数 f, g, h 成立雅可比恒等式 (8) 等价于形式

$$\Omega = J_{ab} dy^a \wedge dy^b \tag{9}$$

是闭形式 (见卷 1, 定理 34.2).

具非退化闭 2- 形式 Ω 的流形称为辛流形. 于是, 具非退化括号的相空间类就是辛流形类.

例

28.1. 在任意具黎曼度量 (见 §8.2) 的 2 维定向流形上总可定义非退化的闭形式 Ω. 可以取任意一个与面积元成比例的 2- 形式作为 Ω: 由于维数的关系, 它显然是一个非退化闭形式. 其他不必是 2 维辛流形的例子是凯勒流形 (见卷 1, §27.2). 我们记得复流形称为凯勒流形, 如果在其上定义了一个黎曼度量 $g_{\alpha\beta}$ 使得 (在对应的实流形上定义的) 实 2- 形式 $\Omega = \dfrac{i}{2} g_{\alpha\beta} dz^\alpha \wedge d\bar{z}^\beta$ 是闭的. 此时形式 Ω^n (n 是流形

的复维数) 与体积元成比例 (试证之!). 因此, 如果流形是闭流形, 则形式 Ω 不是正合的. 如我们所见, 在凯勒流形上可以自然的方式给出哈密顿系统. 黎曼面 (其中最简单的是 $\mathbb{C}P^1 = S^2$), 如果配备它的万有覆叠 (一般情形下就是 L^2, 见 §20) 的度量诱导而成的度量, 就成为一个凯勒流形. 作为习题, 建议读者证明: 对应于曲面上哈密顿系统的典则变换 S_t 是保积变换 (见卷 1, §34.3).

28.2. 另一个有趣的例子是具有 Ad 不变标量积的半单李代数. 考察由所有的 $n \times n$ 反称矩阵组成的李代数 $so(n)$. 因为线性空间 $so(n)$ 可以等同于流形 $\mathbb{R}^{n(n-1)/2}$, 它的切向量可以视为同一空间中的点. 我们对任意点 $C \in so(n)$ 处 $so(n)$ 的两个切向量 A, B 按下式定义一个 2- 形式 Ω (见 §6.4):

$$\Omega_C(A, B) = \langle [A, B], C \rangle = \text{Tr}(C[A, B]).$$

回想一下, 对任意的 $q \in SO(n)$, 算子 Ad q 以通常的矩阵乘法作用在 $so(n)$ 上:

$$C \mapsto qCq^{-1}, \quad q \in SO(n), C \in so(n). \tag{10}$$

习题 28.1. 证明: $so(n)$ 上的形式 Ω 是 Ad 不变的. 证明: 形式 Ω 限制于群 $SO(n)$ 作用下 $so(n)$ 的轨道上成为一个非退化的闭形式 (至少在极大维的轨道上如此).

对于退化的泊松括号存在函数 $f_q(y)$ (可能是局部给定的) 使得对任意函数 $g(y)$ 成立

$$\{f_q, g\} = 0. \tag{11}$$

习题 28.2. 证明: 对于常秩的退化矩阵 $J^{ab}(y)$. 局部上总存在满足条件 (11) 的函数 $f_q(y)$. (利用可积性条件, 见 §29.1.)

如果由 (11) 找出所有的这种函数 $f_q(y)$, 则在它的一般的水平曲面 $f_q(y) = $ 常数 ($q = 1, 2, \cdots$) 上泊松括号变成非退化的.

考察一个重要的例子: 泊松 – 李括号. 张量 $J^{ab}(y)$ 线性依赖于坐标的括号:

$$J^{ab}(y) = C^{ab}_d y^d, \quad C^{ab}_d = \text{ 常数},$$

称为泊松 – 李括号. 考察相空间 L^* 上所有的线性函数的集 L. 对于线性基函数, 即坐标 y^a, 括号由换位子运算定义:

$$[y^a, y^b] = C^{ab}_d y^d \equiv \{y^a, y^b\}. \tag{12}$$

由反称性 $C^{ab}_d = -C^{ba}_d$ 和雅可比恒等式 (8) 推出运算 (12) 将线性空间 L 转换成一个李代数, 此时, C^{ab}_d 是它的结构常数. 一般来说, 括号 (12) 是退化的.

例 28.3. 设 L 是旋转群 $SO(3)$ 的李代数. $SO(3)$ 上的基灵度量是欧几里得度量且可以不必区分 L 和 L^* (所有的指标视为下标). L^* 上的基函数 M_i 的泊松括号形如

$$\{M_i, M_j\} = \varepsilon_{ijk} M_k, \tag{13}$$

其中 ε_{ijk} 等于置换 ijk 的符号. 函数 $M^2 = \sum M_i^2$ 满足 $\{M^2, M_i\} = 0, i = 1, 2, 3$. 在水平曲面 $M^2 =$ 常数 (球面) 上括号 (13) 非退化. L 上的哈密顿系统形如 "欧拉方程"

$$\dot{M} = [M, \omega], \quad \omega = (\omega^i) = \left(\frac{\partial H}{\partial M_i}\right), \tag{14}$$

其中方括号表示 L 中的换位子. (当 $2H = a_1 M_1^2 + a_2 M_2^2 + a_3 M_3^2$ 时, 方程 (14) 与于质心处系紧的刚体的运动方程相同). 对于所有的紧 (半单) 李群这个结论都是对的 (试证之!). 群 $SO(n)$ 上的这种系统称为 "刚体的多维类似" ([4]), 如果哈密顿函数是 M 的二次函数.

例 28.4. 三维欧几里得空间的运动群 $E(3)$ 的李代数 L 与流体动力学中出现的重要的动力系统有关. 这个李代数已经不是半单的. 在相空间 L^* 上有 6 个坐标 $M_1, M_2, M_3, p_1, p_2, p_3$ 和泊松括号

$$\{M_i, M_j\} = \varepsilon_{ijk} M_k, \quad \{M_i, p_j\} = \varepsilon_{ijk} p_k, \quad \{p_i, p_j\} = 0. \tag{15}$$

括号 (15) 具有两个函数无关的函数 $f_1 = \sum p_i^2, f_2 = \sum p_i M_i$ 使得 $\{f_q, g\} = 0 (q = 1, 2)$ 对任意函数 $g(M, p)$ 成立. 在水平曲面 $f_1 = p^2 > 0, f_2 = ps$ 上括号 (15) 是非退化的. 替换 $(M, p) \to (\sigma, p)$, 其中 $\sigma_i = M_i - \dfrac{s}{p} p_i$, 建立了这些水平曲面与球面的余切丛 $T^* S^2$ 的同构 (试证之!).

习题 28.3. 证明: 在水平曲面 $\{f_1 = p^2 > 0, f_2 = ps\} \simeq T^* S^2$ 上泊松括号 (15) 可由闭形式

$$\Omega = \sum_{\alpha=1}^{2} d\xi_\alpha \wedge dx^\alpha + F_{12}(x) dx^1 \wedge dx^2 \tag{16}$$

给出, 其中 x^1, x^2, ξ_1, ξ_2 是 $T^* S^2$ 上的坐标, $x^1 = \theta, x^2 = \psi, p_1 = p \cos \theta \cos \psi, p_2 = p \cos \theta \sin \psi, p_3 = p \sin \theta, \sigma_1 = \xi_2 \tan \theta \cos \psi - \xi_1 \sin \theta, \sigma_2 = \xi_2 \tan \theta \sin \psi + \xi_1 \cos \psi, \sigma_3 = -\xi_2; \{\theta, \psi\} = \{\xi_1, \psi\} = \{\xi_2, \theta\} = 0, \{\theta, \xi_1\} = \{\psi, \xi_2\} = 1, \{\xi_1, \xi_2\} = s \cos \theta$.

在哈密顿系统中关于括号 (15) 产生的方程可以写成 "基尔霍夫方程"

$$\dot{p} = [p, w], \dot{M} = [M, w] + [p, u], \tag{17}$$

其中 $u^i = \dfrac{\partial H}{\partial p_i}, w^i = \dfrac{\partial H}{\partial M_i}$ (方括号表示向量积). 当哈密顿函数是二次函数时, 方程 (17) 刻画了刚体在不可压缩的且在无穷远处静止的理想流体中的运动. 在轴对称场中微粒子的运动也可归结为形如 (17) 的方程. 还可证明哈密顿系统 (17) 在曲面 $f_1 = p^2, f_2 = ps$ 上的限制可以写成球面 S^2 上的一个极值化方程 (欧拉 – 拉格朗日方程) $\delta S = 0$, 其中泛函 S 是 "多值的", 即只有它的变分 δS 是合理定义的, 它是球面上的轨道泛函空间上的一个闭 1– 形式. 有关材料可在 [3] 中找到.

3. 测地流

在几何学中重要的一类哈密顿系统是所谓的 "测地流". 测地流定义于光滑流形 M 的切丛 $T = T(M)$ 上, 流形 M 上已给定一个黎曼度量 $g_{\alpha\beta}$; 测地流的哈密顿函数 (局部地) 形如

$$H(x,p) = \frac{1}{2}g^{\alpha\beta}p_\alpha p_\beta \quad g^{\alpha\beta}g_{\beta\gamma} = \delta^\alpha_\gamma. \tag{18}$$

(这个哈密顿函数来自于给出自然参数参数化的测地线的拉格朗日函数 $L = \frac{1}{2}g_{\alpha\beta}v^\alpha v^\beta$ (见卷 1, §31.2, §33.3). 我们注意测地流是定义在 $T(M)$ 上而不是 $T^*(M)$ 上, 为此只要提升指标: $p^\beta = g^{\beta\alpha}p_\alpha$.)

我们回想莫佩尔蒂原理, 根据这个原理, 在具度量 $g_{\alpha\beta}(x)$ 的流形 M 上处于力的位势场 $U(x)$ 中的粒子在固定的能量水平 $E = H(x,p) = \frac{1}{2}\langle p,p\rangle + U(x)$ 时的运动是沿新度量

$$\widetilde{g}_{\alpha\beta}(x,E) = \text{常数} \times (E - U(x))g_{\alpha\beta}(x) \tag{19}$$

的测地线进行的 (虽然测地线所取的参数不是自然参数, 见卷 1, §33). 于是, 在莫佩尔蒂原理中, 测地流使我们感兴趣的只是作为 M 上的 1 维叶状结构 (而不是作为向量场; 见 §27.1).

我们在后面将只考察具正定度量 $g_{\alpha\beta}$ (黎曼度量) 的流形 M 上的测地流, 并假定流形 M 是闭流形. 设给定能量水平

$$E = H(x,p) = \frac{1}{2}\langle p,p\rangle = \frac{1}{2}g^{\alpha\beta}p_\alpha p_\beta = \frac{1}{2}g_{\alpha\beta}p^\alpha p^\beta,$$

则我们可得在每个切向量长度为 $2\sqrt{E}$ 的紧切丛上的动力系统. 这个切丛的纤维为 S^{n-1} ($n = \dim M$), 底为 M.

从定性理论的角度可以指出下列事实: 这些系统没有奇点; 可以用全体闭曲线空间中长度函数的临界点拓扑理论来研究它们的周期轨道. 特别有趣的是所有的 2 维方向的曲率均为负数的紧流形的情形. 为简单计, 我们考察具负常高斯曲率的曲面 M. 在这种流形 M 上的测地流是 M 的单位切丛 $T_1 = T_1(M)$ 上的动力系统 (向量场 ξ), 能量水平 $H(x,p) = 1$. 可以证明群 $\pi_1(M)$ 中元的每一个共轭类恰恰决定一条周期轨道. 负曲率度量的一个特有性质是测地线的 "指数式" 性态: 设 $\gamma(t)$ 是 T_1 上的一条积分轨道 (即 M 上一条测地线). 于是可以找到一族测地线当 $t \to +\infty$ 时指数式地迅速逼近 $\gamma(t)$. 这一族测地线组成 T_1 中的一张包含 $\gamma(t)$ 本身的曲面. 我们用 $R_+(\gamma)$ 表示这张曲面. 类似地, 对 $t \to -\infty$ 可定义曲面 $R_-(\gamma)$ (图 108). 曲面 R_+ 和 R_- 的精确定义是这样的: 在曲面 M 的万有覆叠——罗巴切夫斯基平面 L^2 上曲面 $R_\pm$ 由测地线组成, 这些测地线当 $t \to \pm\infty$ 时通向绝对形的同一点 (图 109).

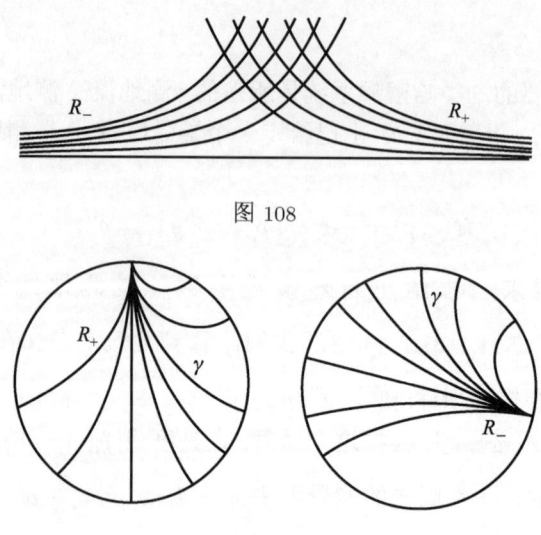

图 108

图 109

交 $R_-(\gamma) \bigcap R_+(\gamma)$ 恰恰就是测地线 γ. 出现了一个有趣的现象: 每一条轨道 $\gamma \subset T_1$ 位于两个曲面之上: $R_+(\gamma) \supset \gamma, R_-(\gamma) \supset \gamma$; 于是, 紧流形 T_1 被具有上述相交性质的两族曲面 R_+ 和 R_- 分成叶状. 但是动力系统并不是可积的, 即不存在首次积分 (更进一步, 每一族曲面 R_+ 或 R_- 及 "几乎所有" 测地流的轨道 γ 处处稠密地充满 T_1; 我们不去证明这个事实). T_1 上的曲面族 R_+ 和 R_- 给出了一个非常奇特的 "2 维叶状结构" 的例子. 对此我们将在后面 (§29) 中再叙述.

习题 28.4. 证明: 叶 $R_+(\gamma)$ 和 $R_-(\gamma)$ 在拓扑上或者是平面 $\mathbb{R}^2$ 或者是柱面 $S^1 \times \mathbb{R}^1$. (R_+ 和 R_- 的拓扑如下确定: 对 R_+ 或 R_- 中关于诱导拓扑的开集的连通分支作有限交.)

4. 刘维尔定理

测地流有时会容许 "多余的" 运动的积分 ("运动 (或向量场) 的积分" 可见卷 1, §23.2, §34.2 —— 译者), 例如, 如果流形 M 上的度量具有非平凡运动群 (例如齐性空间, 旋转曲面) 或在某些别的特别情形. 当存在多余的积分时, 任何一条轨道都不可能在 (由 $E = \frac{1}{2}\langle p,p \rangle = \frac{1}{2}$ 给出的) 单位切丛 T_1 中稠密. 类似的情形也会出现于更一般的哈密顿系统中, 如果除能量外还存在 "多余的" 积分. 重要的刘维尔定理研究了 $\mathbb{R}^{2n}$ (或任意的具形式 Ω 的 $2n$ 维辛流形) 中具有 n 个自由度的哈密顿系统, 这种系统恰好具有 n 个函数无关的积分 $H = f_1, f_2, \cdots, f_n$, 且这些积分两两的泊松括号都等于零.

定理 28.1 (刘维尔). 设 M 是一个 $2n$ 维的具非退化闭 2- 形式 Ω 的辛流形, 局部上 $\Omega = J_{ab}dy^a \wedge dy^b$, 其中 y^a 是局部坐标. 假定哈密顿函数为 H 的动力系

§28. 流形上的哈密顿系统. 刘维尔定理. 例

统具有 n 个积分 $f_1 = H, f_2, \cdots, f_n$ 且这些积分具有线性无关的两两可交换的反称梯度 $\xi_i = (\xi_i^a) = \left(J^{ab}\dfrac{\partial f_i}{\partial x^b}\right), J^{ab}J_{bc} = \delta_c^a$. 则我们有:

1) 积分的水平曲面 $f_1 = a_1, \cdots, f_n = a_n$ 是非奇异曲面且它的每一个连通分支可表示为 $\mathbb{R}^n$ 关于一个秩 $\leq n$ 的格的商群; 特别, 那些非奇异紧 (连通的) 水平曲面是 n 维环面.

2) 如果水平曲面 $f_1 = a_1, \cdots, f_n = a_n$ 是紧的, 则在它的邻域中可引入这样的坐标 $s_1, \cdots, s_n, \varphi_1, \cdots, \varphi_n$ ($0 \leq \varphi_i < 2\pi$) ("作用角") 使得: a) $\Omega = \sum_\alpha ds_\alpha \wedge d\varphi_\alpha$ 且 $\{s_\alpha, s_\beta\} = \{\varphi_\alpha, \varphi_\beta\} = 0, \{s_\alpha, \varphi_\beta\} = \delta_{\alpha\beta}$; b) $s_\alpha = s_\alpha(f_1, \cdots, f_n), \varphi_\alpha$ 是曲面 $f_j = $ 常数上的坐标; c) 我们的动力系统可表成

$$\dot{f}_\alpha = 0 \Leftrightarrow \dot{s}_\alpha = 0, \dot{\varphi}_\alpha = \omega_\alpha(s_1, \cdots, s_n). \tag{20}$$

证明 曲面 $f_1 = a_1, \cdots, f_n = a_n$ 是一个光滑的 n 维流形, 记为 $M^n(a_1, \cdots, a_n)$. 由假设条件, 这组反称梯度 (ξ_j^α) 是线性无关的且对每个 j, 梯度 $\left(\dfrac{\partial f_j}{\partial y^a}\right)$ (在欧几里得意义上) 正交于水平曲面 $f_j = $ 常数. 进一步. 由假设条件

$$0 = \{f_i, f_j\} = J^{ab}\frac{\partial f_i}{\partial y^a}\frac{\partial f_j}{\partial y^b} = \xi_i^b\frac{\partial f_j}{\partial y^b},$$

所有的向量场 ξ_j 与曲面 $M^n(a_1, \cdots, a_n)$ 相切. 由同一个假设条件及卷 1 的定理 34.2, 向量场 ξ_j 两两交换: $[\xi_i, \xi_j] = 0$. 于是, 群 $\mathbb{R}^n$ 通过这些生成元 ξ_j 作用在流形 M 上, 特别是作用在曲面 $M^n(a_1, \cdots, a_n)$ 上和它的近旁. 我们取点 $x_0 \in M^n(a_1, \cdots, a_n)$ 为初始点, 并在 $\mathbb{R}^n$ 中选出一个格: 向量 $d \in \mathbb{R}^n$ 属于这个格, 如果 d 作用在 x_0 上时又重新给出 x_0. 这样就产生子群 $\{d\} \subset \mathbb{R}^n$. 这个子群是离散的, 因此同构于 $\mathbb{R}^n$ 中一个由 k 个向量张成的格, 其中 $k \leq n$. 如果假定 M^n 是连通的, 则我们得到 $M^n(a_1, \cdots, a_n) \cong \mathbb{R}^n/\{d\}$ (见 §5.1). 显然, 只要 $k = n$ 我们就得到紧流形 T^n. 断言 1) 得证.

为证明断言 2), 我们先选取初始点 $x_0(\alpha_1, \cdots, \alpha_n)$, 它光滑依赖于所研究的曲面 $M^n(a_1, \cdots, a_n)$ 的一个小邻域中的水平曲面 $M^n(\alpha_1, \cdots, \alpha_n) \cong T^n$. 在给定的水平曲面上可以组成向量场 ξ_j 这样的线性组合 $\eta_j, \eta_j = \sum b_j^i \xi_i$, 使得借助于它们在作用在 $M^n(\alpha_1, \cdots, \alpha_n) \cong T^n$ 上的群 $\mathbb{R}^n$ 中引入的坐标重合于角坐标 $0 \leq \widetilde{\varphi}_j < 2\pi$ ($\widetilde{\varphi}_j = 0$ 就是点 x_0). 这些系数 b_j^i 在所选定的水平曲面的邻域中依赖于 $\alpha_1, \cdots, \alpha_n$. 于是

$$\eta_j = b_j^i(f_1, \cdots, f_n)\xi_i.$$

这就在 $M^n(a_1, \cdots, a_n)$ 的整个邻域中引入了坐标 $\widetilde{\varphi}_1, \cdots, \widetilde{\varphi}_n$. 在这个区域中我们有坐标 $f_1, \cdots, f_n, \widetilde{\varphi}_1, \cdots, \widetilde{\varphi}_n$ 及非退化的泊松括号矩阵

$$\begin{pmatrix} \{f_i, f_j\} & \{f_i, \widetilde{\varphi}_j\} \\ \{\widetilde{\varphi}_i, f_j\} & \{\widetilde{\varphi}_i, \widetilde{\varphi}_j\} \end{pmatrix} = \begin{pmatrix} 0 & A(f) \\ -A^{\mathrm{T}}(f) & B(f) \end{pmatrix}, \tag{21}$$

其中，在这个区域的任意点处 $\det A \neq 0$，这是由于对每个 j，梯度 $\left(\dfrac{\partial \widetilde{\varphi}_j}{\partial y^a}\right)$ 平行于向量场 η_j，而后者又是向量场 $\xi_i = \left(J^{ab}\dfrac{\partial f_i}{\partial y^b}\right)$ 的线性组合.

我们现在引入作用变量 $s_i = s_i(f_1,\cdots,f_n), i=1,\cdots,n$. 对于相空间为 $\mathbb{R}^{2n}$ 且具典范坐标 $q_1,\cdots,q_n,p_1,\cdots,p_n$ 的特殊情形，作用变量的形式为

$$s_i = \frac{1}{2\pi}\oint_{\gamma_i} \sum_{k=1}^n p_k dq_k, \quad i=1,\cdots,n. \tag{22}$$

在这里 γ_i 是环面 T^n 的第 i 个闭链基，

$$\gamma_i = \gamma_i(\widetilde{\varphi}), \quad 0 \leqslant \widetilde{\varphi}_i \leqslant 2\pi, \quad \widetilde{\varphi}_j = 常数 \quad 当 j \neq i.$$

显然，对所有的 i,j，泊松括号 $\{s_i,s_j\}=0$，因此，$\{f_i,f_j\}=0$.

习题 28.5. 证明：作用变量 $s_1,\cdots,s_n$ 典范共轭于角变量 $\widetilde{\varphi}_1,\cdots,\widetilde{\varphi}_n$：

$$\{s_i,\widetilde{\varphi}_j\} = \delta_{ij}, \quad i,j=1,\cdots,n. \tag{23}$$

在任意的具形式 $\Omega = J_{ab}dy^a \wedge dy^b$ 的 $2n$ 维辛流形 M 中应该成立这样的结果：形式 Ω 在环面 $T^n \cong M^n(a_1,\cdots,a_n)$ 上等于零，因为由条件 $\{f_i,f_j\}=0$ 导出形式 Ω 在 $M^n(a_1,\cdots,a_n)$ 的两个基切向量 ξ_i,ξ_j 上的值等于零. 因此，在 T^n 的某个邻域中这个形式是正合的：

$$\Omega = d\omega.$$

类似于 (22)，作用变量有下列形式：

$$s_i = \frac{1}{2\pi}\oint_{\gamma_i} \omega, \quad i=1,\cdots,n. \tag{24}$$

我们现在得到

$$\varphi_i = \widetilde{\varphi}_i + b_i(s_1,\cdots,s_n). \tag{25}$$

我们选取 b_i 使得条件 $\{\varphi_i,\varphi_j\}=0$ 满足. 这总是可能的，因为 $\{s_i,\widetilde{\varphi}_j\}=\delta_{ij}$. 在每个水平曲面 $f_1=\alpha_1,\cdots,f_n=\alpha_n$ 上坐标 $\varphi_1,\cdots,\varphi_n$ 除一个移动外重合于前面所取的角坐标 $\widetilde{\varphi}_i$. 泊松括号矩阵的形式为

$$\{s_i,s_j\} = \{\varphi_i,\varphi_j\}=0 \quad \{s_i,\varphi_j\}=\delta_{ij}. \tag{26}$$

此外，在每一点，哈密顿函数 $H=f_1$ 只由作用坐标来定义：

$$H = f_1(s_1,\cdots,s_n), \tag{27}$$

而形式 Ω 可表示为 $\Omega = \sum ds_\alpha \wedge d\varphi_\alpha$. 结果，作为 s_j 的定义以及沿每条轨道 $f_j=$ 常数的推论，原来的哈密顿系统在坐标系 $s_1,\cdots,s_n,\varphi_1,\cdots,\varphi_n$ 中就取 (20) 的形式. □

5. 例

我们在以前 (见卷 1, §32) 已经举出了刘维尔定理中所述情形的例子.

(1) 具 1 个自由度的动力系统. 设水平曲面 $H(x,p) = E$ 是紧的 (图 110). 于是, 我们有典范坐标 ("作用角")

$$S(E) = \oint_{H=E} pdx, \varphi,$$
$$\Omega = ds \wedge d\varphi, H = H(s). \tag{28}$$

(2) 在坐标为 $x^1 = x, x^2 = y, x^3 = z$ 的欧几里得空间中处于球对称位势场 $U(r)$ 中的粒子; 在这里 $r^2 = x^2 + y^2 + z^2$ (见卷 1 例 32.4 和 34.1). 曾经证明过角动量 $M = [\ddot{x}, p] = (M_x, M_y, M_z)$ 在每条极值曲线上是常值. 因此, M_x, M_y, M_z 是对应的哈密顿系统的运动的积分. 利用在卷 1 §34.2 中得到的结果可以证明: 下面的 3 个积分

$$f_1 = H, \quad f_2 = M_z, \quad f_3 = M^2 = M_x^2 + M_y^2 + M_z^2 \tag{29}$$

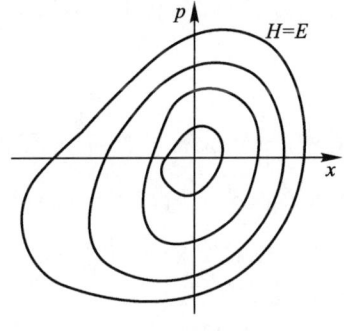

图 110

满足刘维尔定理的所有条件, 特别有 $\{f_i, f_j\} = 0$.

(3) (绕 z 轴转动的) 旋转曲面上的测地线 (见卷 1, §31). 我们有两个积分 (r, φ, z 是柱面坐标):

$$f_1 = H = \frac{1}{2} g_{ij} v^i v^j \ (x^1 = r, x^2 = \varphi), \quad f_2 = p_\varphi. \tag{30}$$

作为这些守恒律的推论有, 例如, 克莱罗定理和测地流的完全可积性.

(4) 考察更一般的具有高度对称性的拉格朗日函数. 早先在卷 1 中 (见习题 29.6 和 29.7), 已经求出球面和罗巴切夫斯基平面上的测地线. 别的球对称拉格朗日函数的例子是关于相对论的: a) 狭义相对论 (CTO) 中处于位势函数为 $\dfrac{\alpha}{r}$ 的中心力场中的点电荷的运动; b) 广义相对论 (OTO) 中的施瓦茨席尔德梯度场中一个具质量的测试粒子的运动 (见卷 1, §39.3).

a) 在 CTO 中提出的带有拉格朗日函数 $L_{CB}^{(2)}$ 的 3 维体系中, 我们对于位势场中粒子的运动有下面的拉格朗日函数 (见卷 1, 例 32.3 和 §39.1):

$$L = -mc^2 \left(1 - \frac{w^2}{c^2}\right)^{1/2} - \frac{\alpha}{r}. \tag{31}$$

此时粒子的哈密顿函数有如下形式

$$H(x,p) = c\sqrt{p^2 + m^2 c^2} + \frac{\alpha}{r}, \tag{32}$$

其中 $p = (p_1, p_2, p_3)$ 是 3 维动量 $(p^2 = |p|^2), x = (x^1, x^2, x^3)$.

由于角动量守恒，粒子的运动是平面上的运动. 设运动发生在带有坐标 (r, φ) 的平面 (x, y) 上. 令 $M = p_\varphi$. 于是（见卷 1, §32.2), $p^2 = p_r^2 + \dfrac{M^2}{r^2}, p = (p_r, p_\varphi)$, 因此

$$H = c\sqrt{p_r^2 + \frac{M^2}{r^2} + m^2 c^2} + \frac{\alpha}{r} = \text{常数}. \tag{33}$$

在吸力场时 $\alpha < 0$. 如果 $Mc > |\alpha|$, 则如同经典力学中那样，由 (33) 显然可见粒子落到中心 $(r = 0)$ 是不可能的（当 $r \to \infty$ 时 $H \to \infty$). 如果 $Mc < |\alpha|$, 则可能落到中心处.

为求得这种球对称平面问题的精确解，在技术上使用下面的哈密顿–雅可比方程是方便的（见卷 1, §35.1):

$$-\frac{\partial S}{\partial t} = H\left(x, \frac{\partial S}{\partial x}\right), \tag{34}$$

其中（在一般的 n 个自由度的情形) S 定义于拉格朗日曲面 Γ^{n+1} 上，后者在具坐标 $x, p, E, t(E = p_{n+1}, t = x_{n+1})$ 的扩充相空间中由方程 $p_i = \dfrac{\partial S}{\partial x^i}, E(= p_{n+1}) = -\dfrac{\partial S}{\partial t}$ 给出. 也就是说，$S = \int p dx - E dt$, 其中积分是沿连接固定点 P 和 Γ^{n+1} 中的点 Q 的路径计算的.

在我们的情形, $n = 2$, 坐标为 r, φ, t; 我们将寻找方程 (34) 如下形式的解：

$$S = -Et + M\varphi + f, \quad f = f(r, M, E). \tag{35}$$

积分轨道 $r(\varphi)$ 由方程 $\dfrac{\partial S}{\partial M} = $ 常数定义，而 r 对 t 的依赖关系由方程 $\dfrac{\partial S}{\partial E} = $ 常数给出. 由于 $p_r = \dfrac{\partial S}{\partial r}$, 对于哈密顿函数 (33),

$$E = c\sqrt{\left(\frac{\partial S}{\partial r}\right)^2 + \frac{M^2}{r^2} + m^2 c^2} + \frac{\alpha}{r}. \tag{36}$$

因此

$$p_r = \frac{\partial S}{\partial r} = \sqrt{\frac{1}{c^2}\left(E - \frac{\alpha}{r}\right)^2 - \frac{M^2}{r^2} - m^2 c^2}.$$

对于 $S = -Et + M\varphi + f(r, M, E)$, 我们最终有

$$S = -Et + M\varphi + \int \sqrt{\frac{1}{c^2}\left(E - \frac{\alpha}{r}\right)^2 - \frac{M^2}{r^2} - m^2 c^2}\, dr. \tag{37}$$

轨道 $r(\varphi)$ 形如

$$\frac{\partial S}{\partial M} = \varphi + \frac{\partial f}{\partial M} = \text{常数}. \tag{38}$$

(如已经注意到的那样，对时间 t 的依赖性由方程 $\dfrac{\partial S}{\partial E} = $ 常数确定.)

习题

28.6. 证明: 当 $\alpha < 0$ 及 $Mc < |\alpha|$ 时, 解是半径为 r 的螺线, 它在有限时间内达到零.

28.7. 设 $\alpha < 0$ 及 $E < mc^2$. 证明: 一般来说, 轨道不是闭的. 找出对经典力学中的椭圆轨道的修正项.

b) 我们现在考察具非零质量 $m > 0$ 的粒子在施瓦茨席尔德度量中的运动 (见卷 1, §39.3). 在坐标系 t, r, θ, φ 中, 当 $r > a$ 时我们有

$$ds^2 = \left(1 - \frac{a}{r}\right) c^2 dt^2 - \frac{1}{1 - \dfrac{a}{r}} dr^2 - r^2(d\theta^2 + \sin^2\theta d\varphi^2). \tag{39}$$

对应于拉格朗日函数 $L = \frac{1}{2} g_{ab} \dot{x}^a \dot{x}^b$ 的哈密顿函数有如下形式

$$H = \frac{1}{2} g^{ab} p_a p_b, \quad a, b = 0, 1, 2, 3; \tag{40}$$

在这里 $x^0 = ct, x^1 = r, x^2 = \theta, x^3 = \varphi$. 因为是平面运动, 可以置 $\theta = \frac{\pi}{2} =$ 常数. 进一步有 $g^{00} = (g_{00})^{-1} = \left(1 - \frac{a}{r}\right)^{-1}, g^{11} = g^{rr} = (g_{rr})^{-1} = 1 - \frac{a}{r}, g^{33} = g^{\varphi\varphi} = (g_{\varphi\varphi})^{-1} = -\frac{1}{r^2}$. 在坐标系 $t, r, \varphi, x^0 = ct$ 中, 对哈密顿 – 雅可比方程我们得到

$$\frac{\partial S}{\partial x^a} \frac{\partial S}{\partial x^b} g^{ab} = \text{常数}$$

$$= \frac{1}{1 - \dfrac{a}{r}} \left(\frac{\partial S}{c \partial t}\right)^2 - \left(1 - \frac{a}{r}\right) \left(\frac{\partial S}{\partial r}\right)^2 - \frac{1}{r^2} \left(\frac{\partial S}{\partial \varphi}\right)^2 = g^{ab} p_a p_b. \tag{41}$$

其中的常数可取为 $m^2 c^2$, 因为 (41) 是质量曲面的方程. 如同情形 a), 我们寻找 (41) 如下形式的解

$$S = -Et + M\varphi + f(r, M, E), \tag{42}$$

其中 $M = p_\varphi, E = cp_0$. 函数 $r(t)$ 和 $r(\varphi)$ 由方程

$$\frac{\partial S}{\partial E} = \text{常数}, \quad \frac{\partial S}{\partial M} = \text{常数}$$

确定. 将 (42) 代入方程 (41), 我们找到轨道:

$$\varphi = \int \frac{M}{r^2} \left[\frac{E^2}{c^2} - \left(m^2 c^2 + \frac{M^2}{r^2}\right)\left(1 - \frac{a}{r}\right)\right]^{-1/2} dr. \tag{43}$$

量 $E = cp_0$ 可以恒等于粒子的能量 ($E > mc^2$).

注 如果在式 (43) 中令 m 等于零, 则可以得到零质量粒子, 例如光射线在施瓦茨席尔德度量中的运动.

r 对 t 的依赖性由方程

$$\left(1-\frac{a}{r}\right)^{-1}\frac{dr}{cdt}=\frac{1}{E}[E^2-U^2(r)]^{1/2}, \quad m\neq 0, \tag{44}$$

刻画，其中 $U(r)=mc^2\left[\left(1-\frac{a}{r}\right)\left(1+\frac{M^2}{m^2c^2r^2}\right)\right]^{1/2}$. 量 $U(r)$ 称为在给定角动量 M 处的"有效位势". 条件 $U(r)\leqslant E$ 对给定的 M 和 E(关于 r) 定义了运动的容许区域. $\dfrac{U(r)}{mc^2}$ 的图形如图 111 所示.

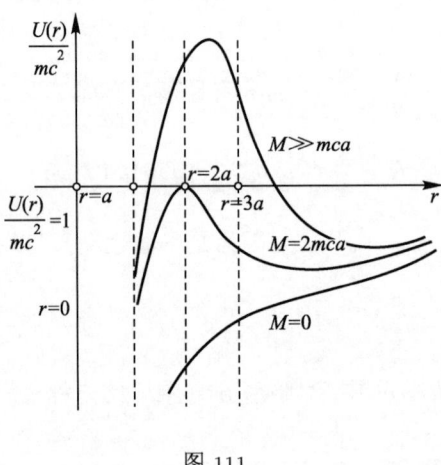

图 111

我们看到位势 $U(r)$ (依赖于 M) 对于 $2a$ 阶的 r 可以取到极大值. 当 $r\to\infty$ 时，$\dfrac{U(r)}{mc^2}\to 1$. 由图 111 可看出有可能发生粒子被引力场"俘获"，即可能有这样的运动 $r(t)$ 使得 $r(-\infty)=\infty$ 而 $r(+\infty)$ 是有限的.

§29. 叶状结构

1. 基本定义

定义 29.1. 1) 一个光滑的 k 维方向场称为 n 维流形 M 上的一个 k 维分布，即一个 k 维分布是一个光滑映射，它对每一点 $x\in M$ 指定切空间 T_xM 中的一个 k 维子空间.

2) 分布称为可积的，如果过流形 M 的每一点有一个 k 维积分曲面，其上每一点处的分布与它相切.

3) 我们说在流形 M 上给定了一个 k 维叶状结构，如果流形 M "被分解成" k 维曲面；即对 M 的每一点都有一个 (且只有一个) 光滑的 k 维曲面通过该点，这些曲面光滑地 (或连续地) 依赖于流形的点. 这些曲面称为叶状结构中的叶. 还要求在流形的每一点的某个邻域中可以取到这样的坐标 $x^1,\cdots,x^k,y^1,\cdots,y^{n-k}$ 使得水平曲面 $y^1=a_1,\cdots,y^{n-k}=a_{n-k}$ 给出这个邻域中叶状结构的叶, 而 $x^1,\cdots,x^k$ 是叶上的局部坐标.

叶状结构常常可由可积分布给出.

例 29.1. 在前面 (见 §27.1) 已经遇见过的由一个恒不为零的向量场或者说一个方向场给出的 1 维分布. 由常微分方程局部解的存在性和唯一性定理,1 维光滑分布总是可积的. 于是,1 维分布总生成叶状结构.

例 29.2. 设在一个复 n 维流形上给定一个复向量场 (即一个 1 维复方向场). 当这个场是全纯场时, 像上面一样, 这个分布总是可积的并生成 1 维复叶状结构. 例如, 我们考察 $n=2$ 的情形及复微分方程

$$\frac{dz}{dw}=\frac{P(z,w)}{Q(z,w)}, \tag{1}$$

其中 P 和 Q 是 m 次多项式. 分布 $Qdz-Pdw=0$ 生成 $\mathbb{C}^2$ 上的一个 1 维复叶状结构. 进一步, 如果作替换

$$z=\frac{u_1}{u_0},\quad w=\frac{u_2}{u_0},$$

我们就得到流形 $\mathbb{C}P^2\supset\mathbb{C}^2$ 上的一个 1 维复叶状结构, 它由形式 $\omega=Qdz-Pdw$ 给出 (对于 $\mathbb{R}P^2$, 见 §27.1). 使得 $P=Q=0$ 的点是叶状结构的奇点 (即叶状结构实际上只是给定在这些点的补上).

习题 29.1. 找出无穷远复直线上的奇点.

复叶状结构在非退化奇点附近的叶的性状是很有趣的 (非退化性的定义见 §14.4). 我们有

$$\begin{aligned}dz&=P(z,w)dt,\ \dot z=P,\\ dw&=Q(z,w)dt,\ \dot w=Q.\end{aligned} \tag{2}$$

考察使得 $P=0,Q=0$ 的奇点. 设奇点为 $z=w=0$, 并设线性部分

$$\begin{aligned}\dot z&=az+bw+\cdots,\\ \dot w&=cz+dw+\cdots\end{aligned} \tag{3}$$

是非退化的, 即 $ad-bc\neq 0$. 在一般位置的情形, 本征值是互异的, 我们可以用线性变换将 (3) 变成

$$\begin{aligned}\dot z&=\lambda_1 z+\cdots,\\ \dot w&=\lambda_2 w+\cdots.\end{aligned} \tag{4}$$

令 $\lambda=\dfrac{\lambda_1}{\lambda_2}$. 我们来研究纯线性方程 $\dfrac{dz}{dw}=\lambda\dfrac{z}{w}$. 我们得到通解 $z=aw^\lambda$, a 为常数, 以及分别由 $z\equiv 0$ 和 $w\equiv 0$ 给出的两张叶 A 和 B. 如果移去点 $(0,0)$, 我们就得到区域 $\mathbb{C}^2\backslash\{(0,0)\}$ 中的非奇异叶状结构. 叶 A 和 B 不是单连通的 (每一个都具有 $\mathbb{C}\backslash\{(0,0)\}$ 的拓扑).

注 关于方程组 (3) 可通过在奇点 (0,0) 附近的复解析坐标变换变成纯线性形式的问题是很复杂的, 我们这里不去讨论它.

习题 29.2. 设 $\gamma_1 \in \pi_1(A)$ 和 $\gamma_2 \in \pi_2(B)$ 是生成元. 证明: 这两个元 γ_1 和 γ_2 是叶上的极限环. 计算完整表示 $\gamma_i \to R_{\gamma_i}$ (定义见下一节).

例 29.3. 设有具底 M, 群 G, 纤维 F, 空间 E 和射影 $p: E \to M$ 的纤维丛. 纤维丛的联络由过每点 $y \in E$ 处的一族 "水平的" 平面 $\mathbb{R}^n(y)$ 给出 (见 §24.2).

习题 29.3. 验证: E 中的水平平面分布是可积的 (即它们生成一个 n 维的叶状结构) 当且仅当这个联络的曲率张量恒等于零 (见下面的可积性条件).

如果联络产生一个可积分布, 则这个叶状结构的每一叶微分同胚于它在底上的射影. 于是, 这个叶状结构的叶就成为 M 上的覆叠. 这个覆叠的单值群在这种情形称为 "离散完整群"; 见 §19.1. 如果 M 是单连通的, 则叶 W 整体地微分同胚于流形 M.

k 维分布的可积性准则有下面两种表述:

第 1 种表述. 我们将 k 维分布的可积性问题局部地写成下列形式:

$$\frac{\partial y^\alpha}{\partial x^\beta} = f_\beta^\alpha(x,y), \quad \alpha = 1, \cdots, n-k, \beta = 1, \cdots, k, \tag{5}$$

("普法夫方程"). 如果分布是可积的, 则 k 维叶 (局部上) 由下列向量函数表示:

$$y^\alpha(x^1, \cdots, x^k), \alpha = 1, \cdots, n-k,$$

其中 $x^1, \cdots, x^k, y^1, \cdots, y^{n-k}$ 是流形 M 上的局部坐标. k 个向量 $(f_\beta^1, \cdots, f_\beta^{n-k}), \beta = 1, \cdots, k$, 组成附加于流形 M 上点 $(x^1, \cdots, x^k, y^1, \cdots, y^{n-k})$ 处的一个 k 维子空间的基. 可积性条件可由下面的条件推出:

$$\frac{\partial^2 y^\alpha}{\partial x^\beta \partial x^\gamma} = \frac{\partial}{\partial x^\gamma} f_\beta^\alpha(x, y(x)) = \frac{\partial}{\partial x^\beta} f_\gamma^\alpha(x, y(x)). \tag{6}$$

第 2 种表述. 我们考察在流形 M 的每一点属于 k 维分布的两个任意向量场 ξ, η. 如果分布是可积的, 则换位子 $[\xi, \eta]$ 也应该属于此分布. 这个条件也是充分的 (我们不去证明所述条件的充分性: 它的必要性是显然的; 试证之!).

习题 29.4. 证明: 可积性条件的第 1 种表述与第 2 种表述是等价的.

我们现在考察另一个特殊的情形, 即 n 维流形上的叶状结构的叶的维数 $k = n-1$ 的情形 ("余维数 1 的叶状结构"). 局部上, 这种叶状结构由 1- 形式 (或普法夫方程)

$$\omega = P_i(x) dx^i = 0 \tag{7}$$

给出, 在非奇点处函数 P_i 不全为零. 如果形式 ω 是闭的, 则分布 (7) 是可积的. 事实上, 局部上, 我们有 $\omega = dH$ 且水平 $H = $ 常数给出叶. 如果 $f(x)$ 是处处不等于零的函数 ("积分因子") 使得形式 $f(x)\omega$ 是闭的, 则此分布也是可积的. 事实上, 普法夫方程 $f(x)\omega = 0$ 等价于 $\omega = 0$, 因为 $f \neq 0$.

注 更一般地说，可以在流形 M 的某个覆盖的每一个邻域 U_j 中用形如 (7) 的方程 $\omega_j = 0$ 给出一个余维数 1 的叶状结构，而如果在交 $U_i \bigcap U_j$ 上有某些函数 $f_{ij} \neq 0$ 使得 $f_{ij}(x)\omega_i = \omega_j$，则就得到 M 上的一个余维数 1 的叶状结构．

我们进一步注意到如果 $d(f\omega) = 0$，则 $d\omega = -\left(\dfrac{df}{f}\right) \wedge \omega$．由此导出：1) ω 是 $d\omega$ 的一个因子；2) $\omega \wedge d\omega = 0$．

习题 29.5. 证明：(非奇异) 分布 $\omega = 0$ 的可积性条件等价于下列的每一个条件：

1) ω 是 $d\omega$ 的一个因子；
2) $\omega \wedge d\omega = 0$．

在 3 维空间 $\mathbb{R}^3$ 中，形式 ω 可记为余向量场 $P = (P_\alpha)$，而 $d\omega$ 则记为 rot P；条件 2) 就成为下列形式

$$\langle P, \text{rot } P \rangle = 0. \tag{8}$$

2. 余维数 1 的叶状结构的例子

设在紧流形 M 上给定一个闭形式 $\omega, d\omega = 0$．方程 $\omega = 0$ 给出余维数 1 的叶状结构，我们考察化约同调群 $\widetilde{H}_1(M) = H_1/\text{Tors}$ 的 1 维循环基 $z_1, \cdots, z_q$，其中 Tors 是挠子群 (见 §19.3)．形式 ω 确定了一组 "周期"

$$\oint_{z_j} \omega = a_j, \quad j = 1, \cdots, q.$$

当然，在万有覆叠 $\widehat{M} \xrightarrow{p} M (\pi_1(\widehat{M}) = 1)$ 上，形式 $p^*(\omega)$ 是正合的：

$$p^*(\omega) = df. \tag{9}$$

然而，有 "更小的" 覆叠 $p_1 : M_1 \to M$ 使得其上的形式 $p_1^*(\omega)$ 是正合的．设 $A \subset \pi_1(M)$ 是群 $\pi_1(M)$ 的满足对任意的 $z \in A$，

$$\oint_z \omega = 0 \tag{10}$$

的最大子群．显然，A 包含 $\pi_1(M)$ 的换位子群；特别，A 是正规子群．我们考察这样的覆叠 $p_1 : M_1 \to M$ 使得

$$\pi_1(M_1) \simeq p_{1*}\pi_1(M_1) = A \subset \pi_1(M) \tag{11}$$

(见习题 19.1)．由定理 19.4，这个覆叠有单值群

$$B = \sigma\pi_1(M) \simeq \pi_1(M)/A. \tag{12}$$

由 A 的定义导出 B 是一个自由交换群．

显然，M_1 上的形式 $p_1^*(\omega)$ 有零周期. 因此, $p_1^*(\omega) = dg$, 其中 g 是 M_1 上的标量函数. 我们有
$$g(x) = \int_{x_0}^{x} p_1^*(\omega). \tag{13}$$
这里的积分是沿 M_1 上任意的连接 (固定) 点 x_0 和点 x 的路径计算的. 它与路径的选取无关. 于是, M 上原有的叶状结构经提升到覆叠 M_1 上后就成为函数 $g(x)$ 的水平曲面族, 此外这个覆叠的单值群是自由交换群.

例 29.4. a) 设 M 是环面 T^n, 角坐标为 $\varphi^1, \cdots, \varphi^n, 0 \leqslant \varphi^i < 2\pi$. 考察形式
$$\omega = b_i d\varphi^i, \quad b_i = 常数. \tag{14}$$

习题 29.6. 证明: (满足 $p_1^*(\omega) = dg$ 的) "极小" 覆叠 $p_1 : M_1 \to T^n$ 有同构于 $\mathbb{Z} \oplus \cdots \oplus \mathbb{Z}$ 的单值群, 其中加项的个数等于 $(b_1, \cdots, b_n)$ 在有理数域 $\mathbb{Q}$ 上的秩 (即由 b_i 在 $\mathbb{Q}$ 上张成的向量空间的维数).

b) 设 M 是紧黎曼面 (即复 1 维流形), ω 是全纯微分, 局部地形如 $\omega = f(z)dz$, 其中 $f(z)$ 是解析函数 (无极点). 考察微分 $\operatorname{Re}\omega$, 其中局部地
$$\operatorname{Re}\omega = \operatorname{Re}(f(z)dz) = \operatorname{Re}(u+iv)(dx+idy) \tag{15}$$
$(z = x + iy, f = u + iv)$. 方程 $\operatorname{Re}\omega = 0$ 给出 M 上的 1 维叶状结构.

习题 29.7. 证明: 这个 1 维叶状结构的所有非退化奇点都是鞍点, 它们的个数等于流形 M 的欧拉示性数. 对于超椭圆黎曼面
$$w^2 = P_{2n+1}(z) = \prod_{\alpha=0}^{2n}(z - z_\alpha), \quad z_\alpha \neq z_\beta 对 \alpha \neq \beta, \tag{16}$$
研究这个 1 维叶状结构的积分轨道 (即叶). 这个流形上的全纯微分 ω (无极点) 有如下形式
$$\omega = \frac{Q(z)dz}{\sqrt{P_{2n+1}(z)}}, \tag{17}$$
其中多项式 Q 的次数不高于 $n-1$. 证明: 对于几乎所有的形如 (17) 的形式 ω 存在一条在 M 上处处稠密的积分轨道. 研究由具极点的形式, 即形如 (17) 的其中 Q 是有理函数的形式 ω 给出的叶状结构, 形式 ω 的极点对应于什么样的奇点?

例 29.5. 我们在前面 (§28.3) 已经构造过更为复杂的叶状结构, 它们是在某个 (但非 "交换的") 覆叠空间上的函数的水平曲面族. 考察具常负高斯曲率度量的紧曲面 M_g^2 上的单位切丛 T_1 (这种度量是将这种曲面 (当 $g > 1$ 时) 实现为万有覆叠 L^2 在 L^2 的离散运动群作用下的轨道空间时 "诱导" 而得的, 见 §20). T_1 上与测地流相关定义了两个 (2 维的) 叶状结构 R_+ 和 R_-. 叶状结构 R_+ 的叶由 $t \to +\infty$ 时彼此渐近趋近的测地线组成 (对于 R_-, 则是当 $t \to -\infty$ 时). 两个分别取自于 R_+ 和 R_- 的叶的交是一条测地线. 在 M_g^2 的万有覆叠, 即罗巴切夫斯基平面 L^2 上, R_+ 的叶由

当 $t \to +\infty$ 时趋向于绝对形上同一点的测地线组成 (见图 109). 对应于 T_1 的覆叠 $\widehat{p}:\widehat{T}_1 \to T_1$ 不是万有覆叠, 它是 L^2 上的单位切丛, 可缩于纤维 S^1. 因此, $\pi_1(\widehat{T}) = \mathbb{Z}$.

习题 29.8. 利用 $\pi_1(M_g^2)$ 中元的共轭类与闭测地线之间双方一一的对应, 证明: 对于覆叠 $T_2 \to T_1$, 仅当 T_2 覆叠 $\widehat{T}_1$ 时叶状结构 R_+ (或 R_-) 才是一个函数的水平曲面族. (我们回想群 $\pi_1(T_1)$ 的结构. 它具有生成元 $a_1, \cdots, a_g, b_1, \cdots, b_g, \tau$ 和关系

$$\prod_{i=1}^g a_i b_i a_i^{-1} b_i^{-1} = \tau^{2-2g}, a_i \tau = \tau a_i, b_i \tau = \tau b_i \tag{18}$$

(见 §24.3). 由定理 19.4, 覆叠 $\widehat{T}_1 \to T_1$ 的单值群同构于群 $\pi_1(M_g^2) \simeq \pi_1(T_1)/(\tau)$. 当 $g > 1$ 时, 这是一个非交换群. 在这里 (τ) 表示由 τ 生成的正规子群.)

叶状结构 R_+ 和 R_- 没有奇点. 叶可以有不同的拓扑: 显然, R_+ 的叶当 $t \to +\infty$ 时趋近于测地线 γ. 因此, 如果测地线 γ 不是周期的, 则 R_+ 在拓扑上等价于 $\mathbb{R}^2$; 如果 γ 是周期的, 则 R_+ 在拓扑上等价于 $S^1 \times \mathbb{R}^1$. (此时的周期轨道至多有与 $\pi_1(M_g^2)$ 中共轭类一样多的可数多条.)

注 具有上述性质的这一对叶状结构 R_+ 和 R_- 的存在性是负曲率的紧空间以及某些别的空间上的测地流特有的性质. 这个性质在动力系统定性理论中非常重要, 具有许多值得注意的推论. 我们不在这里讨论它们.

例 29.6. 我们指出一个几何上简单的实心环 $D^2 \times S^1$ 中的 2 维叶状结构 (里布叶状结构), 其中边界环面 $T^2 = \partial(D^2 \times S^1)$ 是完整的一张叶, 考察柱状区域 $U \subset \mathbb{R}^3: -\infty < x < \infty, y^2 + z^2 \leq 1, U \cong D^2 \times \mathbb{R}^1$ (图 112). 柱体内部的叶可通过一条位于平面 (x, y) 且渐近趋近于直线 $y = \pm 1$ 的弧绕 x 轴旋转而生成; 其余的叶则由它沿 x 轴方向作任意的平移而得. 边界也是叶. 叶关于变换 $y \to -y, z \to -z, x \to x$ 也是不变的. 如果作等同 $(x, y, z) \sim (x+1, y, z)$, 我们就得到 $D^2 \times S^1$ 中的里布叶状结构. 因为边界 $\partial(D^2 \times S^1)$ 是叶, 即环面 T^2, 因此可以由两个里布叶状结构构造出球面

$$S^3 = (D^2 \times S^1) \bigcup (S^1 \times D^2)$$

上的叶状结构, 只要将它们的边界粘合 (等同) 起来即可.

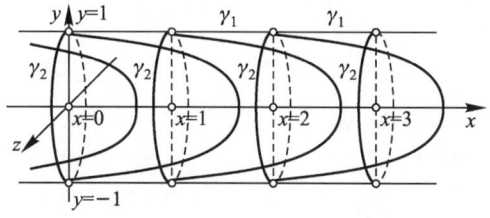

图 112

我们再介绍叶状结构和两个重要的拓扑不变量 —— "极限环" 和 "消没闭链". 考察 n 维紧流形 M 上的 k 维叶状结构的一张叶 W, 点 $x_0 \in W$ 及群 $\pi_1(W, x_0)$ 的

元 γ, 它用叶 W 上的一条光滑闭曲线 γ 表示. 在每个点 $x \in \gamma$ 处我们构造一个横截 W 的圆盘 D_x^{n-k}, 它光滑地依赖于点 x (对 $n-k=1$, 见图 113). 邻域的叶 W_y 与圆盘族 D_x^{n-k} 的交是一些曲线, 由它们可给出一个"沿 γ 移动"映射:

$$R_\gamma : D_{x_0}^{n-k} \to D_{x_0}^{n-k}. \tag{19}$$

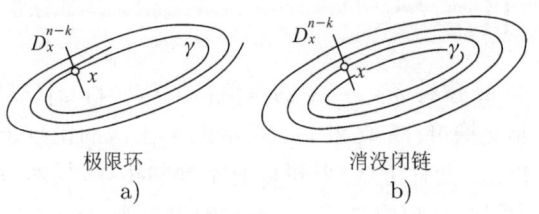

极限环
a)

消没闭链
b)

图 113

不难明白映射 R_γ 无论在圆盘 D_x^{n-k} 还是曲线 γ (保持 x_0 不动) 的形变下都是不变的. 于是, 在零元的充分小的邻域内 (其大小不是实质性的) 定义了群 $\pi_1(W, x_0)$ 到横截圆盘 $D_{x_0}^{n-k}$ 的自变换芽群的映射 $\gamma \mapsto R_\gamma$. (变换的一个芽是一个等价类, 其中两个变换称为是等价的, 如果它们在 x_0 在 $D_{x_0}^{n-k}$ 中的某个邻域内恒等.) 表示 $\gamma \mapsto R_\gamma$ 称为叶状结构在叶 W 上的"完整群". 如果 $\gamma \in \pi_1(W)$ 使得 $R_\gamma \neq 1$, 则 γ 称为叶状结构的极限环 (见图 113). (参见定义 27.3.)

在 $k = n-1$ 的特殊情形, 我们有区间 $D_{x_0}^{n-k} = D_{x_0}^1 = I$; 点 $x_0 = 0$ 将区间 I 分成两个部分. 因此, 在这里光滑叶状结构可能有两种情形 (图 114). 在情形 a), 闭链 γ 称为叶状结构的双侧极限环. 在情形 b) 中, 闭链 γ 称为单侧极限环. 因为光滑映射 R_γ 由光滑叶状结构定义, 在余维数 1 的解析叶状结构中不会出现情形 b).

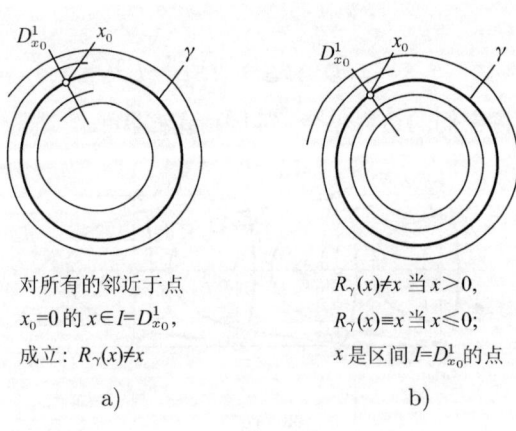

对所有的邻近于点
$x_0=0$ 的 $x \in I = D_{x_0}^1$,
成立: $R_\gamma(x) \neq x$
a)

$R_\gamma(x) \neq x$ 当 $x > 0$,
$R_\gamma(x) \equiv x$ 当 $x \leqslant 0$;
x 是区间 $I = D_{x_0}^1$ 的点
b)

图 114

在上面的叶状结构例子中, 我们有下列情形 (试证之!):

1) 如果非奇异的叶状结构是闭形式 ω 给出的, 则它没有极限环.

2) 对于 (在紧曲面的单位切丛上的) 叶状结构 R_+ 和 R_- (见例 29.5), 非单连通的叶 W 的基本群 $\pi_1(W) \simeq \mathbb{Z}$; 此外, $\pi_1(W) \simeq \mathbb{Z}$ 的生成元是双侧极限环.

3) 对于实心环 $D^2 \times S^1$ 上的里布叶状结构, 边界环面 T^2 的基本群 $\pi_1(T^2) \simeq \mathbb{Z} \oplus \mathbb{Z}$, 生成元为 γ_1 和 γ_2 (见图 112); 生成元 γ_1 是实心环 "向外的" 单侧极限环, 而生成元 γ_2 则不是极限环.

对于球面 $S^3 = (D^2 \times S^1) \bigcup (S^1 \times D^2)$ 上的由粘合两个里布叶状结构而得的叶状结构, 环面 T^2 上的两个闭链 γ_1 和 γ_2 都是 "单侧极限环". 于是, 这两个叶状结构的粘合不可能产生解析的叶状结构 (即使可能是无限次可微分的).

我们转向流形 M 上一般的 k 维叶状结构, 注意, 如果元 $\gamma \in \pi_1(W)$ 不是极限环 (即如果 $R_\gamma = 1$), 则它可以 "移动" 到充分接近的叶上, 而它仍然是邻近叶上的闭曲线 (见图 113, b)). (如果 $k = 1$, 则只要 γ 不是一侧的极限环, 它就可以移动到这一侧中.)

定义 29.2. 元 $\gamma \in \pi_1(W)$ 称为叶状结构的消没闭链, 如果将它移动到任何充分邻近的叶上就使它在该叶上是零同调的 (在 $\pi_1(W)$ 中, $\gamma \neq 1$).

例如, 对于里布叶状结构 (见图 112) 我们有 $W = T^2$. 元 γ_2 可以移动到 $D^2 \times S^1$ 的内部区域的叶上而在所有的邻近的叶上它是零同调的 (因为所有邻近的叶微分同胚于 $\mathbb{R}^2$).

注 下列结果是已知的 (我们不去证明它们):

a) S^3 上任何光滑的余维数 1 的叶状结构都有单侧极限环, 因此不是解析的;

b) S^3 上任何光滑的余维数 1 的叶状结构都有闭叶, 它微分同胚于 T^2 且界定 $D^2 \times S^1$ 的一个具里布叶状结构的区域;

c) 如果 3 维流形 M 的万有覆叠 $\widehat{M}$ 不是可缩的且与 $S^2 \times \mathbb{R}$ 不微分同胚, 则 M 上任何余维数 1 的叶状结构有非平凡的消没闭链;

d) 如果 3 维流形 M 上的余维数 1 的叶状结构没有极限环, 则存在可交换的覆叠 $p_1: M_1 \to M$ 使得 $M_1 = W \times \mathbb{R}^1(x)$ 及 M_1 上的叶状结构的叶就是曲面 $x = $ 常数. 于是, $M \cong W \times (\mathbb{R}/\mathbb{Z} \oplus \cdots \oplus \mathbb{Z})$. 这个叶状结构的拓扑与由非退化的闭 1- 形式给出的叶状结构的拓扑相同 (见前面 1)).

§30. 具高阶导数的变分问题. 哈密顿场系统

1. 具高阶导数的问题的哈密顿形式体系

原则上, 在任何流形上都可以提出寻找量 $S = \int L dt$ 的极值的变分问题, 其中拉格朗日函数 L 不仅是速度 $v = \dot{x}$ 而且是关于时间 t 的一些高阶导数的标量函数: 局部地在一个坐标为 $x^1, \cdots, x^n$ 的区域中, $L = L(x, \dot{x}, \ddot{x}, \cdots, x^{(m)})$. 下面的引理表明在这种情形也有欧拉 – 拉格朗日方程.

引理 30.1. 方程 $\delta S = 0$ 等价于下面的欧拉 – 拉格朗日方程:

$$\sum_{q=0}^{m}(-1)^q \frac{d^q}{dt^q}\left(\frac{\partial L}{\partial v_q^\alpha}\right) = 0, \tag{1}$$

其中 $v_q^\alpha = \dfrac{d^q x^\alpha}{dt^q}, \alpha = 1, \cdots, n, q = 0, \cdots, m.$

证明 引理由通常的分部积分法导出. 我们有

$$\delta S = \int \sum_{q=0}^{m}\left(\frac{\partial L}{\partial v_q^\alpha}\delta v_q^\alpha\right) dt. \tag{2}$$

在这里我们假定变分 $\delta x^\alpha(t)$ 无限次可微且在所选取的小邻域外等于零. 进一步, 按定义我们有

$$\delta v_q^\alpha = \frac{d^q}{dt^q}(\delta x^\alpha(t)). \tag{3}$$

对带有因子 $\delta v_q^\alpha(t)$ 的被加项作 q 次的分部积分, 我们得到

$$\delta S = \int \left(\sum_{q,\alpha}(-1)^q \frac{d^q}{dt^q}\left(\frac{\partial L}{\partial v_q^\alpha}\right)\right)\delta x^\alpha(t)dt. \tag{4}$$

由此, 如同卷 1, §31 中那样, 由变分 δx^α 的任意性导出方程 (1).

引理得证. □

量 $\dfrac{\delta S}{\delta x^\alpha(t)} = \sum(-1)^q \dfrac{d^q}{dt^q}\left(\dfrac{\partial L}{\partial v_q^\alpha}\right) \equiv \sum(-1)^q \left(\dfrac{\partial L}{\partial v_q^\alpha}\right)^{(q)}$ 称为变分导数.

注 对于场论中的拉格朗日函数, 我们已经遇见过用于爱因斯坦方程的希尔伯特变分原理 (见卷 1, §37.4), 其中

$$S = \int R\sqrt{-g}\, d^4 x,$$

R 既依赖于场 $g_{ab}(x)$ 也依赖于 $g_{ab}(x)$ 的二阶导数. 但是, 在证明卷 1 定理 37.2 时曾证明通过对拉格朗日函数 $R\sqrt{-g}$ 添加一个在 δS 中不起作用的项可以移去二阶导数. 此外, 所有其他的包含曲率的拉格朗日函数也会包含二阶导数, 例如示性类中的拉格朗日函数 (见卷 1, §42 和 §25).

于是, 由方程 (1) 明显可见它们, 一般来说, 有 $2m$ 阶导数, 其中 m 是 L 中导数的个数. 可以证明存在某种与勒让德变换类似的变换, 借助于它在非奇异情形可将方程 (1) 变换成在 $2mn$ 维空间中的哈密顿形式, 其中 n 是流形 M 的维数 (奥斯特罗格拉茨基定理). 除了列举包含高阶导数的变分问题的一些有趣的应用外, 我们只考察 $n = 1$ 的情形, 这时我们只有一个坐标 u 及它的导数 $u', \cdots, u^{(m)}$. 以后我们将用 x 表示自变量 (时间 t), $u' = \dfrac{du}{dx}$. 考察直线上的拉格朗日函数

$$L = L(u, u', \cdots, u^{(m)}). \tag{5}$$

我们引入变量

$$q_1 = u, q_2 = u', \cdots, q_m = u^{(m-1)};$$
$$p_1 = \frac{\partial L}{\partial u'} - \left(\frac{\partial L}{\partial u''}\right)' + \cdots + (-1)^{m-1}\left(\frac{\partial L}{\partial u^{(m)}}\right)^{(m-1)};$$
$$p_2 = \frac{\partial L}{\partial u''} - \left(\frac{\partial L}{\partial u'''}\right)' + \cdots + (-1)^{m-2}\left(\frac{\partial L}{\partial u^{(m)}}\right)^{(m-2)}; \qquad (6)$$
$$\cdots\cdots\cdots\cdots$$
$$p_m = \frac{\partial L}{\partial u^{(m)}}.$$

令

$$H(p,q) = -L + u'p_1 + u''p_2 + \cdots + u^{(m)}p_m. \qquad (7)$$

定义 30.1. 拉格朗日函数 $L(u,u',\cdots,u^{(m)})$ 称为非奇异的, 如果方程 (6) 可以唯一地以如下形式解出

$$u = u(p,q), u' = u'(p,q), \cdots, u^{(2m-1)} = u^{(2m-1)}(p,q).$$

引理 30.2. 如果拉格朗日函数 L 形如

$$L = a(u^{(m)})^2 + \widetilde{L}(u,u',\cdots,u^{(m-1)}), \qquad (8)$$

则它是非奇异的.

证明 显然现在的方程组 (6) 中最后一个可唯一地解出为

$$p_m = 2au^{(m)},$$

由此, $u^{(m)}$ 可用 p_m 表出, 对于 p_{m-1} 我们有

$$p_{m-1} = \frac{\partial L}{\partial u^{(m-1)}} - \left(\frac{\partial L}{\partial u^{(m)}}\right)' = \frac{\partial \widetilde{L}}{\partial u^{(m-1)}} - p_m' = \frac{\partial \widetilde{L}}{\partial u^{(m-1)}} - 2au^{(m+1)}. \qquad (9)$$

我们注意到 $u^{(\alpha)} = q_{\alpha+1}, \alpha = 0, \cdots, m-1$. 因此, $p_{m-1} = f(q_1,\cdots,q_m) - 2au^{(m+1)}$ 或

$$u^{(m+1)} = \frac{1}{2a}(f(q_1,\cdots,q_m) - p_{m-1}).$$

显然我们可以就这样递推地解出整个方程组 (6). 引理得证. □

最后, 我们有

定理 30.1 (奥斯特罗格拉茨基). 对于非奇异的拉格朗日函数, 欧拉 – 拉格朗日方程等价于哈密顿系统

$$\dot{q}_\alpha = \frac{\partial H}{\partial p_\alpha}, \dot{p}_\alpha = -\frac{\partial H}{\partial q^\alpha}, \alpha = 1,\cdots,m \qquad (10)$$

其中 $H(p,q) = -L + u'p_1 + u''p_2 + \cdots + u^{(m)}p_m.$

证明 为计算简便，我们限于 $m = 2$ 的情形. 设 $L = L(u, u', u'')$. 欧拉 – 拉格朗日方程形如

$$\frac{\partial L}{\partial u} - \frac{d}{dx}\frac{\partial L}{\partial u'} + \frac{d^2}{dx^2}\frac{\partial L}{\partial u''} = 0. \tag{11}$$

典范变量如下：

$$q_1 = u, \quad q_2 = u',$$
$$p_1 = \frac{\partial L}{\partial u'} - \frac{d}{dx}\frac{\partial L}{\partial u''}, \quad p_2 = \frac{\partial L}{\partial u''}. \tag{12}$$

由拉格朗日函数非奇异的假定条件，我们可以从最后一个方程解出 u'' 为

$$u'' = f(q_1, q_2, p_2).$$

哈密顿函数有如下形式

$$H = p_1 u' + p_2 u'' - L(u, u', u'') = p_1 q_2 + p_2 u'' - L(q_1, q_2, u'')$$
$$= p_1 q_2 + \Phi(q_1, q_2, p_2).$$

由公式 (12)，显然我们有

$$q_1' = u' = q_2 = \frac{\partial H}{\partial p_1}, \quad q_2' = u'' = \frac{\partial H}{\partial p_2},$$
$$p_2' = \frac{d}{dx}\left(\frac{\partial L}{\partial u''}\right) = -p_1 + \frac{\partial L}{\partial u'} = -\frac{\partial H}{\partial q_2}.$$

由 (11),(12) 导出 $\frac{dp_1}{dx} = \frac{\partial L}{\partial u}$；因此，$p_1' = -\frac{\partial H}{\partial q_1}$. 于是，我们得到坐标为 q_1, q_2, p_1, p_2 的相空间中的哈密顿系统 (10). 定理得证. □

2. 例

设 $\mathcal{L} = -\frac{d^2}{dx^2} + u(x)$ 是带光滑位势 $u(x)$ 的施图姆 – 刘维尔算子. 下面的情形是特别有趣的：

a) 当 $|x| \to \infty$ 时 $u(x) \to 0$ (如果 $\int_{-\infty}^{\infty} |u(x)|(1 + |x|)dx < \infty$，则位势 $u(x)$ 称为急减位势)；

b) $u(x + T) = u(x)$ (周期位势).

我们先纯形式地考察微分方程

$$\mathcal{L}\psi = \lambda \psi, \psi = \psi(x, \lambda), \tag{13}$$

其中 λ 是 "谱参数". 方程 (13) 作替换 $\chi(x, \lambda) = -i\dfrac{d\ln\psi}{dz}$ 后转化为里卡蒂型方程：

$$i\chi' + \chi^2 = \lambda - u. \tag{14}$$

如果假定 λ 是正的, 我们得到 $\lambda = k^2$. 当 $\lambda \to \infty$ 时方程 (14) 有关于变量 $\sqrt{\lambda} = k$ 的级数形式解:
$$\chi(x,k) = k + \sum_{n \geqslant 1} \frac{\chi_n(x)}{(2k)^n}. \tag{15}$$

将 (15) 代入里卡蒂方程 (14) 可得:

$$\sum_{n \geqslant 1} \frac{i\chi'_n(x)}{(2k)^n} + k^2 + 2k \sum_{n \geqslant 1} \frac{\chi_n(x)}{(2k)^n} + \left(\sum_{n \geqslant 1} \frac{\chi_n}{(2k)^n}\right)^2 = k^2 - u,$$

由此, 置两边的 $2k$ 次的项相等就导出

$$\chi_1 = -u; \quad i\chi'_n + \chi_{n+1} + \sum_{i=1}^{n-1} \chi_i \chi_{n-i} = 0, \quad n \geqslant 1.$$

我们得出下面的结论:

a) 所有的 $\chi_n(x)$ 是 $u, u', u'', \cdots, u^{(n-1)}$ 的常系数多项式;

b) 所有的 χ_{2q+1} 是实的, 而所有的 $\chi_{2q}(x)$ 是全导数且是纯虚的; 这反映了由里卡蒂方程 (14) 推出的事实:

$$\chi_{\text{Im}} = -\frac{1}{2}(\ln \chi_{\text{Re}})', \tag{16}$$

其中 $\chi = \chi_{\text{Re}} + i\chi_{\text{Im}}$;

c) 由 (16) 可以解出多项式 $\chi_{2q+1}(x)$ 的前几项:

$$\begin{aligned}\chi_1(x) &= -v \quad \chi_3(x) = u'' - u^2, \\ \chi_5(x) &= -u^{(4)} + 5(u')^2 + 6uu'' - 2u^3.\end{aligned} \tag{17}$$

对每个 $q \geqslant -1$, 我们定义拉格朗日函数 L_q:

$$L_q(u, u', u'', \cdots) = \chi_{2q+3}. \tag{18}$$

可以证明所有的拉格朗日函数 L_q 是非奇异的. 这些拉格朗日函数具有值得注意的性质: 对每个 $q \geqslant 0$ 存在 $2q+1$ 阶的微分算子 A_q, 它的系数为 $u, u', u'', \cdots$ 的常系数多项式, 使得换位子 $[\mathcal{L}, A_q] = \mathcal{L} A_q - A_q \mathcal{L}$ 是标量函数 $f_q(u, u', u'', \cdots)$ 的乘法算子:

$$[\mathcal{L}, A_q] = f_q(u, u', u'', \cdots) = \frac{d}{dx}\frac{\delta S_q}{\delta u(x)}, S_q = \int L_q dx. \tag{19}$$

我们不在这里对一般情形证明这个事实. 当 $q = 0, 1$ 时, 它可以由直接计算来验证, 事实上, 由

$$[\mathcal{L}, A_0] = \mathcal{L} A_0 - A_0 \mathcal{L} = f_0 = \frac{d}{dx}\frac{\delta S_0}{\delta u(x)}, S_0 = \int (u'' - u^2) dx,$$

可导出
$$f_0 = -2u', \quad A_0 = -2\frac{d}{dx};$$
类似地, 由
$$[\mathcal{L}, A_1] = \mathcal{L}A_1 - A_1\mathcal{L} = f_1 = \frac{d}{dx}\frac{\delta S_1}{\delta u(x)},$$
$$S_1 = \int(-u^{(4)} + 5(u')^2 + 6uu'' - 2u^3)dx,$$
我们可得
$$f_1 = 2u''' - 12u'u, \quad A_1 = -8\frac{d^3}{dx^3} + 6\left(u\frac{d}{dx} + \frac{d}{dx}u\right).$$

习题 30.1. 计算 χ_7 并验证精确到一个常数因子
$$A_2 = 16\frac{d^5}{dx^5} - 20\left(u\frac{d^3}{dx^3} + \frac{d^3}{dx^3}u\right) + 30u\frac{d}{dx}u + 5\left(u''\frac{d}{dx} + \frac{d}{dx}u''\right).$$

于是, 可以建立起 "交换性方程":
$$[\mathcal{L}, A_q + c_1 A_{q-1} + \cdots + c_q A_0] = 0. \tag{20}$$

(早在 20 世纪 20 年代已经发现两个交换算子的奇特性质: 它们由一个代数关系 $R(\mathcal{L}, A) = 0$ 相联系, 定义了一张黎曼面.) 交换性方程也是拉格朗日型的 (这是一种现代的看法):

$$0 = [\mathcal{L}, A] = \frac{d}{dx}\frac{\delta S}{\delta u(x)}, \quad S = S_q + c_1 S_{q-1} + \cdots + c_q S_0, \quad S_j = \int \chi_{2j+3}dx. \tag{21}$$

最后, 我们将交换性方程表达成如下形式
$$\frac{\delta \widehat{S}}{\delta u(x)} = 0, \text{其中 } \widehat{S} = S_q + c_1 S_{q-1} + \cdots + c_q S_0 + c_{q+1} S_{-1},$$

其中 $S_{-1} = -\int u dx$. 对 $q = 0, 1$, 我们来研究这个方程. 利用 (17), 我们得到拉格朗日函数

$(q = 0)$ $\widehat{L} = L_0 + c_1 L_{-1} = u'' - u^2 - c_1 u;$
$(q = 1)$ $\widehat{L} = L_1 + c_1 L_0 + c_2 L_{-1} = -u^{(4)} + 5(u')^2 + 6uu'' - 2u^3 + c_1(u'' - u^2) - c_2 u,$

交换性方程
$$\frac{\delta}{\delta u(x)}\int \widehat{L}dx = 0 \tag{22}$$

变成下列形式
$$(q = 0) \quad u = -\frac{c_1}{2},$$
$$(q = 1) \quad u'' = 3u^2 + c_1 u + \frac{c_2}{2}.$$

在后者的情形, 如果令 $v = u'$, 我们得到

$$v\frac{dv}{dx} = \frac{d}{dx}\left(u^3 + \frac{c_1}{2}u^2 + \frac{c_2}{2}u\right),$$

从而 $\frac{1}{2}v^2 = u^3 + \frac{c_1}{2}u^2 + \frac{c_2}{2}u + \frac{d}{2}$. 由此

$$x - x_0 = \int \frac{du}{\sqrt{2u^3 + c_1 u^2 + c_2 u + d}}, \tag{23}$$

它将 u 定义为魏尔斯特拉斯椭圆函数 $\mathscr{P}(x)$ (至多差一个常数因子和一个常数加项). 作替换 $u \to u+$ 常数, 不失一般性, 我们可以假定 $c_1 = 0$.

当 $q = 2$ 时, 利用 (6) 和 (7) 很容易将方程写成哈密顿形式. 为了能作出积分, 除了哈密顿函数 H 外还需要另一个积分. 可以证明在交换性方程 (21) 中总存在一种有趣的 "潜在的对称性" 使它成为完全可积的.

3. 场系统的哈密顿形式体系

当无能量耗散和热力学不可逆性时, 物理系统称为 "守恒系统". 现代物理观点认为守恒系统应该是一个哈密顿系统. 然而, 有例子表明这种哈密顿形式体系可以是非平凡的, 不化约为拉格朗日形式体系. 在这里我们对场论的哈密顿形式体系作某些介绍. 如同有限维的情形, 其中的基础是重要的 "泊松括号" 概念. 我们考察 n 个变量的 C^∞ 光滑函数 $u^j(x^1, \cdots, x^n)$ 组成的函数空间, 但不去详细说明它的定义域和边界条件. 此外, 我们还要使用这样的约定: 关于全导数 (全散度) 在整个空间上的积分 $\int (\cdots) d^n x$ 在这种形式计算中总等于零, 因为我们不考虑边界条件且所有的变分都是有限的.

对于场 $u^1, \cdots, u^m$ 的泛函可以定义泊松括号. 然而, 根据理论物理形式体系中的假定, 它可以方便地通过将一个场集中于一个点而写成 "点的泛函". 形式上, 我们将泊松括号定义为一个算子 $\{\ ,\ \}$, 由公式

$$\{u^i(x), u^j(x)\} = F^{ij}(x, y) \tag{24}$$

给出, 其中除了通常的指标 i, j 外还有连续指标 x, y. 泊松括号应该关于每一个变元是线性的, 应该具有莱布尼茨性质 (28.7), 并且是反称的, 最后还要满足雅可比恒等式 (28.8) (见 §28). 回想一下, 雅可比恒等式是这样的:

$$\{fg, h\} = f\{g, h\} + g\{f, h\}.$$

设 $J = \int P(u, \nabla u, \cdots) d^n y$ 是任意泛函. 我们来计算泊松括号 $\{u^i(x), J\}$. 由线性可得

$$\left\{u^i(x), \int P d^n y\right\} = \int \{u^i(x), P(y)\} d^n(y)$$

(其中 $P(y) \equiv P(u(y), \nabla u(y), \cdots)$) 和

$$\left\{u^i(x), \frac{\partial}{\partial y^k}v(y)\right\} = \frac{\partial}{\partial y^k}\{u^i(x), v(y)\}.$$

进一步, 为记号的简单计, 在所计算的情形中假设只有单变量 x 的单个场 u, 虽然这一点无关紧要. 由莱布尼茨性质和线性推出

$$\begin{aligned}\{u(x), P(y)\} = & \{u(x), u(y)\}\frac{\partial P}{\partial u}(y) + \{u(x), u'(y)\}\frac{\partial P}{\partial u'}(y) + \cdots + \\ & \{u(x), u^{(r)}(y)\}\frac{\partial P}{\partial u^{(r)}}(y).\end{aligned}$$

我们有

$$\{u(x), P(y)\} = \sum_{s \geqslant 0} \frac{\partial P}{\partial u^{(s)}}(y) \frac{\partial^s}{\partial y^s}\{u(x), u(y)\}.$$

因为 $(fg)' = f'g + fg'$, 最后我们得到

$$\left\{u(x), \int P\,dy\right\} = \int \{u(x), u(y)\} \sum_{s \geqslant 0}(-1)^s \frac{\partial^s}{\partial y^s}\left(\frac{\partial P}{\partial u^{(s)}}\right)dy,$$

或

$$\{u^i(x), J\} = \int \{u^i(x), u^k(y)\}\frac{\delta J}{\delta u^k(y)}d^n y. \tag{25}$$

公式 (25) 对于任意多个场和任意多个变量都是对的. 其证明是完全类似的.

由公式 (25) 可以推出对两个泛函 J_1, J_2 的泊松括号的如下公式:

$$\{J_1, J_2\} = \int \frac{\delta J_1}{\delta u^i(x)}\frac{\delta J_2}{\delta u^k(y)}\{u^i(x), u^k(y)\}d^n x\, d^n y, \tag{26}$$

其中

$$\delta J = \int \frac{\delta J}{\delta u^j(x)}\delta u^j(x)d^n x$$

(由定义, 所有的变分 $\delta u^j(x)$ 都是有限的).

定义 30.2. 泊松括号 (24) 称为局部的, 如果它由有限和给出:

$$\{u^i(x), u^j(y)\} = F^{ij}(x, y) = \sum_k B^{ij}_k \partial^k_x \delta(x - y), \tag{27}$$

其中 $k = (k_1, \cdots, k_n), k_j \geqslant 0, \partial^k_x = \partial^{k_1}_{1x}\cdots\partial^{k_n}_{nx}, \partial_{jx} = \frac{\partial}{\partial x^j}$. 符号 $\delta(x-y) = \prod_{i=1}^n \delta(x^i - y^i)$ 表示通常的 δ 函数 (单位算子的核)

$$\int f(x)\delta(x-y)d^n x = f(y),$$

$$\int f(x)\partial^k_x \delta(x-y)d^n x = (-1)^{k_1+\cdots+k_n}\partial^k_y f(y).$$

§30. 具高阶导数的变分问题. 哈密顿场系统

我们在这里只是在形式上, 即代数地运用了所有的这些符号, 而并不去讨论有关的函数空间. 这一组系数 B_k 只依赖于在点 x 的场 u 和它的有限多个导数 ("局部性原理").

我们用 A 表示微分算子

$$A = (A_x^{ij}) = \left(\sum_k B_k^{ij}(u(x))\partial_x^k\right),$$

其中和是有限和. 由公式 (25) 我们有

$$\{u^i(x), J\} = \int \{u^i(x), u^j(y)\}\frac{\delta J}{\delta u^j(y)} d^n y = \int (A_x^{ij}\delta(x-y))\frac{\delta J}{\delta u^j(y)} d^n y$$
$$= -\int \delta(x-y)\left(A^*\frac{\delta J}{\delta u(y)}\right) d^n y = -(A^*)^{ij}\frac{\delta J}{\delta u^j(y)},$$

其中 A^* 是共轭算子, $(v(x)\partial_j)^* = -\partial_j(v(x)\cdots)$. 考虑到泊松括号的反称性 $A^* = -A$, 我们可得

$$\{u^j(x), J\} = A^{ij}\frac{\delta J}{\delta u^j(x)}. \tag{28}$$

类似地, 由 (27) 对两个泛函成立下面的公式

$$\{J_1, J_2\} = \int \frac{\delta J_1}{\delta u^i(x)} A^{ij} \frac{\delta J_2}{\delta u^j(x)} d^n x, \tag{29}$$

其中, 由于 δ 函数的性质, 关于 y 的积分可直接计算.

对于任意的由矩阵算子 $A = (A^{ij})$ 给出的形如 (30) 的泊松括号验证雅可比恒等式是比较困难的, 然而对于 "常" 系数的, 即系数与场 u 及 u 的导数无关的 (但可能明显地依赖于 x 的) 算子 A 成立雅可比恒等式则是显然的. 这个验证只是逐字重复在有限维情形对具常系数的泊松括号的类似过程.

最简单的例子. 常系数的括号.

(1) 拉格朗日括号 设给定场 $p_1, \cdots, p_n, q^1, \cdots, q^n$ 及括号

$$\begin{aligned}\{p_i(x), p_j(y)\} &= \{q^i(x), q^j(y)\} = 0,\\ \{q^i(x), p_j(y)\} &= \delta_j^i \delta(x-y).\end{aligned} \tag{30}$$

这种括号产生于下列形式的非奇异泛函:

$$S[q] = \int \Lambda\left(q, \frac{dq}{dt}, \frac{\partial q}{\partial x^\alpha}\right) d^n x dt,$$
$$p_j(x) = \frac{\partial \Lambda}{\partial \dot{q}^j}\left(\dot{q}^j = \frac{dq^j}{dt}\right).$$

根据公式 (6),(7), 可以很容易地将它推广到具高阶导数的拉格朗日函数, 如果取哈密顿函数为

$$P_0 = \mathcal{H} = \int T_0^0 d^n x = \int (p_j \dot{q}^j - \Lambda) d^n x, \tag{31}$$

则欧拉 – 拉格朗日方程取哈密顿形式 (试证之!)

$$\dot{p}_j(x) = \{p_j(x), \mathcal{H}\} = -\frac{\delta \mathcal{H}}{\delta q^j(x)},$$
$$\dot{q}^j(x) = \{q^j(x), \mathcal{H}\} = \frac{\delta \mathcal{H}}{\delta p_j(x)}. \tag{32}$$

全动量的分量

$$P_\alpha = \frac{1}{c}\int T_\alpha^0 d^n x = \frac{1}{c}\int p_j \frac{\partial q^j}{\partial x^\alpha} d^n x \tag{33}$$

生成沿坐标 x^α 的移动群, 如果取它们为哈密顿函数 (试证之!).

(2) **科尔泰沃赫 – 德弗里斯** (KdV) **方程** 我们有 1 维空间中的一个场 $u(x)$, 泊松括号为

$$\{u(x), u(y)\} = \delta'(x-y). \tag{34}$$

(其中 δ' 是 δ 函数的 "导数", 具有性质: 对任意函数 f,

$$\int \delta'(x) f(x) dx = -\int \delta(x) f'(x) dx = -f'(0).)$$

这个括号具有 "零化子" I_0, 即具有这种泛函 I_0 使得

$$\{u(x), I_0\} = 0.$$

事实上, 可以取 $I_0 = \int u(y) dy$ 为满足这种性质的泛函. (沿 x 的运动的生成元) 动量形式为

$$P = \int \frac{1}{2} u^2 dx, \quad \{u(x), P\} = \frac{\partial u}{\partial x}. \tag{35}$$

哈密顿函数

$$\mathcal{H} = -\int \left(\frac{1}{2}u_x^2 + u^3 + \frac{c}{2}u^2\right) dx \tag{36}$$

生成熟知的 KdV 方程

$$\dot{u}(x) = \{u(x), \mathcal{H}\} = -\frac{\partial}{\partial x} \frac{\delta \mathcal{H}}{\delta u(x)} = u_{xxx} + 6uu_x + cu_x. \tag{37}$$

习题 30.2. 证明: (17) 中每一个量产生 KdV 方程的一个守恒律, 即对于 $S_q = \int L_q dx$, 由 KdV 方程成立

$$\dot{S}_q = 0.$$

证明 $\{S_q, S_p\} = 0$ 及 $\mathcal{H} = S_1 + cS_0$.

如同有限维的哈密顿形式体系 (见卷 1, §34), 下面是泊松括号的非平凡的基本性质, 这种性质如果没有雅可比恒等式 (以及其他的一些较为简单的性质) 是不可能的. 设有三个泛函 $J_1, J_2, J_3 = \{J_1, J_2\}$. 它们按照公式

$$\frac{\partial u^j(x)}{\partial t_\alpha} = \{u^j(x), J_\alpha\}, \alpha = 1, 2, 3$$

给出三个哈密顿向量场 ("流动形"). 于是, 前两个流动形的换位子等于第三个. 如果 $\{J_1, J_2\} = 0$, 则我们得到的流动形是交换的.

与任何泛函的括号等于零的泛函全体称为泊松括号的 "零化子". 非退化的括号没有非平凡的零化子.

泊松括号有趣的例子来自于流体动力学. 我们将从 $\mathbb{R}^n$ 中向量场的李代数 L_n 和它的子代数 $L_n^0 \subset L_n$ 着手, 其中 L_n^0 由散度为零的向量场 $w = w^i e_i \in L_n$ 组成 ($\partial_i w^i \equiv 0$). 我们有 (见卷 1, §23)

$$[v, w]^k = v^i \partial_i w^k - w^i \partial_i v^k,$$

其中 $v = v^i e_i, w = w^i e_i, [e_i, e_j] = 0$. 使用场分量 $v^i(x), w^i(y)$ 的结构常数可将它们的换位子写成

$$[v, w](z) = \iint c_{ij}^k(x, y, z) v^i(x) w^j(y) e_k d^n x d^n y, \tag{38}$$

因此

$$c_{ij}^k(x, y, z) = \delta_j^k \delta(x - z) \delta_i(x - y) - \delta_i^k \delta(y - z) \delta_j(y - x), \tag{39}$$

其中 $\delta_i(x) = \dfrac{\partial}{\partial x^i} \delta(x)$. 对偶空间 L_n^* 有自己的场坐标 $p_j(x)$, 其中表达式 (标量积)

$$\int p_j(x) v^j(x) d^n x \tag{40}$$

在变量 x 的光滑变换时保持不变. 于是从张量的观点看, 量 $p = (p_1, \cdots, p_n)$ 是一个余向量的密度, 它在变换 $x = x(x')$ 下要乘上变换的雅可比行列式 J. 量 p 将称为动量密度. 我们注意到对每一个 p, 标量积 (40) 定义了 L_n 上的一个泛函 (这种泛函的集我们同样记为 L_n^*); 对应的对偶空间 L_n^{0*} 具有商空间形式:

$$L_n^{0*} = L_n^* / (p_j = \partial_j \varphi), \tag{41}$$

因为对形式为 $p_j = \partial_j \varphi$ 的密度, 由于条件 $\partial_j v^j \equiv 0, v \in L_n^0$, 我们有

$$\int (\partial_j \varphi) v^j d^n x = -\int \varphi (\partial_j v^j) d^n x \equiv 0.$$

泊松括号形式为

$$\{p_i(x), p_j(y)\} = \int c_{ij}^k(x, y, z) p_k(z) d^n z = p_j(y) \delta_i(x - y) - p_i(x) \delta_j(y - x). \tag{42}$$

密度 $\rho = $ 常数的不可压缩流体的流体动力学方程来自于相空间 L_n^{0*} 上的哈密顿函数

$$\mathcal{H} = \int \frac{|p|^2}{2\rho} d^n x, \tag{43}$$

其中 $p_i = \rho v^i$ ($v = v(x)$ 是流体在点 x 处的速度, 满足 $\partial_i v^i \equiv 0$; 度量则假定为欧几里得度量). 这些方程通常在整个 L_n^* 上写成方程组形式

$$\dot{p}_i = \rho \dot{v}^i = \{p_i, \mathcal{H}\} + \partial_i P = \rho v^k \partial_k v_i + \partial_i \left(\frac{\rho |v|^2}{2} + P\right), \quad (44)$$
$$\partial_i v^i = 0$$

其中 $P = P(x)$ 是压强, 由公式 (44) 定义.

对于可压缩流体则要考察通过 "内部变量" 扩充的代数 L_n. 在场论中, 增添新的场变量: 质量密度 ρ 和熵密度 s, 以及括号运算

$$\begin{aligned}
\{p_i(x), \rho(y)\} &= \rho(x)\delta_i(x-y), \\
\{p_i(x), s(y)\} &= s(x)\delta_i(x-y), \\
\{s(x), s(y)\} &= \{\rho(x), \rho(y)\} = \{s(x), \rho(y)\} = 0.
\end{aligned} \quad (45)$$

(在欧几里得空间中) 哈密顿函数形式为

$$\mathcal{H} = \int \left[\frac{|p|^2}{2\rho} + \varepsilon_0(\rho, s)\right] d^n x \quad (p_i = \rho v_i),$$

其中 ε_0 是能量密度.

习题

30.3. 证明: $\{v_i(x), v_j(y)\} = \dfrac{1}{\rho}(\partial_i v_j - \partial_j v_i)\delta(x-y)$.

30.4. 当维数 $n = 2$ 时, 考察置换 ("克莱布施变量")

$$p_i = \rho \partial_i \psi + s \partial_i \alpha.$$

证明 (所有不等于零的) 括号形式为

$$\{\rho(x), \psi(y)\} = \{s(x), \alpha(y)\} = \delta(x-y).$$

研究整体上给出克莱布施变量的可能性问题.

30.5. 对 $n = 3$. 考察置换

$$p_i = \rho \partial_i \psi + s \partial_i \alpha + \beta \partial_i \gamma$$

及 (所有不等于零的) 括号

$$\{\rho(x), \psi(y)\} = \{s(x), \alpha(y)\} = \{\beta(x), \gamma(y)\} = \delta(x-y).$$

证明这个泊松括号与 (45) 相符. 研究由克莱布施变量 $\rho, \psi, s, \alpha, \beta, \gamma$ 的非唯一性引起的 "规范群".

30.6. 设 $n=3$, 流体满足 $\varepsilon_0 = \varepsilon_0(\rho)$ 且在所研究的过程中熵不作为场变量参与. 设 $p_i = \rho\partial_i\psi + \alpha\partial_i\beta$. 研究整体上引入克莱布施变量 ρ,ψ,α,β 的可能性.

对于任意的张量场 $T(x)$ 可以引入泊松括号 $\{p_i(x), T(y)\}$, 想法是要求将其 "冻结在内部": 我们要求对任意向量场 w 成立

$$\dot{T}(x) = L_w T(x),$$

其中右边是张量场 T 沿 w 的李导数. 于是对如下形式的哈密顿函数

$$\mathcal{H}_w = \int w^i(x) p_i(x) d^n x,$$

我们置

$$\{T(x), \mathcal{H}_w\} = L_w T(x). \tag{46}$$

如果我们对 (46) 再补充 $\{T(x), T(y)\} = 0$, 则我们就唯一地完成了对泊松括号的代数扩充.

特别有趣的是 $T = (H_{ij})$ ($\mathbb{R}^3$ 中的一个闭 $2-$ 形式) 为磁场的情形. 由于在坐标变换下它们将乘上变换的雅可比行列式, 所以质量密度和能量密度是 $\mathbb{R}^3$ 中的 $3-$ 形式. 它们的商 $s\rho^{-1}$ 是 $\mathbb{R}^3$ 中的标量. 可以证明哈密顿函数

$$\mathcal{H} = \int \left(\frac{|\rho|^2}{2\rho} + \varepsilon_0(\rho, s) + \frac{|(H_{ij})|^2}{8\pi} \right) d^3 x \tag{47}$$

连同所定义的括号产生磁流体动力学方程, 其中, 场被 "冻结" 在流体中.

我们在这里考察的泊松括号是更一般的 "微分 – 几何" 的泊松括号的特殊情形.

定义 30.3. 对于一族场 $u^1(x), \cdots, u^m(x)$, 它们的齐次的微分 – 几何括号形式为

$$\{u^i(x), u^j(y)\} = g^{ij,\alpha}(u(x))\partial_\alpha \delta(x-y) + b^{ij,\alpha}_k(u(x))u^k_\alpha \delta(x-y), \tag{48}$$

其中 $u^k_\alpha = \partial_\alpha u^k(x), x = (x^1, \cdots, x^n), \alpha = 1, \cdots, n, i, j = 1, \cdots, m$.

非齐次的微分 – 几何括号由下式给出:

$$\{u^i(x), u^j(y)\} = g^{ij,\alpha}(u(x))\partial_\alpha \delta(x-y) + [b^{ij,\alpha}_k(u(x))u^k_\alpha + c^{ij}(u(x))]\delta(x-y). \tag{49}$$

形如

$$\mathcal{H} = \int h(u)dx$$

的量自然地称为流体动力学型的泛函, 它的密度 $h(u)$ 不依赖于导数 (见 (44),(48)). 这样的哈密顿函数连同泊松括号 (48) 产生*流体动力学型方程组*

$$\dot{u}^i = \{u^i(x), \mathcal{H}\} = a^{i,\alpha}_j(u)u^j_\alpha. \tag{50}$$

括号 (48), 流体动力学型泛函和 (50) 型的方程在局部变量变换 $u = u(v)$ 之下都是不变的, 因为不包含导数.

引理 30.3. 在局部变换 $u = u(v)$ 下，所有的 $g^{ij,\alpha}$ (当固定 α 时) 如同 u 空间中的 (2,0) 型张量一样变换，而分量 $b_k^{ij,\alpha}$ 则如同克里斯托费尔符号 $b_k^{ij,\alpha} = g^{is,\alpha}\Gamma_{sk}^{j,\alpha}$ 一样变换，如果 $g^{ij,\alpha}$ 非退化.

由莱布尼茨性质容易导出本引理.

我们较为详细地来考察 x 是 1 维时的情形 $n = 1$ (因此 $g^{ij,\alpha} = g^{ij,1} \equiv g^{ij}$). 设 $\det g^{ij} \neq 0$.

定理 30.2. (48) 具有泊松括号的所有性质 (包括雅可比恒等式) 当且仅当 "度量" g^{ij} 是对称的, 联络 Γ_{jk}^i 与这个度量相容且其曲率和挠率都等于零.

推论 1 形如 (48) 的泊松括号当 $n = 1$ 时 (局部上) 由一个不变量决定，即由度量 $g^{ij} = g^{ji}(\det g^{ij} \neq 0)$ 的符号差决定. 存在 u 空间中的局部坐标使得 $g^{ij} =$ 常数, $b_k^{ij} = 0$.

我们不去证明这些结果; 证明需要作一定量的计算. 可以证明当 $m = 1$ 时, 形如 (50) 的方程组的哈密顿性质连同其可对角化性 (即矩阵 $(a_j^i(u))$ 在整个区域中可化为对角型) 足以保证在某种精确的 "刘维尔" 意义上方程组 (50) 的可积性. 对于 $m = 2$ 的情形 (两个分量的系统) 在 19 世纪中 (大约从黎曼开始) 已经知道若干结果; 它们可简述如下:

习题 30.7. 1) 证明: 对于函数 $x = x(u^1, u^2), t = t(u^1, u^2)$, 方程组 (50) 是线性的 (速端曲线变换). 2) 证明: 当 $m = 2$ 时方程组 (50) 可通过局部变换 $u(v)$ 对角化.

对于场的个数 $m > 2$ 的情形, 最近已找到速端曲线方法的推广, 但是与经典的 $m = 2$ 的情形相比, 它在本质上要借助于方程组的哈密顿性质. 我们来考察 $n = 1$ 时形如 (50) 的两个交换哈密顿方程组:

$$u_t^i = v_j^i(u)u_x^j,$$
$$u_t^i = w_j^i(u)u_x^j,$$

其中 (v_j^i) 是对角矩阵, $v_j^i = \delta_j^i v^i(u), v^1 \neq v^2 \neq \cdots \neq v^m$. 于是 $w_j^i(u)$ 也是对角矩阵 (试证之!). 下面的方程组:

$$w^i(u) = v^i(u)x + t, \text{ 其中 } w_j^i = w^i\delta_j^0, \tag{51}$$

决定了一族函数

$$u^1(x,t), \cdots, u^m(x,t). \tag{52}$$

可以证明这族函数 (52) (它们是 (51) 的解) 满足方程组 $u_t^i = v_j^i(u)u_x^j$. 这就是广义速端曲线方法.

对于 $n = 1$ 时的非齐次括号 (49) 及条件 $\det g^{ij} \neq 0$, 成立

定理 30.3. 量 $c^{ij}(u)$ 的形式为

$$c^{ij}(u) = c_k^{ij}u^k + c_0^{ij}, \tag{53}$$

其中, 在成立 g^{ij} = 常数, $b_k^{ij} \equiv 0$ 的坐标 u^k 中, c_k^{ij} = 常数, c_0^{ij} = 常数. 此外, (c_k^{ij}) 是基灵度量为 g^{ij} 的半单李代数的结构常数张量, 而 (c_0^{ij}) 则是这个李代数上的上闭链, 即成立恒等式

$$c_0^{is}c_s^{jk} + c_0^{ks}c_s^{ij} + c_0^{js}c_s^{ki} = 0. \tag{54}$$

在成立 g^{ij} = 常数, $b_k^{ij} \equiv 0$ 的坐标系中完成这个定理的证明并不复杂. 我们在这里不去研究高维的情形以及这个定理的推广.

第八章 高维变分问题解的整体结构

§31. 广义相对论 (OTO) 中的某些流形

1. 问题的表达

从几何学观点来看，广义相对论的问题就是寻找 4 维流形 M^4，它具有符号差为 $(+---)$ 的度量 g_{ab} 且满足爱因斯坦方程

$$R_{ab} - \frac{1}{2}Rg_{ab} = \frac{8\pi G}{c^4}T_{ab}, \tag{1}$$

其中 T_{ab} 是介质的能量 – 动量张量. 从最一般的观点来看，对张量 T_{ab} 只有一个限制: 如果 $\xi = (\xi^a)$ 是任意的类时向量, $\xi^a\xi^b g_{ab} > 0$, 则应成立 $T_{ab}\xi^a\xi^b \geqslant 0$ (能量密度非负性条件).

实际上本章中我们将只考察所谓的流体动力学的能量 – 动量张量 (见卷 1, §39.4)

$$T_{ab} = (p+\varepsilon)u_a u_b - pg_{ab}, \tag{2}$$

它对于揭示大质量物体的引力场是重要的; 在这里 $u = (u_a)$ 是 4 元速度向量, $\langle u, u \rangle = 1$, p 是压强, ε 是能量密度.

一般来说, 对方程 (1) 的分析是十分复杂的任务. 但是在一些场合, 如果能找到某个度量, 它容有较大的作用在 M^4 上的运动群 G, 则方程 (1) 在适当的坐标系中就可化为相对简单的形式, 结果就可以精确地解出, 至少可以对它作定性的研究. 这种情形中也总会出现这样的问题, 即我们找到的解在多大范围中适用, 是在整个 M^4 上还是仅仅在其中的一个区域上适用? 其中一个最简单但非常基本的情形, 即纯坐标方法只产生 M^4 的一个区域的情形是点质量场的相对论的类比物——"施瓦茨席尔德解" (见卷 1, §39.3).

我们给出某些定义.

定义 31.1. M^4 上的函数 $f(x)$ 在点 $x \in M$ 处称为 a) 类时的; b) 类空的; c) 类光的或迷向的, 如果:

a) $g^{ab}\dfrac{\partial f}{\partial x^a}\dfrac{\partial f}{\partial x^b} > 0$, 即 $\langle \nabla f, \nabla f \rangle > 0$;

b) $g^{ab}\dfrac{\partial f}{\partial x^a}\dfrac{\partial f}{\partial x^b} < 0$, 即 $\langle \nabla f, \nabla f \rangle < 0$;

c) $g^{ab}\dfrac{\partial f}{\partial x^a}\dfrac{\partial f}{\partial x^b} = 0$, 即 $\langle \nabla f, \nabla f \rangle = 0$.

这里 $\nabla f = \operatorname{grad} f$ (f 的梯度).

例如, 如果 $f(x) = x^a$, 则

$$\langle \nabla f, \nabla f \rangle = g^{ab}\frac{\partial f}{\partial x^a}\frac{\partial f}{\partial x^b} = g^{aa}.$$

标量平方 $\langle \nabla f, \nabla f \rangle$ 将常记为 g^{ff}.

2. 球对称解

定义 31.2. 具爱因斯坦度量 g_{ab} 的流形 M^4 称为球对称的, 如果它具有轨道为 2 维球面 S^2 的运动群 $G = SO(3)$. (保持"时间"坐标不动的"空间"旋转是最简单的类似 $SO(3)$ 变换的例子.)

这些轨道显然是类空的 (即在 S^2 上的任意处的所有非零切向量 $\xi = (\xi^a)$ 满足 $g_{ab}\xi^a\xi^b < 0$), 因为球面 S^2 上每点处群 $SO(3)$ 的迷向子群迷向地作用在该点的切空间上, 而同时类时方向是一维的.

我们用 M^2 表示商空间 $M^4/SO(3)$, 它是一个 2 维的参数空间, 用来对群的轨道编号. 我们得到一个纤维丛

$$p: M^4 \to M^2, \tag{3}$$

纤维为 $S^2 = p^{-1}(x), x \in M^2$, 其中 S^2 是群 $SO(3)$ 在 M^4 上的轨道, 纤维丛 (3) 上有联络: 这个联络的水平方向按定义 (关于度量 g_{ab}) 正交于纤维 ($SO(3)$ 的轨道).

引理 31.1. 这个联络是平凡的, 即是可积的.

证明 考察点 $y \in M^4$. 设 $H_y \subset SO(3)$ 是点 y 的迷向群. 在群 $SO(3)$ 的轨道上群 H_y 的不动点 y 是孤立点, 从而群 H_y 的不动点组成 M^4 中的一张与纤维正交的 2 维曲面 (积分曲面). 引理得证. □

设 $U \subset M^2$ 是底上的点 $x \in M^2$ 的一个邻域, 其中坐标为 τ, R, 度量形式为

$$g_{00}d\tau^2 + g_{11}dR^2, g_{00} > 0, g_{11} < 0, \tag{4}$$

(即 τ 与 R 是正交的). 在 M^2 的 (小) 区域中总可取到这样的坐标. 设 θ, φ 是球面 S^2 上的标准坐标, 使用这种坐标单位球面上的度量为 $d\Omega^2 = d\theta^2 + \sin^2\theta d\varphi^2$, 它关于

$SO(3)$ 是不变的. 由引理 31.1, 在整个区域 $p^{-1}(U) \subset M^4$ 中可引进坐标 τ, R, θ, φ 使得爱因斯坦度量形式为

$$g_{00}d\tau^2 + g_{11}dR^2 - r^2 d\Omega^2, \quad r = r(R, \tau), \tag{5}$$

其中 g_{00} 和 g_{11} 只依赖于 (R, τ) 而 r 是 "轨道的大小". 由引理 31.1, 公式 (5) 局部地给出了 M^4 上的一般的 $SO(3)$ 对称度量, 因为底 M^2 上的度量总可以表达成形式 (4).

在推导 $T_{ab} \equiv 0$ 的爱因斯坦方程的施瓦茨席尔德解时, 我们假定 (设 $c = 1$)

$$\tau = t, \quad R = r \tag{6}$$

并得到了下列形式的解答 (见卷 1, §39.3)

$$g_{00} = 1 - \frac{a}{r}, \quad g_{11} = -\frac{1}{1 - \dfrac{a}{r}}. \tag{7}$$

这个公式仅在 $r > a$ ("外部观测者所在的区域") 中才是正确的. 当 $r < a$ 时, 也可以形式上考察这个公式. 这时我们有:

a) 函数 r (半径坐标) 是类时的: $g^{rr} = g^{11} > 0$;

b) 函数 t (时间坐标) 是类空的: $g^{tt} = g^{00} < 0$.

当 r 从外部区域趋于 a 时, 我们有

$$g^{rr} \to 0, \quad g^{tt} \to \infty, \quad r \to a.$$

于是, M^4 上的函数 t 当 $r = a$ 时一般是无意义的. 如果有意义, 则在 $r = a$ 上函数 r 是迷向的. 虽然公式 (7) 表明当 $r = a$ 时, 坐标 t, r, θ, φ 本身没有意义, 但是底 M^2 上的坐标 τ, R 可以以不同于施瓦茨席尔德解 (7) 中的方式来选取. 在解 "空" 空间 (即不存在介质的空间) 中的爱因斯坦方程

$$R_{ab} - \frac{1}{2}R g_{ab} = 0 \tag{8}$$

或 $R_{ab} = 0$ 时 (见卷 1, §37.4), 不失一般性, 我们可以选取 τ 使得 $g_{00} \equiv 1$. 这种选取可以做到, 因为在底 M^2 上符号为 $(+, -)$ 的任何度量在适当的坐标系中总可取 (4) 的形式, 从而进一步的坐标变换可将它变换成形如 $d\tau^2 + g_{11}dR^2, g_{11} < 0$. 于是, 使用局部坐标 τ, R, θ, φ 可假定度量为

$$d\tau^2 + g_{11}dR^2 - r^2(d\theta^2 + \sin^2\theta d\varphi^2), \tag{9}$$

其中函数 r 和 g_{11} 只依赖于 R 和 τ. 解方程 (8) 没有多大困难. 如果按一般公式 (见卷 1, §29, §30) 写出 Γ^a_{bc} 和 R_{ab}, 我们就得到用参数 ν, λ, μ 表达的方程 (见后面

的 (17))

$$g_{00} = e^{\nu}, \quad -g_{11} = e^{\lambda}, \quad r^2 = e^{\mu},$$
$$\frac{\partial \varphi}{\partial \tau} = \dot{\varphi}, \quad \frac{\partial \varphi}{\partial R} = \varphi', \quad g_{00} \equiv 1. \tag{10}$$

解可以方便地写成参数形式:

$$\begin{aligned}\frac{r}{a} &= \frac{1}{2}\left(\frac{R^2}{a^2}+1\right)(1-\cos\eta),\\ \frac{\tau}{a} &= \frac{1}{2}\left(\frac{R^2}{a^2}+1\right)^{3/2}(\pi-\eta+\sin\eta),\\ &0 \leqslant \eta \leqslant 2\pi. \end{aligned} \tag{11}$$

"克鲁斯卡尔流形" M^4 的结构如图 115 所示. 在 $r=0$ 上群 $SO(3)$ 的轨道变为一些点. 在这些点上, M^4 的度量有奇性. 在区域 I (施瓦茨席尔德区域) 中的外部观测者的世界线形如

$$\begin{aligned} r &= r_0 > a, \quad -\infty < t < +\infty,\\ \theta &= \theta_0, \quad \varphi = \varphi_0. \end{aligned} \tag{12}$$

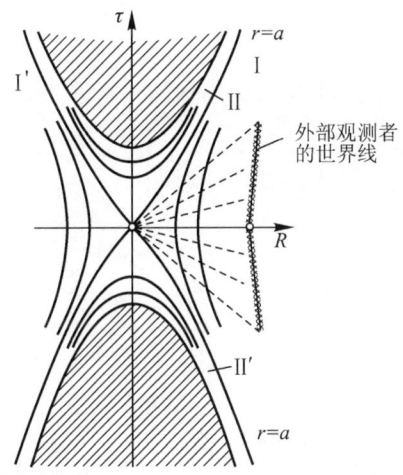

图 115 (R,τ) 平面. 阴影线部分是 "无意义" 区域 $r \leqslant 0$. 实曲线表示水平曲线 $r(R,\tau) = $ 常数, 虚线表示, 水平曲线 $t(R,\tau) = $ 常数. 在 $r=a$ 处, 除了这两条线的交点 (鞍点) 外, 我们有 $|t| = \infty$. 在交点处 t 没有定义, 因为所有的水平曲线 $t = $ 常数收敛于该点. 点 $\tau=0, R=0$ 是鞍点; 在该点 $\dfrac{\partial r}{\partial \tau} = \dfrac{\partial r}{\partial R} = 0$. 在曲线 $r=a$ 上我们有 $\langle \nabla r, \nabla r \rangle = 0$. 区域 I 和 I′ 是等距的 $(R \to -R)$; 区域 II 和 II′ 也是等距的 $(\tau \to -\tau)$.

外部观测者可以从区域 II′ 中接收到信号, 但无法将信号反向传送进 II′ ("白洞"). 与此相反, 外部观测者可以将信号传送进区域 II, 却无法从 II 中接收到信号 ("黑洞"). 对于 I 和 I′, 无论是接收还是传送信号都是不可能的. 它们独立地刻画了 (τ, R) 平面上的光锥.

克鲁斯卡尔 - 施瓦茨席尔德解对于球对称物体的坍缩问题 (坍缩中的星球或 "坍缩星") 有重要的应用. 考察形如图 116 所示的坐标平面 τ, R (θ, φ 任意) 中质点

的类时世界线 γ. 对所有的 θ, φ, 这些世界线 γ 的集合组成一张 3 维曲面 $S_\gamma \subset M^4$, 它将 M^4 分成两个区域: A — 内部和 B — 内部. 星球的坍缩将用方程 (1) 的具有下列性质的球对称解描述:

a) 在区域 A 中, g_{ab} 与克鲁斯卡尔流形中的相同, 即此时 $R_{ab} = 0$;

b) 在区域 B 中, g_{ab} 满足带有流体动力学能量 – 动量张量 (2) 的方程 (1), 此时 "物态方程" 由 $\varepsilon = \varepsilon(p)$ 给出;

c) 星球的边界 ((τ, R) 平面上的曲线 γ) 当 $t \to +\infty$ 时相交于 "视界" $r = a$, 其上 $g^{rr} = 0$; 当 $t \to -\infty$ 时星球边界则一次也不会与地平线相交.

因此, 我们需要在区域 B 中解方程 (1), 其中 $T_{ab} \neq 0$. 由球对称性导出非零项只有

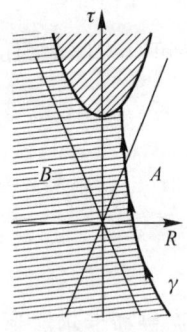

图 116

$$T_0^0 = \varepsilon, T_1^0, T_0^1, T_\alpha^\alpha = -p. \tag{13}$$

我们选取伴随坐标系, 其中 $u = (1, 0), T_0^1 = T_1^0 = 0$. 则

$$T_0^0 = \varepsilon, T_0^1 = T_1^0 = 0, T_\alpha^\alpha = -p, \tag{14}$$

度量仍然形如 (5).

注 一般来说, 其中时间坐标 τ 正交于坐标空间 R, θ, φ 的伴随坐标系不是 "同时的", 即 $g_{00} \neq 1$.

守恒律 $\nabla_a T_b^a = 0$ 给出: 如果 $g_{00} = e^\nu, g_{11} = -e^\lambda, r^2 = e^\mu$, 则

$$\nu' = -\frac{2p'}{p+\varepsilon}, \quad \dot{\lambda} + 2\dot{\mu} = -\frac{2\dot{p}}{p+\varepsilon}. \tag{15}$$

由此立即导出

$$\begin{aligned} -g_{11} r^4 &= \exp\left\{-2 \int \frac{d\varepsilon}{p+\varepsilon}\right\} \exp \phi(R), \\ g_{00} &= \exp\left\{-2 \int \frac{dp}{p+\varepsilon}\right\} \exp \psi(\tau), \end{aligned} \tag{16}$$

其中 $\phi(R)$ 和 $\psi(\tau)$ 是任意函数. 如何选取这些函数会影响对坐标 τ, R 的选取. 在 (16) 中尽可能适当地选取函数 $\phi(R)$ 和 $\psi(\tau)$ 从而确定局部坐标 τ, R, 并可从方程 (1) 中消去 ε, p.

在坐标系 $y^0 = \tau, y^1 = R, y^2 = \theta, y^3 = \varphi$ 中计算出 R_{ab} 和 Γ_{bc}^a 后, 方程 (1) 化为

下列形式:

a) $-\dfrac{8\pi G}{c^4}T_1^1 = \dfrac{1}{2}e^{-\lambda}\left(\dfrac{\mu'^2}{2}+\mu'\nu'\right) - e^{-\nu}\left(\ddot{\mu}-\dfrac{1}{2}\dot{\mu}\dot{\nu}+\dfrac{3}{4}\dot{\mu}^3\right) - e^{-\mu};$

b) $-\dfrac{8\pi G}{c^4}T_2^2 = \dfrac{1}{4}e^{-\lambda}(2\nu''+\nu'^2+2\mu''+\mu'^2-\mu'\lambda'-\nu'\lambda'+\mu'\nu)+$

$$\dfrac{1}{4}e^{-\nu}(\dot{\lambda}\dot{\nu}+\dot{\mu}\dot{\nu}-\dot{\lambda}\dot{\mu}-2\ddot{\lambda}-\dot{\lambda}^2-2\ddot{\mu}-\dot{\mu}^2); \qquad(17)$$

c) $\dfrac{8\pi G}{c^4}T_0^0 = -e^{-\lambda}\left(\mu''+\dfrac{3}{4}\mu'^2-\dfrac{\mu'\lambda'}{2}\right)+\dfrac{1}{2}e^{-\nu}\left(\dot{\lambda}\dot{\nu}+\dfrac{\dot{\mu}^2}{2}\right)+e^{-\mu};$

d) $\dfrac{8\pi G}{c^4}T_0^1 = 0 = \dfrac{1}{2}e^{-\lambda}(2\dot{\mu}'+\dot{\mu}\mu'-\dot{\lambda}\mu'-\nu'\dot{\mu}).$

我们用 $\langle\nabla r,\nabla r\rangle = g^{rr} = 1-\dfrac{a}{r}$ 定义函数 $a=a(\tau,R)$. 对于施瓦茨席尔德解我们有 $a=$ 常数 $=2MG/c^2$, 其中 M 是物体的质量. 在一般情形, 方程

$$a(\tau,R) = r(\tau,R) \qquad (18)$$

给出 "视界" $g^{rr}=0$, 在那里 $r(\tau,R)$ 成为迷向函数, $\langle\nabla r,\nabla r\rangle = 0$.

注 爱因斯坦方程 (见 (17)) (经借助 (16) 及 $\phi\equiv\psi\equiv 0$ 消去 $T_1^1 = T_2^2 = -p$ 和 $T_0^0 = \varepsilon$ 并接着消去 ν 后) 可以由下面的 "2 维场论" 的拉格朗日函数得到

$$\tilde{S} = \int \tilde{\Lambda} dRd\tau,$$

其中 $\tilde{\Lambda} = \tilde{\Lambda}(\lambda,\mu,\dot{\lambda},\dot{\mu},\lambda',\mu') = T_1+T_2+U.$

$$T_1 = -\left(\dfrac{\mu'^2}{2}+\mu'(k\lambda'+2k\mu')\right)\exp\left\{\dfrac{k-1}{2}\lambda+(h+1)\mu\right\},$$

$$T_2 = \left(\dfrac{\dot{\mu}^2}{2}+\dot{\mu}\dot{\lambda}\right)\exp\left\{-\dfrac{k-1}{2}\lambda+(1-k)\mu\right\}, U = 2\exp\left\{\dfrac{k+1}{2}\lambda+k\mu\right\},$$

其中 k 是常数. 在卷 1 §37 中对泛函 $\tilde{S}$ 定义的形式上的能量 – 动量张量取下列形式:

$$\tilde{T}_0^0 = -\tilde{\Lambda}+\dot{\lambda}\dfrac{\partial\tilde{\Lambda}}{\partial\dot{\lambda}}+\dot{\mu}\dfrac{\partial\tilde{\Lambda}}{\partial\dot{\mu}} = T_2-T_1-U,$$

$$\tilde{T}_1^1 = -\tilde{\Lambda}+\lambda'\dfrac{\partial\tilde{\Lambda}}{\partial\lambda'}+\mu'\dfrac{\partial\tilde{\Lambda}}{\partial\mu'} = T_1-T_2-U,$$

$$\tilde{T}_0^1 = \dot{\lambda}\dfrac{\partial\tilde{\Lambda}}{\partial\lambda'}+\dot{\mu}\dfrac{\partial\tilde{\Lambda}}{\partial\mu'} = \dfrac{1}{2}e^{-\lambda}(2\dot{\mu}'+\dot{\mu}\mu'-\dot{\lambda}\mu'-(k\lambda'+2k\mu')\dot{\mu}),$$

$$\tilde{T}_1^0 = \lambda'\dfrac{\partial\tilde{\Lambda}}{\partial\dot{\lambda}}+\mu'\dfrac{\partial\tilde{\Lambda}}{\partial\dot{\mu}} = -T_0^1 e^{-(k-1)\lambda-2k\mu}.$$

具流体动力学的能量 – 动量张量的球对称物体的爱因斯坦方程 (17) 等价于在曲面 $\tilde{T}_0^1 = \tilde{T}_1^0 = 0$ 上拉格朗日函数 $\tilde{\Lambda}$ 的欧拉 – 拉格朗日方程 $\delta\tilde{S} = 0$. 对于研究不依赖于

$\tau = \xi^0$ 或 $R = \xi^1$ 的解, 使用泛函 $\tilde{S}$ 是很方便的. 如果 $\dot\lambda \neq 0, \lambda' \neq 0, \dot\mu \neq 0, \mu' \neq 0$, 则方程 $\tilde{T}_0^1 = \tilde{T}_1^0 = 0$ 可解出, 爱因斯坦方程 (17) 化为一阶方程组 (24).

由函数 $a(\tau, R)$ 的定义我们有

$$a = r(1 - \langle \nabla r, \nabla r \rangle) = r\left(1 - g^{00}\left(\frac{\partial r}{\partial \tau}\right)^2 - g^{11}\left(\frac{\partial r}{\partial R}\right)^2\right),$$

结果, 像通常那样令 $g_{00} = e^\nu, g_{11} = -e^\lambda, r^2 = e^\mu$, 我们就得到

$$a = e^{\frac{3}{2}\mu}\left(e^{-\mu} - \frac{1}{4}\dot\mu^2 e^{-\nu} - \frac{1}{4}\mu'^2 e^{-\lambda}\right).$$

由此及方程 (17) (连同 $T_1^1 = T_2^2 = -p, T_0^0 = \varepsilon$) 推出 (试证之!)

$$\begin{aligned}\frac{\partial a(\tau, R)}{\partial \tau} &= -pr^2 \frac{\partial r}{\partial \tau} \frac{8\pi G}{c^4}, \\ \frac{\partial a}{\partial R} &= \varepsilon r^2 \frac{\partial r}{\partial R} \frac{8\pi G}{c^4},\end{aligned} \qquad (19)$$

其中 ε 和 p 由度量关系 (16) 联系. 因为 ε 是能量密度, 物体在 $\tau = \tau_0 = $ 常数时的能量由下式确定:

$$\Sigma_{总} = \int\limits_{\tau=\tau_0} \varepsilon\sqrt{|g_{11}g_{22}g_{33}|}dRd\theta d\varphi = \int\limits_{\tau=\tau_0} 4\pi\varepsilon r^2 e^{\lambda/2}dR.$$

但是, 由 (19) 明显可见下面的量

$$E_{总} = \int\limits_{\tau=\tau_0} 4\pi\varepsilon r^2 dr = \int\limits_{\tau=\tau_0} 4\pi\varepsilon r^2 \frac{\partial r}{\partial R}dR. \qquad (20)$$

是方程组的积分且在曲面 $\tilde{T}_0^1 = \tilde{T}_1^0 = 0$ 上重合于由拉格朗日函数 $\tilde\Lambda$ 决定的系统的哈密顿函数. 因此, 我们得到 "引力能量亏损"

$$E_{总} \neq \Sigma_{总}.$$

考察 $p \equiv 0$ 的情形 (尘云现象). 从 (19) 的第一个方程和 (16) 的第二个方程可得

$$a = a(R); \quad g_{00} = \text{常数}. \qquad (21)$$

设 $g_{00} = 1$. 从 (16) 的第一个方程导出 $g_{11} = -\dfrac{1}{r^4\varepsilon^2}$, 并将 (19) 的第二个方程中 ε 的表达式代入可得

$$g_{11} = -\frac{(r')^2}{(a')^2} \cdot \left(\frac{8\pi G}{c^4}\right)^2.$$

由此及 a 的定义 ($g^{00} = 1$) 可得

$$1 - \frac{a}{r} = g^{00}(\dot r)^2 + g^{11}(r')^2 = (\dot r)^2 - (a')^2\left(\frac{8\pi G}{c^4}\right)^{-2},$$

最后有

$$\dot{r} = \pm\sqrt{1 - \frac{a(R)}{r} + (a'(R))^2 \left(\frac{8\pi G}{c^4}\right)^{-2}}. \tag{22}$$

这个方程经一次积分即可积出并给出熟知的 "托尔曼解", 将导致尘云物质或者坍缩或者膨胀, 因为如果度量无奇性, $\dot{r}$ 在 $1 - \frac{a}{r} > 0$ 时不可能改变符号. 在视界外部我们有:

$$\dot{r} = \pm\sqrt{\Phi(r,R)} = \pm\sqrt{g^{rr} + |g^{11} r'^2|} \neq 0, g^{rr} > 0. \tag{23}$$

由此导出, 当在视界外部不出现度量和能量密度 $(0 < \varepsilon < \infty)$ 的奇性时, 量 $\dot{r}$ 不会变号.

对于 $p = k\varepsilon, 0 \leqslant k \leqslant 1$ 时的较一般的方程 (19), 如果 $\phi \equiv \psi \equiv 0$, 则由 (16) 我们有

$$\begin{aligned}
\ddot{a} &= -pr^2 \dot{r} \frac{8\pi G}{c^4}, \\
a' &= \varepsilon r^2 r' \frac{8\pi G}{c^4}, \\
1 - \frac{a}{r} &= \dot{r}^2 \varepsilon^{\frac{2k}{2k+1}} - r'^2 r^4 \varepsilon^{\frac{2}{k+1}}.
\end{aligned} \tag{24}$$

消去 ε, 我们将方程写成

$$\begin{aligned}
\dot{r} &= \pm\sqrt{\Phi(r,r',a,a')} = \pm\sqrt{(g^{rr} + |r'^2 r^4 \varepsilon^{\frac{2}{k+1}}|)\varepsilon^{-\frac{2k}{k+1}}}, \\
\dot{a} &= -k\frac{a'}{r'}\sqrt{\Phi}, \quad 0 \leqslant k \leqslant 1.
\end{aligned} \tag{25}$$

于是, 如果给定 $r(0,R)$ 和 $a(0,R)$, 则解 (除 $\dot{r}$ 的符号外) 就完全地确定了. 在视界 $(g^{rr} > 0)$ 外部, 我们有与 $p = 0$ 的情形相同的结论: 由于 $\Phi \geqslant g^{rr} > 0, \dot{r}$ 的符号不会改变.

结论 如果度量及能量密度 $\varepsilon > 0$ 无奇性, 则物质或者单调地坍缩或者单调地膨胀.

注 a) 当物态方程是 "极限刚性的", 即 $k = 1$ 时, (24) 的最后一个方程有更简单的形式, 即

$$1 - \frac{a}{r} = \varepsilon(\dot{r}^2 - r'^2 r^4) \tag{26}$$

b) 当 $\varphi \equiv \psi \equiv 0$ 时, 方程 (24) 关于伸缩变换群

$$\begin{aligned}
r &\to \xi r, \quad a \to \xi a, \quad \tau \to \alpha\tau, \\
R &\to \beta R, \quad \varepsilon \to \gamma\varepsilon, \quad p \to \gamma p,
\end{aligned} \tag{27}$$

是不变的, 其中 $\frac{\alpha^2}{\beta^2} = \xi^{-\frac{8k}{k+1}}, \gamma = \xi^{-2}$.

还可以寻找所谓的"自相似"解, 即在这个群的形如 $\alpha = \beta^s, \xi = \beta^\gamma, \gamma = \dfrac{(1-s)(1+k)}{4k}$ 的单参数子群下不变的解, 其中 s 是某个参数. 这种不变解的形式为

$$r = R^\gamma r_1(\lambda), a = R^\gamma a_1(\lambda), \varepsilon = R^{-2\gamma} \varepsilon_1(\lambda), \lambda = \frac{\tau}{R^s}. \tag{28}$$

方程 (24) 仅当 $s = \dfrac{1-k}{1+3k}$ 时有形如 (28) 的解. 在这个情形, 方程 (24) 定义了一个常微分方程组 (动力系统)

$$\frac{da_1}{d\lambda} = -k\varepsilon_1 r_1^2 \frac{dr_1}{d\lambda} \frac{8\pi G}{c^4},$$
$$\gamma a_1 - s\lambda \frac{da_1}{d\lambda} = \varepsilon_1 r_1^2 \left(\gamma r_1 - s\lambda \frac{dr_1}{d\lambda}\right) \frac{8\pi G}{c^4},$$
$$1 - \frac{a_1}{r_1} = \left(\frac{dr_1}{d\lambda}\right)^2 \varepsilon^{\frac{2k}{k+1}} - \left(\gamma r_1 - s\lambda \frac{dr_1}{d\lambda}\right) r_1^4 \varepsilon_1^{\frac{2k}{k+1}}.$$

对于静态解 (即不依赖于 τ 的解) 和不依赖于 R 的解的研究也导致动力系统, 我们不在这里深入.

可以这样来设定方程 (24) 的边值问题. 在初始时刻 $\tau = 0$ 我们要求解满足下列条件:

a) $r' > 0, a' > 0$ (第一个条件意味着球面形纤维可以按半径 r 排序, 而第二个条件则由第一个条件及 $\varepsilon > 0$ 立即可从 (24) 的第二个方程中导出).

b) 如果伴随坐标 R 的取值范围为 $R_0 \leqslant R < R_1$ (R_1 可以是 $+\infty$), 则此时 r 的变化范围为 $0 \leqslant r < \infty$, 而 a 从 0 到 a_0; 于是, 在边界上必须有 $r(R_0, 0) = r(R_0) = 0, a(R_0, 0) = a(R_0) = 0$ 且当 $R \to R_1$ 时 $r \to \infty, a \to a_0$. 关于 R 的区间可以是无限的 (这不是实质性的). 方程 (24) 总是对的, 但仅当 $\varepsilon \neq 0, r' \neq 0, \dot{r} \neq 0$ 时才等价于方程 (17). 当 $r \to \infty$ 时由此导出 $\varepsilon \to 0$, 结果这个区间收敛:

$$a_0 = \frac{8\pi G}{c^4} \int_{R_0}^{R_1} \varepsilon r^2 \frac{\partial r}{\partial R} dR = E_\text{总} \times 常数 < \infty.$$

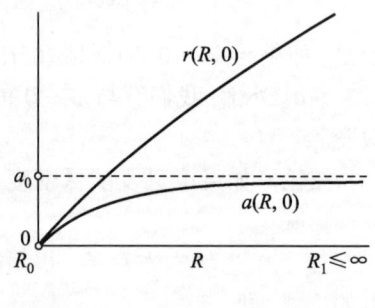

图 117

c) 当 $\tau = 0$ 时必须有 $r(R) = r(R, 0) > a(R)$, 其中 $R > R_0$. 这个条件产生于这个要求: 在初始时刻 $\tau = 0$ 时所有的物质都是可观测到的 (图 117).

3. 轴对称解

现在考察爱因斯坦方程的轴对称静态解, 即所谓的 "克尔解", 它刻画了 "旋转黑洞" 的引力场.

定义 31.3. 流形 M^4 上符号为 $(+---)$ 的度量 g_{ab} 称轴对称的和静态的，如果在某个局部坐标系中它不依赖于时间 t 和一个 (类空的) 角坐标 $0 \leqslant \varphi \leqslant 2\pi$；或者换种说法，如果交换群 $G = \mathbb{R} \times S^1$ 作为运动群作用在流形 M^4 上，其中轨道 $\mathbb{R} \times \{s_0\}$ 是类时的，而轨道 $\{t_0\} \times S^1$ 则是类空的.

在空空间 ($T_{ab} = 0$) 中方程 (1) 的克尔解在用 t, r, θ, φ 表示的坐标系中由下式定义 $(c = 1, G = 1)$

$$ds^2 = dt^2 - [dr^2 + 2a\sin^2\theta dr d\varphi + (r^2 + a^2)\sin^2\theta d\varphi^2 + \rho^2 d\theta^2 + \frac{2mr}{\rho^2}(dr + a\sin^2\theta d\varphi + dt)^2], \tag{29}$$

其中 $\rho^2 = r^2 + a^2\cos^2\theta, m = $ 常数 (旋转体的质量), $a = $ 常数. 通常的笛卡儿坐标 $x, y, z \in \mathbb{R}^3$ 的形式为

$$\begin{aligned} x &= \sqrt{r^2 + a^2}\sin\theta\cos\left(\varphi - \arctan\frac{a}{r}\right), \\ y &= \sqrt{r^2 + a^2}\sin\theta\sin\left(\varphi - \arctan\frac{a}{r}\right), \\ z &= r\cos\theta, \quad 0 \leqslant \theta \leqslant \pi, \quad 0 \leqslant \varphi \leqslant 2\pi. \end{aligned} \tag{30}$$

于是, 水平曲面 $r = $ 常数, $t = t_0$ 是沿 z 轴变扁的椭球面. 另一方面, 曲面 $\theta = \theta_0, t = t_0$ 是单叶双曲面:

$$\frac{x^2 + y^2}{a^2\sin^2\theta_0} - \frac{z^2}{a^2\cos^2\theta_0} = 1. \tag{31}$$

特别, 如同后面可看到的那样, 坐标 r 可以是负的.

我们记

$$\begin{aligned} \Delta &= r^2 - 2mr + a^2, \\ dt^* &= dt - 2mr\frac{dr}{\Delta}, \\ d\varphi^* &= d\varphi + \frac{adr}{\Delta}. \end{aligned} \tag{32}$$

在新的坐标 $t^*, r, \theta, \varphi^*$ 中, 度量 (29) 的形式为 (试证之!)

$$ds^2 = (dt^*)^2 - \frac{\rho^2}{\Delta}dr^2 - \rho^2 d\theta^2 + (r^2 + a^2)\sin^2\theta(d\varphi^*)^2 - \frac{2mr}{\rho^2}(a\sin^2\theta d\varphi^* + dt^*)^2. \tag{33}$$

群 G 的作用方式为

$$t^* \to t^* + 常数, \varphi^* \to \varphi^* + 常数.$$

当 $a = 0$ 时由公式 (33) 得到施瓦茨席尔德度量 (6),(7).

习题 31.1. 证明: 当 $m = 0$ 时度量 (33) 等价于闵可夫斯基度量.

对于度量 (33) 的非零项 g^{ab} 我们有 $(c = 1, G = 1)$

$$g^{t^*t^*} = \frac{1}{\Delta}\left(r^2 + a^2 + \frac{2mra^2}{\rho^2}\sin^2\theta\right), -g^{rr} = \frac{\Delta}{\rho^2},$$
$$-g^{\theta\theta} = \frac{1}{\rho^2}, -g^{\varphi^*\varphi^*} = \frac{1}{\Delta\sin^2\theta}\left(1 - \frac{2mr}{\rho^2}\right), g^{\varphi^*t^*} = \frac{4mra}{\rho^2\Delta}. \tag{34}$$

如施瓦茨席尔德解一样, 地平线由条件 $g^{rr} = 0$ 定义, 由 (34), 这等价于 $\Delta = 0$, 即

$$\Delta = r^2 - 2mr + a^2 = 0,$$
$$r_\pm = m \pm \sqrt{m^2 - a^2}. \tag{35}$$

这里有两种情形:

1) $a > m$, 这时根 $r_\pm$ 是复根;

2) $a < m$, 这时根 $r_\pm$ 是正实根.

我们先分析情形 1) (它称为快速旋转, 因为量 ma, 在某种意义上, 度量了物体的角动量). 此时, 对实的 $r, \Delta \neq 0$. 因而度量 (33) 总有意义. 由于对所有的 $r, g^{rr} < 0$, 所以视界不存在. 我们总有 $g^{t^*t^*} > 0$. 当 $r = 0, \cos^2\theta = 0$ (t^*, φ^* 任意) 时, 度量有奇点. 在坐标 x, y, z 中, 奇点集由下列方程给出:

$$x^2 + y^2 = a^2, z = 0, t^* \text{任意}. \tag{36}$$

因为从外部可观测到奇点, 这种奇点称为 "裸奇点". 方程 $g^{\varphi^*\varphi^*} = 0$ 给出

$$r^2 - 2mr + a^2\cos^2\theta = 0, r = m \pm \sqrt{m^2 - a^2\cos^2\theta}.$$

这称为 "遍历球面". 在遍历球面内部 (即在 $r^2 - 2mr + a^2\cos^2\theta < 0$ 的点处) 函数 φ^* 的梯度是类时的, 在遍历球面外部它当然是类空的.

在区域

$$g_{\varphi^*\varphi^*} = -\sin^2\theta\left(r^2 + a^2 + \frac{2mra^2\sin^2\theta}{\rho^2}\right) > 0 \tag{37}$$

中 φ^* 坐标曲线 ($r = $ 常数, $\theta = $ 常数, $t^* = $ 常数) 是类时闭曲线. 当 $\cos\theta = 0$ (即 $\theta = \frac{\pi}{2}$) 时, 它就是曲线 $r^2 = r_0^2 < ma$.

现在考察情形 2) $(a < m)$. 外部观测者的区域为

$$(\text{I}) \qquad r > m + \sqrt{m^2 - a^2} = r_+; \tag{38}$$

我们注意在这个区域中 r 是类空的. 我们还有区域

$$(\text{II}) \qquad r_- < r < r_+ \tag{39}$$

(r 是类时的),

$$(\text{III}) \qquad -\infty < r < r_- \tag{40}$$

§31. 广义相对论 (OTO) 中的某些流形

(r 是类空的). 如果从区域 I 中 $r \to r_+$, 则 $g^{t^*t^*} \to \infty$. 因此外部观测者的时间 t^* 只在区域 I 中有意义. 当 $r = r_\pm$ (即在视界上), 坐标 r 是类光的.

因为 $r_\pm > 0$, 度量的所有奇点 ($r = 0, \theta = \frac{\pi}{2}, t^*, \varphi^*$ 任意) 都位于区域 III 中. 在区域 III 中 φ^* 的变化轨线 ($r = r_0 < 0, \theta = $ 常数, $t^* = $ 常数) 是类时闭曲线 (试证之!).

由粘合形如 I, II, III 的区域来得到整个流形 M^4 的构造过程可以类似于克鲁斯卡尔流形那样完成 (见 (11) 和图 115). 1) 对于 $r \to r_+$ 处的区域 I 可以附加两个 II 型区域 (像施瓦茨席尔德解那样, 在 $t \to -\infty$ 处, 一个 "白洞" 而在 $t \to +\infty$ 处, 一个 "黑洞"); 2) 对于 II 型区域可以附加: a) 两个 III 型区域, 在 $r \to r_-$ 处, b) 两个 I 型区域, 在 $r \to r_+$ 处; 3) 对于 III 型区域可以在 $r \to r_-$ 处附加两个 II 型区域. 所述的粘如图 118 所示.

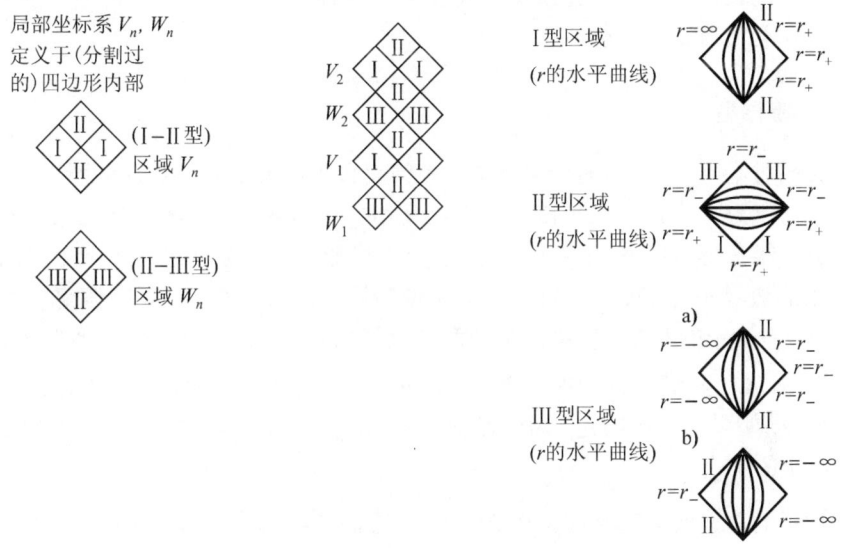

图 118

在每一个 I–II 型 (V_n) 和 II–III 型 (W_n) 的四边形中的坐标 (见图 118) 类似于克鲁斯卡尔坐标 (见图 115). 然而, 完成这种粘合所需的分析是相当冗长的. 不过, 它可以类似于球对称情形一样来做. 我们注意到将 V_n 转移到 V_{n+1} 和将 W_n 转移到 W_{n+1} 的变换 B 是运动 (等距). 因此我们可以构造 "非单连通的克尔解", 如果对任意点 $x \in M^4$, 令

$$\overline{M}^4 = M^4/B.$$

沿指向未来的类时曲线可能的转移如下:

区域 $(V_n, \text{I}) \to $ 区域 $(W_{n+1}, \text{II}) \cong $ 区域 (V_n, II),

区域 $(W_n, \text{II}) \to $ 区域 (V_n, I),

区域 $(W_n, \text{III}) \to $ 区域 $(W_n, \text{II}) \cong $ 区域 (V_n, II).

于是, 在非连通流形 $\overline{M}^4$ 中存在始点和终点均在外部观测者的区域 I 中的类似闭路.

注 施瓦茨席尔德解和情形 2) 中的克尔解具有这样的性质: 视界曲面上不存在 M^4 中度量的奇点. 也就是说, 在这些解中不存在 "裸奇点", 即不存在那种可以直接观测到的奇点. 有定理证明了在爱因斯坦方程 $R_{ab}=0$ 的具有这种性质的解的某些特定类中这种度量的唯一性: 施瓦茨席尔德解是在坐标 x,y,z,t 中 $g_{0\alpha}=0$, 当 $r\to\infty$ 时是渐近平凡的且在 (x,y,z) 空间中有非奇异的视界曲面而在视界曲面外有定义的静态度量中的唯一解; 克尔度量则是 $g_{0\alpha}\neq 0$, 在视界曲面外非奇异的静态度量中的唯一解. 我们不在这里证明这些重要的唯一性定理.

存在这样的假设, 根据这个假设任何有限量的坍缩物质当 $t\to\infty$ 时其周围的度量将渐近于施瓦茨席尔德度量或克尔度量 (在外部观测者区域中). 此时已假定 (在 $t=0$ 时的) 初始度量无奇性.

4. 宇宙模型

广义相对论 (OTO) 的另一类问题涉及演化模型的构造及其性质的研究. 这些模型可能会对于整个宇宙的大范围度量的演化给出一些明确的解释. 与之相应的具度量 g_{ab} 的 4 维流形 M^4 称为**宇宙模型**. 由于不可能系统表述在这些情形下爱因斯坦方程通用的边界条件, 我们将限于考察所谓的均匀的宇宙模型, 其中假定在空间的一切点处 (在给定的时刻) 度量在某种意义上是相同的. 这可以更精确地表达如下.

定义 31.4. 具满足爱因斯坦方程 (1) 的度量 g_{ab} 的 4 维流形 M^4 称为**均匀宇宙模型**, 如果其上已给定一个 (左作用于 M^4 上的) 运动群 G 且 G 的轨道是 3 维类空的.

今后我们总选取局部坐标使得 x^1,x^2,x^3 方向与群 G 的轨道相切 (它们称为 "空间方向"), 而 "时间" 坐标 x^0 的方向横截群 G 的轨道. 如果坐标 $x^0=ct$ 与轨道正交且 $g_{00}=1$, 则这个坐标系称为同时坐标系. 我们将基本上在同时坐标系中研究均匀模型. 最一般的均匀模型应该具有 3 维的运动群 G (它们的李代数分类在卷 1, §24 中已完成).

全体轨道组成一个 1 维流形 N^1 ("时间轴"). 我们有自然的映射
$$p: M^4 \to N^1,$$

它的纤维 $p^{-1}(t_0)$ 是群 G 的轨道. 取定时间轴, 例如取定一个同时坐标系, 就在这个纤维丛中引进了联络. 由于底 N^1 是 1 维的, 所以这个联络不存在曲率 (见 §24.2, §25.3). 设群 G 是 3 维的. 在这种情形, 不难取定流形 M^4 的度量表示: 考察左不变向量场 (不要将它们与群 G 的生成元混淆) X_0, X_1, X_2, X_3, 其中 X_0 横截群 G 的轨道, 而 X_1, X_2, X_3 与轨道相切, 我们再加上一个要求: 向量场 X_0, X_α 的换位

子的形式为 $(\alpha, \beta = 1, 2, 3)$：

$$[X_0, X_\alpha] = 0, \quad [X_\alpha, X_\beta] = C_{\alpha\beta}^\gamma X_\gamma; \tag{41}$$

这里的 $C_{\alpha\beta}^\gamma$ 是群 G 的李代数的结构常数, 与时间无关. 此外, (在同时坐标系中) 我们要求 X_0 正交于群的轨道且 $\langle X_0, X_0 \rangle = 1$. 在这种情形, 可以选取坐标轴的方向沿着这些向量场的局部同时坐标系使得度量的分量为

$$g_{ab} = \langle X_a, X_b \rangle, \quad g_{00} = 1, \quad g_{0\alpha} = 0, \alpha = 1, 2, 3. \tag{42}$$

由于模型是均匀的, 分量 $g_{\alpha\beta}$ 只依赖于时间 t, 其中时间曲线沿着向量场 X_0 走.

具有流体动力学的能量 – 动量张量 $T_{ab} = (p+\varepsilon)u_a u_b - pg_{ab}$ 的爱因斯坦方程就成为关于分量 $g_{\alpha\beta}(t)$ 的一个二阶常微分方程组, 只要我们在它们当中利用守恒律和以下关系消去 u, ε, p:

$$\nabla_a T_b^a = 0, \quad \langle u, \ u \rangle = 1, p = p(\varepsilon). \tag{43}$$

像以前一样, 我们假定 $p = k\varepsilon$, 其中 $0 \leqslant k \leqslant 1$ (特别有趣的情形是 $p = 0$ 和 $p = \varepsilon/3$, 此时 $T_a^a = 0$). 经过这些消元后我们得到 12 维的相空间 $(g_{\alpha\beta}(t), \dot{g}_{\alpha\beta}(t))$ 中的一个动力系. 更精确地说, 一个在这个相空间中由下列条件划分出的区域中的动力系统:

1) $g_{\alpha\beta}\xi^\alpha\xi^\beta < 0$, 对一切与轨道相切的 3 向量 ξ (轨道的类空性);
2) $\varepsilon(g_{\alpha\beta}, \dot{g}_{\alpha\beta}) \geqslant 0$ (能量的非负性).

我们将这个区域称为相空间 $(g_{\alpha\beta}, \dot{g}_{\alpha\beta}) = \mathbb{R}^{12}$ 中的 "物理区域" 并用字母 S 表示它. 爱因斯坦方程将被看作为相空间的物理区域 S 中的动力系统. 它的每一条积分轨道代表一个度量 $g_{\alpha\beta}(t)$ 或者说一个具给定的 (3 维) 运动群的均匀宇宙模型, 即流形 M^4.

在这些均匀模型中取出这样的度量 $g_{\alpha\beta}(t)$, 它的真正运动群, 即流形 M^4 的完全运动群 $\widehat{G}$ 是更大的群: $\widehat{G} \supset G$. 考察具有和 G 相同轨道的最大运动群 $\widehat{G} \supset G$. 因为 (李) 群 $\widehat{G}$ 作为运动群可递地作用在群 G 的每一条轨道 $M^3(t)$ 上, 所以 $M^3(t)$ 可以表示为一个齐性空间 (见 §5.1):

$$M^3(t) \cong \widehat{G}/H,$$

其中 H 是这条轨道上一点的迷向群. 3 维群 G 与 H 的交 $G \cap H$ 显然是离散的. 关于维数我们有

$$\dim \widehat{G} = 3 + \dim H.$$

注 原则上下列情形是不可能的: 具有维数 > 3 的群 $\widehat{G}$ 的均匀模型 M^4 有 3 维类空轨道 $M^3(t)$, 但 $\widehat{G}$ 却没有任何可递地作用在 $M^3(t)$ 上的 3 维子群 G. 我们将不去研究这种情形.

在一般情形, 包括所有的最有趣的例子及参数个数最多的情形, 群 $\widehat{G}$ 包含这样的 3 维可递子群 G.

习题 31.2. 找出一个 3 维流形的所有不包含 3 维可递子群的运动群.

如果维数 $\dim \widehat{G} > 3$, 则齐性空间 $M^3(t)$ 的度量 $g_{\alpha\beta}(t)$ 由于齐性可由一个点处 (t 给定) 的标量积矩阵决定, 因而不可能是任意的. 保持这个点不动的群 $H \subset \widehat{G}$ 的作用对矩阵 $g_{\alpha\beta}(t)$ 加上了限制, 同样对矩阵 $\dot{g}_{\alpha\beta}(t)$ 也加上了限制. 因为 $g_{\alpha\beta}\xi^\alpha\xi^\beta < 0$, 群 H 是群 $SO(3) \supset H$ 的子群. 因此可能有两种情形:

a) $H \cong SO(3)$ (完全迷向);

b) $H \cong SO(2)$ (在一个平面中的轴迷向).

结果, 群 $\widehat{G}$ 的维数可以等于 6 (情形 a)) 或 4 (情形 b)).

5. 弗里德曼模型

具维数为 6 的群 $\widehat{G}$ 的模型 (完全迷向情形) 称为各向同性的均匀模型 (或弗里德曼模型). 这个模型易于研究且在相对论宇宙学中具有重大的意义. 天文学的观测表明在宇宙演化的现阶段, 如果求平均是对充分大的尺度所做的, 则物质的分布 "在平均上" 是各向同性和均匀的, 这个尺度尽管大但与总星系相比却仍是微不足道的小, 总星系是指当今可观测到的宇宙部分 (其大小 $\sim 10^{28}$cm). 如果要说物质的分布是各向同性的, 那么应该是对银河星团的尺度即 $10^{25} \sim 10^{26}$cm 来做这个平均. (我们注意到在残留的背景辐射中尚未发现有各向异性, 而在宇宙演化的极早期背景辐射的能量密度大于质量密度.)

总共存在 3 种具 6 维群 $\widehat{G}$ 的各向同性和均匀的 3 维单连通流形 M^3. 它们是球面 S^3, 欧几里得空间 $\mathbb{R}^3$ 和罗巴切夫斯基空间 L^3 (见卷 1, §9, §10, 那里考察了 2 维的情形). 这些空间的度量可以描述为 (t 参数):

$$dl^2(t) = a^2(t)dl_0^2 = a^2 \begin{cases} d\chi^2 + \sin^2\chi d\Omega^2 & (S^3), \\ d\chi^2 + \chi^2 d\Omega^2 & (\mathbb{R}^3), \\ d\chi^2 + \text{sh}^2\chi d\Omega^2 & (L^3), \end{cases} \tag{44}$$

$$d\Omega^2 = d\theta^2 + \sin^2\theta d\varphi^2,$$

其中 a^2 是尺度因子, $d\Omega^2$ 是单位球面 S^2 通常的度量. 与此对应的 M^4 的度量在同时坐标系中可写为

$$ds^2 = c^2 dt^2 - dl^2(t) = (dx^0)^2 - a^2(t)dl_0^2. \tag{45}$$

我们引入一个新的时间坐标 η, 令

$$cdt = ad\eta. \tag{46}$$

于是我们有

$$ds^2 = a^2(\eta)(d\eta^2 - dl_0^2). \tag{47}$$

(由此, 度量显然在 $a = 0$ 处有奇性.)

习题 31.3. 证明: 上述模型的度量是 "共形平坦的" (即共形等价于闵可夫斯基度量).

对于度量 (47), 爱因斯坦方程化为一个方程

$$R_0^0 - \frac{1}{2}R = \frac{8\pi G}{c^4}T_0^0. \tag{48}$$

进一步, 由于非零的空间方向的速度将破坏完全迷向性, 因此在完全迷向情形, 物质速度 u 必须是平凡的,

$$u = (1, 0, 0, 0).$$

因此 $T_0^0 = \varepsilon$. 由关系式 $T_b^a = 0, a \neq b$, 在所有的三种情形 $S^3, \mathbb{R}^3, L^3$, 我们都有

$$-\frac{d\varepsilon}{p + \varepsilon} = 3d\ln a,$$

或

$$3\ln a = -\int \frac{d\varepsilon}{p + \varepsilon} + 常数. \tag{49}$$

如果知道物态方程 $p(\varepsilon)$, 则从 (48) 和 (49) 我们可得决定度量 ds^2, 即函数 $a(t)$ (或函数 $a(\eta)$ 和 $t(\eta)$) 的问题的完整解答. 下面我们在 $p = 0$ 时分别对 $S^3, L^3, \mathbb{R}^3$ 作出显式解. (对 $p = 0$ 的情形我们有 $\varepsilon = \mu c^2$, 其中 μ 是质量密度. 量 $M = \mu a^3$ 是方程 (48) 的一个积分.)

a) 在球面 S^3 的情形, 按普通公式计算 R_0^0 和 R (见卷 1, §30) 可得

$$R = -\frac{6}{a^3}(a + a''), R_0^0 = \frac{3}{a^4}(a'^2 - aa''), a' = \frac{da}{d\eta}.$$

这给出方程

$$\frac{8\pi G}{c^4}\varepsilon = \frac{3}{a^4}(a'^2 + a^2).$$

注意到 $\varepsilon a^2 = $ 常数 (因为 $p = 0$, 见 (49)), 这个方程的解为

$$a = a_0(1 - \cos\eta), t = \frac{a_0}{c}(\eta - \sin\eta), a_0 = 常数.$$

当小的时刻, 即当 $\eta \to 0$ 时, 对于质量密度我们得到

$$\mu = \frac{\varepsilon}{c^2} \sim \frac{1}{6\pi G}t^{-2} \tag{50}$$

(试证之!). 在 $a \to 0$ 处度量有奇性.

b) 在 L^3 的情形, 类似地可得

$$\frac{8\pi G}{c^4}\varepsilon = \frac{3}{a^4}(a'^2 - a^2), \tag{51}$$

$$a = a_0(\text{ch}\,\eta - 1), t = \frac{a_0}{c}(\text{sh}\,\eta - \eta).$$

我们注意到当 $\eta \to 0$ 我们对于质量密度也有前面的渐近式 (50):
$$\mu \sim \frac{1}{6\pi G} t^{-2}.$$

c) 在 $\mathbb{R}^3$ 的情形, 我们有 $(p=0)$
$$\frac{8\pi G}{c^4}\varepsilon = \frac{3}{a^2}\left(\frac{da}{dt}\right)^2, \quad \mu a^3 = 常数, \quad a = 常数 \cdot t^{2/3}. \tag{52}$$

当 $\eta \to 0$ 我们又有
$$\mu \sim \frac{1}{6\pi G} t^{-2}.$$

在所考察的三种情形中, 量 $a(\eta)$ 的图像 (也可以作替换 $t \to -t, \eta \to -\eta$) 如图 119 所示.

注 也可假定当 $\varepsilon \to 0$ (即小时刻时) 应该用物态方程 $p = \varepsilon/3$ 替代 $p = 0$. 此时对这些情形也容易得到类似的公式, 但是 (49) 的积分此时应为 $\varepsilon a^4 = 常数$.

在所有的三种情形中, 从 (47) 易见光射线是沿曲线 ($\varphi = \theta = 常数$)
$$\chi = \pm\eta + 常数 \tag{53}$$

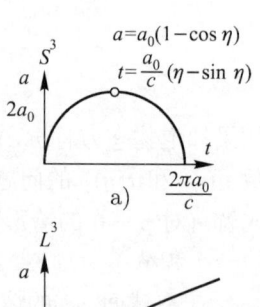

传播的.

由于度量是非静态的, 光的频率 ω 不是运动的积分, 因为沿着光射线成立 $\omega a = 常数$.

习题 31.4. 考察形如 $ds^2 = a^2(\eta)(d\eta^2 - dl_0^2)$ 的迷向度量中的麦克斯韦方程, 其中 $a(\eta)$ 是任意函数. 找出形如
$$A(x,t) = e^{i\omega t}\widetilde{A}(x), \quad cdt = ad\eta, \quad \omega \gg a^{-1},$$
的解. 证明 $\omega a = 常数$.

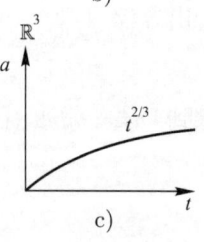

如果 ω_0 是在光锥的瞬间 $\eta_0 = \eta - \chi$ 时的频率, 则在观测到的时刻 η 我们有
$$\omega = \omega_0 \frac{a(\eta - \chi)}{a(\eta)}. \tag{54}$$

图 119

天文学的观测表明宇宙正在膨胀: 直接观测到的量
$$H = c\frac{a'(\eta)}{a^2} = \frac{d\ln a}{dt}, \tag{55}$$

称为 "哈勃常数". 量 H^{-1} 与时间有关, 现在的估计值为:
$$H^{-1} \sim 13 \cdot 10^9 年 \pm 25\%. \tag{56}$$

由此导出从 $a=0$ 的时刻到 $1/H$ 取现在的值 (56) 的时刻 t_0 是一段有限的时间. 我们可以得到关系式

$$S^3: t = \frac{a_0}{c}(\eta - \sin\eta) = \frac{1}{H}g(\eta) = \frac{1}{H}\frac{\sin\eta(\eta - \sin\eta)}{(1-\cos\eta)^2},$$
$$\mathbb{R}^3: t = \frac{2}{3}H^{-1}, \tag{57}$$
$$L^3: t = \frac{a_0}{c}(\operatorname{sh}\eta - \eta) = \frac{1}{H}f(\eta) = \frac{1}{H}\frac{\operatorname{sh}\eta(\operatorname{sh}\eta - \eta)}{(\operatorname{ch}\eta - 1)^2}.$$

因为 $\frac{2}{3} < f(\eta) < 1, 0 < g(\eta) < \frac{2}{3}$,所以在所有情形中都可得到一个共同的结论:在 $p=0$ 的弗里德曼各向同性模型中从 $a=0$ 的时刻到达现在的值 H 经历的时间 t_0 不超过 H^{-1}.

习题

31.5. 证明: 在采用物态方程 $p = \varepsilon/3$ 时对宇宙年龄的估计不会有实质性的改变.

31.6. 证明: $\mu > \frac{3H^2}{8\pi G}$ 的情形是 $S^3, \mu = \frac{3H^2}{8\pi G}$ 的情形是 $\mathbb{R}^3, \mu < \frac{3H^2}{8\pi G}$ 的情形是 $L^3 (p=0)$.

6. 各向异性真空模型

自然会产生这样的问题: 在研究各向同性的均匀宇宙模型时得出的最重要的结论在多大程度上对更一般的模型仍然有效. 为此目的, 人们考察了各种不同的作过扰动的各向同性模型. 唯一的一类当今被人们充分透彻地研究过的"大大"扰动过的各向同性模型就是一般的均匀 (但各向异性的) 模型. 其中最重要的问题是下列问题:

(1) 此时在一般解中是否有奇性, 抑或奇性只是各向同性模型特有的?

(2) 能否在某种意义上找到充分一般的初始条件保证度量在宇宙演化过程中 "各向同性化" 到当今观测到的各向同性状态?

关于奇性存在的理由容易证明下列事实: 设 $g = \det(g_{\alpha\beta}(t))(\alpha, \beta = 1, 2, 3)$, 其中 g_{ab} 是符号为 $(+ - - -)$ 的度量,$d\sigma = \sqrt{-g}d^4x$ 是 M^4 上的体积元. 我们将使用同时坐标系, 其中 "空间" 部分就是群的轨道而时间 t 与轨道正交. 由爱因斯坦方程及能量密度非负 $(T_{00} \geqslant 0)$ 条件容易推出存在点 t_0 使得 $g(t_0) = 0$. 对某些均匀模型将在下面给出这个结论的推导. 但是这并不意味着度量为 g_{ab} 的流形 M^4 存在奇性.

我们现在考察新的时间坐标 $\tilde{x}_0$, 它不与轨道正交 (但是横截轨道), 当采用它为

坐标时度量 $\widetilde{g}_{ab}$ 的形式为, 例如

$$\widetilde{g}_{ab} = \begin{pmatrix} \widetilde{g}_{00} & \widetilde{g}_{01} & 0 & 0 \\ \widetilde{g}_{10} & \widetilde{g}_{11} & \widetilde{g}_{12} & \widetilde{g}_{13} \\ 0 & \widetilde{g}_{21} & \widetilde{g}_{22} & \widetilde{g}_{23} \\ 0 & \widetilde{g}_{31} & \widetilde{g}_{32} & \widetilde{g}_{33} \end{pmatrix}, \quad \widetilde{g}_{ab} = \widetilde{g}_{ba} \tag{58}$$

设 $\widetilde{g}_{01} \neq 0$. 可以选取, 比方说, "光" 坐标 $\widetilde{x}^0$ 使得 $\widetilde{g}_{00} = 0$. 严格说, 我们有新的左不变向量场 $\widetilde{X}_a$ 也满足关系式 (41). 如果场 $\widetilde{X}$ 的积分曲线是光测地线, 则 $\widetilde{g}_{00} = 0, \langle \widetilde{X}_0, \widetilde{X}_0 \rangle = \widetilde{g}_{01} = \gamma = $ 常数. 如果当 $t = t_0$ 时

$$\widetilde{g}_{11} = \widetilde{g}_{12} = \widetilde{g}_{13} = 0,$$

则度量 g_{ab} 在轨道 $M^3(t_0)$ 上的限制将是奇异的. 在这种情形, 如果再回到同时坐标系, 就有 $g = 0$. 这种情形称为 "虚奇性". 它也可能出现于轴对称扰动的各向同性模型中.

不同于各向同性情形, 各向异性的均匀模型有一些非平凡的 "真空解", 即其中 $\varepsilon = 0$ 的解. 我们将介绍其中最简单的解.

1) **卡斯纳解** 此时 $G = \mathbb{R}^3$, 具交换李代数 (按卷 1, §24.6 的分类属于 I 型). 平行于对应的坐标轴 "定向的" 向量场 X_a 互相交换, 度量的形式为 $(c = 1)$

$$ds^2 = dt^2 - \sum_{\alpha=1}^{3} t^{2p_\alpha}(dx^\alpha)^2. \tag{59}$$

下面的两个条件等价于真空空间中的爱因斯坦方程:

$$R_{ab} = 0 \leftrightarrow \sum_{\alpha=1}^{3} p_\alpha = 1, \quad \sum_{\alpha=1}^{3} p_\alpha^2 = 1.$$

习题 31.7. 证明: 卡斯纳度量 (59) 当 $p_1 = 0, p_2 = 0$ 及 $p_3 = 1$ 时通过坐标变换可成为闵可夫斯基度量. 于是, 在这种情形中奇性 $t = 0$ 是 "虚奇性". 在闵可夫斯基空间中群 $G = \mathbb{R}^3$ 是如何作用的?

2) **陶布 – 米斯纳解** 此时 $G = SU(2)$ (IX 型). 在同时坐标系中我们将假定矩阵 $g_{\alpha\beta}(t)$ 是对角阵: $g_{\alpha\beta} = q_\alpha^2 \delta_{\alpha\beta}$. 设 $q_1^2 = a, q_2^2 = b, q_3^2 = c$. 陶布 – 米斯纳解由下列条件决定:

a) 轴向各向同性, $a = b$ (在这里完全群 $\widehat{G}$ 是 4 维的并同构于 $SU(2) \times SO(2)$);

b) $\varepsilon = 0$.

爱因斯坦方程 $R_{ab} = 0$ 在这种情形是完全可积的 (在同时坐标系中) 解的形式为

$$a^2 = b^2 = \frac{q}{2}\frac{\text{ch}(2q\tau + \delta_1)}{\text{ch}^2(q\tau + \delta_2)}, \quad c^2 = \frac{2q}{\text{ch}(2q\tau + \delta_1)}, \frac{d\tau}{dt} = \frac{1}{abc}, \tag{60}$$

其中 q, δ_1, δ_2 是常数.

类空轨道 $M^3(t) \cong SU(2) \cong S^3$. 由公式 (60) 明显可见, 当 $t \to 0$ 时轨道上沿一个方向的距离收缩到零. 这意味着在同时坐标系中我们有一个收缩映射

$$t \to 0, p : S^3 \to S^2 \cong M^3(0) \cong S^3/S^1 \cong SU(2)/SO(2),$$

纤维为 S^1. 这正是 S^2 上的霍普夫纤维化 (见 §24.3). 于是, 在 $t = 0$ 处可能出现奇异球面 S^2. 但是可以引进新的向量场 $\widetilde{X}_a^\pm$ 满足条件 (41), 光坐标为 $X_0^\pm$, 在这个坐标系中在 $t = 0$ 处度量无奇性且形式为

$$\widetilde{g}_{ab}^{(\pm)} = \begin{pmatrix} 0 & \pm 1 & 0 & 0 \\ \pm & \widetilde{g}_{11}^{(\pm)} & 0 & 0 \\ 0 & 0 & \widetilde{g}_{22}^{(\pm)} & 0 \\ 0 & 0 & 0 & \widetilde{g}_{33}^{(\pm)} \end{pmatrix} = \langle \widetilde{X}_a^\pm, \widetilde{X}_b^\pm \rangle, \tag{61}$$

$$\widetilde{g}_{11}^{(\pm)} = \widetilde{q}_1^2 = \frac{At + 1 - 4B^2 t^2}{B(4B^2 t^2 + 1)}, \quad \widetilde{g}_{22}^{(\pm)} = \widetilde{g}_{33}^{(\pm)} = Bt^2 + \frac{1}{4B}.$$

这就是陶布 – 米斯纳度量 (或陶布 –NUT 度量 (Newman, Unti 和 Tamburino)).

习题

31.8. 证明: 度量 (61) 和 (60) 在区域 $t > 0$ 中定义了同一个流形 M^4.

31.9. 找出向量场 $\widetilde{X}_a^+$ 到 $\widetilde{X}_a^-$ 的变换矩阵 $A(t), \widetilde{g}_{11}^{(\pm)} > 0$.

31.10. 证明: 在轨道 $t = 0$ 上, 向量场 $\widetilde{X}_1^\pm$ 在 $SU(2) \cong M^3(0)$ 中的积分曲线是闭的类光曲线.

并证明: 从区域 $t > 0$ 出发的旧 (同时) 坐标 $x^0 (t = \frac{x^0}{c})$ 曲线像在极限环上那样卷绕在这些闭类光曲线上. 它们在拓扑上是长度有限的无限曲线 (显示出不定度量的 "不完全性").

注 我们注意到陶布 – 米斯纳度量 $\widetilde{g}_{ab}^\pm$ 这样的有趣性质: 它们都是同一个由同时时间坐标 (t) 表达的陶布度量在区域 $t > 0$ 中的解析延拓, 但是在这个区域中将度量 $\widetilde{g}_{ab}^+$ 转换成 $\widetilde{g}_{ab}^-$ 的变量置换却不可能解析地延拓至整个流形上. 更有甚者, 度量 $\widetilde{g}_{ab}^+$ 和 $\widetilde{g}_{ab}^-$ 在整个流形 M 上一般不是 (解析) 等价的, 因为这些度量在区域 $t > 0$ 中的等距是唯一的, 而从向量场 $\widetilde{X}_a^+$ 到 $\widetilde{X}_a^-$ 的变换矩阵 $A(t)$ 在 $t = 0$ 处 (t 是同时时间坐标) 不是解析的. 于是, 在虚奇点处的解析延拓不是唯一的.

陶布 – 米斯纳度量的这个性质并不令人惊讶; 作为一个简单的例子, 我们考察坐标为 x, τ 的 2 维流形在区域 $\tau > 0$ 上的度量:

$$ds^2 = d\tau^2 - \frac{\tau^2}{4} dx^2.$$

这个度量容许变换群 $G : x \mapsto x + x_0$. 我们假定坐标 x 是循环的: $x \sim x + 2\pi$. 于是, 此时 $G = SO(2)$. 这个度量是同时的 (即坐标系为同时坐标系) 且仅当 $\tau > 0$ 时有意

义. 通过置换

$$\tau = 2\sqrt{u_+}, \quad x = \ln u_+ - v_+,$$
$$\tau = 2\sqrt{u_-}, \quad x = \ln u_- + v_-,$$

我们得到两个延拓.

在坐标系 $(u_\pm, v_\pm)$ 中我们有

$$ds_\pm^2 = \pm 2 du_\pm dv_\pm - u_\pm (dv_\pm)^2.$$

矩阵 $\widetilde{g}_{ab}^{(\pm)}$ 的形式为

$$\widetilde{g}_{ab}^{(+)} = \begin{pmatrix} 0 & 1 \\ 1 & -u_+ \end{pmatrix}, \quad \widetilde{g}_{ab}^{(-)} = \begin{pmatrix} 0 & -1 \\ -1 & -u_- \end{pmatrix}.$$

在考察 2 维度量 $ds_\pm^2$ 时, 我们可以假定坐标 $v_\pm$ 是循环的, 而 $-\infty < u_\pm < \infty$. 此时不难确信曲线 $u_\pm = 0$ 是对于与群 $G = SO(2)$ 的轨道正交的同时时间曲线 $x = $ 常数的极限环 (图 120).

在 2 维的情形, 从 $\widetilde{g}_{ab}^{(+)}$ 到 $\widetilde{g}_{ab}^{(-)}$ 的变量置换存在且形式为

$$u_+ = u_-, \quad v_+ = v_-.$$

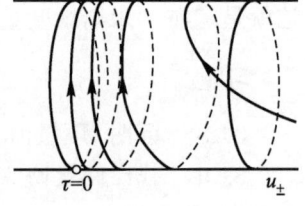

图 120

这个置换并不能推广到陶布 – 米斯纳解上.

7. 更一般的模型

已经知道存在一些更复杂的具 "非零物质" $\varepsilon \neq 0$ 的均匀模型, 它们也具有 "虚奇性" 并且可延拓到群的轨道非类空的区域 (此时解可能具有极复杂的性状). 其中最有趣的是群为 I, V, VII 和 IX 型的均匀模型 (见卷 1, §24.6), 这些群的李代数由下列公式确定:

$$\mathbb{R}^3 (\text{I 型}): [X_\alpha, X_\beta] = 0;$$
$$\mathfrak{g}_5 (\text{V 型}): [X_1, X_2] = X_2, [X_2, X_3] = 0, [X_3, X_1] = -X_3;$$
$$\mathfrak{g}_7 (\text{VII 型}): [X_1, X_2] = aX_2 + X_3, [X_2, X_3] = 0, [X_3, X_1] = X_2 - aX_3;$$
$$\mathfrak{g}_0 (\text{IX 型}): [X_1, X_2] = X_3, [X_2, X_3] = X_1, [X_3, X_1] = X_2.$$

这些模型之所以使人们最感兴趣是因为它们之中作为特殊情形包括了弗里德曼各向同性模型并且使得关于宇宙膨胀时度量的 "各向同性化" 的说法有意义. 这种类型中对特殊情形的各向同性化问题给出 "朴素解" 的最简单例子是赫克曼 – 许金度

量 (I 型)

$$ds^2 = dt^2 - \sum_{i=1}^{3} c_i t^{2p_i}(t+t_0)^{4/3-2p_i} dx_i^2 \tag{62}$$
$$c_i > 0, p_1 + p_2 + p_3 = p_1^2 + p_2^2 + p_3^2 = 1.$$

当 $t \to 0$, 它渐近于 (前面的) 卡斯纳解, 而当 $t \to \infty$ 时渐近于弗里德曼解.

对于弗里德曼各向同性模型, 它们的运动群的李代数的形式为

$$G = G_+^6 : [X_i, X_j] = \varepsilon_{ijk} X_k, [Y_i, Y_j] = \varepsilon_{ijk} Y_k, [X_i, Y_j] = 0 (S^3 \text{ 的情形});$$
$$G = G_0^6 : [X_i, X_j] = \varepsilon_{ijk} X_k, [X_i, Y_j] = \varepsilon_{ijk} Y_k, [Y_i, Y_j] = 0 (\mathbb{R}^3 \text{ 的情形});$$
$$G = G_-^6 : \text{李代数同构于 } sl(2, \mathbb{C}) \ (L^3 \text{ 的情形}).$$

我们指出这些李代数中 I, V, VII, IX 型的 3 维子代数, 它们可递地作用在 $S^3, \mathbb{R}^3, L^3$ 上:

$$\begin{aligned} &\text{I}: [Y_i, Y_j] = 0, i, j = 1, 2, 3; \\ &\text{V}: [X_1, X_2] = X_2, [X_2, X_3] = 0, [X_3, X_1] = -X_3; \\ &\text{VII}: [X_1, X_2] = aX_2 + X_3, [X_2, X_3] = 0; [X_3, X_1] = X_2 - aX_3; \\ &\text{IX}: [X_i, X_j] = \varepsilon_{ijk} X_k, i, j, k = 1, 2, 3. \end{aligned} \tag{63}$$

因此, 各向同性模型的弗里德曼解是 I, V, VII 和 IX 型的均匀模型的特殊情形, 而后面的这些模型就因此而在研究各向同性模型的均匀扰动中十分有用. (在可取的结构常数集中, I 和 V 型是 VII 和 IX 型的 "极限".)

可以证明解带有虚奇性并不是 I, VII 和 IX (或许还有 V) 型的模型所共有的特性, 并且虚奇性在小扰动下可以消失. 存在一系列的渐近解 (当 $t \to 0$), 其中最复杂的是不太久前发现的所谓 "振动体制". 在 (20 世纪) 60 年代末, 这个论题曾广泛展开过. 我们在这里不去进入与 "振动体制" 以及与作为动力系统定性理论的爱因斯坦方程理论中产生的问题有关的最新问题.

在整个 70 年代曾对均匀模型中宇宙的早期演化作过深入的研究, 使用了动力系统的多维定性理论的现代方法. 这些研究结束了先前的物理工作, 首先用更初等的方法发现了复杂的宇宙向奇性收缩时度量演化的振动体制, 给出了在早期演化中所有其他的体制的分类, 并且使得有可能 (在均匀宇宙模型框架内) 清楚地表达和解答下面的问题: 如何精确地定义早期演化时 (与膨胀过程相关的) 度量的 "典范初始状态" 以及它们实际上究竟又是怎样的?

在 IX 型模型的情形 (群 $G = SU(2)$), 如果物质 "在平均上" 是不动的, $u = (1, 0, 0, 0)$, 则空间的度量在所有的时刻在同时坐标系中可以假定为对角型的:

$$g_{\alpha\beta}(t) = q_\alpha^2 \delta_{\alpha\beta}.$$

如果 $p = k\varepsilon, 0 \leqslant k \leqslant 1$, 则经过时间置换 $t \to \tau, q^k d\tau = dt$, 其中 $q = q_1 q_2 q_3$, 爱因斯坦方程取哈密顿系统的形式 (试证之!), 哈密顿函数 H 为

$$H = \frac{1}{4(q_1 q_2 q_3)^{1-k}}(P_2(p_1 q_1, p_2 q_2, p_3 q_3) + P_2(q_1^2, q_2^2, q_3^2)), \quad (64)$$
$$P_2(x, y, z) = 2(xy + yz + zx) - (x^2 + y^2 + z^2),$$

其中 $p_i = \dfrac{d}{dt}(q_j q_l) = q^{-k} \dfrac{d}{d\tau}(q_j q_l), i, j, l$ 各不相同.

注 在 I 型的情形, 系统也可以对角化, 哈密顿函数形式为

$$H = H^1(p, q) = \frac{1}{4(q_1 q_2 q_3)^{1-k}} P_2(p_1 q_1, p_2 q_2, p_3 q_3).$$

再回到 IX 型的解, 我们注意到 H 和 ε 之间有这样的关系:

$$\varepsilon(q_1 q_2 q_3)^{1+k} = A = H(p, q) \geqslant 0. \quad (65)$$

因此, 相空间的 "物理区域" $S \subset \mathbb{R}^6(p, q)$ 由条件

$$q_\alpha > 0, H(p, q) \geqslant 0 \quad (66)$$

决定. 不难验证我们的哈密顿系统 (64) 容许伸缩变换群:

$$q_\alpha \to \lambda q_\alpha, p_\alpha \to \lambda p_\alpha, H \to \lambda^{3k-1} H. \quad (67)$$

此外, 对任意的值 k $(0 \leqslant k \leqslant 1)$, 由哈密顿方程 $\dot{q}_\alpha = \dfrac{\partial H}{\partial p_\alpha}$, 对体积元 $q = \sqrt{-g} = q_1 q_2 q_3$ 成立

$$\dot{q} = \frac{1}{2} q^k (p_1 q_1 + p_2 q_2 + p_3 q_3). \quad (68)$$

由此可以证明: 如果 $\dot{q}(t_0) < 0$, 则对所有的 $t > t_0, \dot{q}(t) < 0$, 此外还有 $\dfrac{d^2}{dt^2}(q^{1/3}) < 0$.

习题 31.11. 假定 $u = (1, 0, 0, 0)$, 证明:

$$\frac{d^2}{d\tau^2}(q^{1/3}) = -\frac{1}{3} R_0^0 q^{1/3}; \quad R_0^0 = T_0^0 - \frac{1}{2} T_\alpha^\alpha = \varepsilon + \frac{3p}{2}.$$

因此, 如果由收缩的一侧作为时间的定向, 则我们必定会到达点 t_1, 在那里 $q(t_1) = 0$ (奇性或 "虚奇性"). 我们来研究相曲面 $q_2 \equiv q_3$ (或 $q_2 = q_3, p_2 = p_3$) 上的轴各向同性的情形. 我们将时间轴的定向改变成反方向, 即指向膨胀的一侧, 从而将研究 $\dot{q} > 0, q > 0$ 的情形. 利用伸缩群 (67), 我们将爱因斯坦方程化为 3 维动力系统. 如果取坐标

$$u = \frac{p_1 q_1}{p_2 q_2 + p_3 q_3} = \frac{p_1 q_1}{2 p_2 q_2}, w = \frac{q_1^2}{2 p_2 q_2}, v = \frac{q_2 w}{q_1}, \quad (69)$$

我们就得到动力系统

$$\frac{du}{d\tau} = \dot{u} = -w^2 + 2v^2 - 2uv^2 + (2u-1)H_2,$$
$$\dot{w} = w(u - 1 + 2H_2 - 2v^2),$$
$$\dot{v} = \tfrac{1}{2}v(-k - (1-k)(u-1)^2 - (1-k)w^2 - 4kv^2), \quad (70)$$
$$H_2 = \frac{1-k}{4}(1 - (u-1)^2 - w^2 + 4v^2), \frac{d\tau}{dt} = -\frac{w}{q_1 v^2},$$

对它还要加上能量非负 (见 (65)) 及度量无奇性 (它是正定的) 条件:

$$H_2 \geqslant 0, \quad w < 0, v < 0. \qquad (71)$$

在 "边界" 上, 其中 $v = 0$, 在坐标系 u, w, v 中我们得到一个坐标为 u, w 的 2 维不变流形, 在其上系统形如

$$\dot{u} = -w^2 + (2u-1)\overline{H}_2, \dot{w} = w(u - 1 + 2\overline{H}_2), \qquad (72)$$
$$\overline{H}_2 = \frac{1-k}{4}(1 - (u-1)^2 - w^2).$$

这个动力系统的向量场有下面的奇点:

Φ(鞍点) $u = \dfrac{1}{2}, w = 0, v = 0$;

C(鞍点) $u = 2, w = 0, v = 0$;

N(焦点) $u = \dfrac{3+k}{5-k}, w = -\dfrac{1}{5-k}\sqrt{(1+3k)(1-k)}, v = 0$;

T(结点) $u = w = v = 0$.

(72) 的轨线的性状图如图 121 所示.

由于性质 $\dot{v}/v < 0$, (在收缩时) 一般的轨线趋向于曲面 $v = 0$. 整个物理区域在坐标系 u, w, v 中形式为 $H_2 \geqslant 0, w \leqslant 0, v \leqslant 0$. 当趋近于边界 $v = 0$ 时, 轨线的性状图近似于 2 维系统 (72) 的性状图 (即在边界 $v = 0$ 上, 见图 121). 从物理区域的内部趋近于 Φ, N, T 型奇点的轨线的那些分界线 ("手臂") 给出爱因斯坦方程的解, 这种解当 $t \to 0$ 时渐近于度量

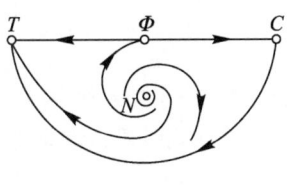

图 121

$(\Phi) \quad q_i \sim c_i t^{\frac{4}{3(1-k)}}$

(在 $q_1 = q_2 = q_3$ 的特殊情形, 我们得到弗里德曼解);

$(T) \quad q_1 \sim c_1 t^2, q_2 \sim q_2 \sim c_2$

(在 $q_2 = q_3$ 的特殊情形, 我们得到陶布解);

$$(N) \qquad q_1 \sim c_1 t^{\frac{1-k}{1+k}}, q_2 \sim c_2 t^{\frac{3+k}{2(1+k)}}, q_3 \sim c_3 t^{\frac{3+k}{2(1+k)}}.$$

于是, 存在许多 T 型的渐近解, 它们在更弱的意义上给出虚奇性, 即度量 $g_{\alpha\beta}$ 可以只是连续的延拓 (无二阶导数). 能量密度有 (T 型) 的 "弱" 奇性 $\varepsilon \sim t^{-2(1+k)}$ ($\varepsilon(q_1 q_2 q_3)^{1+k} = $ 常数).

注 如果没有轴各向同性的假定, 则在 IX 型模型中 T 型解不再是 "典范的".

最后, 我们简短地考察一下比较简单的对应于 I 型和 V 型李代数的均匀模型. 如前一样, 假定物质 (在平均上) 是不动的 ($u^0 = 1, u^\alpha = 0, \alpha = 1, 2, 3$), 则 (在适当的同时坐标系中) 我们得到度量形式为

$$g_{\alpha\beta} = q_\alpha^2(t)\delta_{\alpha\beta}, \quad g_{00} \equiv 1.$$

无轴各向同性假定的爱因斯坦方程在这两种情形下化为相平面上的 2 维动力系统.

I 型. 我们引入坐标

$$u = \frac{p_1 q_1}{p_2 q_2 + p_3 q_3}, \quad v = \frac{p_2 q_2 - p_3 q_3}{p_2 q_2 + p_3 q_3},$$

在这个坐标系中, 爱因斯坦方程取下面的常微分方程的形式 (时间指向收缩的一侧):

$$\frac{du}{d\tau} = (2u-1)H_2, \quad \frac{dv}{d\tau} = 2vH_2, \quad H_2 = \frac{1-k}{4}(1-(u-1)^2 - v^2),$$

$$\frac{d\tau}{dt} = -\frac{q_1^6}{(p_1 q_1 + p_2 q_2 + p_3 q_3)(q_1 q_2 q_3)}.$$

所给系统的奇点是

$$S^1 : (u-1)^2 + v^2 = 1$$
$$\Phi : u = \frac{1}{2}, v = 0,$$

积分曲线如图 122 所示.

V 型. 此时可方便地选取坐标为

$$v = 2\frac{p_1 q_1 - p_2 q_2}{p_1 q_1 + p_2 q_2}, \quad r = \frac{2 q_1 q_2}{p_1 q_1 + p_2 q_2}.$$

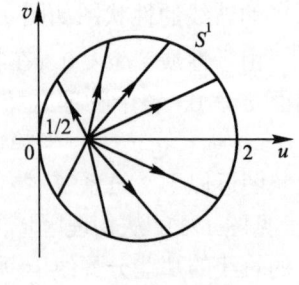

图 122

于是, 爱因斯坦方程等价于系统

$$\frac{dv}{d\tau} = v(H_2 + 4r^2), \quad \frac{dr}{d\tau} = r(-1 + H_2 + 4r^2), \quad H_2 = \frac{1-k}{4}(3 - v^2 - 12r^2),$$

$$\frac{d\tau}{dt} = -\frac{p_1 q_1 + p_2 q_2}{2 q_1 q_2 q_3},$$

§31. 广义相对论 (OTO) 中的某些流形

有下面的奇点:

$$i_\pm : r = 0, v = \pm\sqrt{3},$$
$$\Phi_0 : r = v = 0,$$
$$\Phi_1 : r = \frac{1}{2}, v = 0.$$

积分轨道如图 123 所示.

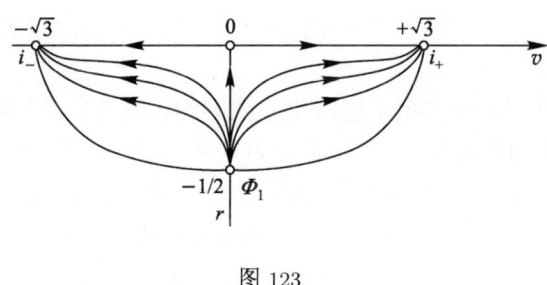

图 123

有关均匀宇宙模型理论的这些结果以及别的结果的详细描述, 读者在书 [8] 中可找到, 也可参见 [9]. 书 [5], [6], [7] 中包含了关于相对论宇宙学的各种重要的物理方面的论述.

上面所做的 IX 型的轴各向同性模型对演化早期状态的系统定性研究在方法论上是重要的. 它表明对应于 (T 型奇点邻域中) 收缩过程的 "典范状态" 与对应于 (N 型奇点邻域中) 膨胀过程的 "典范状态" 是不同的. 这立即可从图 121 中看出, 其中箭头指向收缩过程. 严格地说, (收缩过程中的) 术语 "典范状态" 的意义如下. 如果我们随机地选取初始条件并在收缩方向上解爱因斯坦方程, 则充分接近奇点时我们将以概率 1 进入这个模型中的 T 型相邻域. 对于膨胀过程, 典范状态的精确定义更为复杂. 在这个情形, 利用上面构造的坐标为 u, v, w 的 3 维流形比较合适, 其中会出现 "极早期" 状态; 它对应于由 $v = 0, \overline{H}_2 \geqslant 0$ 定义的一部分平面, 因为当空间的体积收缩于零时 $v \to 0$. 考虑到这个极早期状态的集 (严格说, 它不在相空间的 $v > 0, H_2 > 0$ 的物理区域中), 我们就有一种自然的方法来定义关于膨胀过程 (不是收缩过程!) 宇宙演化早期度量的典范状态这个概念. 在离边界某个短距离 $\varepsilon > 0$ 处 ($|v| = \varepsilon$) 随机地给定初始条件, 然后, 在膨胀方向上解爱因斯坦方程, 我们将观察度量分量的变化; 在经过一段短暂的时间 $t_0(\varepsilon)$ 后, 度量的分量变成集中于相空间的某个更狭窄的区域中, 即集中于一种体制的邻域中, 这里当 $\varepsilon \to 0$ 时 $t_0(\varepsilon) \to 0$. (在对 $|v| = \varepsilon$ 上的初始值分布自然的假定之下) 以这种方式引入的这个体制称为所给宇宙模型中对应于宇宙膨胀过程的 "典范状态". 如图 121 所示, 将箭头反向后, 在 IX 型轴各向同性模型中膨胀过程的典范状态出现在 N 型奇点的附近, 而相比之下, 收缩过程的典范状态则出现在 T 型奇点的附近.

对完全各向异性宇宙模型的分析需要更复杂的动力系统. 在书 [8] 中讨论了这

种分析的有关结果. 在所有的充分复杂的均匀宇宙模型中, 收缩过程中的典范状态以概率 1 是一个贝林斯基 – 里夫西克 – 哈莱尼可夫 (BLH) 振动体制 (也见书 [5] 末尾), 在定性理论中与它对应的是爱因斯坦方程的一种非常有趣的奇怪吸引子, 它位于 (选取适当的坐标后) 相空间的物理区域的边界上, 并且随着体积减少 (即趋近奇点) 所有的轨道收敛于它.

特别, 我们注意到在无宇宙常数的 OTO 中, 收缩过程不可能始终是各向同性的, 这种涨落不可避免地导致 BLH 型振动体制, 其代价就是总有解析延拓不可逾越的复杂的奇性存在. 特别可由此推出不可能观测到宇宙生命的 "过去的" 状态, 在那里收缩发生于膨胀之前.

如所见, 膨胀过程有着完全不同的更为规则的典范演化早期状态; 它们的定义类似于 IX 型轴各向同性模型 (见前), 但更为复杂. 这些状态都只渐近于幂, 它们包括拟各向同性 Φ 型, N 型, T 型及某些别的型, 在某些情形, 这些幂渐近具有转移的特性, 在演化早期中不断彼此替代. 它们对均匀模型的依赖性相当弱. 可以断言, 在相当早期可以以大概率建立一个拟各向同性 Φ 型的体制, 其中膨胀率 "几乎", 即渐近的主项, 是各向同性的, 虽然度量的分量可能不是各向同性的. 还可能从经典的 OTO 中推出一个真实的精确的各向同性化的宇宙 (即在早期就以接近于 1 的概率趋向于弗里德曼模型). 这是均匀宇宙模型理论的一个当代结果.

IX 型和 VII 型模型的一般研究需要轴各向同性体制, 这种体制在膨胀的早期阶段已经在某种弱的意义上 "各向异性化" (见 [8]).

§32. 杨 – 米尔斯方程的某些整体解的例子. 手征场

1. 总的评注. 单极型解

我们回顾一下, 取值于群 G 的李代数的杨 – 米尔斯场 $A_a(x)$ 就是结构群为 G 的纤维丛中描写联络的局部形式. 在这里 x 是主丛 $p: E \to M$ 的底上区域 U 中的局部坐标, 在 U 上给定了直积分解 (见 §24)

$$p^{-1}(U) = U \times G.$$

我们将进一步假定群 $G = SU(2)$, 底 $U = \mathbb{R}^n = M$, 其中 $n = 3, 4$, 此外, 联络当 $|x| \to \infty$ 时是 "平凡的", 这意味着当 $|x| \to \infty$ 时,

$$A_a(x) \approx \frac{\partial g(x)}{\partial x^a} g^{-1}(x), \tag{1}$$

其中 $g(x)$ 是取值于 G 的函数. 除了场 $A_a(x)$ 外, 我们也将考察取值于向量空间 V 的场 $\psi(x)$, 空间 V 上已给定群 G 的线性表示. 为简单计, 将假定 V 就是群 G 的李代数, 从而李代数按公式

$$A \leftrightarrow ad\, A : \psi \to [A, \psi]$$

§32. 杨－米尔斯方程的某些整体解的例子. 手征场

在其上作用 (伴随表示). 在无联络时拉格朗日场应取形式

$$L(\psi) = \frac{1}{2}\langle \partial\psi, \partial\psi \rangle - u(|\psi|^2), \tag{2}$$

其中空间 V 的标量积由基灵形式定义 (见 §3.1), 标量积 $\langle \partial\psi, \partial\psi \rangle$ 由 V 上的基灵形式和底 M 上的度量 $g_{ab}(x)$ 一起定义.

我们对函数 u 作假定: $u \geqslant 0$ 且它的图形如图 124 所示.

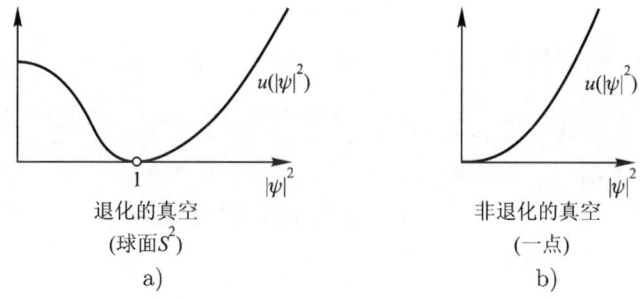

a) 退化的真空 (球面 S^2)

b) 非退化的真空 (一点)

图 124

当存在联络时, 应该作置换

$$\partial_a \to \partial_a - ad\, A_a(x) = \nabla_a, \tag{3}$$

并引入场 ψ 和 A 的完全拉格朗日函数 (见卷 1, §42)

$$L(\psi, A) = \frac{1}{2}\langle \nabla\psi, \nabla\psi \rangle - u(|\psi|^2) + \frac{1}{4}\mathrm{Tr}(F_{ab}F^{ab}), \tag{4}$$

其中

$$F_{ab} = \frac{\partial A_b}{\partial x^a} - \frac{\partial A_a}{\partial x^b} + [A_a, A_b].$$

在转向建立整体问题时, 应该假定场 $\psi(x)$ 是某个纤维为 V 且结构群为 G 的向量丛的一个截面. 至于这个向量丛的底, 如果不是 $\mathbb{R}^n$ 中的区域, 则我们在后面会单独说明.

我们有兴趣的是 $n = 3$ 和 $n = 4$ 的情形.

先考察 $n = 3$ 的情形. 设 $G = SU(2)$, $\psi(x)$ 是有 3 个实分量的向量场, 李代数中的运算是向量积, 底是欧几里得空间 $\mathbb{R}^3$. 我们考察量

$$S\{\psi, A\} = \int_{\mathbb{R}^3} d^3x \{\frac{1}{2}\langle \nabla\psi, \nabla\psi \rangle - u(|\psi|^2) + \frac{1}{4}\mathrm{Tr}(F_{ab}F^{ab})\} \tag{5}$$

的临界值问题.

定义 32.1. 方程 $\delta S = 0$ 的真空解是满足下列条件的场 (ψ, A):

a) $F_{ab} = 0$;

b) $u(|\psi|^2) = $ 极小, $\psi = $ 常数 $= \psi_0$;

c) $\langle \nabla\psi, \nabla\psi \rangle = 0$.

条件 a) 意指联络 $A_a(x)$ 是平凡的, 因而 (见卷 1 习题 41.3) 对一切 x 和某个 $g : \mathbb{R}^3 \to G$ 成立

$$A_a = -\frac{\partial g(x)}{\partial x^a} g^{-1}(x), \quad a = 1, 2, 3. \tag{6}$$

条件 b), c) 一起隐含 $g^{ab}\langle [A_a(x), \psi], [A_b(x), \psi]\rangle \equiv 0$, 而由于底 $\mathbb{R}^3$ 的纤维 $V = \mathbb{R}^3$ 的度量是欧几里得度量, 由此导出

$$[A_a(x), \psi] = 0.$$

因此, 场 $A_a(x)$ 在李代数中是平行于轴 $\psi = \psi_0$ 的, 且是一个数量函数的梯度: $A_a(x) = \alpha_a(x)\psi_0, \alpha_a(x) = \dfrac{\partial \varphi}{\partial x^a}$ (后一个等式来自于 (6)). 如果对 A_a 添加一个梯度加项, 我们可使场 A_a 变为零.

在"退化的"真空情形 (图 124 a)), 真空解集与向量 $\psi_0 \in V \cong \mathbb{R}^3$ 的集存在双方一一的对应, 这里 ψ_0 组成球面 S^2:

$$|\psi_0|^2 = 1. \tag{7}$$

在建立泛函 (5) 的变分问题 $\delta S = 0$ 中容许的场 (A, ψ) 类由下列要求确定: 当 $|x| \to \infty$ 时场 (A, ψ) 应该趋向于 "真空解": $A \equiv 0, \psi = \psi_0$. 此时向量 ψ_0 不必是唯一的而是所有的使 $x \to \infty$ 的方向. 如果 ψ_0 仅依赖于 $x = |x| \cdot n$ 的单位方向 $n, \psi_0 = \psi_0(n)$, 则我们有映射

$$\psi_0 : S^2 \to S^2, \tag{8}$$

它将方向 $n \in S^2$ 等同于 "真空" 流形 $u(|\psi_0|^2) =$ 极小中的点 $\psi_0(n)$. 映射 ψ_0 定义了场 (A, ψ) 在无穷远处的"边界条件". 映射 $\psi_0 : S^2 \to S^2$ 的度 (见 §13) 为我们给出了 $\mathbb{R}^3$ 中的变分问题的一个整数拓扑不变量.

拉格朗日函数 (5) 关于下面的规范变换是不变的:

$$\begin{aligned} A_a(x) &\to g(x) A_a(x) g^{-1}(x) - \frac{\partial g}{\partial x^a} g^{-1}(x), \\ \psi &\to g\psi g^{-1} = T_g(\psi), \end{aligned} \tag{9}$$

其中取值于 G 的函数 $g(x)$ 是定义在整个 $\mathbb{R}^3$ 上的且当 $|x| \to \infty$ 时 $(x = |x| \cdot n)$ 有极限:

$$g(x) \to g_\infty(n) : S^2 \to G. \tag{10}$$

(我们注意, 由于对所有的李群 G 成立 $\pi_2(G) = 0$ (见 §25.5), g_∞ 是零同伦的.) 利用这种任意性, 可以改变映射 $\psi_0 : S^2 \to S^2$, 用来定义无穷远处的边界条件.

引理 32.1. 如果映射 $\psi_0^{(1)} : S^2 \to S^2$ 和 $\psi_0^{(2)} : S^2 \to S^2$ 是同伦的 (且仅在这种情形), 则可以找到这样的映射 $g_\infty : S^2 \to G$, 它是零同伦的 (或者说, 可延拓至整个 $\mathbb{R}^3$ 上), 使得

$$\psi_0^{(2)}(n) = T_{g_\infty(n)} \psi_0^{(1)}(n) = g_\infty(n) \psi_0^{(1)}(n) g_\infty^{-1}(n), \tag{11}$$

§32. 杨–米尔斯方程的某些整体解的例子. 手征场

其中 n 是单位向量 (也即 S^2 中的点).

证明 对任意 $g \in G$, 由 $a \mapsto gag^{-1}$ (这里 gag^{-1} 是普通的矩阵积) 定义的群 G 在李代数 ($\cong \mathbb{R}^3$) 上的作用诱导了群 $G = SU(2)$ 在单位向量组成的球面 $S^2 \subset \mathbb{R}^3$ 上的可递作用: $n \mapsto gn$.

我们考察纤维丛 $\pi : G \times S^2 \to S^2 \times S^2$, 其中映射 π 由公式 $\pi(g,n) = (gn, n)$ 给出. 我们按下列方式定义映射 $\Psi_0, \Psi_1 : S^2 \to S^2 \times S^2$:

$$\Psi_0(n) = (\psi_0^{(1)}(n), \psi_0^{(1)}(n)), \quad \Psi_1(n) = (\psi_0^{(2)}(n), \psi_0^{(2)}(n)).$$

由同伦 $\psi_0^{(1)} \sim \psi_0^{(2)}$ 可推出映射 Ψ_0 和 Ψ_1 是同伦的. 连接这两个映射的同伦 $\Psi_t(n) = (\psi_t(n), \psi_0^{(1)}(n))$ (其中 ψ_t 是 $\psi_0^{(1)}$ 和 $\psi_0^{(2)}$ 之间的同伦) 可以由纤维丛空间 $G \times S^2$ 中的同伦 $\widehat{\Psi}_t$ 覆叠, 其中 (作为定义) 我们置映射 $\widehat{\Psi}_0 : S^2 \to G \times S^2$ 形如

$$\widehat{\Psi}_0(n) = (1, \psi_0^{(1)}(n)), \quad \pi \widehat{\Psi}_0 = \Psi_0.$$

于是, 映射 $\widehat{\Psi}_1 : S^2 \to G \times S^2$ 有下列形式: $\widehat{\Psi}_1(n) = (g_\infty(n), \psi_0^{(1)}(n))$, 其中 $g_\infty(n)$ 就是所要找的映射 $g_\infty : S^2 \to G$. 从构造过程显然可见 g_∞ 同伦于像集为群的单位元的常值映射. 引理得证. □

由于引理 32.1, 映射 $\psi_0 : S^2 \to S^2$ 可以用任何与它同伦的映射替代. 于是, 边界条件由同伦类

$$k = [\psi_0] \in \pi_2(S^2) = \mathbb{Z}$$

决定.

例 32.1. 当 $k = 0$ 时通过规范变换可以使 $\psi_0 = $ 常值 ($|x| \to \infty$). 可以假定 $\psi_0 = (0,0,1)$.

在这个情形, 就产生理论中所谓的 "对称破缺" (只剩下由向量 $(1,0,0)$ 和 $(0,1,0)$ 在平面中生成的旋转群 $SO(2) \subset G$ —— "小真空群"). 为进一步展开真空状态的扰动理论, 可以作替换 $\psi = \psi_0 + \widetilde{\psi}$, $f_a(x) = (A_a(x))^3$, $(B^1)_a = (A_a)^1$, $(B^2)_a = (A_a)^2$. 我们得到新的拉格朗日函数

$$\widetilde{L}(f_a, B^1, B^2, \widetilde{\psi}) = L(\psi, A).$$

如果位势函数 $u(\xi) = u(|\psi|^2)$ 形如图 124 a) 所示, 且 $u_{\xi\xi}(1) = m^2 > 0$, 则我们得到 (假定 $\widetilde{\psi}^1 = \widetilde{\psi}^2 = 0$ 并将 u 关于 ξ 在点 $\psi_0 = (0,0,1)$ 展开成级数 —— 见下面的习题)

$$\widetilde{L} = \frac{1}{2}\sum_a (\partial_a \widetilde{\psi}^3)^2 - 2m^2(\widetilde{\psi}^3)^2 + \frac{1}{2}(|B^1|^2 + |B^2|^2) -$$
$$\frac{1}{2}(|\text{rot } B^1|^2 + |\text{rot } B^2|^2 + |\text{rot } f|^2) + \cdots,$$

其中剩下的项由 $f, B, \widetilde{\psi} = (0, 0, \widetilde{\psi}^3)$ 的 3 阶及 3 阶以上的项组成.

习题 32.1. 证明: 规范变换可以做到 $\widetilde{\psi}^1 = \widetilde{\psi}^2 = 0$.

例 32.2. 当 $k = 1$ 时, 对于映射 $\psi_0 : S^2 \to S^2$ 可以假定 $\psi_0(n) = n$. 这个映射是 "球对称的". 物理学家们找到泛函 (5) 的杨 – 米尔斯方程 $\delta S = 0$ 的一个有趣的球对称解:

$$
\begin{aligned}
&A_a^i = a(r)\varepsilon_{aij}x^j, \\
&\psi^i = x^i \frac{u(r)}{r}, r = |x|, \\
&\text{当 } r \to \infty \quad u(r) \to u_\infty, a(r) \to -\frac{1}{gr^2}, \\
&\text{当 } r \to 0 \quad u(r) \to \text{常数} \cdot r, a(r) \to \text{常数}.
\end{aligned}
\tag{12}
$$

因为在无穷远处的边界映射

$$\psi_0 : S^2 \to S^2, \psi_0(n) = n \in \mathbb{R}^3 = (\psi^1, \psi^2, \psi^3)$$

的度等于 1, 所以它的在 $\mathbb{R}^3 = (x^1, x^2, x^3)$ 上光滑延拓成的场 $\psi(x)$ 必定有使得 $\psi = 0$ 的点. 因此, 如果存在光滑解 $(\psi(x), A_a(x))$, 则其中的 $\psi(x)$ 必定有点 x_0 使得在 $\mathbb{R}^3$ 上 $\psi(x_0) = 0$ (设此点是唯一的).

在偶 (ψ, A_a) 与在空空间中 $\psi \neq 0$ 的各处 (即除去点 x_0 外) 满足麦克斯韦方程的标量场 $f_a(x)$ 之间存在一个有趣的对应:

$$H_{ab} = \frac{\partial f_a}{\partial x^b} - \frac{\partial f_b}{\partial x^a} = \frac{1}{|\psi|}\psi^i F_{ab}^i - \frac{1}{|\psi|^3}\varepsilon_{ijk}\psi^i(\nabla_a \psi^j)(\nabla_b \psi^k). \tag{13}$$

对应 (13) 对于偶 (ψ, A) 伴随一个区域 $\mathbb{R}^3 \backslash \{x_0\}(\psi(x_0) = 0)$ 上的纤维丛, 这个纤维丛的结构群为 $SO(2) \cong S^1$, 因而杨 – 米尔斯方程的解就转而产生对于定常磁场 $H = (H_{ab}) = \frac{\partial f_a}{\partial x^b} - \frac{\partial f_b}{\partial x^a}$ 的麦克斯韦方程的解. 由这个对应的形式及 (12) 导出: 场 $(H^i) = \mathrm{rot} f$ 关于大半径球面的积分等于 4π. 因此, 由杨 – 米尔斯方程的非奇异解可得到所谓的 "磁单极".

2. 对偶性方程

我们现在转向 $n = 4$ 的情形. 一般来说, 研究在物理学中产生的拉格朗日函数需要在闵可夫斯基空间 $\mathbb{R}_1^4$ 中关于场 $A_a(x)$ 和 ψ 的杨 – 米尔斯型 ($\delta S = 0$) 的解 (这里 ψ 可能是张量场或施量场). 然而, 在无外加场 ψ 时的 "纯" 杨 – 米尔斯方程已经是非线性的且与麦克斯韦方程相比要复杂得多. 对于空间 $\mathbb{R}_1^4$ 而言, 还不知道这个方程的任何非平凡的实解. 在物理文献中出现过几个在欧几里得空间 $\mathbb{R}^4$ 中的解, 有人认为它们也可能在物理中是有用的. 除此之外, 这些解从纯数学的观点来看也是非常有趣的并有深刻的几何意义. 我们在后面将描述其中若干个解. 下面

§32. 杨－米尔斯方程的某些整体解的例子. 手征场

我们将在欧几里得坐标为 x^1, x^2, x^3, x^4 的欧几里得空间 $\mathbb{R}^4$ 中考察杨－米尔斯泛函 $S = \int_{\mathbb{R}^4} \mathrm{Tr}\,(F_{ab}F^{ab}) d^4x$. 当 $|x| \to \infty$ 时要求

$$F_{ab} \to 0,\, A_a(x) \approx -\frac{\partial g(x)}{\partial x^a} g^{-1}(x). \tag{14}$$

实际上, 我们将要求当 $\mathbb{R}^4$ 作为 S^4 中关于北极的补嵌入到 S^4 中时, 联络 $A_a(x)$ 可以光滑地延拓至北极; 于是, $\mathbb{R}^4$ 上的具这个联络的纤维丛就成为底空间 S^4 上的一个纤维丛在区域 $\mathbb{R}^4 \subset S^4$ 上的限制. 具结构群 $G = SU(2)$ 的纤维丛的拓扑不变量由下列映射的度给出:

$$g_\infty : S^3 \to SU(2) = G,\, \deg\, g_\infty = m, \tag{15}$$

其中当 $|x| \to \infty (x = |x| \cdot n)$ 时成立

$$A_a(x) \approx -\frac{\partial g(x)}{\partial x^a} g^{-1}(x),\quad g(x) \to g_\infty(n).$$

与 $n = 3$ 的情形不同, 由于 $\pi_3(G) = \mathbb{Z}$, 存在许多不同伦的映射 g_∞. 在 §25 中也讨论过用 "示性类" 表达的映射度别的记号:

$$m\{F\} = \mathrm{Tr} \int_{\mathbb{R}^4} \frac{1}{8\pi^2} F_{ab} F_{cd} \varepsilon^{abcd} d^4x = \mathrm{Tr} \int_{\mathbb{R}^4} \frac{1}{4\pi^2} F_{ab}(*F)^{ab} d^4x, \tag{16}$$

或用外形式记成

$$m\{F\} = \frac{1}{4\pi^2} \int_{\mathbb{R}^4} \mathrm{Tr}(F \wedge *F) \tag{17}$$

($*F$ 是 $F = F_{ab} dx^a \wedge dx^b$ 的 "对偶形式", $*F = \frac{1}{2}\varepsilon^{abcd} F_{ab} dx^c \wedge dx^d$). 因为对于任何非零矩阵 $X \in SU(2)$ 我们有 $\mathrm{Tr}(X^2) < 0$, 所以在欧几里得度量中, 量

$$T = \frac{1}{2} \int_{\mathbb{R}^4} \mathrm{Tr}[F_{ab} - (*F)_{ab}][F^{ab} - (*F)^{ab}] d^4x \tag{18}$$

是非正的, $T \leqslant 0$.

设成立方程

$$F_{ab} = (*F)_{ab}; \tag{19}$$

这个等式等价于等式 $T = 0$. 进一步,

$$T = \frac{1}{2} \int_{\mathbb{R}^4} \mathrm{Tr}(F_{ab}F^{ab}) d^4x + \frac{1}{2} \int_{\mathbb{R}^4} \mathrm{Tr}((*F)_{ab}(*F)^{ab}) d^4x -$$
$$\int_{\mathbb{R}^4} \mathrm{Tr}(F_{ab}(*F)^{ab}) d^4x = S\{F\} - 4\pi^2 m\{F\} \leqslant 0.$$

因为 $m\{F\}$ 是示性类, 因而有零变分导数 (见卷 1, §42 或 §25.4, §25.5), 我们得到:

1) 方程 $\delta T = 0$ 和 $\delta S = 0$ 是等价的;

2) 此外, 因为 $T \leqslant 0$, 所以对于杨 – 米尔斯场, 成立方程 $F_{ab} = (*F)_{ab}$ 等价于在所有满足 $m\{F\} = m$ 的类 F 中泛函 $S\{F\}$ 取到绝对极大值, 且这个极大值等于 m.

于是, 如果我们对每一个数 m 能找到方程 $F_{ab} = (*F)_{ab}$ 的一个解, 则我们就同样地严格证明了在给定的边界条件下泛函 $S\{F\} = \mathrm{Tr}\int_{\mathbb{R}^4} F_{ab}F^{ab}d^4x$ 的极大值 (可以取到并) 由方程 (19) 的解给出.

习题 32.2. 证明: 方程 (19) 的解也满足杨 – 米尔斯方程.

对 $m = 0$, 我们有 "平凡解" $F_{ab} = 0$.

对 $m = 1$, 我们将寻找形式如下的 "球对称解" ($G = SU(2)$):

$$\pm A_a^i = \frac{1}{2}(\widetilde{A}_a^{0i} \pm \frac{1}{2}\varepsilon_{ikl}\widetilde{A}_a^{kl}), (\widetilde{A}_a^{ij} \in SO(4)). \tag{20}$$

我们得到这样的解 ("瞬子"):

$$\begin{aligned}\widetilde{A}_a^{ij} &= f(r)(x^i\delta_a^j - x^j\delta_a^i), \quad r = |x|, \\ f(r) &= \frac{1}{r^2 + \lambda^2}, \lambda = \text{常数}.\end{aligned} \tag{21}$$

习题 32.3. 证明: 对每个 $a = 1, 2, 3, 4$, 4 向量 $A_a(x) = (A_a^i(x))$ 由不超过 3 个参数决定 (这是自然的, 因为群 $G = SU(2)$ 的维数等于 3).

对任意的 $m > 1$, 下列形式的解是已知的:

$$A_a = -\frac{1}{\rho}\sum_{j=1}^m \frac{\lambda_j^2}{|x - x_j|^2}(\partial_a\omega_j)\omega_j^{-1}, \tag{22}$$

其中

$$\rho = \sum_{j=1}^m \frac{\lambda_j^2}{|x - x_j|^2}, \quad \omega_j = \frac{(x - x_j)^0 \times I + i(x - x_j)^k \sigma_k}{|x - x_j|}.$$

在这个公式中 σ_k ($k = 1, 2, 3$) 是泡利矩阵 (见卷 1, §14). 在这里 x_j 是 m 个给定的点, λ_j 是 m 个常数, I 是单位矩阵. 虽然还没有得到形式满意的通解 (应该依赖于 $8m - 3$ 个参数), 但是却存在几个深刻的结果.

我们注意到杨–米尔斯泛函的拉格朗日函数 (完全与普通的麦克斯韦方程一样; 见卷 1, §42) 是共形不变的. 因此可以从 $\mathbb{R}^4$ 转移到球面 S^4, S^4 上的度量是共形欧几里得度量 (球面 S^4 的共形变换群同构于 $O(5, 1)$, 见卷 1, §15). 于是, 可以将 "对偶方程" (19) 的解视为在 S^4 上结构群为 $SU(2)$ 的主丛上定义的联络.

存在自然的纤维丛

$$p : \mathbb{C}P^3 \to S^4,$$

其纤维为 S^2 (见 §24). 我们回想一下它的构造. 群 $SU(2)$ 按照在每个直加项 $\mathbb{C}^2$ 上通常的作用方式作用在 $\mathbb{C}^4 = \mathbb{C}^2 \oplus \mathbb{C}^2$ 上:

$$(z^1, z^2, w^1, w^2) \xrightarrow{g} (g(z^1, z^2), g(w^1, w^2)), g \in SU(2).$$

根据定义
$$\mathbb{C}P^3 = (\mathbb{C}^4\backslash\{0\})/(SO(2) \times \mathbb{R}^+),$$
其中右边部分代表群 $SU(2)$ 限制于子群 $SO(2)$ (以及群 $\mathbb{R}^+$ 通常的作用) 的轨道空间. 类似地
$$S^4 = (\mathbb{C}^4\backslash\{0\})/(SU(2) \times \mathbb{R}^+).$$
因为 $SO(2) \subset SU(2)$, 于是就产生纤维丛 $p: \mathbb{C}P^3 \to S^4$, 纤维 $p^{-1}(x) = \mathbb{C}P^1 \subset \mathbb{C}P^3$ 作为射影直线位于 $\mathbb{C}P^3$ 中. "对偶方程" (19) 的解是 S^4 上某个纤维为 $\mathbb{C}^2$ 且结构群 $G = SU(2)$ 的纤维丛 η 上的联络. 考察 $\mathbb{C}P^3$ 上的纤维丛 $p^*(\eta)$, 其上的联络为 η 上的联络的提升 (它在纤维 $p^{-1}(x)$ 上是平凡的). 复流形上 (这里是 $\mathbb{C}P^3$ 上) 的具联络的任何复 (不必是全纯) 纤维丛上存在 "拟复结构". 这意味着在纤维丛 $p^*(\eta)$ 的丛空间 E 中联络以自然方式决定了 "水平" 方向并从而决定了作用在 E 上的函数上的 "共变导数" 算子. 设 U 是纤维丛 $p^*(\eta)$ 的底 $\mathbb{C}P^3$ 中的一个区域, 复坐标为 $z^1, z^2, z^3, z^\alpha = x^\alpha + ix^{\alpha+3}$, 并有微分算子 $\frac{\partial}{\partial z^1}, \frac{\partial}{\partial z^2}, \frac{\partial}{\partial z^3}$. 局部上我们有 $q^{-1}(U) \subset E, q^{-1}(U) = \mathbb{C}^2 \times U$, 其中 $q: E \to \mathbb{C}P^3$ 是纤维丛 $p^*(\eta)$ 的射影. $\mathbb{C}^2$ 中的坐标以 w^1, w^2 表示. 我们给出 "拟复结构" 的一组算子

$$\frac{\partial}{\partial w^1}, \frac{\partial}{\partial w^2}, \frac{D}{Dz^1}, \frac{D}{Dz^2}, \frac{D}{Dz^3}, \tag{23}$$

其中
$$\frac{D}{Dz^\alpha} = \frac{\partial}{\partial z^\alpha} + A_\alpha^{\mathbb{C}} = \frac{\partial}{\partial x^\alpha} - i\frac{\partial}{\partial x^{\alpha+3}} + A_\alpha - iA_{\alpha+3}.$$

可积性条件意味着 (23) 中所有的算子可交换. 在这种情形, 纤维丛空间 E 就有复流形结构, 局部复坐标为 z, w. 而 $\mathbb{C}P^3$ 上的纤维丛 $p^*(\eta)$ 本身此时是全纯丛.

习题 32.4. 证明: S^4 上纤维丛 η 的联络满足对偶方程 (19) 的条件等价于 (23) 中作用于定义于 $\mathbb{C}P^3$ 上纤维丛 $p^*(\eta)$ 的丛空间 E 上的函数的算子可交换.

于是, 寻找对偶方程解的问题就化为 $\mathbb{C}P^3$ 上全纯丛的分类问题, 其中可以成功地应用代数几何的方法.

3. 手征场. 狄利克雷积分

在物理中感兴趣的并且提供拓扑现象的非线性场中有一种称为**手征场**. 最一般的 (局部的) 手征场是一个空间 $\mathbb{R}^k$ 上取值于某个非欧几里得流形 M 的函数 $\psi(x)$. 整体上, 这种手征场是某个纤维为 M 的纤维丛的一个截面.

实际上, 人们感兴趣的手征场是 M 为一个李群 G 的齐性空间的情形 (见 §5.1),

$$M = G/H.$$

如果 $H = \{1\}$, 即如果 M 本身是一个李群, 这种手征场称为**主手征场**. 我们将假定群 G 是紧群且其上已赋予一个双不变度量. 另一种重要的手征场是这种情形:

$M = G/H$ 是一个紧群 G 的对称空间, 迷向子群为 $H \subset G$ (见 §6). 这种类型中最简单例子是
$$M = S^q = SO(q+1)/SO(q).$$
我们将球面表示为全体单位向量 $n \in \mathbb{R}^{q+1}$ 的集合, 在这种情形, 就有所谓的 "n 场" $n(x)$.

手征场与拉格朗日函数有关, 其中最重要的是下面的情形:

a) 主手征场 $g(x) \in G$ 的情形, 我们置 $A_a(x) = \dfrac{\partial g(x)}{\partial x^a} g^{-1}(x)$ (这是李代数中元),
$$S = \frac{1}{2} \sum_a \int_{\mathbb{R}^k} \langle A_a(x), A_a(x) \rangle dx^1 \wedge dx^2 \wedge dx^3 \wedge \cdots \wedge dx^k, \tag{24}$$
其中标量积由群 G 的李代数上的基灵形式给出.

对于 $G = SO(2)$, 场 A_a 是标量函数 $\varphi(x)$ 的梯度形式:
$$g(x) = \exp\{i\varphi(x)\}, A_a(x) = i\frac{\partial \varphi}{\partial x^a}. \tag{25}$$
方程 $\delta S = 0$ 成为拉普拉斯方程.

对于 $G = SU(2)$, 这个方程就不是那么简单了. 设 $A_a(x) = X_i A_a^i(x)$, 其中 A_a^i 是标量函数, X_1, X_2, X_3 是李代数的基, $[X_1, X_2] = X_3, [X_2, X_3] = X_1, [X_3, X_1] = X_2$. 由于联络 A_a 的平凡性, 我们有零曲率
$$F_{ab} = \frac{\partial A_b}{\partial x^a} - \frac{\partial A_a}{\partial x^b} + [A_a, A_b] = 0. \tag{26}$$
方程 $\delta S = 0$, 除 (26) 外, 归结为下列关系式:
$$\frac{\partial A_a}{\partial x^a} = 0 \tag{27}$$
(证明!). 当群 G 是任意维数的非交换紧群时, 存在一个标准的双不变 3 形式 Ω, 它在点 $g = 1$ 处借助换位子 $[,]$ 和基灵形式如下定义在李代数上:
$$\Omega(X, Y, Z) = \langle [X, Y], Z \rangle \tag{28}$$
(混合积). 在这里 X, Y, Z 是李代数中元, 李代数可视为群 G 在点 $g = 1$ 处的切空间 (见 §3). 形式 Ω 是闭形式 (这容易直接验证; 或从它的双不变性推出) 且总不会是零上同调的, 即 $\Omega \neq d\Omega'$. 对于 $G = SU(2)$ 的情形, Ω 是 $SU(2)$ 上的体积元, 并可取 Ω 满足 $\int_{S^3} \Omega = 1$.

对于 $\mathbb{R}^3$ 上的这样的手征场 $g(x)$: 当 $|x| \to \infty$ 时 $g(x) \to g_0$, 使得 $g(x)$ 可光滑延拓至 $S^3 = \mathbb{R}^3 \bigcup \{\infty\}$ 上, 则我们有拓扑不变量
$$[g] \in \pi_3(G).$$

§32. 杨-米尔斯方程的某些整体解的例子. 手征场

(对于 $G = SU(2)$, 这个不变量就是映射 $g : S^3 \to SU(2) = S^3$ 的度. 由定理 14.1 及正规性 $\int_{S^3} \Omega = 1$ 可算出 $\deg g = \int_{\mathbb{R}^3} g^*\Omega$.)

我们回想一下, 狄利克雷泛函的形式为

$$S\{g\} = \frac{1}{2} \int_{\mathbb{R}^3} \langle A, A \rangle d^3 x, \tag{29}$$

其中

$$A_a(x) = \frac{\partial g(x)}{\partial x^a} g^{-1}(x).$$

方程 $\delta S = 0$ 如下:

$$\frac{\partial}{\partial x^a}\left(\frac{\partial g}{\partial x^a} g^{-1}(x)\right) = 0 \tag{30}$$

也即

$$\frac{\partial A_a}{\partial x^a} = 0, \frac{\partial A_b}{\partial x^a} - \frac{\partial A_a}{\partial x^b} + [A_a, A_b] = 0.$$

然而, 对于狄利克雷泛函 (29) 并没有任何 "拓扑的" 准则, 像在 $\mathbb{R}^2$ 的情形那样 (见下面), 来保证对给定的 $[g]$ 达到绝对极小值, 考察 "调正过的" 手征拉格朗日泛函 ("斯基尔姆" 模型)

$$S_\alpha\{g(x)\} = \frac{1}{2}\int_{\mathbb{R}^3} \langle A, A \rangle + \alpha^2 \langle [A,A], [A,A] \rangle d^3 x, \tag{31}$$

其中 α 是非零实常数, $[A,A]_{ab} = [A_a, A_b]$ 是取值于李代数的 2 次形式 (反称张量). 对于 $G = SU(2)$, 怎样寻求泛函 S_α 在给定拓扑不变量 $d = \deg[g(x) : (\mathbb{R}^3 \bigcup \infty) \to G]$ 中的极小值? 我们来考察新的泛函

$$S_\alpha + T = \frac{1}{2}\sum_a \int_{\mathbb{R}^3} \langle A_a + \alpha \varepsilon^{abc}[A_b, A_c], A_a + \alpha \varepsilon^{abc}[A_b, A_c]\rangle d^3 x$$

或

$$S_\alpha + \sum_a \int_{\mathbb{R}^3} \alpha \langle A_a, \varepsilon^{abc}[A_b, A_c]\rangle d^3 x = S_\alpha + 常数 \times d \geqslant 0. \tag{32}$$

如果极小值在 (32) 等于零时达到, 则我们必须有

$$A_a + \alpha \varepsilon^{abc}[A_b, A_c] = 0.$$

我们得到关于函数 $g(x)$ 的方程组:

$$\begin{aligned} A_1 &= -\alpha[A_2, A_3], \\ A_2 &= +\alpha[A_1, A_3], \\ A_3 &= -\alpha[A_1, A_2], \end{aligned} \tag{33}$$

其中
$$A_a = \frac{\partial g(x)}{\partial \lambda^a} g^{-1}(x),$$
$$\frac{\partial A_a}{\partial x^b} - \frac{\partial A_b}{\partial x^a} = [A_a, A_b].$$

由此导出 $A_a(x) = 0$, 因为 $A = \alpha \operatorname{rot} A$.

结论 对于调正过的手征拉格朗日泛函, 极小值 (如果它对给定的 d 达到) 必定大于由 (32) 给出的下界. 与 $\mathbb{R}^4$ 中的杨 – 米尔斯场和 $\mathbb{R}^3$ 中的 n 场 (见下面) 不同, 所找到的极小值不可能使下界变成精确的等号.

调正过的手征拉格朗日泛函 (31) 不是共形不变的, 因此在 S^3 中和在 $\mathbb{R}^3$ 中对它的研究将给出不同的结果. 例如, 对于 S^3, 恒等映射 $g: S^3 \to S^3 \cong SU(2)$ 给出满足方程组 (33) 的极小值. 试验证这个事实.

b) 在 n 场 $n(x) \in S^q \subset \mathbb{R}^{q+1}$ 的情形, 我们有最简单的拉格朗日泛函 ("狄利克雷积分")

$$S\{n(x)\} = \sum_a \int_{\mathbb{R}^k} \left\langle \frac{\partial n}{\partial x^a}, \frac{\partial n}{\partial x^a} \right\rangle d^k x, \tag{34}$$

其中 $\langle\ ,\ \rangle$ 是 $\mathbb{R}^{q+1}$ 中的欧几里得标量积. 对 n 场的边界条件: 当 $|x| \to \infty$ 时 $n(x) \to n_0$ 应取得可以将场 $n(x)$ 光滑延拓至 $S^k = \mathbb{R}^k \bigcup \{\infty\}$ 上; 对于 $k = q$ 的情形, 我们得到场的拓扑不变量, 即映射 $S^q \to S^q$ 的度为:

$$d = \deg n = \int_{\mathbb{R}^q} n^*(\Omega)$$

(见 §13), 其中 $\Omega (\int_{S^q} \Omega = 1)$ 是 S^q 的体积元.

我们考察 $q = k = 2$ 的情形并来求解寻找作用量 S 在给定的度 d 中的绝对极小值问题. 如果 u^α ($\alpha = 1, 2$) 是球面 S^2 上的局部坐标, x^a ($a = 1, 2$) 是平面 $\mathbb{R}^2$ 上的坐标, 则

$$S\{n(x)\} = \int_{\mathbb{R}^2} g^{ab} \widetilde{g}_{\alpha\beta} \frac{\partial u^\alpha}{\partial x^a} \frac{\partial u^\beta}{\partial x^b} dx^1 \wedge dx^2, \tag{35}$$

其中 $g^{ab} = \delta^{ab}$ 是 $\mathbb{R}^2$ 上的矩阵, $\widetilde{g}_{\alpha\beta}$ 是球面 S^2 在坐标系 u^1, u^2 中的度量, 而映射 $n(x)$ 由下式给出:

$$n(x) = (u^\alpha(x^1, x^2)), \quad \alpha = 1, 2.$$

注 公式 (35) 定义了任意映射 $n: M \to N$ 的 "狄利克雷积分" $S\{n\}$, 其中 (x^a) 是 M 中的局部坐标, g_{ab} 是 M 的度量, (u^α) 是 N 中的局部坐标, $\widetilde{g}_{\alpha\beta}$ 是 N 的度量.

习题 32.5. 如果 $N = G$ 是具双不变度量的李群, 则对于主手征场, 狄利克雷积分取 (29) 的形式.

现在回到 $M = \mathbb{R}^2, N = S^2$ 的情形, 其中 x^1, x^2 是 $\mathbb{R}^2$ 中的欧几里得坐标. 设 u^1, u^2 是 $S^2 \backslash \{\infty\}$ 中的共形欧几里得坐标, 在这种坐标中其上的度量形式为 (见卷 1, §13)

$$\widetilde{g}_{\alpha\beta} du^\alpha du^\beta = \frac{4(du^1)^2 + 4(du^2)^2}{(1+(u^1)^2+(u^2)^2)^2} = \frac{4 dz d\bar{z}}{(1+|z|^2)^2},$$

其中 $z = u^1 + iu^2, w = x^1 + ix^2$. 由此得出

$$S\{n\} = 4i \int_{\mathbb{R}^2} \frac{\left|\frac{\partial z}{\partial w}\right|^2 + \left|\frac{\partial z}{\partial \bar{w}}\right|^2}{(1+|z|^2)^2} dw \wedge d\bar{w}. \tag{36}$$

映射 $n: S^2 \to S^2$ 的度可按下式计算:

$$\deg n = \int_{\mathbb{R}^2} n^*(\Omega) = \frac{i}{2\pi} \int_{\mathbb{R}^2} n^* \left(\frac{dz \wedge d\bar{z}}{(1+|z|^2)^2} \right) = \frac{1}{\pi} \int_{\mathbb{R}^2} \frac{u_x v_y - u_y v_x}{(1+|z|^2)^2} dx dy, \tag{37}$$

其中 $u = u^1, v = u^2, x = x^1, y = x^2$. 差 $S\{n\} - 2\pi \deg n$ 形如

$$S - 2\pi \deg n = \int_{\mathbb{R}^2} \frac{(u_x - v_y)^2 + (u_y + v_x)^2}{(1+|z|^2)^2} dx dy \geqslant 0. \tag{38}$$

由此我们得到

结论 1) 对于映射 $n(x)$, 度 d 成立不等式

$$S - 2\pi \deg n = S - 2\pi d \geqslant 0.$$

2) 对于泛函 S 在同伦类 $d \geqslant 0$ 中的绝对极小值, 这个不等式成为等式 $S_{\min} = 2\pi d$, 它等价于等式

$$u_x = v_y, u_y = -v_x \tag{39}$$

(即柯西 - 黎曼方程). 反之, 如果 (39) 成立, 且 $\deg n = d$, 则在这个同伦类中存在泛函 S 的极小值. 因此, 泛函 S 的极小值就在且仅在这种全纯映射 $n: S^2 \to S^2$ 上达到, 它们的形式为 $z = P(w)/Q(w)$, 其中 P, Q 是多项式. 这个重要的结果首先在几何学中, 接着在物理学中然后在铁磁体理论中得到应用.

我们用另一种观点来考察同一个例子. 球面 S^2 是齐性空间

$$S^2 \cong SO(3)/SO(2) \cong SU(2)/U(1) = G/H,$$

并且还是一个对称空间 (见 §6). 精确地, 这意味着群 G 的李代数分解成直和 $L = L_0 + L_1$, 其中 $[L_0, L_0] = L_0, [L_0, L_1] \subset L_1, [L_1, L_1] \subset L_0$; 在这里 L_0 是迷向子群 $H \subset G$ 的李代数. 子空间 L_0 和 L_1 关于基灵形式是正交的. n 场论的另一种叙

述方法是这样的：考察场 $g(x) \subset G$ 并假定场 $g(x)$ 和 $e^{i\varphi(x)}g(x)$ 是等价的，其中 $e^{i\varphi(x)} \in H = SO(2) \subset SO(3)$ 是任意函数。变换 $g(x) \to e^{i\varphi(x)}g(x)$ 是"规范变换"。实际上，一个等价类就是一个场 $n(x) \in G/H$。我们考察"手征拉格朗日泛函"

$$S\{g(x)\} = \frac{1}{2}\int_{\mathbb{R}^n} \langle A, A\rangle_{L_1} d^n x, \tag{40}$$

其中 $A_a(x) = \dfrac{\partial g(x)}{\partial x^a}g^{-1}(x), \langle A, A\rangle_{L_1}$ 是标量积，它在李代数 L 的子空间 L_1 上等于基灵形式，而在 L_0 上等于零。在规范变换

$$g(x) \to e^{i\varphi(x)}g(x) = \tilde{g}(x)$$

之下，我们有

$$A \to \tilde{A} = e^{i\varphi(x)} A e^{-i\varphi(x)} + i\nabla\varphi, \tag{41}$$

其中分量 $i\nabla\varphi$ 落在 L_0 中。由此导出泛函 (40) 的规范不变性:

$$S\{g(x)\} = S\{\tilde{g}(x)\},$$

这也表明拉格朗日泛函 (40) 在 G/H 的等价类上是合理定义的。在我们的情形，$G = SO(3), H = SO(2)$，场 A_a 有 3 个分量，$A_a = A_a^0 e_0 + A_a^1 e_1 + A_a^2 e_2$，其中

$$\begin{aligned}&[e_0, e_1] = e_1, [e_1, e_2] = e_0, [e_2, e_0] = e_1,\\&\langle e_0, e_0\rangle_{L_1} = 0, \langle e_1, e_1\rangle_{L_1} = 1, \langle e_2, e_2\rangle_{L_1} = 1,\\&\langle e_i, e_j\rangle_{L_1} = 0, i \ne j.\end{aligned} \tag{42}$$

向量 e_0 生成 L_0，向量 e_1, e_2 生成 L_1。如果将 A 视为 $\mathbb{R}^2$ 上主 G 丛上的平凡联络，则我们有

$$\frac{\partial A_b^\beta}{\partial x^a} - \frac{\partial A_a^\beta}{\partial x^b} + [A_a, A_b]^\beta = 0, \tag{43}$$

其中 $a, b = 1, 2, \beta = 0, 1, 2$。我们置

$$\begin{aligned}&B_a = A_a^1 + iA_a^2, \quad \overline{B}_a = A_a^1 - iA_a^2,\\&A_a^0 = if_a, \quad f_{ab} = \frac{\partial A_a^0}{\partial x^b} - \frac{\partial A_b^0}{\partial x^a}.\end{aligned} \tag{44}$$

由关系式 (43)，当 $\beta = 0$ 时可得

$$f_{12} = \frac{i}{2}(B_1 \overline{B}_2 - B_2 \overline{B}_1) \tag{45}$$

(回想一下，我们现在是在 2 维空间中进行，$f_{12} = -f_{21}$ 是场 $f_{ab}, a, b = 1, 2$ 唯一的非零分量). 由 (43)，当 $\beta = 1, 2$ 时我们可得

$$\frac{\partial B_1}{\partial x^2} - \frac{\partial B_2}{\partial x^1} = B_2 f_1 - B_1 f_2. \tag{46}$$

§32. 杨－米尔斯方程的某些整体解的例子. 手征场

引入 "共变导数"
$$D_a = \frac{\partial}{\partial x^a} + f_a.$$

显然成立
$$D_1 B_2 - D_2 B_1 = 0, \tag{47}$$

而如果对泛函 (34) 作变分, 我们得到
$$\frac{\partial B_a}{\partial x^a} = 2 f_a B_a. \tag{48}$$

场 $f_a = -iA_a^0$ 是规范场, 因为根据 (41) 成立梯度型变换
$$f_a \to f_a + \frac{\partial \varphi}{\partial x^a},$$
$$B_a \to e^{i\varphi} B_a.$$

因此, 我们已将 n 场论化归为复向量场 (B_a) 与规范场 f_a 联系在一起的方程 (48), 其中对应力张量 f_{ab} 还加上一个补充条件:
$$f_{12} = \frac{\partial f_1}{\partial x^2} - \frac{\partial f_2}{\partial x^1} = \frac{i}{2}(B_1 \overline{B}_2 - B_2 \overline{B}_1). \tag{49}$$

可以证明对任意的 n 场
$$n^*(\Omega) = 常数 \times f_{12} dx^1 \wedge dx^2, \tag{50}$$

其中, 像以前一样, Ω 是 S^2 上正规化的 $SO(3)$ 不变的 $2-$ 形式. 如果 z 是 $S^2 \setminus \{\infty\}$ 上的复坐标, 则形式 Ω 如下 (见卷 1, §13):
$$\Omega = 常数 \times \frac{dz \wedge d\bar{z}}{(1+|z|^2)^2}. \tag{51}$$

因此, 拓扑不变量 d, 即 n 场的度, 也由应力张量的积分决定:
$$\begin{aligned}
d = \int_{\mathbb{R}^2} n^*(\Omega) &= 常数 \times \int_{\mathbb{R}^2} f_{12} dx^1 \wedge dx^2 \\
&= 常数 \times \oint_{\Gamma \bigcup \Gamma_\infty} (f_1 dx^1 + f_2 dx^2) \\
&= \lambda \int_{\mathbb{R}^2} (B_1 \overline{B}_2 - B_2 \overline{B}_1) dx^1 \wedge dx^2;
\end{aligned} \tag{52}$$

其中, λ 是某个常数, Γ_∞ 是大半径 R 的圆周 $(R \to \infty), \Gamma = \bigcup_i \Gamma_i$, 其中 Γ_i 是环绕场 B 或 f 的奇点的小半径 ε 的适当定向的圆周 $(\varepsilon \to 0)$. 按照 n 场 $n(x)$ 的理论, 假定在有限点 (即在 $\mathbb{R}^2$ 中的点) 上的奇性是必需的: 满足 $n(x_i) = \infty$ 的点 x_i 在我

们的表述中是奇点. 在这些点上, 场 (B_a, f_a) 可能没有定义, 因为映射 $n: S^2 \to S^2$ 并没有在整体上被映射 $g: S^2 \to SO(3)$ (或 $SU(2)$) 覆盖 —— 在点 $\infty \in S^2$ 处纤维丛 $S^3 \to S^2$ 的截面变成多值的, 随之函数 $g(x)$ 对 $x \in n^{-1}(\infty)$ 也变成多值的. 形式 $f_1 dx^1 + f_2 dx^2$ 是纤维丛 $n^*(\eta)$ 中的联络, 其中 η 是标准的霍普夫纤维丛 $S^3 \to S^2$, 结构群 $G = S^1$ (见例 24.1).

我们现在使用全纯场 n 显式表示 B_a. 如果 $w = x^1 + ix^2$ 是 $\mathbb{R}^2$ 中的复坐标且映射 $n = z(w)$ 是全纯的, 则 (见 (51))

$$n^*(\Omega) = \left|\frac{dz}{dw}\right|^2 \frac{dw \wedge d\overline{w}}{(1 + |z(w)|^2)^2}. \tag{53}$$

全纯 n 场 $z(w)$ 给出泛函

$$S = \int_{\mathbb{R}^2} \langle A, A \rangle_{L_1} d^2 x = \int_{\mathbb{R}^2} (B_1 \overline{B}_1 + B_2 \overline{B}_2) dx^1 \wedge dx^2 \tag{54}$$

在条件

$$\int_{\mathbb{R}^2} n^*(\Omega) = \lambda \int_{\mathbb{R}^2} (B_1 \overline{B}_2 - B_2 \overline{B}_1) dx^1 \wedge dx^2 = d$$

之下的绝对极小值. 考察量

$$S + \frac{i}{\lambda} \int_{\mathbb{R}^2} n^*(\Omega) = \int_{\mathbb{R}^2} (B_1 \overline{B}_1 + B_2 \overline{B}_2) + i(B_1 \overline{B}_2 - B_2 \overline{B}_1) dx^1 \wedge dx^2$$

$$= \int_{\mathbb{R}^2} (B_1 + iB_2)(\overline{B}_1 - i\overline{B}_2) dx^1 \wedge dx^2. \tag{55}$$

对于极小值成立 $S + \frac{i}{\lambda} \int n^*(\Omega) = 0$ 或即

$$B_1 + iB_2 = 0. \tag{56}$$

由此及方程 (49),(50),(53) 导出:

$$\left|\frac{dz}{dw}\right|^2 \frac{dw \wedge d\overline{w}}{(1 + |z(w)|^2)^2} = 常数 \times (B_1 \overline{B}_2 - B_2 \overline{B}_1) dw \wedge d\overline{w} = 常数 \times B_1^2 dw \wedge d\overline{w},$$

由此最后有

$$B_1 = \frac{常数}{1 + |z|^2} \frac{dz}{dw}. \tag{57}$$

作为本节的结束, 我们证明一个出自近期文献中的命题: 对于所有形如 (35) 的具闵可夫斯基度量 g_{ab} (即 n 场定义在 $\mathbb{R}_1^2$ 上) 的泛函 S 的极值, 欧拉 – 拉格朗日方程 $\delta S = 0$ 等价于 "正弦 – 戈登方程". (后者是负常曲率曲面嵌入到欧几里得空间 $\mathbb{R}^3$ 中产生的方程 (见卷 1, §30.4).)

使用变量 ξ, η, 使得 $ds^2 = d\xi d\eta$, 则泛函 S 有形式为

$$S\{n\} = \int_{\mathbb{R}^2} (\sum_{\alpha=1}^{3} n_\xi^\alpha n_\eta^\alpha) d\xi d\eta, \tag{58}$$

假定 $n^2 = 1$. 我们来推导欧拉 – 拉格朗日方程. 设 μ 是变量 ξ 和 η 的任意待定函数 (拉格朗日乘子). 考察泛函

$$S_\mu\{n\} = \int_{\mathbb{R}^2} (\langle n_\xi, n_\eta \rangle - \mu \langle n, n \rangle) d\eta d\xi = \int \Lambda_\mu(n, n_\xi, n_\eta) d\eta d\xi \tag{59}$$

(这里及后面, $\langle\ ,\ \rangle$ 表示 $\mathbb{R}^3$ 中的欧几里得标量积). 在 $\langle n, n \rangle = 1$ 时, 方程 $\delta S = 0$ 有形式为 (见卷 1, §37)

$$\frac{\partial}{\partial \xi}\left(\frac{\partial \Lambda_\mu}{\partial n_\xi^\alpha}\right) + \frac{\partial}{\partial \eta}\left(\frac{\partial \Lambda_\mu}{\partial n_\eta^\alpha}\right) = \frac{\partial \Lambda}{\partial n^\alpha}, \quad \alpha = 1, 2, 3. \tag{60}$$

由此

$$n_{\xi\eta}^\alpha = \mu n^\alpha, \quad \alpha = 1, 2, 3. \tag{61}$$

或由 $\langle n, n \rangle = 1$

$$n_{\xi\eta} = \langle n_{\xi\eta}, n \rangle n, \quad \mu = \langle n, n_{\xi\eta} \rangle. \tag{62}$$

我们证明: 量 $|n_\xi|, |n_\eta|$ 是 "积分", 即

$$\frac{\partial |n_\xi|}{\partial \eta} = 0, \quad \frac{\partial |n_\eta|}{\partial \xi} = 0. \tag{63}$$

事实上, 由于 (62) 及 n_ξ 正交于 n, 我们有

$$\frac{1}{2}\frac{\partial \langle n_\xi, n_\xi \rangle}{\partial \eta} = \langle n_{\xi\eta}, n_\xi \rangle = \langle n_{\xi\eta}, n \rangle \langle n_\xi, n \rangle = 0.$$

于是, $|n_\xi| = f(\xi), |n_\eta| = g(\eta)$.

作置换

$$\cos \omega = \frac{\langle n_\xi, n_\eta \rangle}{f(\xi) g(\eta)}, \tag{64}$$

对于量 ω, 我们从 (62) 得到方程

$$\frac{\partial^2 \omega}{\partial \xi \partial \eta} = fg \sin \omega. \tag{65}$$

局部替换 $\xi \to \widehat{\xi}(\xi), \eta \to \widehat{\eta}(\eta)$ 可将方程 (65) 变成 "正弦 – 戈登方程"

$$\varphi_{\widehat{\xi}\widehat{\eta}} = \sin \varphi.$$

研究这个方程要远比前面介绍的研究 S 在给定度中的极小值困难得多.

§33. 复子流形的极小性

我们回想,复流形 M 称为凯勒流形,如果它的度量 $g_{ij}dz^id\bar{z}^j$ 定义了一个闭形式 $\omega = \frac{i}{2}g_{ij}dz^i \wedge d\bar{z}^j$.

定理 33.1. 设 M 是复 n 维的凯勒流形,$X \subset M$ 是它的复 k 维子流形,考察子流形 X 在 M 中由一族实 $2k$ 维子流形 Y 组成的实变分类,每一个 Y 在 $(X$ 上) 一个紧区域外部重合于 X. 此外还要求每一个 Y 有一个 "形变" 区域,形式为一个实定向的 $(2k+1)$ 维流形 Z, Z 的边界 $\partial Z = X \bigcup (-Y)$,其中 $(-Y)$ 是流形 Y 但定向相反 (图 125).

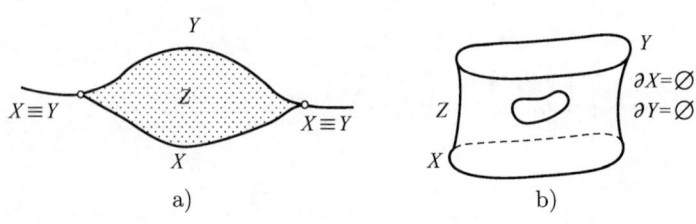

图 125

于是,流形 X 的体积 $v(X)$ 不大于 $v(Y)$ (如果 X 和 Y 非紧,则上式对于 X 和 Y 不重合部分的体积也成立). 如果 Y 的体积与 X 的体积相等,则 Y 也是复流形.

于是,在凯勒流形中,任何紧复子流形必是整体极小子流形 (即是体积极小的高维变分问题的极值). 例如,在 $\mathbb{C}P^n$ 中,复子流形是整体极小子流形. 复空间 $\mathbb{C}^n$ 也是凯勒流形,因而 $\mathbb{C}^n$ 中任何复子流形 X 关于保持 X 中某个有界区域的外部不动的扰动是极小的. 我们回想一下,$\mathbb{C}^n$ 中所有的复子流形均是非紧的.

现在转向定理 33.1 的证明.

引理 33.1. 对于 $\mathbb{R}^{2n}$ 上的任何 2 次外形式 ω 可取到规范正交基 $e_1, \cdots, e_{2n}$,使得关于这组基 ω 可写成如下形式

$$\lambda_1\omega_1 \wedge \omega_2 + \cdots + \lambda_n\omega_{2n-1} \wedge \omega_{2n},$$

其中 $\lambda_1, \cdots, \lambda_n$ 是非负数,而 $\omega_1, \cdots, \omega_{2n}$ 是 $e_1, \cdots, e_{2n}$ 在 $\mathbb{R}^{2n}$ 中的对偶基.

证明 在 $\mathbb{R}^{2n}$ 中考察任意的规范正交基 $e'_1, \cdots, e'_{2n}$. 对于给定的 2 次外形式 ω,我们组成矩阵 $A = (a_{ij})$,其中 $a_{ij} = \omega(e'_i, e'_j)$. 我们将矩阵 A 称为伴随于形式 ω 的矩阵. 因为 ω 由它在基向量上的值完全决定,所以它完全由自己的矩阵 A (连同所指定的规范正交基 $e'_1, \cdots, e'_{2n}$) 所决定,显然,A 是反称矩阵. 结果,对于 A 存在这

样的规范正交基 $e_1,\cdots,e_{2n}$, 使得关于这组基 A 的形式为

$$A = \begin{pmatrix} \begin{array}{|cc|} \hline 0 & \lambda_1 \\ -\lambda_1 & 0 \\ \hline \end{array} & 0 \\ 0 & \begin{array}{|cc|} \hline 0 & \lambda_n \\ -\lambda_n & 0 \\ \hline \end{array} \end{pmatrix},$$

其中 $\lambda_1,\cdots,\lambda_n$ 是非负数. 设 $\omega_1,\cdots,\omega_{2n}$ 是基 $e_1,\cdots,e_{2n}$ 的对偶基. 于是易见有

$$\omega = \sum_{\alpha=1,3,\cdots,2n-1} \lambda_\alpha \omega_\alpha \wedge \omega_{\alpha+1}.$$

引理得证. □

引理 33.2. 设在空间 $\mathbb{R}^{2n} = \mathbb{C}^n$ 中给定一个埃尔米特度量 (g_{ij}). 进一步, 设 ω 是对应于度量 g_{ij} 的 2 次外形式, 即 ω 是由公式 $\omega(v_1,v_2) = \langle iv_1, v_2 \rangle$ 定义的 2 次外形式. 令

$$\sigma_k = \frac{1}{k!}\omega^k = \frac{1}{k!}\underbrace{\omega \wedge \omega \wedge \cdots \wedge \omega}_{k}, k \leqslant n.$$

则成立不等式 $|\sigma_k(v_1,\cdots,v_{2k})| \leqslant 1$, 其中 $v_1,\cdots,v_{2k}$ 是 $\mathbb{R}^{2n}$ 中任意的规范正交向量系. 此外, 等式 $|\sigma_k(v_1,\cdots,v_{2k})| = 1$ 成立当且仅当 $v_1,\cdots,v_{2k}$ 生成 $\mathbb{R}^{2n}$ 中的复子空间 (即向量 $v_1,\cdots,v_{2k}$ 的实线性包在 i 的相乘之下不变).

证明 1) $k=1$ 的情形. 设 $v_1,v_2 \in \mathbb{R}^{2n}$ 是长度为 1 的正交的向量. 显然, $|\omega(v_1,v_2)| = |\langle iv_1, v_2 \rangle| \leqslant |iv_1| \cdot |v_2| = 1$. 等号成立当且仅当 $\pm v_2 = iv_1$, 即向量 v_1,v_2 生成复 1 维子空间 (实维数为 2).

2) 一般情形. 设 $V \subset \mathbb{R}^{2n}$ 是由 $v_1,\cdots,v_{2k}$ 生成的子空间. 用 $\widetilde{\omega}$ 表示限制 $\omega|_V$. 由引理 33.1, 可以取到子空间 V 的规范正交基 $e_1,\cdots,e_{2k}$ 和它的对偶基 $\omega_1,\cdots,\omega_{2k}$ 使得 $\widetilde{\omega} = \lambda_1\omega_1 \wedge \omega_2 + \cdots + \lambda_k\omega_{2k-1} \wedge \omega_{2k}$, 其中 $\lambda_1,\cdots,\lambda_k$ 是非负实数. 显然, $\omega(e_{2p-1},e_{2p}) = \lambda_p (1 \leqslant p \leqslant k)$. 由此并根据 $k=1$ 的情形, 我们得到 $\lambda_p \leqslant 1$, 且 $\lambda_p = 1$ 当且仅当 $ie_{2p-1} = \pm e_{2p}$. 我们用 $\widetilde{\sigma}_k$ 表示形式 $\sigma_k = \frac{1}{k!}\omega^k$ 在子空间 V 上的限制. 于是 $|\widetilde{\sigma}_k(e_1,\cdots,e_{2k})| = \left|\frac{1}{k!}\widetilde{\omega}^k(e_1,\cdots,e_{2k})\right| = \lambda_1\cdots\lambda_k \leqslant 1$; 等号成立当且仅当 $\lambda_p = 1 (1 \leqslant p \leqslant k)$, 即当且仅当 $ie_{2p-1} = \pm e_{2p}(1 \leqslant p \leqslant k)$. 后面这个等式意味着 V 是空间 $\mathbb{R}^{2n}$ 的复子空间. 引理 33.2 得证. □

定理 33.1 的证明 设 φ 是 $\mathbb{R}^{2n}$ 上的 l 次外形式, V 是 $\mathbb{R}^{2n}$ 的 l 维线性子空间; 并设 $v_1,\cdots,v_l$ 和 $v'_1,\cdots,v'_l$ 是空间 V 的属于同一个定向类中的任意两个规范正交基. 由 l 维空间中 l 次外形式的变换规则 (即乘上线性变换的行列式) 立即导出

$\varphi(v_1,\cdots,v_l) = \varphi(v'_1,\cdots,v'_l)$. 形式 φ 可以合理定义为同一个子空间中规范正交基的定向类集上的函数. 换言之, 欧几里得空间 $\mathbb{R}^n$ 上的 l 次外形式 φ 定义了 $\mathbb{R}^{2n}$ 中 l 维定向子空间的格拉斯曼流形 $\widehat{G}_{2n,l}$ (见 §5) 上的一个函数 (我们仍用同一字母 φ 表示). 子空间 V 的规范正交基的一个定向类, 即 $\widehat{G}_{2n,l}$ 中一个点, 记为 $\widehat{V}$.

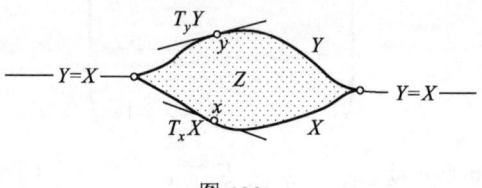

图 126

现在设 X 是 M 的复子流形, Y 是所容许的变分, 我们如前用 T_xX (相应地 T_yY) 表示子流形 X (相应地 Y) 在点 x 处 (相应地在点 y 处) 的切空间. 再设 Z 是 M 中满足 $\partial Z = X \bigcup (-Y)$ 的子流形 (图 126). 设 $\omega = \dfrac{i}{2} g_{ij} dz^i \wedge d\bar{z}^j$ 是上面定义在 M 上的闭 2- 形式, $\sigma_k = \dfrac{1}{k!}\omega^k$. 于是, 显然有 $d\sigma_k = 0$. 由斯托克斯公式

$$0 = \int_Z d\sigma_k = \int_{\partial Z} \sigma_k = \int_{X\bigcup(-Y)} \sigma_k = \int_X \sigma_k - \int_Y \sigma_k, \text{即} \int_X \sigma_k = \int_Y \sigma_k.$$

我们用 dx 和 dy 分别表示子流形 X 和 Y 的 $2k$ 维的体积外形式. 于是,

$$\int_X \sigma_k = \int_X \sigma_k(\widehat{T}_xX)dx; \quad \int_Y \sigma_k = \int_Y \sigma_k(\widehat{T}_yY)dy.$$

因为 X 是 M 中复子流形, 即 T_xX 是 $T_xM = \mathbb{C}^n = \mathbb{R}^{2n}$ 的复子空间, 所以由引理 33.2, $\sigma_k(\widehat{T}_xX) = 1, \sigma_k(\widehat{T}_yY) \leqslant 1$ (回想一下, Y 不一定是复子流形). 由此,

$$v(X) = \int_X dx = \int_X \sigma_k(\widehat{T}_xX)dx = \int_Y \sigma_k(\widehat{T}_yY)dy \leqslant \int_Y dy = v(Y).$$

于是, 定理的第一部分得证. 进一步, 显然有等号 $v(X) = v(Y)$ 成立当且仅当在一个 $2k$ 维测度的区域上成立恒等式 $\sigma_k(\widehat{T}_yY) = 1$. 由引理 33.2, 这后面的恒等式等价于 T_yY 对几乎所有的 $y \in Y$ 是复子空间, 即 Y 是 M 的复子流形. 定理完全得证. □

由定理的证明明显可见, 关于子流形 $X \subset M$ 无奇性的假定不是实质性的限制. 这个证明 (使用满测度的子集) 也可过渡到代数曲面 $X \subset M$ (即由 M 上的一组复多项式方程给定的曲面), 尽管这种曲面可能有奇点 (例如光滑流形上的锥面). 在这种情形, X 和 Y 的配边性条件应该由更一般的关系替代: X 和 Y 在群 $H_{2k}(M,\partial X)$ 中是同调的, 即 X 和 Y 在群 $H_{2k}(M,\partial X)$ 中决定同一个元.

在 $\mathbb{C}P^n$ 中, 子流形 $\mathbb{C}P^k (1 \leqslant k \leqslant n)$ 在群 $H_{2k}(\mathbb{C}P^n, \mathbb{Z}) = \mathbb{Z}$ 中代表生成元, 且在这个同调类中是整体极小的. 可以证明 (这是很不平凡的事实): 如果 $Y \subset \mathbb{C}P^n$ 是

一个 $2k$ 维子流形, 代表生成元 $1 \in \mathbb{Z} = H_{2k}(\mathbb{C}P^n, \mathbb{Z})$ 且 $v(Y) = v(\mathbb{C}P^k)$, 则存在群 $SU(n+1)$ 中的变换 $\mathbb{C}P^n \to \mathbb{C}P^n$ 将 Y 变换成 $\mathbb{C}P^k$. 换言之, 子流形 $\mathbb{C}P^k \subset \mathbb{C}P^n$ 是 (关于绝对极小的) 高维变分问题在同调类 $1 \in \mathbb{Z} = H_{2k}(\mathbb{C}P^n, \mathbb{Z})$ 中 (除一个等距外) 的唯一解. 还可以证明: 如果 Y 实现元 $m \in \mathbb{Z} = H_{2k}(\mathbb{C}P^n, \mathbb{Z}), m \neq \pm 1$, 则 $v(Y) > v(\mathbb{C}P^k)$. 我们不在这里证明上述这些结论.

参考文献

[1] *Зейферт Т., Трельфалль В.* Топология. — М.; Л.: ГОНТИ, 1938.

[2] *Гильберт Д., Кон-Фоссен С.* Наглядная геометрия. — М.: Наука, 1981.

[3] *Дубровин Б. А., Новиков С. П., Фоменко А. Т.* Современная геометрия. Методы и приложения. Т. 3: Теория гомологий. — М.: Эдиториал УРСС, Добросвет, 2001.

[4] *Арнольд В. И.* Математические методы классической механики. — М.: Эдиториал УРСС, 2000.

[5] *Ландау Л. Д., Лифшиц Е. М.* Теория поля. — М.: Наука, 1973.

[6] *Мизнер Ч., Торн К., Уилер Дж.* Гравитация. — М.: Мир, 1977.

[7] *Зельдович Я. Б., Новиков И. Д.* Строение и эволюция Вселенной. — М.: Наука, 1975.

[8] *Богоявленский О. И.* Методы качественной теории динамических систем в астрофизике и газовой динамике. — М.: Наука, 1980.

[9] Нелинейные волны. — М.: Наука, 1979, с. 60–72.

索　引

B

半单李代数, 20
伴随丛, 165
伴随坐标系, 264
比安基 (Bianchi) 恒等式, 199
闭瓣, 217
闭集, 2
闭流形, 8
编时积, 193
辫群, 217
泊松括号, 227
泊松 – 李括号, 229
不变体积元, 59
不动点的代数个数 (莱夫谢茨 (Lefschetz) 数), 101
不可定向流形, 10

C

丛空间, 163
丛映射, 166

D

带边界流形, 7

带边界装配流形, 155
单参数子群, 16
单李代数, 20
单李群, 20
单位分解, 54
单值表示, 120
单值群, 120
等价的丛映射, 167
狄利克雷积分, 296
动力系统, 219
动力系统的不变集, 220
度量空间, 3
对称空间, 37
对称空间的基灵形式, 43
对偶方程, 292

F

法丛, 48
仿紧空间, 54
非奇异的格拉朗日函数, 247
非退化泊松括号, 228
非退化临界点, 68
分支点集, 118
分支覆叠, 118

弗里德曼 (Friedman) 模型, 274
复环面, 27
复解析流形, 24
复李群, 26
富克斯 (Fuchs) 群, 129
覆叠, 113
覆叠的底流形, 113
覆叠空间, 114
覆叠同伦定理, 115
覆叠映射, 113

G

高度函数, 73
高斯映射, 73
格拉斯曼 (Grassmann) 流形, 35
管状邻域, 74
光滑纤维丛, 163
光滑映射, 4
广义霍普夫 (Hopf) 丛, 170
广义速端曲线变换, 258
广义雅可比恒等式, 153
规范变换, 190

H

哈勃 (Hubble) 常数, 276
豪斯多夫 (Hausdorff) 空间, 3
黑洞, 263
黑塞式, 68
横截相交, 67
横截于动力系统, 220
横截正则, 65
怀特黑德 (Whitehead) 乘积, 152
环绕系数, 103
惠特尼 (Whitney) 数, 89
霍普夫丛, 169
霍普夫四元数纤维丛, 174

J

基本群, 108
基本域, 127
基灵形式, 20
极限环, 222
嘉当子代数, 203
交换环面, 28
焦点, 75
结构群, 163
紧空间, 3
浸入, 7
局部坐标, 2
卷绕数, 223
均匀宇宙模型, 272

K

卡斯纳 (Kasner) 解, 278
可定向流形, 10
可积分布, 238
可递的, 32
克鲁斯卡尔 (Kruskal) 流形, 263

L

类光的, 261
类空的, 261
类时的, 261
离散变换群, 119
黎曼面, 29
黎曼球面, 14
李代数, 16
李代数的表示, 22
李群, 12
里布 (Lieb) 叶状结构, 243
链环群, 216
临界点的指标, 68
临界点集, 62
零测度集, 62

零化子, 255
流体动力学型方程组, 257
流形的相交指数, 98

M

迷向群, 32
莫尔斯 (Morse) 函数, 68
默比乌斯 (Möbius) 带, 107
默比乌斯群, 133

N

纽结的亏格, 214
纽结的同痕, 211
纽结群, 211

O

欧几里得 (Eaclid) 拓扑, 3
欧拉方程, 230
偶的正合同调序列, 142

P

抛物运动, 133
平凡丛, 164
平凡覆叠, 114
平凡联络, 190
普法夫方程, 240

Q

齐性空间, 32
奇点的消没闭链, 182
嵌入, 7, 60
切丛, 46
球对称流形, 261
曲率形式, 196
群 G 的 n 万有丛, 175
群的表示, 21

群平均, 59
群在流形上的作用

S

三角不等式, 3
上同调群, 206
射影, 163
射影空间, 12
示性类, 202
手征场, 293
双侧超曲面, 11
双曲运动, 133
双全纯等价, 24
斯蒂弗尔 (Stiefel) 流形, 33
斯基尔姆 (Skyrme) 模型, 295
斯托克斯公式, 58
速端曲线变换, 258

T

坍缩问题, 263
陶布 – 米斯纳 (Taub-Misner) 解, 278
特征标, 21
体积元, 6
同痕, 79
同伦, 78
同伦等价, 111
同伦联络, 144
同伦群, 137
同时坐标系, 272
托尔曼 (Tolman) 解, 267
椭圆运动, 133
拓扑空间, 2
拓扑示性类, 206

W

外尔群, 204
外形式在流形上的积分, 55

完整群, 168
万有覆叠, 117
纬垂同态, 158
微分几何的 G 联络, 187
微分几何的泊松括号, 257
物态方程, 264

X

纤维, 163
纤维 (化) 空间, 143
纤维丛的截面, 179
纤维丛的联络, 167
纤维丛的粘合函数, 163
纤维丛的坐标邻域, 163
纤维化正合序列, 145
相对同伦类, 80
相对同伦群, 140
相空间, 227
向量场的奇点, 92
向量丛, 165
向量丛的张量积, 179
向量丛的直和, 179
斜驶变换, 133
辛流形, 48, 228

Y

亚纯函数, 180
亚历山大多项式, 213
杨 – 米尔斯场, 286
叶状结构的消没闭链, 245
叶状结构的极限环, 244
一般型联络, 167

一维同调群, 124
映射度, 81
映射空间, 4
诱导丛, 175
诱导拓扑, 3
余切丛, 47
宇宙模型, 272

Z

真空解, 278
正则点, 65
正则覆叠, 123
忠实表示, 22
主丛, 164
主齐性空间, 32
主手征场, 293
转移函数, 2
装配, 154
装配流形, 154
自由的作用, 164
坐标卡, 2
坐标邻域, 2

1 维叶状结构, 221
1 型对称空间, 44
2 型对称空间, 44
H 空间, 150
Kdv 方程, 254
k 维叶状结构, 238
n 场, 296
θ 函数, 28
$\mathbb{Z}_2$ 分次李代数, 39

相关图书清单

序号	书号	书名	作者
1	9787040183030	微积分学教程（第一卷）（第8版）	[俄] Г. М. 菲赫金哥尔茨
2	9787040183047	微积分学教程（第二卷）（第8版）	[俄] Г. М. 菲赫金哥尔茨
3	9787040183054	微积分学教程（第三卷）（第8版）	[俄] Г. М. 菲赫金哥尔茨
4	9787040345261	数学分析原理（第一卷）（第9版）	[俄] Г. М. 菲赫金哥尔茨
5	9787040351859	数学分析原理（第二卷）（第9版）	[俄] Г. М. 菲赫金哥尔茨
6	9787040287554	数学分析（第一卷）（第7版）	[俄] В. А. 卓里奇
7	9787040287561	数学分析（第二卷）（第7版）	[俄] В. А. 卓里奇
8	9787040183023	数学分析（第一卷）（第4版）	[俄] В. А. 卓里奇
9	9787040202571	数学分析（第二卷）（第4版）	[俄] В. А. 卓里奇
10	9787040345247	自然科学问题的数学分析	[俄] В. А. 卓里奇
11	9787040183061	数学分析讲义（第3版）	[俄] Г. И. 阿黑波夫 等
12	9787040254396	数学分析习题集（根据2010年俄文版翻译）	[俄] Б. П. 吉米多维奇
13	9787040310047	工科数学分析习题集（根据2006年俄文版翻译）	[俄] Б. П. 吉米多维奇
14	9787040295313	吉米多维奇数学分析习题集学习指引（第一册）	沐定夷、谢惠民 编著
15	9787040323566	吉米多维奇数学分析习题集学习指引（第二册）	谢惠民、沐定夷 编著
16	9787040322934	吉米多维奇数学分析习题集学习指引（第三册）	谢惠民、沐定夷 编著
17	9787040305784	复分析导论（第一卷）（第4版）	[俄] Б. В. 沙巴特
18	9787040223606	复分析导论（第二卷）（第4版）	[俄] Б. В. 沙巴特
19	9787040184075	函数论与泛函分析初步（第7版）	[俄] А. Н. 柯尔莫戈洛夫 等
20	9787040292213	实变函数论（第5版）	[俄] И. П. 那汤松
21	9787040183986	复变函数论方法（第6版）	[俄] М. А. 拉夫连季耶夫 等
22	9787040183993	常微分方程（第6版）	[俄] Л. С. 庞特里亚金
23	9787040225211	偏微分方程讲义（第2版）	[俄] О. А. 奥列尼克
24	9787040257663	偏微分方程习题集（第2版）	[俄] А. С. 沙玛耶夫
25	9787040230635	奇异摄动方程解的渐近展开	[俄] А. Б. 瓦西里亚娃 等
26	9787040272499	数值方法（第5版）	[俄] Н. С. 巴赫瓦洛夫 等
27	9787040373417	线性空间引论（第2版）	[俄] Г. Е. 希洛夫
28	9787040205251	代数学引论（第一卷）基础代数（第2版）	[俄] А. И. 柯斯特利金
29	9787040214918	代数学引论（第二卷）线性代数（第3版）	[俄] А. И. 柯斯特利金
30	9787040225068	代数学引论（第三卷）基本结构（第2版）	[俄] А. И. 柯斯特利金
31	9787040502343	代数学习题集（第4版）	[俄] А. И. 柯斯特利金
32	9787040189469	现代几何学（第一卷）曲面几何、变换群与场（第5版）	[俄] Б. А. 杜布洛文 等

(续表)

序号	书号	书名	作者
33	9787040214925	现代几何学（第二卷）流形上的几何与拓扑（第5版）	[俄] Б.А. 杜布洛文 等
34	9787040214345	现代几何学（第三卷）同调论引论（第2版）	[俄] Б.А. 杜布洛文 等
35	9787040184051	微分几何与拓扑学简明教程	[俄] А.С. 米先柯 等
36	9787040288889	微分几何与拓扑学习题集（第2版）	[俄] А.С. 米先柯 等
37	9787040220599	概率（第一卷）（第3版）	[俄] А.Н. 施利亚耶夫
38	9787040225556	概率（第二卷）（第3版）	[俄] А.Н. 施利亚耶夫
39	9787040225549	概率论习题集	[俄] А.Н. 施利亚耶夫
40	9787040223590	随机过程论	[俄] А.В. 布林斯基 等
41	9787040370980	随机金融数学基础（第一卷）事实·模型	[俄] А.Н. 施利亚耶夫
42	9787040370973	随机金融数学基础（第二卷）理论	[俄] А.Н. 施利亚耶夫
43	9787040184037	经典力学的数学方法（第4版）	[俄] В.Н. 阿诺尔德
44	9787040185300	理论力学（第3版）	[俄] А.П. 马尔契夫
45	9787040348200	理论力学习题集（第50版）	[俄] И.В. 密歇尔斯基
46	9787040221558	连续介质力学（第一卷）（第6版）	[俄] Л.И. 谢多夫
47	9787040226331	连续介质力学（第二卷）（第6版）	[俄] Л.И. 谢多夫
48	9787040292237	非线性动力学定性理论方法（第一卷）	[俄] L.P. Shilnikov 等
49	9787040294644	非线性动力学定性理论方法（第二卷）	[俄] L.P. Shilnikov 等
50	9787040355338	苏联中学生数学奥林匹克试题汇编(1961—1992)	苏淳 编著
51	9787040533705	苏联中学生数学奥林匹克集训队试题及其解答(1984—1992)	姚博文、苏淳 编著
52	9787040498707	图说几何（第二版）	[俄] Arseniy Akopyan

购书网站： 高教书城（www.hepmall.com.cn），高教天猫（gdjycbs.tmall.com），京东，当当，微店

其他订购办法：

各使用单位可向高等教育出版社电子商务部汇款订购。书款通过银行转账，支付成功后请将购买信息发邮件或传真，以便及时发货。购书免邮费，发票随书寄出（大批量订购图书，发票随后寄出）。

单位地址：北京西城区德外大街4号
电　　话：010-58581118
传　　真：010-58581113
电子邮箱：gjdzfwb@pub.hep.cn

通过银行转账：

户　　名：高等教育出版社有限公司
开 户 行：交通银行北京马甸支行
银行账号：110060437018010037603

郑重声明

高等教育出版社依法对本书享有专有出版权。任何未经许可的复制、销售行为均违反《中华人民共和国著作权法》，其行为人将承担相应的民事责任和行政责任；构成犯罪的，将被依法追究刑事责任。为了维护市场秩序，保护读者的合法权益，避免读者误用盗版书造成不良后果，我社将配合行政执法部门和司法机关对违法犯罪的单位和个人进行严厉打击。社会各界人士如发现上述侵权行为，希望及时举报，本社将奖励举报有功人员。

反盗版举报电话	(010) 58581999　58582371　58582488
反盗版举报传真	(010) 82086060
反盗版举报邮箱	dd@hep.com.cn
通信地址	北京市西城区德外大街 4 号
	高等教育出版社法律事务与版权管理部
邮政编码	100120